U0133740

21 世纪高等学校计算机教育实用规划教材

数据库原理及应用

刘玉宝 李念峰 主 编
祝海英 李纯莲 副主编

清华大学出版社
北京

内容简介

本书是面向高等院校培养应用型本科人才的发展目标而编写的，全面介绍了数据库系统基本原理以及数据库应用程序开发技术。全书共11章，主要内容包括数据库系统概述、关系数据库系统理论基础、SQL Server 2005的使用、数据库安全及维护、数据库设计、数据库访问技术、C语言数据库应用程序开发技术、C#和ADO.NET数据库应用程序开发技术、Java数据库应用程序开发技术、数据库新技术概述、实验。本书在讲述理论的同时与SQL Server 2005有机结合，使理论与实践同步，同时介绍了使用C、C#和Java三种语言开发数据库应用程序的基本方法和技术，使具有不同语言基础的读者有选择性地学习，也为嵌入式系统相关专业的读者开发嵌入式软件打下良好的基础。

本书内容丰富、结构合理、实用性强。力求理论叙述严谨，应用能力培养目标明确，使读者学完本书后，能够具备数据库应用系统的独立开发能力。

本书可作为高等学校计算机及信息专业本科生的教科书，也可作为高职高专院校专科生的教科书，同时也适合具有同等文化程度的读者自学以及从事数据库应用程序的开发人员参考。为方便教师教学，本书配有教学课件和实例源代码，读者可到清华大学出版社网站(www.tup.com.cn)下载。

图书在版编目(CIP)数据

数据库原理及应用/刘玉宝，李念峰主编. —北京：清华大学出版社，2011.6
(21世纪高等学校计算机教育实用规划教材)
ISBN 978-7-302-24742-5

Ⅰ.①数… Ⅱ.①刘… ②李… Ⅲ.①数据库系统－高等学校－教材 Ⅳ.①TP311.13

中国版本图书馆CIP数据核字(2011)第021428号

责任编辑：闫红梅 张为民
责任校对：李建庄
责任印制：王秀菊
出版发行：清华大学出版社 **地 址：**北京清华大学学研大厦A座
http://www.tup.com.cn **邮 编：**100084
社 总 机：010-62770175 **邮 购：**010-62786544
投稿与读者服务：010-62795954，jsjjc@tup.tsinghua.edu.cn
质 量 反 馈：010-62772015，zhiliang@tup.tsinghua.edu.cn
印 刷 者：北京四季青印刷厂
装 订 者：三河市溧源装订厂
经 销：全国新华书店
开 本：185×260 **印 张：**22.5 **字 数：**563千字
版 次：2011年6月第1版 **印 次：**2011年6月第1次印刷
印 数：1～3000
定 价：33.00元

产品编号：037443-01

出版说明

随着我国高等教育规模的扩大以及产业结构调整的进一步完善，社会对高层次应用型人才的需求将更加迫切。各地高校紧密结合地方经济建设发展需要，科学运用市场调节机制，合理调整和配置教育资源，在改革和改造传统学科专业的基础上，加强工程型和应用型学科专业建设，积极设置主要面向地方支柱产业、高新技术产业、服务业的工程型和应用型学科专业，积极为地方经济建设输送各类应用型人才。各高校加大了使用信息科学等现代科学技术提升、改造传统学科专业的力度，从而实现传统学科专业向工程型和应用型学科专业的发展与转变。在发挥传统学科专业师资力量强、办学经验丰富、教学资源充裕等优势的同时，不断更新教学内容、改革课程体系，使工程型和应用型学科专业教育与经济建设相适应。计算机课程教学在从传统学科向工程型和应用型学科转变中起着至关重要的作用，工程型和应用型学科专业中的计算机课程设置、内容体系和教学手段及方法等也具有不同于传统学科的鲜明特点。

为了配合高校工程型和应用型学科专业的建设和发展，急需出版一批内容新、体系新、方法新、手段新的高水平计算机课程教材。目前，工程型和应用型学科专业计算机课程教材的建设工作仍滞后于教学改革的实践，如现有的计算机教材中有不少内容陈旧（依然用传统专业计算机教材代替工程型和应用型学科专业教材），重理论、轻实践，不能满足新的教学计划、课程设置的需要；一些课程的教材可供选择的品种太少；一些基础课的教材虽然品种较多，但低水平重复严重；有些教材内容庞杂，书越编越厚；专业课教材、教学辅助教材及教学参考书短缺，等等，都不利于学生能力的提高和素质的培养。为此，在教育部相关教学指导委员会专家的指导和建议下，清华大学出版社组织出版本系列教材，以满足工程型和应用型学科专业计算机课程教学的需要。本系列教材在规划过程中体现了如下一些基本原则和特点。

（1）面向工程型与应用型学科专业，强调计算机在各专业中的应用。教材内容坚持基本理论适度，反映基本理论和原理的综合应用，强调实践和应用环节。

（2）反映教学需要，促进教学发展。教材规划以新的工程型和应用型专业目录为依据。教材要适应多样化的教学需要，正确把握教学内容和课程体系的改革方向，在选择教材内容和编写体系时注意体现素质教育、创新能力与实践能力的培养，为学生知识、能力、素质协调发展创造条件。

（3）实施精品战略，突出重点，保证质量。规划教材建设仍然把重点放在公共基础课和专业基础课的教材建设上；特别注意选择并安排一部分原来基础比较好的优秀教材或讲义修订再版，逐步形成精品教材；提倡并鼓励编写体现工程型和应用型专业教学内容和课程体系改革成果的教材。

(4) 主张一纲多本,合理配套。基础课和专业基础课教材要配套,同一门课程可以有多本具有不同内容特点的教材。处理好教材统一性与多样化,基本教材与辅助教材,教学参考书,文字教材与软件教材的关系,实现教材系列资源配套。

(5) 依靠专家,择优选用。在制订教材规划时要依靠各课程专家在调查研究本课程教材建设现状的基础上提出规划选题。在落实主编人选时,要引入竞争机制,通过申报、评审确定主编。书稿完成后要认真实行审稿程序,确保出书质量。

繁荣教材出版事业,提高教材质量的关键是教师。建立一支高水平的以老带新的教材编写队伍才能保证教材的编写质量和建设力度,希望有志于教材建设的教师能够加入到我们的编写队伍中来。

21世纪高等学校计算机教育实用规划教材编委会

联系人:魏江江 weijj@tup.tsinghua.edu.cn

前　言

数据库技术是数据管理的最新技术,是计算机科学的重要分支。从20世纪60年代中期诞生到今天,它已经应用于社会生产和生活的各个领域中,目前数据库技术已成为信息系统和应用软件系统的核心技术和重要基础,而且围绕数据库技术已形成了一个巨大的软件产业。

本书是多年讲授数据库原理与数据库应用技术的一线教师结合自己的教学经验和教学体会,整理和丰富了教学讲义而编写的。本书的特点在于能够把数据库系统原理和SQL Server 2005以及C、C#和Java语言有机结合起来,理论叙述严谨,应用能力培养目标明确,使读者在学习过程中做到理论与实践相结合;而且,叙述力求简单明了、深入浅出,在数据库技术应用相关章节尽量避免冗长的理论叙述,而侧重于技术的应用与程序开发能力的培养,使学生学完本门课程后能具备数据库应用程序开发能力,快速适应实际工作。

全书共分11章和1个附录,参考学时为56～72学时,读者可以根据实际情况进行适当地取舍。

第1章数据库系统概述,主要介绍了数据库的基本概念、数据库技术的发展、数据库系统的组成与结构、数据模型的概念与分类。

第2章关系数据库系统理论基础,主要介绍了关系模型、关系数据结构及形式化定义、关系代数、关系数据库标准语言SQL以及关系规范化理论等。

第3章SQL Server 2005的使用,主要介绍了SQL Server 2005系统的组成及基本特性、SQL Server 2005安装方法、Transact-SQL语句的使用、SQL Server 2005数据库管理、表的管理与使用、视图的创建与管理、索引的创建与管理、存储过程与触发器的使用。

第4章数据库安全及维护,主要介绍了数据库安全性控制原理、使用SQL Server 2005实现数据库安全性控制、数据库完整性控制原理、使用SQL Server 2005实现数据库完整性约束、数据库恢复技术、使用SQL Server 2005实现数据库的备份与恢复以及并发控制等。

第5章数据库设计主要介绍了数据库设计的内容和特点,数据库设计的步骤、需求分析、概念结构设计、逻辑结构设计、物理结构设计,以及数据库的实施和维护等。

第6章数据库访问技术,主要介绍了ODBC工作原理及使用方法、ADO模型的层次结构、使用ADO技术访问数据库的方法、ADO.NET的体系结构的组成及工作原理、JDBC数据库访问技术。

第7章C语言数据库应用程序开发技术,主要介绍了C语言嵌入式SQL程序开发环境、嵌入式SQL语句中使用的C变量、数据库的连接、查询和更新、SQL通信区、游标的使用、SQLDA。

第8章C#和ADO.NET数据库应用程序开发技术,主要介绍了数据提供程序的选择，数据库的连接，数据的获取，DataReader、DataSet 和 DataAdapter 的使用等。

第 9 章 Java 数据库应用程序开发技术，主要介绍了 JDBC API、SQL 和 Java 数据类型的映射关系、Java 数据库操作的基本步骤、使用 JDBC 实现对数据库的操作、JDBC 连接其他类型的数据库。

第 10 章数据库新技术概述，主要介绍了分布式数据库的概念、特点和体系结构，面向对象数据库的理论和实现方法，数据仓库技术以及数据挖掘技术等。

第 11 章实验，针对本书内容介绍了 8 个实验，通过操作练习，加深对数据库原理的掌握。

全书内容丰富，结构合理，实用性强，其中第 7、8、9 章的内容可以根据读者已掌握的语言基础进行选择性的学习。

本书由刘玉宝、李念峰担任主编，祝海英、李纯莲担任副主编，参加编写的人员还有戴银飞、王士刚、高鹏、肖治国。其中，第 11 章及附录由刘玉宝编写，第 9 章由李念峰编写，第 3 章由祝海英编写，第 1 章由李纯莲编写，第 4 章由戴银飞编写，第 7、8 章由王士刚编写，第 2、5 章由高鹏编写，第 6、10 章由肖治国编写，全书由刘玉宝统一定稿。

在本书编写的过程中得到了单位领导和同仁的热情帮助和支持，在此向他们表示衷心的感谢！

本书的编写参考了广大同行专家的著作和成果，在此也对他们表示衷心的感谢！

计算机技术日新月异，数据库技术的发展更是十分迅速，由于时间仓促，加之作者的水平有限，书中难免有疏漏和不足之处，恳请同行专家和广大读者批评指正。

编　者

2011 年 4 月

目 录

第1章 数据库系统概述

内容提要

- 数据库的基本概念；
- 数据库技术的发展；
- 数据库系统的组成与结构；
- 数据模型的概念与分类。

数据库是数据管理的最新技术，是计算机科学的重要分支。今天，信息资源已成为各个部门的重要财富和资源。建立一个满足各级部门信息处理要求的行之有效的信息系统也成为一个企业或组织生存和发展的重要条件。因此，作为信息系统核心和基础的数据库技术得到越来越广泛的应用，从小型单项事务处理系统到大型信息系统，从联机事务处理到联机分析处理，从一般企业管理到计算机辅助设计与制造（CAD/CAM）、计算机集成制造系统（CIMS）、办公信息系统（OIS）、地理信息系统（GIS）等，越来越多新的用户采用数据库存储和处理信息资源。对于一个国家来说，数据库的建设规模、数据库信息量的大小和使用频度已成为衡量其信息化程度的重要标志。

1.1 基本概念

数据库技术涉及许多基本概念，主要包括数据、数据处理、数据库、数据库管理系统以及数据库系统等。

1.1.1 数据

数据是数据库中存储的基本对象。数据在大多数人头脑中的第一个反应就是数字。其实数字只是最简单的一种数据，是数据的一种传统和狭义的理解。从广义上理解，数据的种类有很多，包括文字、图形、图像、声音、学生的档案记录、货物的运输情况等，这些都是数据。

数据就是描述事物的符号记录。描述事物的符号可以是数字，也可以是文字、图形、图像、声音、语言等，数据有多种表现形式，都可以经过数字化后存入计算机。

为了了解世界、交流信息，人们需要描述这些事物。在日常生活中，直接用自然语言（如汉语）描述。在计算机中，为了存储和处理这些事物，就要抽出这些事物的特征组成一个记录来描述。例如在学生档案中，如果人们最感兴趣的是学生的姓名、性别、年龄、出生日期、籍贯、所在系别、入学时间，那么可以这样描述：

（王晓楠，女，22，1988，北京，英语系，2007）

因此这里的学生记录就是数据。对于上面这条学生记录，了解其含义的人会得到如下信息：王晓楠是个大学生，1988年出生，女，北京人，2007年考入英语系；而不了解其语义的人则无法理解其含义。可见，数据的形式还不能完全表达其内容，需要经过解释。所以数据和关于数据的解释是不可分的，数据的解释是指对数据含义的说明，数据的含义称为数据的语义，数据与其语义是不可分的。

1.1.2 数据库

数据库，顾名思义，是存放数据的仓库。只不过这个仓库是在计算机存储设备上，而且数据是按一定的格式存放的。人们收集并抽取出应用所需要的大量数据之后，应将其保存起来以供进一步加工处理，进一步抽取有用信息。在科学技术飞速发展的今天，人们的视野越来越广，数据量急剧增加。过去人们把数据存放在文件柜里，现在人们借助计算机和数据库技术科学地保存和管理大量的复杂的数据，以便能方便而充分地利用这些宝贵的信息资源。

所谓数据库是指长期储存在计算机内的、有组织的、可共享的数据集合。数据库中的数据按一定的数据模型组织、描述和存储，具有较小的冗余度、较高的数据独立性和易扩展性，并可以为各种用户共享。

数据库中的数据具有如下特点：

(1) 按一定的数据模型组织、描述和存储；

(2) 具有较小的冗余度；

(3) 具有较高的数据独立性和易扩展性；

(4) 可为各种用户共享。

更加直观地，可以把数据库理解为存放数据的仓库。只不过这个仓库是在计算机的大容量存储器上，比如硬盘。数据库中的数据按一定的格式存放，便于查找。

1.1.3 数据库管理系统

数据库管理系统是数据库系统的一个重要组成部分。它是位于用户与操作系统之间的一层数据管理软件。数据库管理系统的主要任务是科学有效地组织和存储数据、高效地获取和管理数据，接受和完成用户提出的访问数据的各种请求。主要包括以下几方面的功能。

数据库管理系统的主要功能包括以下几个方面。

1. 数据定义功能

该功能提供数据定义语言(Data Definition Language，DDL)，用户通过它可以方便地对数据库中的数据对象进行定义。例如，对数据库、表、索引进行定义。

2. 数据操纵功能

该功能提供数据操纵语言(Data Manipulation Language，DML)，用户通过它可以实现对数据库的基本操作。例如，对表中数据的查询、插入、删除和修改等。

3. 数据库运行控制功能

该功能包括并发控制(即处理多个用户同时使用某些数据时可能产生的问题)、安全性检查、完整性约束条件的检查和执行、数据库的内部维护(例如，索引的自动维护)等。这是数据库管理系统的核心部分。数据库在建立、运用和维护时所有操作都要由这些控制程序统一管理、统一控制，以保证数据的安全性、完整性、多用户对数据的并发使用及发生故障后的系统恢复。

4. 数据库的建立和维护功能

该功能包括数据库初始数据的输入、转换功能,数据库的转储、恢复功能,数据库的重新组织功能和性能监视、分析功能等。这些功能通常是由一些实用程序完成的。它是数据库管理系统的一个重要组成部分。

1.1.4 数据库系统

数据库系统是应用数据库技术进行数据管理的计算机系统,它由计算机硬件系统、软件系统、数据和用户组成,其中软件系统包括操作系统、数据库管理系统和应用程序系统,属于应用平台。

与文件系统相比,数据库系统具有以下特点:

(1) 数据的结构化。同一数据库中的数据整体上按照一定的结构形式存储,但数据文件之间相互有联系。

(2) 最小的冗余度。数据库系统中的数据是集成化的,只是在逻辑存储上存在重复,而在物理存储上不存在。实现数据共享后,将消除不必要的重复。但有时可保留少量冗余以提高查询效率。

(3) 数据的共享。不同的用户可以使用同一数据库资源,这样节约了存储空间。

(4) 数据与程序独立。数据按照某种规则,以能反映数据之间内在联系的形式组织在库文件中,数据不会受到应用程序变化的影响,数据的变动也不会影响应用程序。

(5) 数据的安全性和完整性。数据安全指数据的保密,数据的完整性指数据的正确性、有效性和相容性。数据库系统提供了管理和控制数据的各种操作命令及程序设计语言,使用户控制数据库,例如设置口令来保证数据安全,防止数据被破坏或窃取。

1.2 数据库技术的发展

数据库技术是数据处理中的一门技术,数据处理是指对各种类型的数据进行收集、存储、分类、计算或加工、检索、传输、维护的一系列操作。这样的操作可以达到两个目的,第一是从大量的、原始的数据中抽取、推导出对人们有价值的信息以作为行动和决策的依据;第二是为了借助计算机科学地保存和管理复杂的、大量的数据,以便人们能够方便而充分地利用这些宝贵的信息资源。

随着计算机硬件、软件技术和计算机应用范围的发展,数据处理的主要工作已不再是计算,而是进行管理。多年来数据库管理技术大致经历了人工管理阶段、文件系统阶段和数据库系统阶段。

1.2.1 人工管理阶段

20 世纪 50 年代以前,计算机主要用于数值计算。这一时期的数据,数据量小,无结构,由用户直接管理,且数据间缺乏逻辑组织,由于是面向应用程序的,数据缺乏独立性,应用程序与其处理的数据结合成一个整体。程序与数据的关系如图 1-1 所示。

在人工管理阶段,外存只有纸带、卡片、磁带,并没有磁盘等直接存取的存储设备。这一时期，还未形成软件的整体概念，没有操作系统，没有管理数据的软件。

特点：

(1) 数据不保存。

(2) 应用程序管理数据。应用程序承担设计数据的逻辑结构和物理结构任务。

程序1 ⟷ 数据1

程序2 ⟷ 数据2

图 1-1　人工管理阶段程序与数据的关系

(3) 数据不能共享。一组数据只能对应一个程序。

(4) 数据不具有独立性。数据的逻辑或物理结构改变，应用程序随之改变。

1.2.2　文件系统阶段

在 20 世纪 50 年代后期到 60 年代中期，这一时期程序与数据的关系如图 1-2 所示。

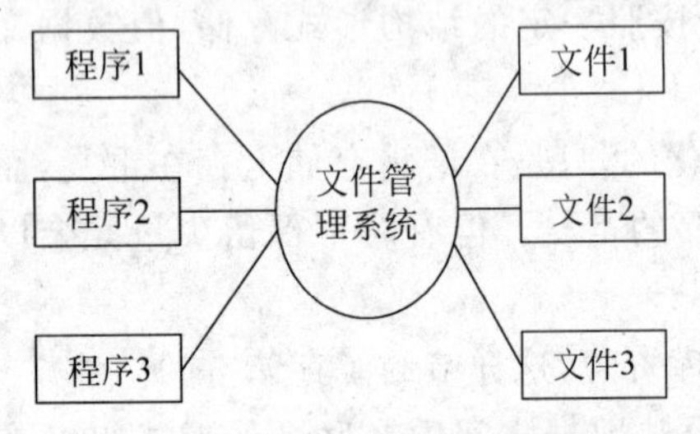

图 1-2　文件系统阶段程序与数据的关系

这一时期，有了磁盘、磁鼓等直接存取存储设备，操作系统中有了专门的数据管理软件——文件系统。

特点：

(1) 数据可以长期保存。

(2) 由文件系统进行数据管理。数据按文件名访问，按记录进行存取，可以对文件进行修改、插入和删除操作。

(3) 数据共享性差，冗余度大。

① 一个文件对应一个应用程序。

② 不同的应用程序具有部分相同的数据时，也必须建立各自的文件而不能共享相同的数据。

(4) 数据独立性差。

在数据文件中常涉及下列术语：

(1) 数据项：描述事物性质的最小单位。

(2) 记录：若干数据项的集合，一个记录表达一个具体事物。

(3) 文件：若干记录的集合。

1.2.3　数据库系统阶段

20 世纪 60 年代后期至今，程序与数据的关系如图 1-3 所示。

这一时期，出现了大容量磁盘，且价格下降。同时，软件价格上升，编制、维护系统软件及应用程序的成本相对增加，因此出现了统一管理数据的专门软件——数据库管理系统。

特点：

(1) 数据结构化。数据库系统与文件系统是有根本区别的。对于文件系统来讲，相互独立的文件的记录内部是有结构的，而数据库系统主要实现整体数据的结构化。

(2) 数据的共享性高，冗余度低，易扩充。

① 数据可以被多个用户、多个应用共享

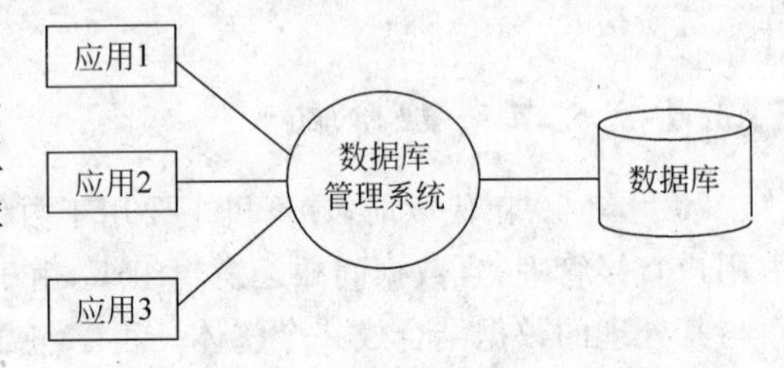

图 1-3　数据库系统阶段程序与数据的关系

使用。

② 数据共享可以大大减少数据冗余、节约存储空间。

③ 数据共享还能够避免数据之间的不相容性与不一致性，所谓的不一致性是指同一数据的不同拷贝值不一样。

(3) 数据独立性高。数据独立性主要从物理独立性和逻辑独立性两个方面体现。从物理独立性角度讲，用户的应用程序与存储在磁盘上的数据库是相互独立的。从逻辑独立性角度讲用户的应用程序与数据库的逻辑结构是相互独立的，即数据的逻辑结构改变了，用户程序可以不变。

(4) 数据由数据库管理系统(Database Management System，DBMS)统一管理和控制。DBMS提供以下几个方面的数据控制功能：

① 数据库的安全性(security)保护。保护数据以防止不合法的使用造成的数据的泄密和破坏。

② 数据的完整性检查(integrity)。数据的完整性指数据的正确性和一致性。完整性检查将数据控制在有效的范围内，或保证数据之间满足一定的关系。

③ 并发(concurrency)控制。当多个用户的并发进程同时存取、修改数据库时，可能会发生相互干扰而得到错误的结果或使得数据库的完整性遭到破坏，因此必须对多用户的并发操作加以控制和协调。

④ 数据库恢复(recovery)。当计算机系统遭遇硬件故障、软件故障、操作员误操作或恶意破坏时，可能导致数据错误或全部、部分丢失，此时要求数据库具有恢复功能。所谓的数据库恢复是指DBMS将数据库从错误状态恢复到某一已知的正确状态，即完整性状态。

1.3 数据库系统的组成与结构

1.3.1 数据库系统的组成

数据库系统是指引进数据库技术后的计算机系统。数据库系统一般由支持数据库运行的软硬件、数据库、数据库管理系统、数据库管理员和用户等部分组成，如图1-4所示。

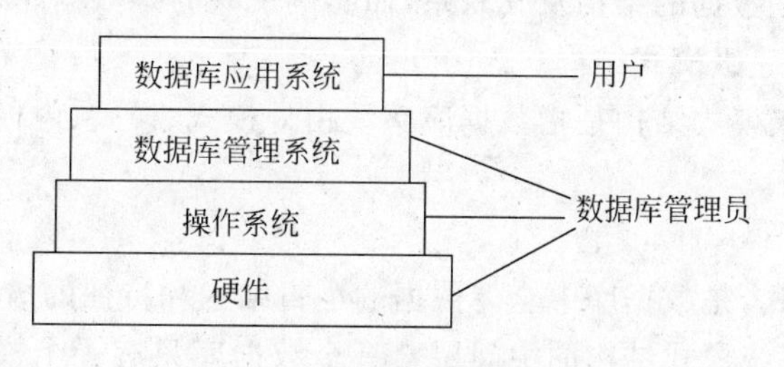

图1-4 数据库系统的组成

1. 硬件与软件

与数据库系统密切相关的硬件主要有CPU及存储设备等，要求系统有较高的通道能力，以提高数据传输率。数据库系统的软件主要包括数据库管理系统、支持数据库管理系统运行的操作系统和具有与数据库接口的机器语言编译系统，便于开发应用程序，以数据库管理系统为核心的应用开发工具以及为特定应用环境开发的数据库应用系统。

2. 数据库管理系统

数据库管理系统是一个以统一的方式管理、维护数据库中数据的一系列软件的集合。

3. 数据库系统

数据库系统(Database System,DBS)指在计算机系统中引进数据库后的系统。

4. 数据库管理员

数据库管理员(Database Administrator,DBA)负责建立、维护和管理数据系统的人员。具体职责包括决定数据库中的信息内容和结构,决定数据库的存储结构和存取策略,定义数据的安全性要求和完整性约束条件,监控数据库的使用和运行以及数据库的改进和重组重构。大型数据库通常由专业人员设计,还要有专职的数据库管理员进行管理。

5. 用户

数据库系统的用户分为最终用户和专业用户。最终用户包括偶然用户、简单用户和复杂用户。专业用户主要是应用系统开发人员。

1.3.2 数据库系统结构

从数据库最终用户的角度看,数据库结构分为集中式、分布式、客户机/服务器和并行结构等,但从数据库管理系统的角度,数据库系统通常采用三级模式结构,这是数据库管理系统内部的系统结构。

数据库的三级模式组织结构即 SPARC 分级结构,是美国国家标准委员会(ANSI)所属的标准计划和要求委员会(Standards Planning And Requirements Committee,SPARC)在1975 年公布的关于数据库标准报告中提出的。

1. 模式的概念

模式(Schema)是数据库中全体数据的逻辑结构和特征的描述,它仅仅涉及“型”的描述,不涉及具体的“值”。其中型是数据模型中对某一类数据结构和属性的说明,而值是型的一个具体赋值。模式具有如下特点:

(1) 模式的一个具体描述称为模式的一个实例。

(2) 模式是相对稳定的,而实例是相对变动的。

(3) 模式反映的是数据的结构及其联系,而实例反映的是数据库某一时刻的状态。

2. 数据库系统的三级模式结构

数据库系统的三级模式结构是指数据库系统由外模式、模式、内模式三级构成,如图 1-5 所示。

1) 模式

模式也称逻辑模式,是数据库中全体数据的逻辑结构和特征的描述,是所有用户的公共数据视图,是数据库系统模式结构的中间层。一个数据库只有一个模式。模式是数据项值的框架。数据库系统模式通常还包含有访问控制、保密定义、完整性检查等方面的内容。

2) 外模式

外模式也称为子模式或用户模式,它是数据和用户能够看见和使用的局部数据的逻辑结构和特征的描述,是数据和用户的数据视图,是与某一应用有关的数据的逻辑表示。

外模式一般是模式的子集。一个模式可以有多个外模式。一个应用程序只能使用一个外模式。外模式是保证数据库安全性的一个有力措施。

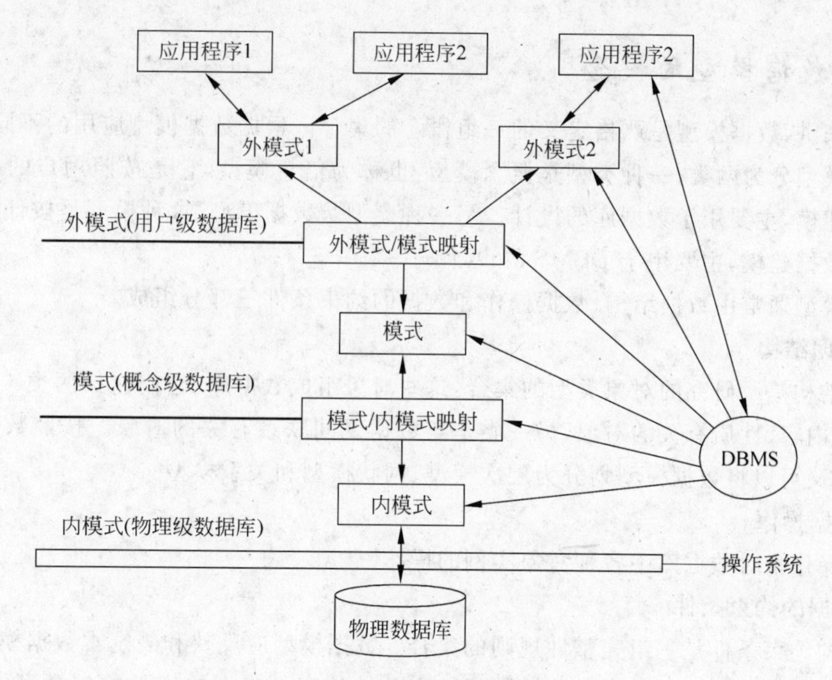

图 1-5 数据库系统的三级模式结构

3）内模式

内模式也称存储模式，是数据库在物理存储器上具体实现的描述，是数据在数据库内部的表示方法，也是数据物理结构和存储方式的描述。一个数据库只有一个内模式。

3. 数据库的二级映像功能与数据独立性

数据库的三级模式是对数据的三个抽象级别。为了能够在内部实现这三个抽象层次的联系和转换，数据库管理系统在这三级模式之间提供了两层映像，即外模式/模式映像和模式/内模式的映像，使得数据具有较高的逻辑独立性和物理独立性。

1）外模式/模式映像

对于每一个外模式，数据库管理系统都有一个外模式/模式映像，它定义了外模式与模式之间的对应关系。当模式改变时，由数据库管理员对各个外模式/模式映射做相应的改变，这里的映射是把用户数据库与概念数据库联系起来，从而使外模式保持不变，这就保证了数据库的逻辑独立性。

2）模式/内模式的映像

数据库只有一个模式，也只有一个内模式，所以模式/内模式的映射是唯一的，这种映射把概念数据库与物理数据库联系起来，定义了数据全局逻辑结构与存储结构之间的对应关系。当数据库的存储结构改变了，由数据库管理员对模式/内模式的映射做相应的改变，可以使模式保持不变，从而应用程序也不必改变。这就保证了数据与程序的物理独立性。

1.4 数据模型

模型是现实世界特征的模拟和抽象，数据模型（Data Model）是现实世界数据特征的抽象。

1.4.1 数据模型的概念

具体来讲，数据模型是严格定义的一组概念的集合。根据数据模型应用的不同目的，可以把数据模型分为两类，一种类型是概念模型，也称为信息模型，它是按照用户的观点进行数据信息建模，主要用于数据库的设计。另一种模型是数据模型，这种模型是按计算机系统的观点对数据建模，主要用于 DBMS 的设计。

数据模型通常由数据结构、数据操作和数据的约束条件三部分组成。

1. 数据结构

数据结构是所研究的对象类型的集合，这些对象组成数据库，它们包括两类：一类是与数据类型、内容、性质有关的对象，另一类是与数据之间联系有关的对象。按照数据结构类型的不同，又可以将数据模型划分为层次模型、网状模型和关系模型。

2. 数据操作

数据操作指对数据库中各种对象实例的操作。

3. 数据的约束条件

数据的约束条件是一组完整性规则的集合。数据模型应反映和规定本数据模型必须遵守的基本的通用的完整性约束条件。数据的完整性约束是指在给定的数据模型中，数据及其数据关联所遵守的一组规则。用以保证数据库中数据的正确性、一致性。

1.4.2 概念模型

概念模型也称为“信息模型”，是人们为正确直观地反映客观事物及其联系，对所研究的信息世界建立的一个抽象的模型，是现实世界到信息世界的第一层抽象，是数据库设计人员和用户之间进行交流的语言。

1. 概念模型的名词术语

(1) 实体(Entity)：客观存在并可相互区别的事物称为实体。实体既可以是实际的事物，也可以是抽象的概念或联系。

(2) 属性(Attribute)：属性就是实体所具有的特性，一个实体可以由若干个属性描述。

(3) 域(Domain)：属性的取值范围称为该属性的域。

(4) 实体型(Entity Type)：用实体名及其属性名集合来抽象和刻画同类实体。如教师(教师编号，教师姓名，性别，出生年份，工作年限，工资)。

(5) 实体集(Entity Set)：具有相同属性的实体的集合称为实体集。

(6) 键(Key)：键是能够唯一地标识出一个实体集中每一个实体的属性或属性组合，键也被称为关键字或码。

(7) 联系(Relationship)：联系分为两种，一种是实体内部各属性之间的联系，另一种是实体之间的联系。

2. 实体之间的联系

实体之间的三种联系如图 1-6 所示。

(1) 一对一联系：如果对于实体集 A 中的每个实体，实体集 B 中至多有一个(可以没有)与之相对应，反之亦然，则称实体集 A 与实体集 B 具有一对一联系，记作 1：1。

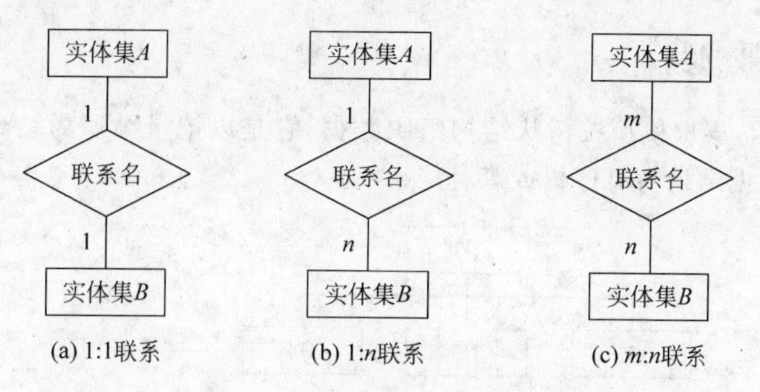

图 1-6　实体之间的三种联系

(2) 一对多联系：如果对于实体集 A 中的每个实体，实体集 B 中有 n 个实体($n \geqslant 0$)与之相对应，反过来，实体集 B 中的每个实体，实体集 A 中至多只有一个实体与之联系，则称实体集 A 与实体集 B 具有一对多联系，记作 $1:n$。

(3) 多对多联系：如果对于实体集 A 中的每个实体，实体集 B 中有 n 个实体($n \geqslant 0$)与之相对应，反过来，实体集 B 中的每个实体，实体集 A 中也有 m 个实体($m \geqslant 0$)与之联系，则称实体集 A 与实体集 B 具有多对多联系，记作 $m:n$。

3. E-R 模型

信息模型有很多种，其中最为流行的一种称为实体-联系模型(Entity-Relationship Model,E-RM)，简称 E-R 模型，即 E-R 图。是由美籍华人陈平山于 1976 年提出的。E-R 图有三个要素。

(1) 实体：用矩形表示实体，矩形内标注实体名称。

(2) 属性：用椭圆表示属性，椭圆内标注属性名称，并用连线与实体连接起来。

(3) 实体之间的联系：用菱形表示，菱形内注明联系名称，并用连线将菱形框分别与相关实体相连，并在连线上注明联系类型。

下面用 E-R 图来表示某个工厂物资管理的概念模型，如图 1-7 所示。

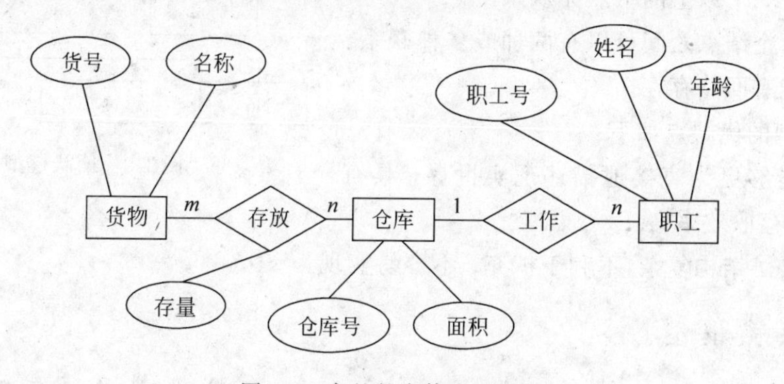

图 1-7　完整的实体联系模型

物资管理涉及的实体有：

(1) 仓库：属性有仓库号、面积。

(2) 货物：属性有货号、名称。

(3) 职工：属性有职工号、姓名、年龄。

1.4.3 层次模型

如图 1-8 所示，层次模型按树状结构组织数据，它是以记录类型为结点，以结点间联系为边的有序树，数据结构为有序树或森林。

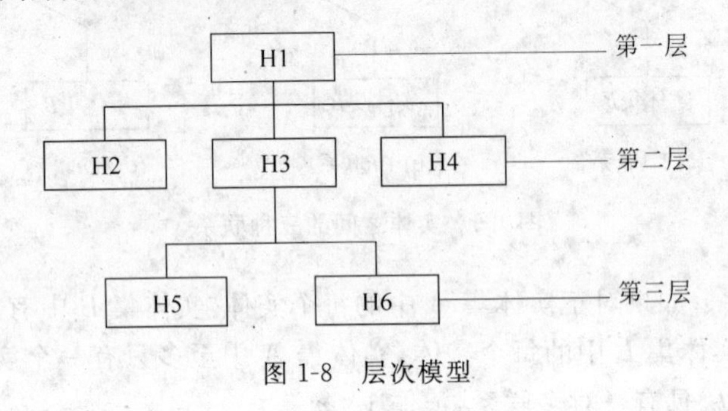

图 1-8 层次模型

层次模型有以下两个特点：

(1) 有且仅有一个结点无父结点，该结点称为根。

(2) 根以外的其他结点有且只有一个双亲结点。

上面特点就使得用层次模型表示 $1:n$ 联系非常简便，这是它的突出优点，但是它不能直接表示 $m:n$ 的联系。

1.4.4 网状模型

如图 1-9 所示，网状模型用网状结构表示实体及其之间的联系，网中结点之间的联系不受层次限制，可以任意发生联系。

网状模型有如下几个特点：

(1) 一个子结点可以有两个或多个父结点。

(2) 允许一个以上的结点无双亲。

(3) 在两个结点之间可以有两种或多种联系。

(4) 可能有回路存在。

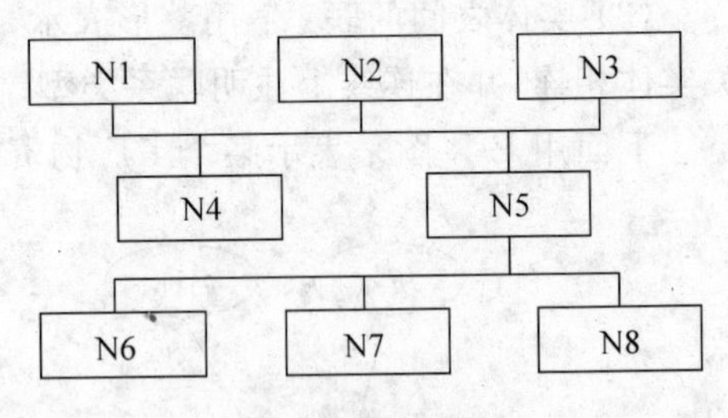

图 1-9 网状模型

网状模型的优缺点如下：

优点：能够更为直接地描述现实世界；具有良好的性能，存取效率高。

主要缺点：结构复杂，不利于扩充；不容易实现。

1.4.5 关系模型

关系数据模型是由 IBM 公司的 E. F. Codd 于 1970 年首次提出，以关系数据模型为基础的数据库管理系统，称为关系数据库系统(RDBMS)，目前广泛使用。

1. 关系数据模型的定义

实体和联系均用二维表来表示的数据模型称之为关系数据模型。一张二维表由行和列组成，如表 1-1 所示。

表 1-1　关系数据模型

学　号	姓　名	性　别	年　龄	系　别
2110205001	李化勇	男	21	计算机
2110205003	张劲松	男	20	计算机
2110305002	罗华	女	22	电子
2110406007	谢东岩	女	19	英语

2. 关系数据模型的基本概念

1）关系(Relation)

对应于关系模式的一个具体的表称为关系，又称表(Table)。

2）关系模式(Relation Schema)

二维表的表头那一行称为关系模式，又称表的框架或记录类型，是对关系的描述。

关系模式可表示为：关系模式名(属性名 1，属性名 2，…，属性名 n)的形式。例如：学生(学号，姓名，性别，出生日期，籍贯)。

3）元组(Tuple)

关系中的每一行称为关系的一个元组，又称行(Row)或记录(Record)。

4）属性(Attribute)

关系中的每一列称为关系的一个属性，又称列(Column)。给每一个属性起一个名称即属性名。

5）变域(Domain)

关系中的每一属性所对应的取值范围叫属性的变域，简称域。

6）主键(Primary Key)

如果关系模式中的某个或某几个属性组成的属性组能唯一地标识对应于该关系模式的关系中的任何一个元组，这样的属性组为该关系模式及其对应关系的主键。

7）外键(Foreign Key)

如果关系 R 的某一属性组不是该关系本身的主键，而是另一关系的主键，则称该属性组是 R 的外键。

3. 关系数据模型完整性约束

关系数据模型完整性约束主要包括三大类：实体完整性、参照完整性和用户定义完整性。关系数据模型中的查询、插入、删除、修改数据等常用操作都要满足这些条件。

4. 关系数据模型优缺点

1）优点

(1) 由于实体和联系都用关系描述，保证了数据操作语言的一致性；

(2) 结构简单直观、用户易理解；

(3) 有严格的设计理论；

(4) 存取路径对用户透明，从而具有更高的独立性、更好的安全保密性，也简化了程序员的工作和数据库开发建立的工作量。

2）缺点

由于存取路径对用户透明，造成查询速度慢，效率低于非关系型数据模型。

小　结

本章首先通过介绍数据库的基本概念和数据库技术的发展，说明了数据库的优点。然后阐述了数据库系统的组成与结构，尤其强调了人-机系统这样一种理念，并且说明了数据库系统三级模式和两层映像的系统结构保证了数据库系统中能够具有较高的逻辑独立性和物理独立性。最后介绍了数据模型的概念与分类，因为数据模型是数据库系统的核心和基础，所以详细阐明了组成数据模型的三大要素、概念模型以及三种主要数据库模型。其中，概念模型的典型代表E-R图，以其方法简单，清晰明了，得到广泛应用，是掌握的重点。

习　题

一、单选题

1. 数据库(DB)、数据库系统(DBS)和数据库管理系统(DBMS)之间的关系是(　　)。

A. DBS包括DB和DBMS　　B. DBMS包括DB和DBS

C. DB包括DBS和DBMS　　D. DBS就是DB,也就是DBMS

2. 一个关系型数据库管理系统所应具备的3种基本关系操作是(　　)。

A. 选择、投影与连接　　B. 编辑、浏览与替换

C. 插入、删除与修改　　D. 排序、索引与查询

3. 在关系型数据库管理系统中，所谓关系是指(　　)。

A. 各条数据记录之间存在着一定的关系

B. 各个字段数据之间存在着一定的关系

C. 一个数据库与另一个数据库之间存在着一定的关系

D. 满足一定条件的一个二维数据表格

4. 下列四项中，不属于数据库系统特点的是(　　)。

A. 数据共享　　B. 数据完整性

C. 数据冗余度高　　D. 数据独立性高

5. DBS是采用了数据库技术的计算机系统，DBS是一个集合体，包含数据库，计算机硬件、软件和(　　)。

A. 系统分析员　　B. 程序员　　C. 数据库管理员　　D. 操作员

6. 下面列出的数据库管理技术发展的三个阶段中，没有专门的软件对数据进行管理的是(　　)。

Ⅰ. 人工管理阶段

Ⅱ. 文件系统阶段

Ⅲ. 数据库阶段

A. Ⅰ和Ⅱ　　B. 只有Ⅱ　　C. Ⅱ和Ⅲ　　D. 只有Ⅰ

7. 数据库系统的数据独立性体现在(　　)。

A. 不会因为数据的变化而影响到应用程序

B. 不会因为系统数据存储结构与数据逻辑结构的变化而影响应用程序

C. 不会因为存储策略的变化而影响存储结构

D. 不会因为某些存储结构的变化而影响其他的存储结构

8. 数据库类型是按照(　　)来划分的。

A. 文件形式　　B. 数据模型　　C. 记录形式　　D. 数据存取方法

9. 数据库系统的核心是(　　)。

A. 数据库　　B. 操作系统　　C. 文件　　D. 数据库管理系统

10. 在数据库管理技术的发展过程中,可以实现数据完全共享的阶段是(　　)。

A. 自由管理阶段　　B. 文件系统阶段

C. 数据库系统阶段　　D. 系统管理阶段

二、填空题

1. 数据库系统具有________、________、________、数据粒度小、独立的数据操作界面、由 DBMS 统一管理等优点。

2. 目前的数据库系统,主要采用________数据模型。

3. ________具有不能输入重复值且不能为空(就是不输入任何值)的特点。

4. 如果表中某个属性或者属性组合的值能够唯一地标识每条记录,则可以把它选作为________。

5. 数据库中的数据是有结构的,这种结构是由数据库管理系统所支持的________表现出来的。

6. 数据库是在计算机系统中按照一定的数据模型组织、存储和应用的________的集合。

7. 按照所使用的________的不同,数据库管理系统可分为层次型、网状型和________3 种。

8. 在关系运算中,选取符合条件的元组是________运算。

9. 能对数据库中的数据进行输入、增删、修改、统计、加工、排序、输出等操作的软件系统称为________。

10. 关系的概念是指________的集合。

三、简答题

1. 文件系统中的文件与数据库中的文件有什么区别?

2. 什么是数据独立性?数据库系统是如何实现数据独立性的?

3. 使用数据库系统有什么好处。

4. 试述数据模型的概念,数据模型的作用和数据模型的三个要素。

5. 定义并解释概念模型中以下术语:实体、实体型、实体集、属性、码、实体联系图(E-R 图)。

6. 试给出学校三个实际部门的 E-R 图,要求给出实体型之间具有一对一、一对多、多对多的联系。

第2章 关系数据库系统理论基础

内容提要

- 关系模型；
- 关系数据结构及形式化定义；
- 关系的完整性约束；
- 关系代数；
- 关系数据库标准语言 SQL；
- 关系的规范化。

关系数据库用数学方法来处理数据库中的数据。它有严格的理论基础，1970 年 IBM 公司的 E. F. Codd 发表《A Relational Model of Data for Shared Data Banks》的论文，开创了数据库系统的新纪元。以后，又连续发表了多篇论文，奠定了关系数据库理论基础。20 世纪 70 年代末，IBM 公司的 San Jose 实验室在 IBM 370 系列机上研制的关系数据库实验系统 System R 获得成功。1981 年，又宣布了具有 System R 全部特征的新的数据库软件产品 SQL/DS 问世。与 System R 同期，美国加州大学伯克利分校也研制了 INGRES 关系数据库实验系统，并经 INGRES 公司发展称为 INGRES 数据库产品。目前关系数据库系统已经占据数据库系统的主要市场。

本章主要讲述关系模型的数据结构及形式化定义、关系的完整性、关系代数、关系数据库标准语言 SQL 以及关系规范化理论等关系数据库的理论基础。

2.1 关系模型概述

关系模型是建立在数学概念上的，与层次模型、网状模型相比，关系模型是一种最重要的数据模型。它主要由关系数据结构、关系操作集合、关系完整性约束三部分组成。实际上，关系模型可以理解为用二维表格结构来表示实体及实体之间联系的模型，表格的列表示关系的属性，表格的行表示关系中的元组。

关系数据模型的常用操作有选择(Select)、投影(Project)、连接(Join)、除(Divide)、并(Union)、交(Intersection)、差(Difference)等查询(Query)操作，另外还有增加(Insert)、删除(Delete)、修改(Update)操作。关系操作的特点是集合操作方式，即操作的对象和结果都是集合。

关系数据语言是一种高度的非过程化的语言，用户不必知道具体的操作路径，存取路径的选择由 DBMS 的优化机制完成。主要包括关系代数语言、关系演算语言和 SQL 语言(关系数据库的标准语言)。

关系模型允许定义三类完整性约束：实体完整性、参照完整性和用户定义的完整性。实体完整性和参照完整性是关系模型必须满足的完整性约束条件。用户定义的完整性是应用领域需要遵循的约束条件。

2.2 关系数据结构及形式化定义

2.2.1 关系的数学定义

在关系模型中，数据是以二维表的形式存在的，这是一种非形式化的定义。但关系理论是以集合代数理论为基础的，因此这里使用集合代数的形式给出关系的数学定义。

1. 域(Domain)

定义 2.1 域是一组具有相同数据类型的值集合。例如：{1,3,5,7}，{整数}等都可以是域。域中数据的个数称为域的基数。

域被命名后用如下方法表示：

D1 = {王丽丽，张亭，李中}，表示姓名的集合，基数是 3。

D2 = {英语系，中文系}，表示系别的集合，基数是 2。

2. 笛卡儿积(Cartesian Product)

定义 2.2 给定一组域 D1，D2，…，Di，…，Dn(可以有相同的域)，则笛卡儿积定义为：
D1×D2×…×Di×…×Dn= {(d1，d2，…，di，…，dn) | di∈Di，i = 1，2，…，n}

D1×D2 = {(王丽丽，英语系)，(王丽丽，中文系)，(张亭，英语系)，(张亭，中文系)，(李中，英语系)，(李中，中文系)}

其中每个(d1，d2，…，di，…，dn)叫做元组，元组中的每一个值 di 叫做分量，di 必须是 Di 中的一个值。

显然，笛卡儿积的基数就是构成该积所有域的基数累乘积，若 Di(i = 1，2，…，n)为有限集合，其基数为 m_i(i=1，2，…，n)，则 D1×D2×…×Di×…×Dn 笛卡儿积的基数 M 为：

$$M = \prod_{i-1}^{n} m_i$$

该笛卡儿积的基数是 $M = m_1 \times m_2 = 3 \times 2 = 6$，即该笛卡儿积共有 6 个元组，它可组成一张二维表，如表 2-1 所示。

表 2-1 D1，D2 的笛卡儿积

姓名	院系	姓名	院系
王丽丽	英语系	张亭	中文系
王丽丽	中文系	李中	英语系
张亭	英语系	李中	中文系

3. 关系(Relation)

定义 2.3 笛卡儿积 D1×D2×…×Di×…×Dn 的子集 R 称作在域 D1，D2，…，Dn 上的关系，记作：

$$R(\mathrm{D1},\mathrm{D2},\cdots,\mathrm{D}i,\cdots,\mathrm{D}n)$$

其中：R 为关系名，n 为关系的度或目(Degree)，Di 是域组中的第 i 个域名。

当 $n=1$ 时，称该关系为单元关系。

当 $n=2$ 时，称该关系为二元关系。

……

依此类推，关系中有 n 个域，称该关系为 n 元关系。

下面是关系中涉及的一些相关概念：

(1) 属性(Attribute)：列的名字。

(2) 候选码：若关系中的某一属性组的值能唯一地标识一个元组，则称该属性组为候选码(Candidate Key)。

(3) 主码：若一个关系有多个候选码，则选定其中的一个为主码(Primary Key)。

(4) 主属性：主码的诸属性为主属性(Prime Attribute)。

(5) 非码属性：不包含在任何候选码中的属性称为非码属性。

(6) 全码：关系模式的所有属性组是这个关系模式的候选码，称为全码(All-key)。

(7) 外码(Foreign Key)：设 F 是基本关系 R 的一个或一组属性，但不是 R 的码(主码或候选码)，如果 F 与基本关系 S 的主码 K 相对应，则称 F 是 R 的外码，并称 R 为参照关系，S 为被参照关系。外码也称为外键。

关系的完整性包括实体完整性、参照完整性和用户定义的完整性。

一般来说，一个关系取自笛卡儿积的子集才有意义，如表 2-2 所示。

4. 关系的三种类型

基本关系(基本表或基表)：实际存在的表，它是实际存储数据的逻辑表示。

查询表：查询结果对应的表。

视图表：由基本表或其他视图导出的表，是虚表，不对应实际存储的数据。

表 2-2　D1，D2 的笛卡儿积中构造的关系

姓　名	院　系
王丽丽	英语系
张　亭	中文系
李　中	英语系

2.2.2　关系的性质

关系是一种规范化了的二维表中行的集合。为了使相应的数据操作简化，在关系模型中对关系进行了限制，因此关系具有以下 6 条性质：

(1) 列是同质的，即每一列中的分量是同一类型的数据，来自同一个域。

(2) 关系中的任意两个元组不能相同。

(3) 关系中不同的列来自相同的域，每一列中有不同的属性名。

(4) 关系中列的顺序可以任意互换，不会改变关系的意义。

(5) 行的次序和列的次序一样，也可以任意交换。

(6) 关系中每一个分量都必须是不可分的数据项，元组分量具有原子性。

2.2.3　关系模式

定义 2.4　对关系结构的描述称为关系模式。关系模式可以形式化地表示为 $R(U, D, \mathrm{dom}, F)$，其中：

R：关系名。

U：组成该关系的属性名集合。

D：属性的域。

dom：属性向域的映像集合。属性向域的映像常常直接说明为属性的类型、长度。

$$\text{dom}(\text{教师})=\text{dom}(\text{学生})=\text{人}$$

F：属性间数据的依赖关系集合。

关系模式指出了关系由哪些属性组成。关系模式是静态的、稳定的，而关系是动态的、不断变化的，它是关系模式在某一时刻的状态和内容。关系模式是型，关系是值。

一般地，从两个方面描述一个关系：首先，关系模式必须指出它由哪些属性构成，这些属性来自哪个域，以及属性与域之间的映像关系。其次，关系通常由赋予它的元组语义来确定。

一组关系模式的集合构成了关系数据库模式。关系数据库模式即为关系数据库的型，关系数据库的值即为关系模式在某一时刻对应的关系的集合。

2.3 关系的完整性

关系模型的完整性规则是指对关系的某种约束条件。为了维护数据库中数据与现实世界的一致性，对关系数据库的插入、删除和修改操作必须有一定的约束条件，这就是关系的完整性。关系的完整性有三类：实体完整性、参照完整性和用户定义的完整性。

2.3.1 实体完整性

实体完整性(Entity Integrity)规则是指若属性 A 是基本关系 R 的主属性，则属性 A 不能取空值。实体完整性规则规定基本关系的所有主属性都不能取空值(Null)，而不仅是主码整体不能取空值。空值就是“不知道”或“无意义”。

例 2.1 有如下关系模式：

学生(学号，姓名，性别，年龄，籍贯)

其中，学号属性为主码，不能取空值。

必修课(学号，课程号，成绩)

其中，学号、课程号的组合为主码，都不能取空值。

2.3.2 参照完整性

实体完整性是为了保证关系中主键属性值的正确性，而参照完整性(Referential Integrity)是为了保证关系之间能够进行正确的联系。两个关系能否进行正确的联系，外键起着很重要的作用。

设 F 是基本关系 R 的一个或一组属性，但不是关系 R 的码。如果 F 与基本关系 S 的主码 Ks 相对应，则称 F 是基本关系 R 的外码(Foreign Key)，并称基本关系 R 为参照关系，基

本关系 S 为被参照关系或目标关系。R 和 S 并不一定是不同的关系。参照完整性规则就是定义外码与主码之间的引用规则。表的外码必须是另一个表主码的有效值,或者是空值。

对参照完整性规则可以定义如下:

若属性(或属性组)F 是基本关系 R 的外码,它与基本关系 S 的主码 Ks 相对应(基本关系 R 和 S 不一定是不同的关系),则对于 R 中每个元组在 F 上的值必须为如下两种取值之一:

(1) 取空值(F 的每个属性值均为空值);

(2) 等于 S 中某个元组的主码值。

例 2.2 有如下关系模式:

学生(<u>学号</u>,姓名,性别,院系号,年龄)
院系(<u>院系号</u>,专业名)

院系号属性是学生关系的外码,院系关系是被参照关系,学生关系为参照关系。

例 2.3 有如下关系模式:

学生(<u>学号</u>,姓名,性别,院系号,年龄)
课程(<u>课程号</u>,课程名,学分)
必修(<u>学号</u>,<u>课程号</u>,成绩)

学号,课程号属性是必修关系的外码。学生关系和课程关系均为被参照关系,必修关系为参照关系。

例 2.4 有如下关系模式:

学生(<u>学号</u>,姓名,性别,院系号,年龄,班长)

班长属性与本身的主码学号属性相对应,因此班长是外码。学生关系既是参照关系又是被参照关系。

2.3.3 用户定义完整性

用户定义的完整性就是用户按照实际的数据库应用系统运行环境要求,针对某一具体关系数据库的约束条件。例如某个属性"成绩"的取值范围必须在 0～100 之间。用户定义完整性反映某一具体应用所涉及的数据必须满足的语义要求。

2.4 关系代数

关系代数是一种抽象的查询语言,用对关系的运算来表达查询。每个运算都以一个或者多个作为它的运算对象,并生成另外一个关系作为该运算的查询结果。

关系代数的基本运算有两类:一类是传统的集合运算,另一类是专门的关系运算。其运算符包括 4 类:集合运算符(∪、－、∩)、专门的关系运算符(×、σ、π、∞、÷)、算术比较符(＞、≥、＜、≤、＝、≠)和逻辑运算符(¬、∧、∨)。

2.4.1 传统的集合运算

传统的集合运算包括并、交、差、广义笛卡儿积 4 种运算。当集合运算并、交、差用于关系时，要求参与运算的两个关系必须是相容的，即两个关系的度数一致，并且关系属性的性质必须一致。

设 R 和 S 均为 n 目关系。

1. 并

并(union)是将两个关系中的所有元组构成新的关系，并运算的结果中必须消除重复值。

关系 R 和 S 的并记作：

$$R \cup S = \{t \mid t \in R \vee t \in S\}$$

其结果仍为 n 目关系，由属于 R 或属于 S 的元组组成。

2. 差

差(difference)运算结果是由属于一个关系并且不属于另一个关系的元组构成的新关系，就是从一个关系中减去另一个关系。

关系 R 与 S 的差记作：

$$R - S = \{t \mid t \in R \wedge t \notin S\}$$

其结果关系仍为 n 目关系，由属于 R 而不属于 S 的所有元组组成。

3. 交

交(intersection)将两个关系中的公共元组构成新的关系。

关系 R 与 S 的交记作：

$$R \cap S = \{t \mid t \in R \wedge t \in S\}$$

其结果关系仍为 n 目关系，由既属于 R 又属于 S 的元组组成。

4. 广义笛卡儿积

n 目关系 R 与 m 目关系 S 的广义笛卡儿积(Extended Cartesian Product)是一个$(n+m)$列的元组的集合。

元组的前 n 列是关系 R 的一个元组，后 m 列是关系 S 的一个元组。

若 R 有 $k1$ 个元组，S 有 $k2$ 个元组，则关系 R 与关系 S 的广义笛卡儿积有 $k1 \times k2$ 个元组。记作：

$$R \times S = \{\widehat{\mathrm{trts}} \mid \mathrm{tr} \in R \wedge \mathrm{ts} \in S\}$$

例 2.5 给定关系 R 和 S 如图 2-1(a)和图 2-1(b)所示，求 $R \cup S$、$R \cap S$、$R - S$、$R \times S$，结果如图 2-1(c)、图 2-1(d)、图 2-1(e)、图 2-1(f)所示。

2.4.2 专门的关系运算

专门的关系运算包括选择、投影、连接、除，为了叙述上的方便，首先引入几个记号。

设关系模式 $R(A1, A2, \cdots, An)$：

(1) $t[Ai]$表示元组 t 中相应于属性 Ai 的一个分量。

(2) 若 $A = \{Ai1, Ai2, \cdots, Ain\}$，其中 $Ai1, Ai2, \cdots, Ain$ 是 $A1, A2, \cdots, An$ 中的一部分，则 A 称为属性列或域列。$t[A] = (t[Ai1], t[Ai2], \cdots, t[Ain])$表示 t 在属性列 A 上诸分量的集合。$\bar{A}$ 则表示$\{A1, A2, \cdots, An\}$中去掉$\{Ai1, Ai2, \cdots, Ain\}$后剩余的属

(a) R

X	Y	Z
x1	y1	z1
x1	y2	z2
x2	y2	z1

(b) S

X	Y	Z
x1	y2	z2
x1	y3	z2
x2	y2	z1

(c) $R \cup S$

X	Y	Z
x1	y1	z1
x1	y2	z2
x2	y2	z1
x1	y3	z2

(d) $R \cap S$

X	Y	Z
x1	y2	z2
x2	y2	z1

(e) $R-S$

X	Y	Z
x1	y1	z1

(f) $R \times S$

X	Y	Z	X	Y	Z
x1	y1	z1	x1	y2	z2
x1	y1	z1	x1	y3	z2
x1	y1	z1	x2	y2	z1
x1	y2	z2	x1	y2	z2
x1	y2	z2	x1	y3	z2
x1	y2	z2	x2	y2	z1
x2	y2	z1	x1	y2	z2
x2	y2	z1	x1	y3	z2
x2	y2	z1	x2	y2	z1

图 2-1　传统的集合运算举例

性组。

(3) R 为 n 目关系，S 为 m 目关系。$\text{tr} \in \text{R}$，$\text{ts} \in \text{S}$，$\widehat{\text{trts}}$称为元组的连接。它是一个 $n+m$ 列元组，前 n 个分量为 R 中的一个 n 元组，后 m 个分量为 S 中的一个 m 元组。

(4) 给定一个关系 $R(X, Z)$，X 和 Z 为属性组。定义当 $t[X]=x$ 时，x 在 R 中的象集为：$Z_x=\{t[Z] \mid t \in R, t[X]=x\}$，它表示 R 中属性组 X 上值为 x 的诸元组的集合。

下面介绍关系运算的定义：

1. 选择

选择(Selection)是按照给定条件从指定的关系中挑选出满足条件的元组构成新的关系。或者说，选择运算的结果是一个表的行的子集。它是在关系 R 中选择满足给定条件的诸元组。记作：

$$\sigma_F(R) = \{t \mid t \in R \wedge F(t) = '\text{真}'\}$$

其中 F 为逻辑表达式。选择运算实际上是从关系 R 中选取逻辑表达式 F 为真的元组。这是从行的角度进行的运算。

给定学生选课数据库如表 2-3、表 2-4 和表 2-5 所示。

表 2-3　学生表(XSheng)

学号(XHao)	姓名(XMing)	性别(XBie)	年龄(NLing)	院系名(YXi)
04010001	王晓峰	男	18	中文系
04020001	刘汉中	男	19	外语学院
05020002	李建	女	20	外语学院

续表

学号(XHao)	姓名(XMing)	性别(XBie)	年龄(NLing)	院系名(YXi)
04030001	田丽丽	女	21	数学系
04030004	李琳	女	20	计算机学院
04030005	李建	男	19	计算机学院

表 2-4　课程表(KCheng)

课程号(KChHao)	课程名称(MCheng)	先行课(XXKe)	学分(XFen)	课程性质(XZh)
1	大学英语	2	4	必修
2	C 语言	4	3	必修
3	数学		4	必修
4	计算机导论		2	必修
5	操作系统	2	3	必修

表 2-5　选课表(XKe)

学号(XHao)	课程号(KChHao)	成绩(ChJi)	学号(XHao)	课程号(KChHao)	成绩(ChJi)
04010001	1	85	05020002	4	90
04010001	4	85	04030001	2	98
04020001	1	78	04030004	1	68
04020001	2	87	04030004	2	86
05020002	3	83	04030005	1	80

例 2.6　查询中文系所有学生。

$$\sigma_{\text{YXi}=\text{'中文系'}}(\text{XSheng})$$

或者

$$\sigma_{5=\text{'中文系'}}(\text{XSheng})$$

其中 5 为 YXi 的序号,可以代表该列。

查询结果为:

Xhao	XMing	Xbie	NLing	YXi
04010001	王晓峰	男	18	中文系

例 2.7　查询年龄小于 20 岁的女同学。

$$\sigma_{\text{XBie}=\text{'女'} \wedge \text{NLing}<21}(\text{XSheng})$$

或者

$$\sigma_{3=\text{'女'} \wedge 4<21}(\text{XSheng})$$

查询结果为:

Xhao	XMing	Xbie	NLing	YXi
05020002	李　建	女	20	外语学院
04030004	李　琳	女	20	计算机学院

2. 投影

投影(projection)是从指定的关系中挑选出某些属性构成新的关系。或者说,投影运算的结果是一个表的列的子集。关系 R 上的投影是从 R 中选择出若干属性列组成新的关系。记作：

$$\pi_A(R) = \{t[A] \mid t \in R\}$$

其中 A 为 R 中的属性列。投影操作是从列的角度进行的运算。投影的结果将取消由于取消了某些列而产生的重复元组。

例 2.8 查询学生的姓名和年龄，即在姓名和年龄两列上做投影操作。

$$\pi_{\text{XMing},\text{NLing}}(\text{XSheng})$$

或者

$$\pi_{2,4}(\text{XSheng})$$

查询结果为：

XMing	NLing
王晓峰	18
刘汉中	19
李　建	20
田丽丽	21
李　琳	20
李　建	19

投影之后不仅取消了某些列，而且还有可能取消某些元组，因为取消了某些属性列后，就可能出现重复行，应取消这些完全相同的行。

例 2.9 查询学生关系中有哪些院系，即在 XYi 列上做投影操作。

$$\pi_{\text{YXi}}(\text{XSheng})$$

或者

$$\pi_5(\text{XSheng})$$

查询结果为：

YXi
中文系
外语学院
数学系
计算机学院

本例投影的结果取消了重复的元组，所以得到了 4 个元组。

3. 连接

连接(join)也称为 θ 连接，是将两个和多个关系连接在一起，形成一个新的关系。连接运算是按照给定条件，把满足条件的各关系的所有元组，按照一切可能组合成新的关系。或者说，连接运算的结果是从两个关系的笛卡儿积中选取属性间满足一定条件的元组。记作：

$$\underset{A\theta B}{R \infty S} = \{\text{tr}^\frown\text{ts} \mid \text{tr} \in R \wedge \text{ts} \in S \wedge \text{tr}[A]\theta\text{ts}[B]\}$$

两种重要的连接是等值连接和自然连接。

(1) 等值连接：θ 为“＝”的连接运算为等值连接。它是从关系 R 与关系 S 的广义笛卡儿积中选取 A、B 属性值相等的那些元组，即：

$$\underset{A=B}{R \infty S} = \{\text{tr}^\frown\text{ts} \mid \text{tr} \in R \wedge \text{ts} \in S \wedge \text{tr}[A] = \text{ts}[B]\}$$

(2) 自然连接：当连接的两关系有相同的属性名时，称这种连接为自然连接，它是一种特殊的等值连接。它要求两个关系中进行比较的分量必须是相同的属性组。并且在结果中把重复的属性列去掉。即若 R 和 S 具有相同的属性组 B，则自然连接可记作：

$$R\infty S=\{\widehat{\text{trts}}\mid \text{tr}\in R\wedge \text{ts}\in S\ \wedge \text{tr}[A]=\text{ts}[B]\}$$

例 2.10 给定关系 R 和 S 如图 2-2(a)和图 2-2(b)所示，求 R 和 S 满足 A3>A4 连接，等值连接和自然连接。

A1	A2	A3
c	b	4
a	d	2
b	c	6

(a) R

A2	A4
b	5
c	2

(b) S

A1	R. A2	A3	S . A2	A4
c	b	4	c	2
b	c	6	b	5
b	c	6	c	2

(c) $R \underset{A3>A4}{\infty} S$

A1	R. A2	A3	S . A2	A4
a	d	2	c	2

(d) $R \underset{A3>A4}{\infty} S$

A1	A2	A3	A4
c	b	4	5
b	c	6	2

(e) $R\infty S$

图 2-2 连接运算举例

其结果如图 2-2(c)、图 2-2(d)和图 2-2(e)所示。

4. 除

给定关系 R(X,Y)和 S(Y,Z)，其中 X,Y,Z 为属性组。R 中的 Y 与 S 中的 Y 可以有不同的属性名，但必须出自相同的域集。R 与 S 的除运算得到一个新的关系 P(X)，P 是 R 中满足下列条件的元组在 X 属性列上的投影：元组在 X 上分量值 x 的象集 Yx 包含 S 在 Y 上投影的集合。记作：

$R\div S=\{\text{tr}[X]\mid \text{tr}\in R\wedge \pi_{y}(S)\subseteq Y_{x}\}$，其中 Y_x 为 x 在 R 中的象集，$x=\text{tr}[X]$。

例 2.11 设关系 R 和 S 如图 2-3(a)和图 2-3(b)所示，求 $R\div S$。

M	N	P
m1	n1	p2
m2	n3	p7
m3	n4	p6
m1	n2	p5
m2	n2	p3
m1	n2	p1

(a) R

N	P	Q
n1	p2	q1
n2	p1	q1
n2	p5	q2

(b) S

图 2-3 例 2.11 中的 R 和 S

在关系 R 中，M 可以取三个值{m1,m2,m3}。其中：

m1 的象集为{(n1,p2),(n2,p5),(n2,p1)}。

m2 的象集为{(n3,p7),(n2,p3)}。

m3 的象集为{(n3,p7),(n2,p3)}。

S 在(N,P)上的投影为{(n1,p2),(n2,p1),(n2,p5)}。

显然只有 m1 的象集 $(N,P)_{m1}$ 包含了 S 在 (N,P) 属性组上的投影，所以 $R \div S=\{m1\}$。

下面再以学生选课数据库为例，在举几个综合运用各种关系代数运算查询的例子。

例 2.12 查询选修了全部课程的学生的学号和姓名。

$$\pi_{XHao,KChHao}(XKe) \div \pi_{KChHao}(KCheng) \infty \pi_{XHao,XMing}(XSheng)$$

例 2.13 查询选修了 4 号课程的学生的学号。

$$\pi_{XHao}(\sigma_{KChHao=4}(XKe))$$

查询结果为：

```
XHao
04010001
05020002
```

例 2.14 查询选修了 4 号课程的学生的学号，姓名。

$$\pi_{XHao,XMing}(\sigma_{KChHao=4}(XSheng \infty XKe))$$

或者

$$\pi_{XHao,XMing}(XSheng \infty \sigma_{KChHao=4}(XKe))$$

例 2.15 查询选修了 4 号课程的学生的学号，姓名，课程名和成绩。

$$\pi_{XHao,XMing,MCheng,ChJi}(\sigma_{KChHao=4}(XSheng \infty Xke \infty KCheng))$$

或者

$$\pi_{XHao,XMing,MCheng,ChJi}(XSheng \infty \sigma_{KChHao=4}(Xke) \infty KCheng)$$

本节介绍了 8 种关系代数运算，其中并、差、笛卡儿积、投影和选择 5 种为基本关系运算。其他 3 种即交、连接、除均可以用以上 5 种关系运算来表达，而它们并不增加语言的能力，只起到简化表达的作用。

2.5 关系数据库标准语言 SQL

SQL(Structured Query Language，结构化查询语言)是 1974 年 IBM 圣约瑟实验室的 Boyce 和 Chamberlin 为关系数据库管理系统 System-R 设计的一种查询语言，当时称为 SEQUEL 语言(Structured English Query Language)，后简称为 SQL。

1975—1979 年 IBM 公司 San Jose 的研究实验室研制了著名的关系数据库系统原型 System R 并实现了这种语言。

1981 年 IBM 推出关系数据库系统 SQL/DS 后，SQL 得到了广泛应用。

1986 年 10 月美国国家标准局(ANSI)的数据库委员会 X3H2 批准了 SQL 作为关系数据库语言的美国标准。同年，公布了 SQL 标准文本，简称 SQL-86。

1987 年，国际标准化组织(ISO)也通过了 SQL-86 标准。

1989 年，ISO 公布了 SQL-89 标准，SQL-89 标准在 SQL-86 基础上增补了完整性描述。

1990 年，我国制定等同于 SQL-89 的国家标准。

1992 年，ISO 公布了 SQL-92 标准，即 SQL2。

1999 年，ANSI 制定了 SQL-99 标准，即 SQL3。

在许多软件产品中，软件厂商都对 SQL 的基本命令集进行了扩充，将其扩展成嵌入式 SQL 语言。SQL Server 2005 中使用 Transact-SQL 语言与数据库服务器打交道。

2.5.1 SQL 语言基本知识

1. SQL 的特点

SQL 语言是一种关系数据库语言，它综合统一、功能强大、简捷易学，是目前的国际标准数据库语言。SQL 语言主要具有如下特点：

(1) 综合统一。SQL 语言提供数据的定义、查询、更新和控制等功能，集数据定义语言 DDL、数据操纵语言 DML、数据控制语言 DCL 的功能于一体，语言风格统一，功能强大，能够完成各种数据库操作。

(2) 高度非过程化。用户无需了解存取路径，存取路径的选择及 SQL 语句的操作过程由系统自动完成。

(3) 面向集合的操作方式。SQL 语言采用集合操作方式，不仅操作对象、查找结果可以是元组的集合，而且一次插入、删除、更新操作的对象也可以是元组的集合。

(4) 以同一种语法结构提供两种使用方式，一种是自含式语言，以独立交互式使用，另一种是嵌入式语言，主要嵌入到其他高级语言中使用。

(5) 不是一个应用程序开发语言，只提供对数据库的操作能力，不能完成屏幕控制、菜单管理、报表生成等功能。

(6) 书写简单、易学易用。

2. SQL 语言的组成

(1) 数据定义语言(Data Definition Language，DDL)：创建、修改或删除数据库中各种对象，包括数据库、表、视图以及索引等。

(2) 数据操纵语言(Data Manipulation Language，DML)：对已经存在的数据库进行记录的插入、删除、修改等操作，可以分成数据查询和数据更新两大类。

(3) 数据控制语言(Data Control Language，DCL)：用来授予或收回访问数据库的某种特权、控制数据操纵事务的发生时间及效果，对数据库进行监视，包括对表和视图的授权，完整性规则的描述，并发控制，事务控制等。

3. SQL 数据库体系结构及基本概念

SQL 数据库的体系结构如图 2-4 所示。

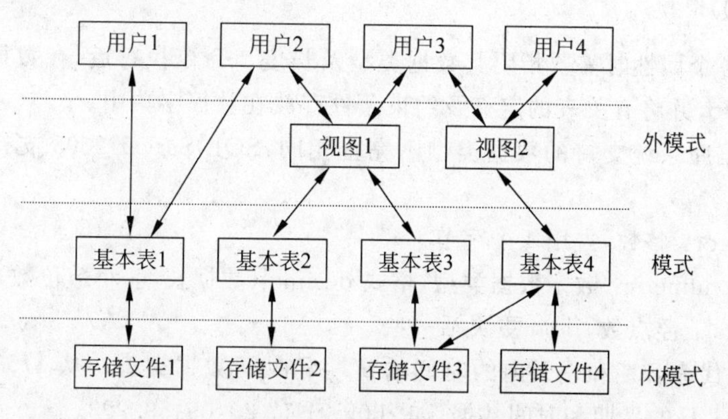

图 2-4　SQL 对数据库的体系结构的支持

SQL 语言支持关系数据库三级模式结构。外模式对应于视图(View)和部分基本表(Base Table),模式对应于基本表,内模式对应于存储文件。

基本表是独立存在的表,SQL 中一个关系对应一个基本表。一个或多个基本表对应一个存储文件,一个表可以带若干索引,索引也存放在存储文件中。

视图是从一个或几个基本表导出的表。它本身不独立存储在数据库中,在数据库中只存放视图的定义而不存放视图对应的数据,这些数据仍存放在导出视图的基本表中,因此视图是一个虚表。用户可以在视图上再定义视图。

2.5.2 数据定义命令

SQL 语言的数据定义命令用于定义表(CREATE TABLE)、定义视图(CREATE VIEW)和定义索引(CREATE INDEX)等。

1. 定义基本表

使用 SQL 语言定义基本表的语句格式是:

```
CREATE  TABLE <表名>
  (<列名><数据类型>[列级完整性约束条件]
     [, <列名><数据类型>[列级完整性约束条件] ]…
     [, <表级完整性约束条件>]);
```

注意:在实际操作中,建表的同时还会定义与该表有关的完整性约束条件,如果完整性约束条件涉及该表的多个属性列,则必须定义在表级上,否则既可以定义在列级也可以定义在表级。

例 2.16 建立一个"学生信息"表 Studentinfo,它由学号 Snumber、姓名 Sname、性别 Ssex、生日 Sbirthday、所在院系 Sdepartment 五个属性组成。其中学号不能为空,值是唯一的,并且姓名取值也唯一。

```
CREATE TABLE Studentinfo
(XHao char(8) NOT NULL,
XMing char(8) NOT NULL,
XBie char(2) NOT NULL,
ShR datetime,
YXi char(12));
```

定义表的各个属性时需要指明其数据类型及长度。命令执行后,在数据库中建立一个空表 Studentinfo,并将有关表的定义及约束条件存放在数据字典中。

不同的数据库系统支持的数据类型不完全相同,SQL Server 2005 支持的数据类型部分列举如下:

int 或 integer:整数,占用 4 个字节。

decimal 或 numeric:数字数据类型,格式 decimal(数据长度,小数位数)。

float 和 real:浮点数,float 更灵活一些。

datetime:代表日期和一天内的时间的日期和时间数据类型。从 1753 年 1 月 1 日到 9999 年 12 月 31 日的日期和时间数据,如 2006-01-17 20:09:59.993。

char:固定长度字符数据类型,格式为 char[(*n*)],*n* 必须是一个介于 1 和 8000 之间的数值，当使用字符型数据时需要用'或"括起来。

2. 修改基本表

使用 SQL 语言修改基本表的语句格式是：

```
ALTER TABLE <表名>
        [ADD <新列名><数据类型>[完整性约束]]
        [DROP <完整性约束名>]
        [MODIFY <列名><数据类型>];
```

其中：

<表名>：指要修改的基本表。

ADD 子句：增加新列和新的完整性约束条件。

DROP：删除指定的完整性约束体条件。

MODIFY：用于修改原有列的定义。

例 2.17 向 Studentinfo 表增加“联系电话”列，其数据类型为字符型。

```
ALTER TABLE Studentinfo
ADD DHua  char(16);
```

注意新增加的列，其值为空值。

例 2.18 下面命令在 Studentinfo 表中添加 ChJi 列之后，再删除 ChJi 列。

```
ALTER TABLE Studentinfo
ADD ChJi decimal(3,0);
ALTER TABLE studentinfo
DROP COLUMN ChJi;
```

例 2.19 将联系电话的数据类型改为整型。

```
ALTER TABLE Studentinfo
MODIFY DHua  int;
```

例 2.20 删除学生姓名必须取唯一值的约束。

```
ALTER TABLE Studentinfo
DROP UNIQUE(XMing);
```

3. 删除基本表

使用 SQL 语言删除基本表的语句格式是：

```
DROP TABLE <表名>
```

例 2.21 删除 Studentinfo 表。

```
DROP TABLE Studentinfo
```

在大部分系统中，基本表的定义一旦被删除，表中的数据、在此表上建立的索引和视图都将自动被删除。有些系统中，如 Oracle，删除基本表后建立在此表上的视图定义仍将保留在数据字典中，但不能被引用。

4. 建立索引

索引是对数据库表中一个或多个列的值进行排序的结构。可以利用索引快速访问数据库表中的信息。

使用 SQL 语言建立索引的语句格式是：

```
CREATE  [UNIQUE][CLUSTER]  INDEX<索引名>
   ON <表名> (<列名>[<次序>][,<列名>[<次序>]] …);
```

其中：

<表名>：将要建立索引的基本表的名字。索引可以建立在该表的一列或多列上，各列名之间用逗号分隔。

次序：指定索引值的排列次序，可选 ASC(升序)或 DESC(降序)，默认值为 ASC。

UNIQUE：表明此索引的每一个索引值只对应唯一的数据记录。

CLUSTER：表示要建立的索引是聚簇索引。所谓聚簇索引是指索引项的顺序与表中记录的物理顺序一致的索引组织。在一个基本表上只能建立一个聚簇索引。

例 2.22 在学生基本情况表 Studentinfo 之上建立一个关于学生表的聚簇索引。索引文件名为 StuSno，索引建立在学号之上，按学号降序排序。

```
CREATE  CLUSTER  INDEX StuSno ON  Studentinfo (XHao desc)
```

使用索引时，有下面一些问题需要注意：

(1) 改变表中的数据(如增加或删除记录)时，索引将自动更新。

(2) 索引建立后，在查询使用该列时，系统将自动使用索引进行查询。

(3) 可以为表建立任意多个索引，但索引越多，数据更新速度越慢，所以可以为用来查询的表多建立索引，而对经常进行数据更新的表，应该少为它建立索引，以提高速度。

5. 删除索引

建立索引是为了提高查询速度，但随着索引的增多，数据更新时，系统会花费很多时间来维护索引，因此，可以及时删除不必要的索引。

使用 SQL 语言删除索引的语句格式是：

```
DROP  INDEX <索引名>
```

注意：该命令不能删除由 CREATE TABLE 或者 ALTER TABLE 命令创建的主键和唯一性约束索引，也不能删除系统表中的索引。

例 2.23 删除例 2.22 创建的 Studentinfo 表的 StuSno 索引。

```
DROP  INDEX  StuSno
```

2.5.3 数据查询语言

数据库查询是数据库的核心操作。SQL 提供了功能强大的 SELECT 语句，通过查询到做可以得到所需要的信息。

SELECT 语句的格式为：

```
SELECT [ALL|DISTINCT] <目标列表达式> [,<目标列表达式>]…
FROM <表名或视图名> [,表名或视图名] …
[WHERE<条件表达式>]
[GROUP  BY<列名 1>[HAVING<条件表达式>]]
```

```
[ORDER  BY <列名 2>[ASC|DESC]];
```

从 FROM 子句指定的基本表或视图中，根据 WHERE 子句的条件表达式查找出满足该条件的记录，按照 SELECT 子句指定的目标列表达式，选出元组中的属性值形成结果表。如果有 GROUP BY 子句，则将结果按“列名 1”的值进行分组，该属性列值相等的元组为一个组；如果 GROUP BY 子句带有短语 HAVING，则只有满足短语指定条件的分组才会输出。如果有 ORDER BY 子句，则结果表要按照＜列名 2＞的值进行升序或降序排列。

SELECT [ALL|DISTINCT]＜目标列表达式＞实现的是对表的投影操作，WHERE ＜条件表达式＞中实现的是选择操作。

(1) 目标列表达式可以是“列名 1，列名 2，…”的形式；如果 FROM 子句指定了多个表，则列名应是“表名.列名”的形式。

(2) 目标列表达式可以使用 SQL 提供的库函数形成表达式，常用的函数如下：

COUNT(*)：统计记录条数。

COUNT(列名)：统计一列值的个数。

SUM(列名)：计算某一数值型列的值的总和。

AVG(列名)：计算某一数值型列的值的平均值。

MAX(列名)：计算某一数值型列的值的最大值。

MIN(列名)：计算某一数值型列的值的最小值。

(3) DISTINCT 参数：表示在结果集中，查询出的内容相同的记录只留下一条。

SELECT 语句既可以完成简单的单表查询，也可以完成复杂的连接查询和嵌套查询。

下面以学生-课程数据库为例进行说明。

学生-课程数据库中包含学生表、课程表和选课表。学生表描述学生的基本信息，课程表描述课程的基本信息，选课表描述学生选课情况信息，各个表的结构如表 2-6、表 2-7 和表 2-8 所示。

表 2-6　学生表(XSheng)

列　名	数据类型	长　度	说　明	备　注
XHao	char	10	学号	主键
XMing	char	20	姓名	
XBie	char	2	性别	
NLing	int		年龄	
YXi	char	20	所属院系	

表 2-7　课程表(KCheng)

列　名	数据类型	长　度	说　明	备　注
KChHao	int		课程号	主键
MCheng	char	20	课程名称	
XXKe	int		先行课号	
XZh	char	10	课程性质	
XFen	int		学分	

表 2-8 选课表(XKe)

列名	数据类型	长度	说明	备注
XHao	char	10	学号	主键
KChHao	int		课程号	主键
ChJi	int		成绩	

1. 单表查询

1）选择表中的若干列

例 2.24 查询全体学生的姓名、学号、所属院系。

```
SELECT XMing,  XHao,  YXi
FROM XSheng;
```

2）查询全部列

例 2.25 查询全体学生的详细信息。

```
SELECT *
FROM XSheng;
```

该查询等价于：

```
SELECT XHao,  XMing,  XBie,  NLing,  YXi
FROM XSheng;
```

3）查询经过计算的值

例 2.26 查全体学生的姓名及其出生年份。

```
SELECT XMing,  2005 - NLing
FROM XSheng;
```

注意：当前年份减去年龄，即得学生的出生年份，<目标列表达式>可以是算术表达式，还可以是字符串常量、函数等。

例 2.27 查询全体学生的姓名、出生年份和所有系。

```
SELECT XMing,  '出生年份', 2005 - NLing,  YXi
FROM XSheng;
```

用户可以通过指定别名来改变查询结果的列标题，对于含算术表达式、常量、函数名的目标列表达式很有用。如：

```
SELECT XMing  姓名, 2005 - NLing 出生年份, YXi 所属院系
FROM XSheng;
```

4）选择表中的若干元组

在选择操作的过程中，两个本来并不完全相同的元组，投影到指定的某些列上后，可能变成相同的行了。如果想去掉表中相同的行，必须指定 DISTINCT 短语。例如：

```
SELECT XFen
FROM KCheng;
```

可能得到重复的行。如果想去掉结果表中重复的行，指定 DISTINCT 短语就可以了，例如：

```
SELECT distinct  XFen
FROM KCheng;
```

如果要查询满足一定条件的元组，用 WHERE 子句实现。常用的查询条件如表 2-9 所示。

表 2-9　常用查询条件

查询条件	运算符	说明
比较	=、>、<、>=、<=、<>、!=、!>、!<；NOT＋上述比较运算符	字符串比较从左向右进行
确定范围	BETWEEN AND、NOT BETWEEN AND	BETWEEN 后是下限，AND 后面是上限，并且包括边界值
确定集合	IN、NOT IN	检查一个属性值是否属于集合中的值
字符匹配	LIKE、NOT LIKE	用于构造条件表达式中的字符匹配
空值	IS NULL、IS NOT NULL	当属性值为空时，要用此运算符
逻辑运算	NOT、AND、OR	用于构造复合条件表达式

(1) 比较大小。

例 2.28　查询计算机系全体学生的名单。

```
SELECT XMing
FROM XSheng
WHERE YXi = '中文系';
```

例 2.29　查询所有年龄在 22 岁以下的学生姓名、学号及年龄。

```
SELECT XMing, XHao, NLing
FROM XSheng
WHERE NLing <= 22;
```

或者写成如下形式：

```
SELECT XMing, XHao, NLing
FROM XSheng
WHERE not  NLing > 22;
```

(2) 确定范围。

用 BETWEEN…AND 和 NOT BETWEEN …AND 实现。

例 2.30　查询年龄在 20～23 岁包括 20 岁和 23 岁之间的学生的姓名、性别和所属院系。

```
SELECT XMing, Xbie, YXi
FROM XSheng
WHERE NLing BETWEEN 20 AND 23;
```

(3) 确定集合。

谓词 IN 用来查找属性值属于指定集合的元组。

例 2.31 查询既不是中文系、数学系，也不是计算机学院的学生的姓名和性别。

```
SELECT XMing, XBie
FROM XSheng
WHERE YXi  NOT  IN ('中文系', '数学系', '计算机学院');
```

(4) 字符匹配。

匹配查询用谓词 LIKE 实现。格式是[NOT] LIKE '＜匹配串＞'[ESCAPE '＜换码字符＞']，其含义是查找指定的属性列值与＜匹配串＞相匹配的元组。匹配串可以是一个完整的字符串，也可以含有通配符%和_。

%代表任意长度的(可以为 0)字符串。如 a%b 表示以 a 开头，以 b 结尾的任意长度的字符串，如 acb、addgb、ab。

"_"：代表任意单个字符。如 a_b 表示以 a 开头，以 b 结尾的长度为 3 的任意字符串，如 acb、afb。

例 2.32 查询学号为 04020001 的学生的详细情况。

```
SELECT   *
FROM  XSheng
WHERE  XHao   LIKE  '04020001';
```

等价于：

```
SELECT   *
FROM  XSheng
WHERE  XHao = '04020001';
```

例 2.33 查询所有学号以 04 开头的学生的姓名和性别。

```
SELECT  XMing, XBie
FROM  XSheng
WHERE  XMing  LIKE  '04%';
```

例 2.34 如果用户要查询的字符串本身就含有%或_，这是就要使用 ESCAPE '＜换码字符＞'短语对通配符进行转义了。

查询 C_Language 课程的课程号，课程名和学分。

```
SELECT  KChHao, MCheng, XFen
FROM   KCheng
WHERE  MCheng  LIKE  'C\_Language' ESCAPE  '\';
```

(5) 涉及空值的查询。

例 2.35 某些学生选修课程后没有参加考试，所以有选课记录，但没有考试成绩。查询缺少成绩的学生的学号和相应的课程号。

```
SELECT  XHao, KChHao
FROM  XKe
WHERE  ChJi  IS  NULL;
```

注意：is 不能用等号(＝)代替。

(6) 多重条件查询。

逻辑运算符 AND 和 OR 可用来连接多个查询条件。AND 的优先级高于 OR。

例 2.36 查询外语学院年龄在 19 岁以下的学生姓名。

```
SELECT  XMing
FROM  XSheng
WHERE  YXi = '外语学院'  AND  NLing < 20;
```

5）对查询结果排序

用 ORDER BY 子句对查询结果按照一个或多个属性列的升序(ASC)或降序(DESC)排列,默认值为升序。

例 2.37 查询选修了 3 号课程的学生的学号及成绩,查询结果按分数的降序排列。

```
SELECT  XHao,  ChJi
FROM  XKe
WHERE  KChHao = '3'
ORDER  BY  ChJi  DESC;
```

例 2.38 查询全体学生的情况,查询结果按所属院系升序排列,同一院系中的学生按年龄降序排列。

```
SELECT  *
FROM  XSheng
ORDER  BY  YXi, NLing DESC;
```

6）使用集函数

集函数主要有:

COUNT ([DISTINCT|ALL] *) 统计元组个数。

COUNT([DISTINCT|ALL] <列名>) 统计一列中值的个数。

SUM([[DISTINCT|ALL]<列名>]) 计算一列值的总和(此列必须是数值型)。

AVG ([[DISTINCT|ALL]<列名>]) 求一列值的平均值(此列必须是数值型)。

MAX ([[DISTINCT|ALL]<列名>]) 求一列值中的最大值。

MIN ([[DISTINCT|ALL]<列名>]) 求一列值中的最小值。

DISTINCT:表示在计算时要取消指定列中的重复值。

ALL:默认值,表示不取消重复值。

例 2.39 查询学生总人数。

```
SELECT  COUNT( * )
FROM  XSheng;
```

例 2.40 查询选修了课程的学生人数。

```
SELECT  COUNT(distinct  XHao)
FROM  XKe;
```

注意:一个学生要选多门课程,为避免重复计算学生人数,用 DISTINCT。

例 2.41 计算选修 4 号课程的学生的平均成绩。

```
SELECT  AVG(ChJi)
```

```
FROM  XKe
WHERE  KChHao = 4;
```

例 2.42　查询选修 3 号课程的学生最高分数。

```
SELECT  MAX(ChJi)
FROM  XKe
WHERE  KChHao = 3;
```

7）对查询结果分组

用 GROUP BY 子句将查询结果按某一列或多列值分组，值相等的为一组。对查询结果分组的目的是为了细化集函数作用的对象，如果未对查询结果分组，集函数将作用于整个查询结果。若进行了分组，集函数将作用于每一个组，即每一组都有一个函数值。

例 2.43　求各个课程号及相应的选课人数。

```
SELECT  KChHao,  COUNT(XHao)
FROM  XKe
GROUP BY  KChHao;
```

例 2.44　查询选修了 3 门以上课程的学生学号。

```
SELECT  XHao
FROM  XKe
GROUP  BY  XHao
HAVING  COUNT( * )> 3;
```

注意：本例先用 GROUP BY 子句按 XHao 分组，再用 COUNT 对每一组计数。HAVING 子句指定筛选条件，满足条件的组才会被选出来。

WHERE 子句与 HAVING 子句有如下区别：WHERE 子句作用于基本表或视图，选择满足条件的元组。HAVING 短语作用于组，从中选择满足条件的组。

2. 连接查询

连接查询包括等值连接、自然连接、非等值连接查询、自身连接查询、外连接查询和复合条件连接查询。

1）等值与非等值连接查询

连接查询中用来连接两个表的条件称为连接条件或连接谓词。格式如下：

```
[<表名 1>.]<列名 1>  <比较运算符>[<表名 2>.]<列名 2>
```

例 2.45　查询每个学生及其选修课程的情况。

```
SELECT  XSheng. * ,  XKe. *
FROM XSheng, XKe
WHERE  XSheng.XHao =  XKe.XHao;
```

例 2.46　对例 2.45 用自然连接完成。

```
SELECT  XSheng.XHao,  XMing, XBie,  NLing, YXi,  KChHao,  ChJi
FROM  XSheng,  XKe
WHERE  XSheng.XHao =  XKe.XHao;
```

注意：XHao属性列在两个表中都有，所以引用时必须加上表名前缀。

2）自身连接

一个表与其自己进行连接，称为表的自身连接。

例 2.47 查询每一门课的间接先行课(即先行课的先行课)。

首先为 KCheng 表取两个别名 first 和 second。

```
SELECT   first.KChHao,   second.XXKe
FROM  KCheng  first,   KCheng  second
WHERE  first.XXKe = second.KChHao;
```

3）外连接

在通常的连接操作中，都是把满足条件的元组作为结果输出。有时需要把不满足条件的元组输出，采用外连接的方法。在外连接中，参与连接的表有主从之分，运算时以主表中的每一行去匹配从表中的数据行。符合连接条件的数据将直接作为结果返回，对那些不符合条件的数据，将被填上 NULL 值后和主表中对应数据行组合作为结果数据返回。

外连接分为左外连接和右外连接两种，主表在左边称为左外连接，主表在右边称为右外连接。表示的方法为，在连接谓词的某一边加上 * 号，如果 * 号出现在连接条件的左边为左外连接，否则为右外连接。

例如，有 04020005 和 04020008 两位同学没有选课，在 Xke 表中没有相应的行，但是想以学生为主体显示选课信息，这两位没有选课的同学只输出他们的基本信息，所选课程的课程号和成绩显示为空。查询语句可以这样写：

```
SELECT XSheng.Xhao,XMing,XBie,NLing,YXi,KChHao,ChJi
FROM XSheng,XKe
WHERE XSheng.XHao = XKe.XHao( * );
```

4）复合条件连接

WHERE 子句中可以有多个连接条件，称为复合条件连接。

例 2.48 查询选修 2 号课程且成绩在 90 分以上的所有学生。

```
SELECT  XSheng.XHao,  XMing
FROM  XSheng,  XKe
WHERE  XSheng.XHao = XKe.XHao  AND  XKe.KChHao = '2'  AND  XKe.ChJi > 90;
```

例 2.49 查询每个学生的学号、姓名、选修的课程名及成绩(多表连接)。

```
SELECT  XSheng.XHao,  XMing,  MCheng,  ChJi
FROM  XSheng,  XKe,  KCheng
WHERE  XSheng.XHao = XKe.XHao  AND  XKe.KChHao = KCheng.KChHao;
```

3. 嵌套查询

在 SQL 语言中，一个 SELECT-FROM-WHERE 语句称为一个查询块，一个查询块嵌套在另一个查询块的 WHERE 子句或 HAVING 短语的条件中的查询称为嵌套查询。例如：

```
SELECT  XMing
FROM  XSheng
WHERE  XHao  IN
```

```
SELECT  XHao
FROM  XKe
WHERE  KChHao = '2';
```


上层的查询块称为外层查询(父查询)。下层的查询块称为内层查询(子查询)。需要注意的是子查询的 SELECT 语句中不能使用 ORDER BY 子句,ORDER BY 子句只能用于对最终查询结果的排序。

嵌套查询的求解方法为由里(内层查询)向外(外层查询)进行处理。子查询的结果用于建立其父查询的查找条件。

1) 带有 IN 谓词的子查询

例 2.50 查询与“王宇”在同一个系学习的学生。

```
SELECT  XHao,  XMing,  YXi
FROM  XSheng
WHERE  YXi  IN
   ( SELECT  YXi
      FROM  XSheng
      WHERE  XMing = '王宇');
```

也可以用自身连接来完成:

```
SELECT  s1.XHao,  s1.XMing,  s1.YXi
FROM  XSheng  s1,  XSheng  s2
WHERE  s1.YXi = s2.YXi  and  s2.XMing = '王宇';
```

2) 带有比较运算符的子查询

```
SELECT  XHao,  XMing,  YXi
FROM  XSheng
WHERE  YXi  = ( SELECT  YXi
                FROM  XSheng
                WHERE  XMing = '王宇');
```

注意:子查询必须跟在比较符之后。

3) 带有 ANY 或 ALL 谓词的子查询

ANY 表示“某个值”,ALL 表示“所有值”。

表 2-10 所示为 ANY、ALL 谓词与集函数以及 IN 谓词的等价转换关系。

表 2-10 ANY、ALL 谓词与集函数以及 IN 谓词的等价转换关系

谓词	=	<>或!=	<	<=	>	>=
ANY	IN	—	<MAX	<=MAX	>MIN	>=MIN
ALL	—	NOT IN	<MIN	<=MIN	>MAX	>=MAX

例 2.51 查询其他系中比中文系某一学生年龄小的学生姓名和年龄。

```
SELECT  XMing,  NLing
FROM  XSheng
WHERE  NLing< ANY (SELECT  NLing
                   FROM  XSheng
                   WHERE  YXi = '中文系')  and  YXi<>'中文系';
```

处理过程：首先处理子查询，找出中文系中所有学生的年龄，构成一个集合，例如(19,20)。然后，找出所有不是中文系且年龄小于19或20的学生。

也可以用集函数来实现。

```
SELECT  XMing,  NLing
FROM  XSheng
WHERE  NLing <  (SELECT  MAX(NLing)
                  FROM XSheng
                  WHERE  YXi = '中文系' ) AND YXi <>' 中文系';
```

4) 带有EXISTS谓词的子查询

EXISTS代表存在量词∃。带有EXIST谓词的子查询不返回任何数据，只产生逻辑真或逻辑假值。

例2.52 查询所有选修了1号课程的学生姓名。

```
SELECT  XMing
FROM  XSheng
WHERE  EXISTS
       ( SELECT  *
         FROM  XKe
         WHERE  XHao = XSheng.XHao  AND  KChHao = '1');
```

在XSheng中依次取每个元组的XHao值，用此值去检查XKe关系。若XKe中存在这样的元组，其XHao值等于此XSheng.XHao值，并且其KChHao＝'1'，则取此XSheng.XMing送入结果关系。

4. 集合查询

可以将多个SELECT语句的结果进行集合操作。集合查询主要包括并(UNION)、交(INTERSECT)、差(MINUS)操作。其中交、差操作不能直接完成，可用其他的方法来实现。

例2.53 查询外语学院的学生及年龄不大于20岁的学生。

```
SELECT  *
FROM XSheng
WHERE  YXi = '外语学院'
UNION
SELECT  *
FROM XSheng
WHERE  NLing <= 20;
```

例2.54 查询外语学院的学生与年龄不大于20岁的学生的交集。

```
SELECT *
FROM XSheng
WHERE YXi = '外语学院' AND NLing <= 20;
```

例2.55 查询外语学院的学生与年龄不大于20岁的学生的差集。

```
SELECT *
FROM XSheng
WHERE YXi = '外语学院' AND NLing > 20;
```

本例题等价于查询外语学院中年龄大于20岁的学生。

2.5.4 数据更新语言

SQL语言的更新操作包括插入数据、修改数据和删除数据三条语句。

1. 插入数据

1）插入单个元组

格式：

```
INSERT
INTO  <表名>[(<属性列1>[,<属性列2>… ])]
VALUES(<常量1>[,<常量2>] …);
```

功能：将新元组插入指定的表中。属性列与常量一一对应，没出现的属性列将取空值。

注意：在表定义时说明了NOT NULL的属性列不能取空值。

例2.56 将一个新学生记录（学号：05020020；姓名：陈述；性别：男；年龄：21；所在院系：中文系）插入到XSheng表中。

```
INSERT
INTO  XSheng
VALUES('05020020','陈述','男', 21, '中文系');
```

例2.57 插入一条选课记录（'05020020','1'）。

```
INSERT
INTO  XKe(XHao,KChHao)
VALUES('05020020', '1');
```

注意：新插入的记录在ChJi列上取空值。

2）插入子查询结果

格式：

```
INSERT
INTO <表名>[(<属性列1>[,<属性列2>… ])]
子查询;
```

例2.58 对每一个系，求学生的平均年龄，并把结果存入数据库。

首先，建立一个新表：

```
CREATE  TABLE  deptage
 (YXi  char(15)
  avgage  smallint);
```

然后，对XSheng表按系分组求平均年龄，再把系名和平均年龄存入新表。

```
INSERT
INTO  DEPTAGE(YXi, avgage)
SELECT   YXi,  AVG(NLing)
FROM XSheng
GROUP  BY  YXi;
```

2. 修改数据

格式：

```
UPDATE <表名>
SET  <列名> = <表达式>[,<列名> = <表达式>] …
[WHERE <条件>];
```

功能：修改指定表中满足 WHERE 子句条件的元组。SET 子句用于修改新值。省略 WHERE 子句，表示修改所有元组。

1）修改某一个元组的值

例 2.59 将学生 05020025 的年龄改为 23 岁。

```
UPDATE  XSheng
SET  NLing = 23
WHERE  XHao = '05020025';
```

2）修改多个元组的值

例 2.60 将所有学生的年龄增加 1 岁。

```
UPDATE  XSheng
SET  NLing = NLing + 1;
```

3）带子查询的修改语句

例 2.61 将计算机学院全体学生的成绩置 0。

```
UPDATE  XKe
SET  ChJi = 0

WHERE  '计算机学院' =
        ( SELECT  YXi
          FROM   XSheng
          WHERE   XSheng.XHao = XKe.XHao);
```

3. 删除数据

格式：

```
DELETE
FROM   <表名>
[WHERE <条件>];
```

功能：删除指定表中满足条件的元组，如果省略 WHERE 子句，表示删除全部元组。

注意：DELETE 语句删除表中的数据，不删除表的定义。

1）删除某一个元组的值

例 2.62 删除学号为 05020025 的学生记录。

```
DELETE
FROM  XSheng
WHERE  XHao = '05020025';
```

2）删除多个元组的值

例 2.63 删除所有的学生选课记录。

```
DELETE
FROM   XKe;
```

3）带子查询的删除语句

例 2.64 删除计算机学院所有学生的选课记录。

```
DELETE
FROM  XKe
WHERE  '计算机学院' =
       ( SELECT  YXi
         FROM  XSheng
         WHERE  XSheng.XHao = XKe.XHao);
```

2.5.5 视图

视图是关系数据库系统提供给以多种角度观察数据库中数据的重要机制，它就像一个窗口，透过它可以看到数据库中用户感兴趣的数据及其变化。

1. 视图的特点

（1）视图是从一个或几个基本表（或视图）导出的表，它与基本表不同，是一个虚表，因此视图是逻辑表，不是物理存在的表。

（2）数据库执行 CREATE VIEW 语句的结果只是把视图的定义存入数据字典，并不执行 SELECT 语句，只是在对视图查询时，才按视图的定义从基本表中将数据查出。

（3）一个基本表可以建立多个视图，一个视图也可以在多个表上建立。

（4）视图拥有表的几乎所有操作，一经定义，就可以和基本表一样被查询和删除。

（5）基本表中的数据发生变化，从视图中查询出的数据也随之改变。

（6）视图中的数据是从现有的一个或多个表中提取出来的，可以屏蔽表中的某些信息，有利于数据库的安全性。

（7）视图在数据库中是作为查询来保存的，当引用一个查询时，DBMS 就执行这个查询，然后将查询结果作为视图来用。

（8）有利于应用程序的独立性和数据的一致性。

（9）可以在视图上再定义视图，但对视图的更新操作则有一定的限制。

2. 视图的定义

1）视图的建立

建立视图的语句格式：

```
CREATE VIEW <视图名>[(<列名 1>,<列名 2>, …)]
AS <查询子句> [WITH CHECK OPTION];
```

（1）子查询可以是任意复杂的 SELECT 语句，但通常不允许含有 ORDER BY 子句和 DISTINCT 短语。

（2）WITH CHECK OPTION 子句是为了防止用户通过视图对数据进行更新（UPDATE）、插入（INSERT）、删除（DELETE）操作时，对不属于视图范围内的基本表数据进行误操作。加上该子句后，当对视图上的数据进行更新、插入或删除时，DBMS 会检查视图中定义的条件，若不满足视图定义中的谓词条件（即子查询中的条件表达式），则拒绝执行。

(3) 组成视图的属性列名或者全部省略或者全部指定，没有第三种选择。如果省略，表示该视图由子查询中 SELECT 子句目标列的诸字段组成。

(4) 下列三种情况下，必须明确指定组成视图的所有列名：一是某个目标列不是单存的属性名，而是集函数或列表达式；二是多表连接时选出了几个同名列作为视图的字段；三是需要在视图中为某个列启用新的更合适的名字。

例 2.65 建立所有计算机学院学生信息(学号、姓名、性别、年龄)视图。

```
CREATE  VIEW  Jsj_ Studentinfo
AS
SELECT XHao,XMing,SsexXBie,NLing
FROM XSheng
WHERE YXi = '计算机学院';
```

说明：

(1) 若在本例的最后加上 with check option;语句，即改写为：

```
CREATE  VIEW  Jsj_ Studentinfo
AS
SELECT XHao,XMing,XBie,YXi
FROM XSheng
WHERE YXi = '计算机学院
WITH CHECK OPTION;
```

则以后对该视图进行插入、修改和插入操作时，DBMS 会自动加上 YXi='计算机学院'的条件，使该视图仍然只有计算机学院的学生。

(2) 行列子集视图：若一个视图是从单个基本表导出的，并且只是去掉了某些行和某些列，但保留了码，则称这类视图为行列子集视图。Jsj_ Studentinfo 视图就是一个行列子集视图。

可以在多个基本表上建立视图，如下面的例 2.66 所示。

例 2.66 建立计算机学院选修了 1 号课程的学生的视图。

```
CREATE  VIEW Jsj_s1 (XHao,XMing, ChJi)
AS
SELECT  XSheng.XHao,  XMing  ChJi
FROM XSheng, XKe
WHERE  YXi = '计算机学院' AND  XSheng.XHao = XKe.XHao AND  XKe.KChHao = 1;
```

下面建立在一个或多个已定义好的视图上的视图。

例 2.67 建立计算机学院选修了 1 号课程且成绩在 90 分以上的学生视图。

```
CREATE  VIEW  Jsj _s2
AS
SELECT  XHao, XMing, ChJi
FROM  Jsj_s1
WHERE  ChJi> = 90;
```

带虚拟列的视图也称为带表达式的视图。

例 2.68 定义一个反映学生出生年份的视图。

```
CREATE  VIEW  birth_st(XHao, XMing,ChShNF)
AS
SELECT XHao, XMing, 2005 - NLing
FROM  XSheng;
```

由于 ChShNF 在基本表中并不存在，而是由对 NLing 列计算而派生出来的，因此称为虚拟列。

分组视图为带有集函数和 GROUP BY 子句的查询定义的视图。

例 2.69 将学生的学号及他的平均成绩定义为一个视图。

```
CREATE  VIEW  XH_ChJ(XHao,  ChJAvg)
AS  SELECT  XHao,  AVG(ChJi)
FROM  XKe
GROUP BY  XHao;
```

例 2.70 将 student 表中所有男生记录定义为一个视图。

```
CREATE  VIEW  Nan_st(XHao,XMing,XBie,NLing,YXi)
AS
SELECT  *
FROM  XSheng
WHERE  XBie = '男';
```

注意：由子查询 select * 建立的视图，在修改该基本表的结构之后，视图将不能正常工作，最好删除，然后重建(同名)视图。

2）视图的删除

删除视图语句格式：

```
DROP VIEW <视图名>;
```

视图删除后视图的定义将从数据字典中删除。但是，由该视图导出的其他视图的定义仍在数据字典中，不过已失效，也需要一一删除。

例 2.71 删除上例建立的视图 Jsj_ Studentinfo。

```
DROP VIEW Jsj_ Studentinfo;
```

例 2.72 删除视图 Jsj_s1。

```
DROP  VIEW   Jsj_s1;
```

注意：视图 Jsj_s2 已失效，应同时删除。

3. 视图的数据操作

1）查询视图

当视图被定义之后，就可以像对基本表一样对视图进行查询了。

例 2.73 查询“计算机系(Jsj_ Studentinfo)”视图中年龄小于 20 岁的学生。

```
SELECT * FROM Jsj_ Studentinfo WHERE NLing < 20;
```

下面的例子是将视图和基本表连接查询。

例 2.74 查询计算机学院选修了 1 号课程的学生。

```
SELECT  XHao, XMing
FROM  Jsj_ Studentinfo,  XKe
WHERE  Jsj_ Studentinfo .XHao = XKe. XHao  AND  XKe. KChHao = 1;
```

2）视图消解

数据库管理系统执行对视图的查询时，首先对视图或基本表等进行检查是否存在，如果存在，就从数据字典中取出视图的定义，然后把定义中的子查询和用户的查询结合起来，转换成等价的对基本表的查询，然后在执行修正后的查询。这一转换过程称为视图消解(View Resolution)。

在一般的情况下，视图查询的转换是直接的。但有些情况下，这种转换不能直接进行，查询就会出现问题，如例 2.75 所示。

例 2.75 在 XH_ChJ 视图中查询平均成绩在 75 以上的学生学号和平均成绩。语句为：

```
SELECT *
FROM XH_ChJ
WHERE ChJAvg >= 75;
```

XH_ChJ 视图的定义如下：

```
CREATE  VIEW  XH_ChJ(XHao,  ChJAvg)
AS  SELECT  XHao,  AVG(ChJi)
     FROM  XKe
     GROUP BY  XHao;
```

将这个查询进行视图消解后，得到下列查询语句：

```
SELECT  XHao,  AVG(ChJi)
FROM  Xke
WHERE Avg(ChJi) >= 75
GROUP BY  XHao;
```

现在这种转换就产生了错误，因为 WHERE 子句里面是不允许出现集函数的。那么等价的正确的查询语句应为：

```
SELECT  XHao,  AVG(ChJi)
FROM  Xke
GROUP BY  Xhao
HAVING AVG(ChJi)>= 75;
```

目前大多数关系数据库系统对行列子集视图的查询均能够正常的消解。对非行列子集视图的消解就不一定能够正常的转换了，因此这类查询应该直接对基本表查询。

3）更新视图

更新视图指通过视图插入、删除、修改数据。由于视图是不实际存储数据的虚表，因此对视图的更新，最终是通过转换为对基本表的更新进行的。

例 2.76 将计算机学院学生视图 Jsj_ Studentinfo 中的学生李小城的院系改为“管理系”。

```
UPDATE Jsj_ Studentinfo
SET YXi = '管理系'
WHERE XMing = '李小城';
```

转换成对基本表的更新后：

```
UPDATE  XSheng
SET  YXi = '管理系'
WHERE  XMing = '李小诚'  AND  YXi = '计算机学院';
```

例 2.77 向计算机系学生视图 Jsj_ Studentinfo 中插入一个新的学生记录，学号为 04050006 姓名为杨扬，年龄为 18。

```
INSERT
INTO  Jsj_ Studentinfo
VALUES ( '04050006', '杨扬', '18');
```

例 2.78 删除计算机系学生视图 Jsj_ Studentinfo 中学号为 04050006 的记录。

```
DELETE
FROM  Jsj_ Studentinfo
WHERE Snumber = ' 04050006';
```

并不是所有的视图都是可更新的，因为有些视图的更新不能唯一地有意义地转换成对相应基本表的更新。如果想把视图 Jsj_ Studentinfo 学号为 04050006 的学生的总分 Jsjsum 改为 280 分，可以写成下面的语句：

```
UPDATE Jsj_ Studentinfo
SET Jsjsum  =  280
WHERE Snumber = ' 04050006';
```

但是因为系统无法修改各科成绩，以使总分为 280，所以上面的更新无法实现。

4. 视图的作用

视图定义在基本表之上，对视图的操作最终还是会转换成对底层基本表的操作，但是我们之所以会引入视图，因为合理使用视图能够带来许多好处。

1）视图能够简化用户的操作

视图机制使用户可以将注意力集中在所关心的数据上。如果这些数据不是直接来自基本表，则可以通过定义视图，使数据库看起来结构简单、清晰，并且可以简化用户的数据查询操作。例如，那些定义了若干张表连接的视图，就将表与表之间的连接操作对用户隐蔽起来了。换句话说，用户所做的只是对一个虚表的简单查询，而这个虚表是怎样得来的，用户无需了解。

2）视图使用户能以多种角度看待同一数据

视图机制能使不同的用户以不同的方式看待同一数据，当许多不同种类的用户共享同一个数据库时，这种灵活性是非常重要的。

3）视图对重构数据库提供了一定程度的逻辑独立性

第 1 章中已经介绍过数据的物理独立性与逻辑独立性的概念。数据的物理独立性是指用户和用户程序不依赖于数据库的物理结构。数据的逻辑独立性是指当数据库重构造时，如增加新的关系或对原有关系增加新的字段等，用户和用户程序不会受影响。层次数据库和网状数据库一般能较好地支持数据的物理独立性，而对于逻辑独立性则不能完全地支持。

4）视图能够对机密数据提供安全保护

有了视图机制，就可以在设计数据库应用系统时，对不同的用户定义不同的视图，使机密数据不出现在不应看到这些数据的用户视图上，这样视图机制就自动提供了对机密数据的安全保护功能。例如 Student 表涉及三个系的学生数据，可以在其上定义三个视图，每个视图只包含一个系的学生数据，并只允许每个系的系主任查询自己系的学生视图。

2.5.6 数据控制

SQL 中数据控制功能包括事务管理功能和数据保护功能，即数据库的恢复、并发控制等；数据库安全性和完整性控制功能。下面主要介绍一下安全性控制功能。

安全性控制由 DBA 决定，一般情况下分为以下几个步骤：把授权的决定告知系统，这是由 SQL 的 GRANT 和 REVOKE 语句来完成的；把授权的结果存入数据字典；当用户提出操作请求时，根据授权情况进行检查，以决定是否执行操作请求。

1. 授权

SQL 通过 GRANT 语句向用户授予操作权限，GRANT 语句的格式为：

```
GRANT <权限> [,<权限>]…
[ON <对象类型><对象名>]
TO <用户>[,<用户>]…
[WITH GRANT OPTION];
```

此授权语句将某作用在指定操作对象上的操作权限，授予指定的用户。

常见的操作权限如表 2-11 所示。

表 2-11 不同对象类型允许的操作权限

对象名	对象类型	操作权限
属性列	TABLE	SELECT、INSERT、UPDATE、DELETE、ALL PRIVILEGERS
视图	TABLE	SELECT、INSERT、UPDATE、DELETE、ALL PRIVILEGERS
基本表	TABLE	SELECT、INSERT、UPDATE、DELETE、ALTER、INDEX、ALL PRIVILEGERS(所有权限)
数据库	DATABASE	CREATETAB(建表权限)

说明：

(1) 接受权限的用户可以是一个或多个具体用户，也可以是 PUBLIC，即全体用户。

(2) 如果指定了 WITH GRANT OPTION 子句，则获得某种权限的用户还可以把这种权限再授予其他用户。否则，只能使用该权限，但不能传播该权限。

例 2.79 把查询 XSheng 表的权限授给用户 user1。

```
GRANT  SELECT
ON  TABLE  XSheng
TO user1;
```

例 2.80 把对 XSheng 表和 KCheng 表的全部操作权限授予用户 user2 和 user3。

```
GRANT  ALL  PRIVILEGES
ON  TABLE  XSheng, KCheng
```

```
TO  user2,  user3;
```

例 2.81　把对表 XKe 的查询权限授予所有用户。

```
GRANT  select
ON   TABLE  XKe
TO  PUBLIC;
```

例 2.82　把查询 XSheng 表和修改学生学号的权限授给用户 user4。

```
GRANT  UPDATE(XHao),  SELECT
ON  TABLE  XSheng
TO  user4;
```

注意：授予关于属性列的权限时必须明确指出相应属性列名。

例 2.83　把对表 XKe 的 insert 权限授予 user5 用户，并允许将此权限再授予其他用户。

```
GRANT  INSERT
ON  TABLE  XKe
TO  user5
WITH  GRANT  OPTION;
```

用户 user5 可将此权限授予 user6：

```
GRANT  INSERT
ON  TABLE   XKe
TO  user6
WITH  GRANT  OPTION;
```

用户 user6 还可以将此权限授予其他用户。

2. 收回权限

SQL 通过 REVOKE 语句从用户那里收回操作权限，REVOKE 语句的格式为：

```
REVOKE <权限> [,<权限>]…
[ON <对象类型><对象名>]
FROM <用户>[,<用户>]…;
```

说明：权限由 DBA 或其他授权者收回，当涉及多个用户传播权限时，收回上级用户某权限的同时也收回所有下级的该权限。

例 2.84　把用户 user4 修改学生学号的权限收回。

```
REVOKE  UPDATE(XHao)  ON  TABLE  XSheng  FROM  user4;
```

例 2.85　收回所有用户对表 XKe 的查询权限。

```
REVOKE  SELECT  ON  TABLE XKe FROM  PUBLIC;
```

例 2.86　把用户 user5 对 XKe 表的 INSERT 权限收回。

```
REVOKE  INSERT  ON  TABLE  Xke  FROM  user5;
```

2.6 关系规范化理论

2.6.1 问题的提出

在设计关系数据库时，为了提高数据库的性能，一般对分析出来的关系模式要进行修改、调整关系模式的结构，使其既能更准确的描述现实世界，又能更高的发挥数据库的性能。这就是关系模式的优化问题。关系模式具有严格的数学理论基础，关系数据库设计也形成了一套理论——关系规范化理论。关系模式的优化以规范化理论为基础，规范化理论要解决的问题就是如何把一个不合理的关系模式改造成合理的关系模式。

那么，不合理的关系模式到底存在什么问题，下面举一个实例来讨论。

首先给出一个关系模式 SCD(学号，姓名，系号，系主任，课程号，成绩)，具体问题描述如下：

(1) 一个系有若干名学生，但一名学生只属于一个系；

(2) 一个系只有一名系主任(正职)；

(3) 一名学生可以选修多门课程，每门课程有若干学生选修；

(4) 每名学生学习一门课程有一个成绩。

把该关系模式中添加一些具体的数据，得到如下的关系实例，如表 2-12 所示。

表 2-12 关系 SCD

学 号	姓 名	年 龄	性 别	系 号	系主任	课程号	成 绩
s10001	王晓峰	20	男	1	林 凌	C1	85
s10001	王晓峰	20	男	1	林 凌	C2	85
s20001	刘汉中	21	男	2	江 山	C1	78
s20001	刘汉中	21	男	2	江 山	C2	87
s20002	李 平	19	女	2	江 山	C1	83
s30001	田丽丽	20	女	3	周庆功	C2	98
s30004	李 琳	22	女	3	周庆功	C1	68
s30004	李 琳	22	女	3	周庆功	C2	86
s30005	李 建	21	男	3	周庆功	C1	80

下面具体分析这个关系模式，从该关系模式及实例可以看出，属性(学号，课程号)的组合可以唯一标识一个元组，所以(学号，课程号)的组合是主码。在对数据库操作的时候，会出现以下问题：

(1) 插入异常。如果某一个系刚成立尚且没有学生，那么系号和系主任的信息就无法插入到数据库中，因为(学号，课程号)是主码，而此时(学号，课程号)的值为空值，根据关系的完整性约束要求不允许为空。另外，如果某名学生尚未选课，虽然学号不为空，但是课程号此时是空值，根据完整性约束条件要求主属性不允许为空(课程号是主属性)，因此这名学生的信息也无法进入数据库。这就是插入异常。

(2) 删除异常。当某个系的学生全部毕业而没有再招生，要删除该系所有学生的记录，因为系号、系主任的信息是和学生信息在一起的，所以系号、系主任的信息也随之删除，而该系还存在，系号、系主任的信息还需要保留，但此时数据库中已经没有了上述信息。另外，如果某名学生只选了C1这门课程，但是现在他又不选了，这样本应该只删除C1，但是C1是主码值的一部分，因此根据完整性约束要求，必须将整个元组删掉，这样该名学生的信息也随之丢失了。这就是删除异常。

(3) 冗余太大。每个系号和系主任的信息都要随每名学生的每门选课重复存储，此外，学生的学号、姓名、年龄、性别也要重复存储，因此数据冗余度很大。一方面浪费存储空间，另一方面系统要花费很大的代价来维护数据库的完整性。例如某个系的系主任更换之后，就必须逐一修改有关的每一个元组。

由于该关系模式存在上述毛病，因此它是一个“不好”的关系模式。一个“好”的关系模式应该不会产生插入异常和删除异常、冗余度应尽可能的小。

该关系模式之所以会产生上述问题，是因为这个关系模式中的函数依赖存在某些不好的性质。如果把它改造一下，分成三个关系模式：

① S(学号，姓名，年龄，性别，系号)，其中学号为主码；

② C(系号，系主任)，其中系号为主码；

③ D(学号，课程号，成绩)，其中(学号，课程号)为主码。

就不会产生上述问题。

如何改造一个“不好”的关系模式，使之成为一个“好的”，合理的关系模式，就是下面要讨论的问题——关系规范化。

2.6.2 关系的规范化

1. 函数依赖

定义 2.5 设$R(U)$是属性集U上的关系模式。X,Y是U的子集。若对于$R(U)$的任意一个可能的关系r,r中不可能存在两个元组在X上的属性值相等，而在Y上的属性值不等，则称X函数确定Y或Y函数依赖于X，记作：$X \rightarrow Y$。

注意：函数依赖不是指关系模式R的某个或某些关系满足的约束条件，而是指R的一切关系均要满足的约束条件。

$X \rightarrow Y$，但$Y \nsubseteq X$则称$X \rightarrow Y$是非平凡的函数依赖。本节若不特别说明，讨论的都是非平凡的函数依赖。$X \rightarrow Y$，但$Y \subseteq X$则称$X \rightarrow Y$是平凡的函数依赖。若$X \rightarrow Y$，则X叫做决定因素(Determinant)。若$X \rightarrow Y$，$Y \rightarrow X$，则记作$X \leftrightarrow Y$。若X不函数依赖于Y，则记作$X \nrightarrow Y$。

定义 2.6 在$R(U)$中，如果$X \rightarrow Y$，并且对于X的任何一个子集X'，都有$X' \nrightarrow Y$，则称Y对X完全函数依赖，记作：

$$X \xrightarrow{F} Y$$

若$X \rightarrow Y$，但Y不完全依赖于X，则称Y对X部分函数依赖，记作：

$$X \xrightarrow{P} Y$$

例如在关系XSheng(XHao, XMing, NLing, YXi)中，YXi函数依赖于XHao，或者说Xhao函数决定YXi，NLing函数依赖于XHao，在规定没有重名的情况下，XHao与XMing

相互决定。在关系 XKe(XHao,KChHao,ChJi)中,KchHao 不函数依赖于 XHao,ChJi 不函数依赖于 XHao。这里单个的属性不能作为决定因素,但属性的组合可以作为决定因素,即 G 完全函数依赖于(SNO, CNO),因此(SNO,CNO) 就是决定因素。

定义 2.7 在 $R(U)$ 中,如果 $X \rightarrow Y$, $(Y \nsubseteq X)$, $Y \nrightarrow X$, $Y \rightarrow Z$,则称 Z 对 X 传递函数依赖。

条件 $Y \nrightarrow X$ 保证传递函数依赖,如果 $Y \rightarrow X$,则 $X \leftrightarrow Y$,实际上是 X 直接决定 Z,是直接函数依赖而不是传递函数依赖。

2. 码

定义 2.8 设 K 为 $R<U,F>$ 中的属性或属性组合,若 $K \xrightarrow{F} U$,则 K 为 R 的候选码。若候选码多于一个,则选定其中的一个为主码。

包含在任何一个候选码中的属性,叫做主属性。

不包含在任何码中的属性称为非主属性或非码属性。

整个属性组是码,称为全码。

例如有以下关系模式:$R(P, W, A)$,P 为演奏者,W 为作品,A 为听众。假设一个演奏者可以演奏多个作品,某一个作品可被多个演奏者演奏,听众也可以欣赏不同演奏者演奏的不同作品,这个关系模式的码为(P, W, A),即全码。

定义 2.9 关系模式 R 中属性或属性组 X 并非 R 的码,但 X 是另一个关系模式的码,则称 X 是 R 的外部码(Foreign Key),也称外码。

3. 范式(Normal Form)

关系数据库中的关系需要满足一定的要求,满足不同级别要求的称为不同的范式。其中满足最低要求的叫第一范式。在第一范式中满足进一步要求的为第二范式,其余类推。1971—1972 年,E. F. Codd 系统提出 1NF、2NF、3NF 的概念。1974 年,Codd 和 Boyce 又共同提出了 BCNF。1976 年,Fagin 提出了 4NF。后来又有人提出 5NF。而且,高一级是低一级范式的子集。范式的级别越高,发生操作异常的可能性越小,数据冗余越小,但由于关联多,读取数据时花费时间也会相应增加。一个低一级范式的关系模式,通过模式分解可以转换为若干个高一级范式的关系模式的集合,这种过程就叫规范化。

1) 第一范式(1NF)

定义 2.10 对于给定的关系 R,如果 R 中每个属性都是不可再分的,则称关系 R 属于第一范式,记作:$R \in$ 1NF。

1NF 是关系数据库中对关系的最低要求,它是从关系的基本性质而来的,任何关系必须遵守。

表 2-13 所示为非规范化关系,表 2-14 所示为满足 1NF 要求的关系。

表 2-13 非规范化关系

<table>
<tr><th>学 号</th><th>姓 名</th><th>课 程 名</th><th>成 绩</th></tr>
<tr><td rowspan="2">04020008</td><td rowspan="2">张帅</td><td>物理</td><td>82</td></tr>
<tr><td>机械制图</td><td>91</td></tr>
<tr><td rowspan="2">04020012</td><td rowspan="2">吴冰冰</td><td>物理</td><td>78</td></tr>
<tr><td>机械制图</td><td>83</td></tr>
</table>

这个关系中的课程名、成绩都不是不可再分的数据项。

表 2-14 满足 1NF 要求的关系

学 号	姓 名	课 程 名	成 绩
04020008	张帅	物理	82
04020008	张帅	机械制图	91
04020012	吴冰冰	物理	78
04020012	吴冰冰	机械制图	83

这个关系中各个属性都是不可再分的数据项。

2）第二范式(2NF)

定义 2.11 若 $R\in$ 1NF,且每一个非主属性完全依赖于码,则为第二范式,记作 $R\in$ 2NF。

在关系模式 SCD(学号,姓名,年龄,性别,系号,系主任,课程号,成绩)中,学号、课程号为主属性、姓名、年龄、性别、系号、系主任、成绩为非主属性,由分析可知,该关系模式中存在如下函数依赖:

(学号,课程号)$\xrightarrow{F}$成绩

学号→姓名,(学号,课程号)$\xrightarrow{P}$姓名

学号→年龄,(学号,课程号)$\xrightarrow{P}$年龄

学号→性别,(学号,课程号)$\xrightarrow{P}$性别

学号→系号,(学号,课程号)$\xrightarrow{P}$系号

学号→系主任,(学号,课程号)$\xrightarrow{P}$系主任

系号→系主任

存在非主属性对码的部分函数依赖,因此 SCD$\notin$2NF。

一个关系模式不属于 2NF,会产生插入异常、删除异常、冗余度大、修改复杂等问题,具体分析已经在前面讨论过了,这里不再重复。

如果用投影的方法将关系分解为:

(1) SD(学号,姓名,年龄,性别,系号,系主任),主码为学号。

(2) C(学号,课程号,成绩),主码为(学号,课程号)。

这样,SD 和 C 中均不存在非主属性对码的部分函数依赖,所以 SD 和 C 都属于 2NF。

分解后的关系如表 2-15 和表 2-16 所示。

表 2-15 SD 关系

学 号	姓 名	年 龄	性 别	系 号	系 主 任
s10001	王晓峰	20	男	1	林 凌
s20001	刘汉中	21	男	2	江 山
s20002	李 平	19	女	2	江 山
s30001	田丽丽	20	女	3	周庆功
s30004	李 琳	22	女	3	周庆功
s30005	李 建	21	男	3	周庆功

如果已经安装了默认实例或已命名实例，并且为安装的软件选择了现有实例，安装程序将升级所选的实例，并提供安装其他组件的选项。

(9) 单击“下一步”按钮，在出现的“服务账户”界面中为 SQL Server 服务账户指定用户名、密码和域名，如图 3-9 所示。

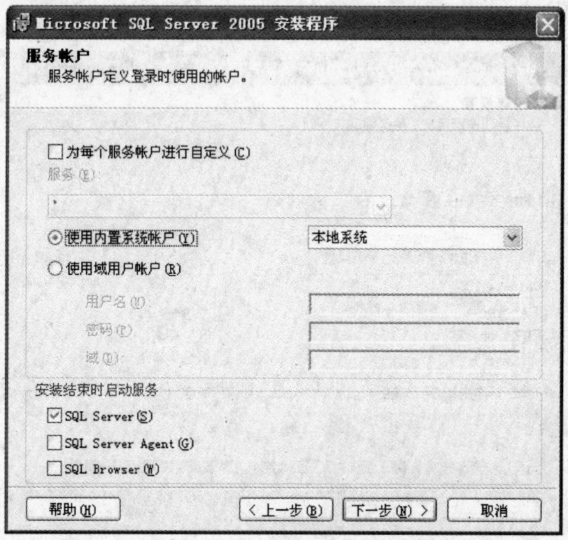

图 3-9　设置“服务账户”界面

可以对所有服务使用同一个账户。根据需要，也可以为各个服务指定单独的账户。若要为各个服务指定单独的账户，选中“为每个服务账户进行自定义”复选框，从下拉列表框中选择服务名称，然后为该服务提供登录凭据。这里选择“使用内置系统账户”单选按钮。

(10) 单击“下一步”按钮，进入“身份验证模式”界面，如图 3-10 所示。在此步骤中可以选择要用于 SQL Server 安装的身份验证模式。

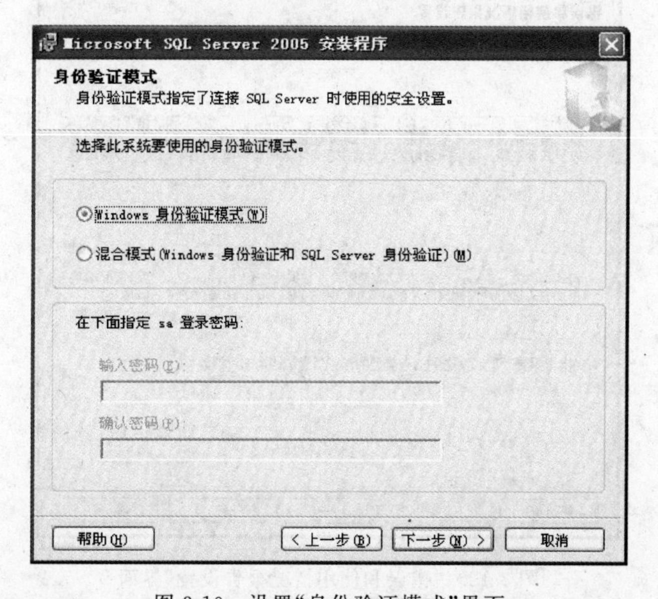

图 3-10　设置“身份验证模式”界面

如果选择"Windows 身份验证模式"单选按钮,安装程序会创建一个 sa 账户,该账户在默认情况下是被禁用的。选择"混合模式"时,输入并确认系统管理员(sa)的登录名。密码是抵御入侵者的第一道防线,因此设置密码对于系统安全是绝对必要的。

(11) 单击"下一步"按钮,进入"排序规则设置"界面,如图 3-11 所示。在此步骤可以设置服务器的排序方式。

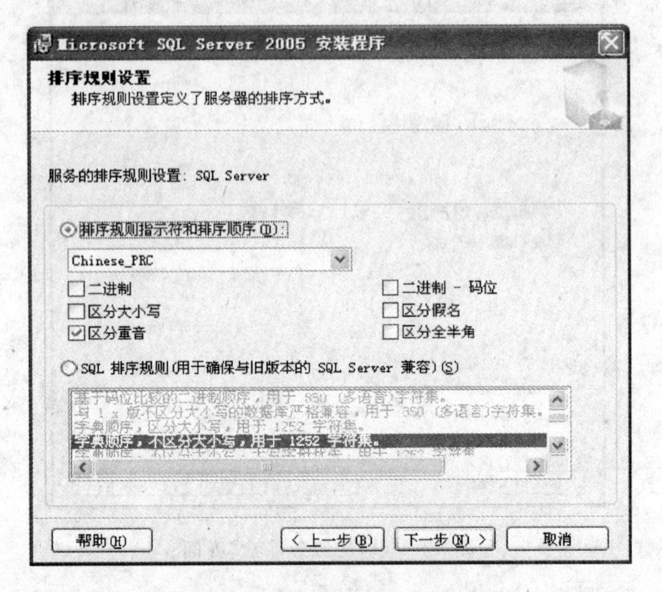

图 3-11 "排序规则设置"界面

(12) 单击"下一步"按钮,出现"错误和使用情况报告设置"界面,如图 3-12 所示。清除复选框可以禁用错误报告。

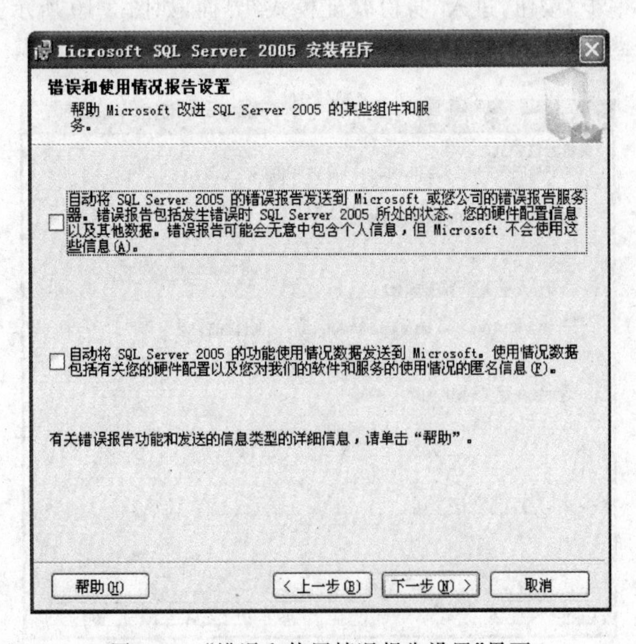

图 3-12 "错误和使用情况报告设置"界面

(13) 单击"下一步"按钮,出现"准备安装"界面,如图 3-13 所示。在此步骤中可以查看要安装的 SQL Server 功能和组件的摘要。

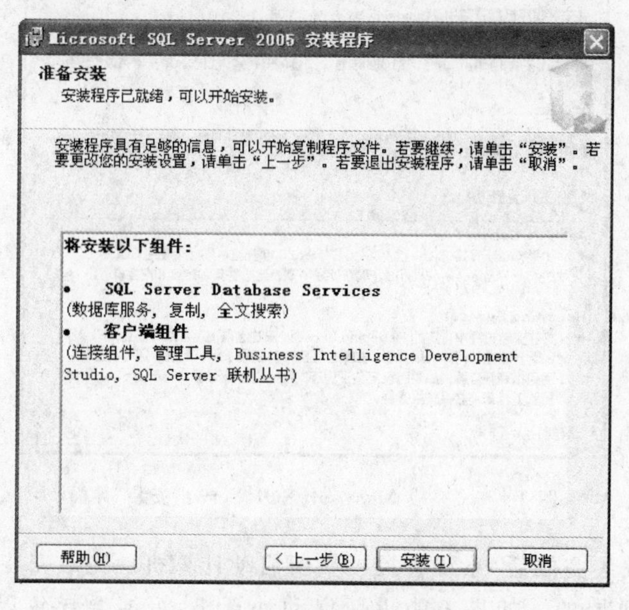

图 3-13 "准备安装"界面

(14) 单击"安装"按钮,开始安装 SQL Server 的各个组件,如图 3-14 所示。在"安装进度"界面中可以监视安装进度。若要在安装期间查看某个组件的日志文件,单击"安装进度"界面中的产品或状态名称。

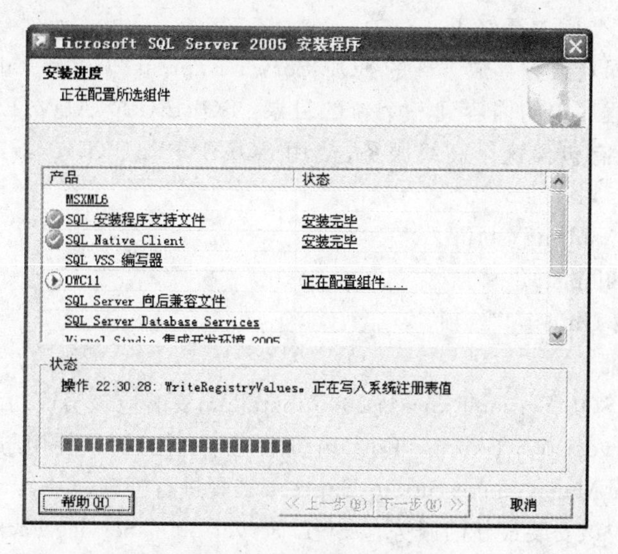

图 3-14 "安装进度"界面

(15) 在安装过程中,系统会提示"插入第二张光盘"。当完成安装后,进入"完成 Microsoft SQL Server 安装"界面中,可以通过单击此界面中提供的链接查看安装摘要日志。若要退出 SQL Server 安装向导,单击"完成"按钮,如图 3-15 所示。

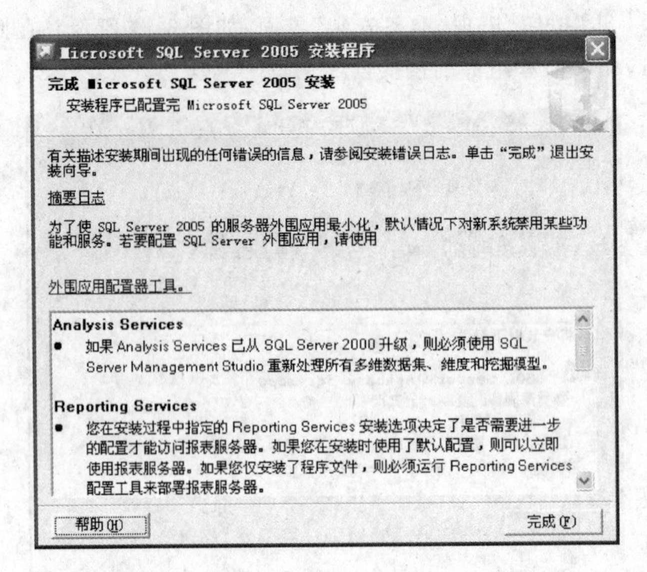

图 3-15 “完成 Microsoft SQL Server 安装”界面

SQL Server 安装完成后，系统会提示重新启动计算机。完成安装后，阅读来自安装程序的消息是很重要的。如果未能重新启动计算机，可能会导致以后运行安装程序失败。

在某些情况下，当出现 SQL Native Client 和 SQL Server Database Services 错误时，则导致安装失败。另外，工作站组件也会提示失败。如果发生这种情况，则有可能是计算机上存在相冲突的 SQL Server 服务，并且以前安装的 Native Client 产生了问题。如果确实是这样，请参看下面的步骤进行修正：

(1) 将工作目录转换到存放下载的 SQL Server Express 2005 installer 位置。

(2) 释放安装程序中的内容到一个新的目录：SQLEXPR_ADV. EXE /x：c：\sqltmp。如果下载的文件没有包含这个高级服务，使用 SQLEXPR. EXE /x：c：\sqltmp 命令进行代替。

(3) 转换到 C：\sqltmp\setup。

(4) 运行 sqlncli. msi。

(5) 选择“卸载 Uninstal”选项。

(6) 重启服务器。

(7) 再次运行 SQL Server Express 2005 installer，安装应该会成功了。

此时，SQL Server 2005 Express Edition 安装完毕，并且可以使用与数据库服务器一起安装的 SQL Server Management Studio Express 工具进行管理。一旦 SQL Server 2005 环境安装完成后，还应该安装最新的服务包 SQL Server 2005 Service Pack 2。安装以后可以通过执行“开始”→“所有程序”→Microsoft SQL Server 2005→SQL Server Management Studio Express 命令运行此工具。

3. SQL Server 2005 组件

SQL Server 2005 产品中提供了多种数据库工具，可以完成数据库的配置、管理和开发等多种任务。

1) SQL Server Management Studio

SQL Server Management Studio 是 SQL Server 2005 提供的一种新的集成环境,用于访问、配置、控制、管理和开发 SQL Server 的所有组件。SQL Server Management Studio 将一组多样化的图形工具与多种功能齐全的脚本编辑器组合在一起,可为各种技术级别的开发人员和管理员提供对 SQL Server 的访问。

SQL Server Management Studio 将以前版本的 SQL Server 中所包括的企业管理器、查询分析器和 Analysis Manager 功能等整合到单一环境中。此外,SQL Server Management Studio 还可以和 SQL Server 的所有组件协同工作,如 Reporting Services、Integration Services、SQL Server Mobile 和 Notification Services。开发人员可以获得熟悉的体验,而数据库管理员可获得功能齐全的单一实用工具,其中包含易于使用的图形工具和丰富的脚本撰写功能。

若要启动 SQL Server Management Studio,在任务栏中单击"开始"按钮,依次指向"所有程序"选择 Microsoft SQL Server 2005,然后单击 SQL Server Management Studio 选项,将首先出现"连接到服务器"对话框,如图 3-16 所示。

图 3-16 "连接到服务器"对话框

在"服务器类型"、"服务器名称"、"身份验证"组合框中输入或选择正确的方式后,单击"连接"按钮,即可注册登录到 Microsoft SQL Server Management Studio 窗口中,如图 3-17 所示。

SQL Server Management Studio 的常用工具组件包括已注册的服务器、对象资源管理器、解决方案资源管理器、模板资源管理器、摘要页和文档窗口。若要显示某个工具,在"视图"菜单中单击该工具的名称。若要显示查询编辑器工具,还可以单击工具栏中的"新建查询"按钮。

为了在保持功能的同时增大编辑空间,所有窗口都提供了自动隐藏功能,该功能可使窗口显示为 Management Studio 环境中边框栏上的选项卡。在将指针放在其中一个选项卡之上时,将显示其对应的窗口。通过单击"自动隐藏"按钮(以窗口右上角的图钉标示),可以开

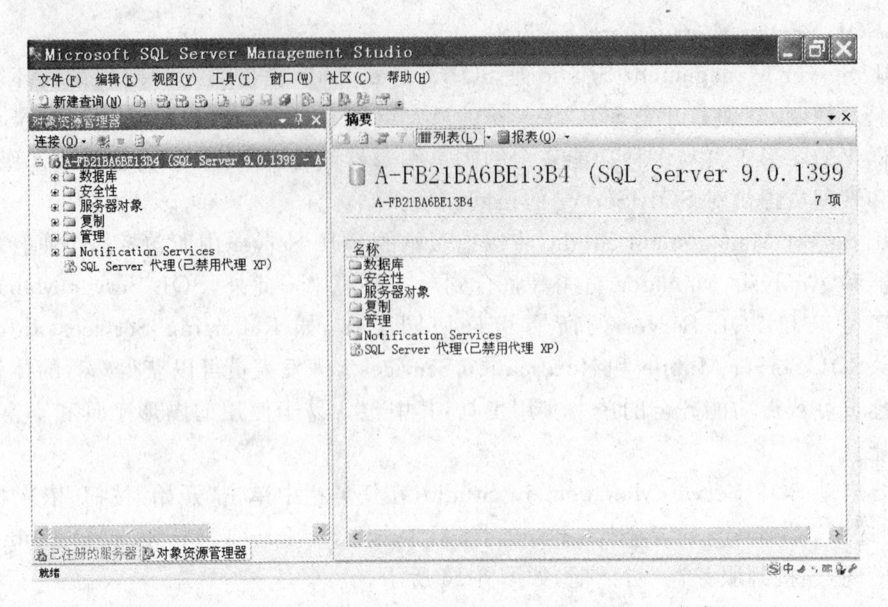

图 3-17 Microsoft SQL Server Management Studio 主窗口

关窗口的自动隐藏。“窗口”菜单中还提供了一个“自动全部隐藏”命令。

SQL Server 2005 提供了两种模式来操作图形界面：一种是选项卡式模式，在该模式下组件作为选项卡出现在相同的停靠位置，图 3-17 所示的界面就是采用了这种模式；另一种是多文档界面(MDI)模式，在该模式下每个文档都有其自己的窗口。用户可以根据自己的喜好来选择使用哪种模式。若要配置该功能，在“工具”菜单中，选择“选项”→“环境”命令，然后单击“常规”选项。

选择多文档界面(MDI)模式后，SQL Server Management Studio 中的组件可以作为独立的界面任意拖动，如图 3-18 所示。

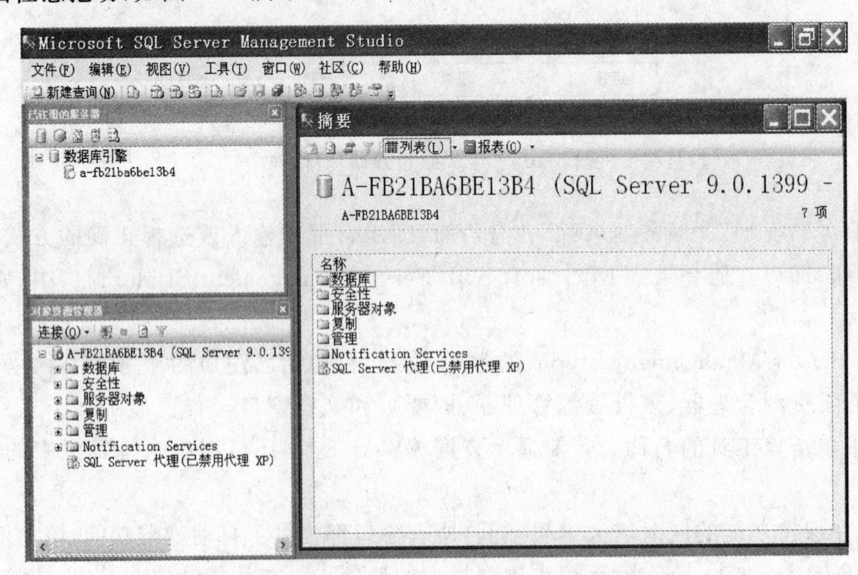

图 3-18 多文档界面模式的 SQL Server Management Studio

2）“对象资源管理器”组件

对象资源管理器提供了服务器中所有对象的视图，并具有管理这些对象的用户界面，如图 3-19 所示。

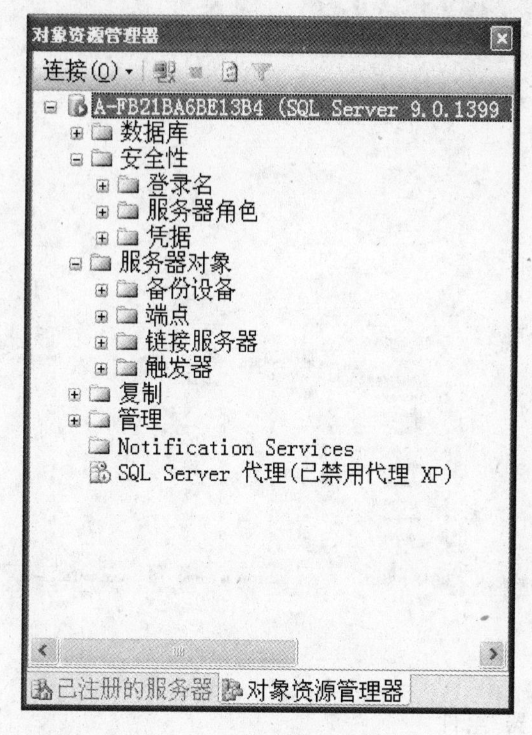

图 3-19 “对象资源管理器”对话框

若要使用对象资源管理器，必须先将其连接到服务器上。单击“对象资源管理器”对话框工具栏上的“连接”按钮，并从出现的下拉列表中选择连接服务器的类型，将打开“连接到服务器”对话框。

对象资源管理器使用树状结构将信息分组到文件夹中。若要展开文件夹，单击加号(＋)或双击文件夹。右击文件夹或对象，以执行常见任务。双击对象以执行最常见的任务。

3）“查询编辑器”组件

SQL Server Management Studio 查询编辑器的主要功能如下：

① 提供了可用于加快 SQL Server、SQL Server 2005 Analysis Services(SSAS)和 SQL Server Mobile 脚本的编写速度的模板。模板是包含创建数据库对象所需的语句基本结构的文件。

② 在语法中使用不同的颜色，以提高复杂语句的可读性。

③ 以文档窗口中的选项卡形式或在单独的文档中显示查询窗口。

④ 以网格或文本的形式显示查询结果，或将查询结果重定向到一个文件中。

⑤ 以单独的选项卡式窗口的形式显示结果和消息。

⑥ 以图形方式显示计划信息，该信息显示构成 T-SQL 语句的执行计划的逻辑步骤。

可以通过工具栏中的“新建查询”按钮来打开一个新的查询编辑器，在代码编辑器窗口中，通过按 Shift＋Alt＋Enter 键可以切换全屏显示模式。

在查询编辑器中输入一个简单的查询语句，执行结果如图 3-20 所示。

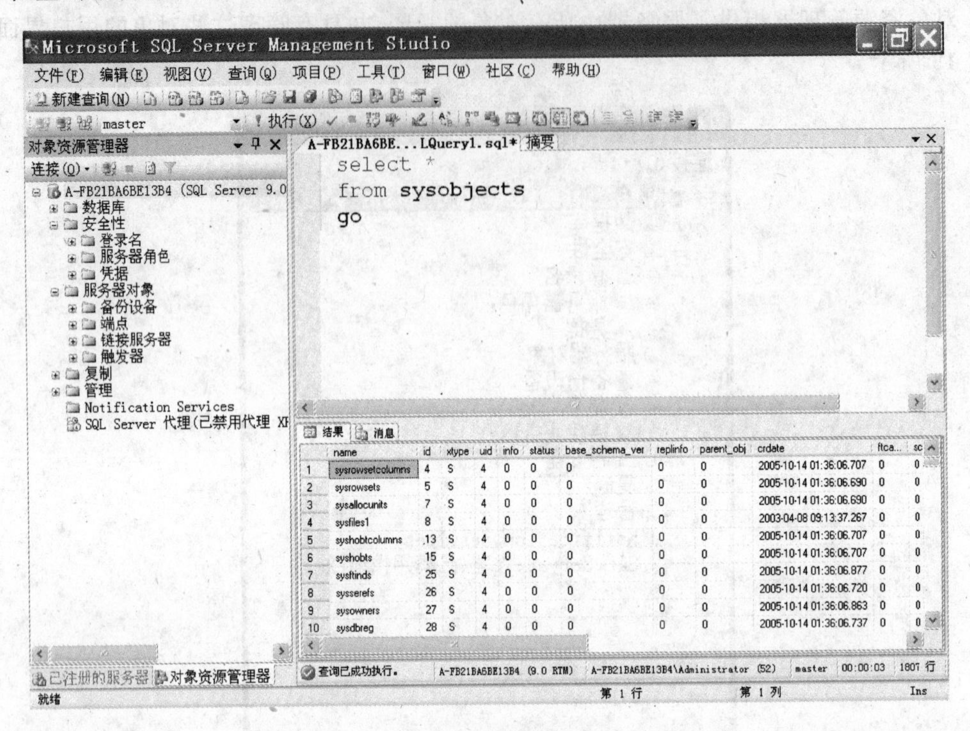

图 3-20　查询编辑器

4）“模板资源管理器”组件

Microsoft SQL Server Management Studio 提供了大量脚本模板，其中包含了许多常用任务的 T-SQL 语句。这些模板包含用户提供的值（如表名称）的参数。使用该参数，可以只输入一次名称，然后自动将该名称复制到脚本中所有需要的位置。在 Management Studio 的“视图”菜单中，选择“模板资源管理器”命令，弹出如图 3-21 所示的窗口。

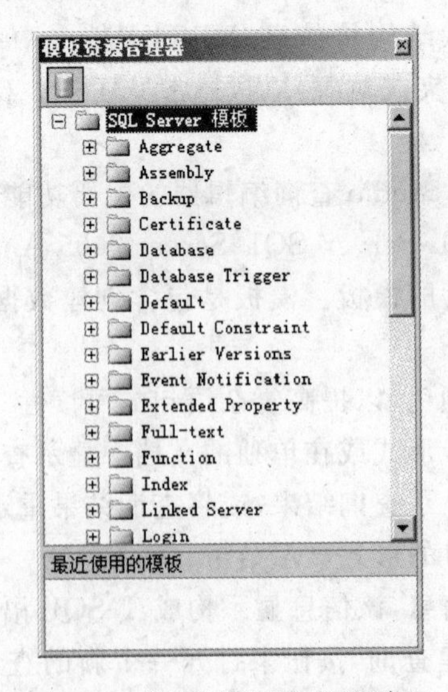

图 3-21　“模板资源管理器”窗口

3.2 Transact-SQL 语言的使用

3.2.1 数据定义语言

数据定义语言(DDL)是指用来定义和管理数据库及数据库中的各种对象的语句,这些语句包括 CREATE、ALTER 和 DROP 等语句。在 SQL Server 2005 中,数据库对象包括表、视图、触发器、存储过程、规则、缺省、用户自定义的数据类型等。这些对象的创建、修改和删除等都可以通过使用 CREATE、ALTER、DROP 等语句来完成。

例 3.1 创建一个学生选课数据库,取名为 XShengInfo。

```
CREATE DATABASE XShengInfo
```

例 3.2 要在当前数据库 XShengDB 中定义一个表,表名为 XSheng。

```
CREATE TABLE XSheng (
  XHao     CHAR (10 ) PRIMARY KEY,
  XMing    CHAR ( 8 ) NOT NULL,
  XBie     CHAR (1)   NOT NULL CHECK (XBie = 'F' OR XBie = 'M'),
  NLing    INT        NULL
  YXi   CHAR (20 )  DEFAULT  'Computer'
  )
```

等价于:

```
CREATE TABLE XSheng (
XHao     CHAR (10 ) ,
XMing  CHAR ( 8 )     NOT NULL,
XBie     CHAR (1)     NOT NULL ,
NLing    INT,
YXi  CHAR (20)  DEFAULT 'Computer ' ,
PRIMARY KEY(XHao),
CHECK (XBie = 'F' OR XBie = 'M')
)
```

除空值/非空值约束外,其他约束都可定义一个约束名,用 CONSTRAINT <约束名> 来定义,例如:

```
CREATE TABLE XSheng (
  XHao    CHAR (10 ) ,
  XMing  CHAR ( 8 )   NOT NULL,
  XBie    CHAR  (1)   NOT NULL ,
  NLing  INT,
  YXi     CHAR (20 )    DEFAULT 'Computer ' ,
  CONSTRAINT  SPK  PRIMARY KEY(XHao),
  CONSTRAINT  CK  CHECK (XBie = 'F' OR XBie = 'M')
)
```

在当前数据库 XShengInfo 中加入 KCheng 表:

```
CREATE TABLE KCheng (
    KChHao   CHAR (6 ) PRIMARY KEY,
    MCheng   CHAR ( 20 ) NOT NULL,
    XXKe     CHAR (6) ,
    XFen     INT
)
```

等价于

```
CREATE TABLE KCheng (
    KChHao      CHAR (6 ),
    MCheng      CHAR ( 20 ) NOT NULL,
    XXKe        CHAR (6) ,
    XFen        INT,
    CONSTRAINT CPK PRIMARY KEY(KChHao)
)
```

在当前数据库 XShengInfo 中加入 XKe 表：

```
CREATE TABLE XKe(
   XHao  CHAR(10)   NOT NULL,
   KChHao  CHAR(6)   NOT NULL,
   ChJi  INT,
   CONSTRAINT EPK  PRIMARY KEY ( XHao, KChHao ),
   CONSTRAINT ESlink  FOREIGN KEY (XHao)  REFERENCES
   XSheng ( XHao ),
   CONSTRAINT EClink FOREIGN KEY (KChHao ) REFERENCES
   KCheng ( KChHao )
)
```

等价于

```
CREATE TABLE XKe(
    XHao CHAR(10) NOT NULL  FOREIGN KEY ( XHao)
    REFERENCES XSheng ( XHao ),
    KChHao CHAR(6) NOT NULL FOREIGN KEY ( KChHao )
    REFERENCES KCheng( KChHao ),
    ChJi INT,
    PRIMARY KEY ( XHao, KChHao )
)
```

等价于

```
CREATE TABLE XKe(
   XHao CHAR(10) NOT NULL REFERENCES XSheng ( XHao ),
   KChHao CHAR(6) NOT NULL REFERENCES KCheng( KChHao ),
   ChJi INT,
  PRIMARY KEY ( XHao, KChHao )
)
```

例 3.3　建立数学系学生的视图。

```
CREATE VIEW Math_Stud_View
```

```
AS
SELECT XHao, XMing, NLing
FROM XSheng WHERE YXi = 'Math'
```

例 3.4 为 XKe 表添加一列,列的定义为 FJHao CHAR(20)。

```
ALTER TABLE XKe
ADD FJHao CHAR(20)
```

例 3.5 删除数据库表 XKe。

```
DROP TABLE XKe
```

3.2.2 数据查询操作

数据查询操作使用 SELECT 语句实现,其语法形式如下:

```
SELECT SELECT_list
[INTO new_table]
FROM table_source[,…n]
[WHERE search_condition]
[GROUP BY group_by_expression]
[HAVING search_condition]
[ORDER BY order_expression [ASC | DESC]]
[COMPUTE claUSE]
```

SELECT 子句的语法形式如下所示:

```
SELECT [ALL | DISTINCT][TOP n [PERCENT]]< SELECT_list >
    < SELECT_list > ::=
    { *
      | { table_name | view_name | table_alias }. *
      | { column_name | expression | IDENTITYCOL | ROWGUIDCOL }
     [[AS] column_alias]
     | column_alias = expression
    } [,…n]
```

各个选项说明如下:

- SELECT 子句用于指定所选择的要查询的特定表中的列,它可以是星号(*)、表达式、列表、变量等。
- INTO 子句用于指定所要生成的新表的名称。
- FROM 子句用于指定要查询的表或者视图,最多可以指定 16 个表或者视图,用逗号相互隔开。
- WHERE 子句用来限定查询的范围和条件。
- GROUP BY 子句是分组查询子句。
- HAVING 子句用于指定分组子句的条件。
- GROUP BY 子句、HAVING 子句和集合函数一起可以实现对每个组生成一行和一个汇总值。
- ORDER BY 子句可以根据一个列或者多个列来排序查询结果,在该子句中,既可以使用列名,也可以使用相对列号。

- ASC 表示升序排列,DESC 表示降序排列。
- COMPUTE 子句使用集合函数在查询的结果集中生成汇总行。
- COMPUTE BY 子句用于增加各列汇总行。

例 3.6 查询全体学生的学号、姓名、性别、年龄、所在系。

```
SELECT XHao,XMing,XBie,NLing,YXi FROM XSheng
```

例 3.7 在 SELECT 语句中,"*"标识表中所有的列。

```
SELECT XHao,XMing,XBie,NLing,YXi FROM XSheng
```

例 3.8 使用 SELECT 语句查看全局变量的数据。

```
SELECT   @@language
GO
```

例 3.9 返回前面 10 行数据

```
SELECT TOP 10 *
FROM XSheng
```

TOP integer:表示返回最前面的几行,用整数表示返回的行数。

例 3.10 返回前 10%的数据。

```
SELECT TOP 10 PERCENT *
FROM XSheng
```

TOP integer PERCENT:用百分比表示返回的行数。

DISTINCT 关键字能够从返回的结果数据集合中删除重复的行,使返回的结果更简洁。

例 3.11 显示所有选课学生的学号。

```
SELECT XHao
FROM XKe
```

返回的结果包含重复的数据。

例 3.12 显示所有选课学生的学号,并去掉重复行。

```
SELECT DISTINCT XHao
FROM XKe
```

返回的结果不包含重复的值。

查询时需要对查询到的数据进行再次计算在 Transact-SQL 中使用计算列,计算列并不存储于表格所存储的数据库中,它是通过对某些列的数据进行计算得来的结果。在计算列上允许使用=、-、*、/、%和按照位来进行计算的逻辑运算符,如 AND(&)、OR(|)、XOR(^)、NOT(~)及字符串连接运算符(+)。

例 3.13 查询全体学生的选课情况,即学号、课程号、成绩,并将成绩值提高 5%。

```
SELECT XHao,KChHao,ChJi + ChJi * 0.05
FROM XKe
```

例 3.14 使用字符串连接运算符连接两个字段。

```
SELECT XHao + '-' + XMing
FROM XSheng
```

可以对查询数据的列的名称进行修改,或者为没有标题的列增加列名。

例 3.15 直接在列表达式后面给出列名。

查询全体学生的选课情况,其成绩列值都加 5,并为各列设置中文的别名。

```
SELECT XHao '学号',KChHao  '课程号',ChJi + 5  '成绩'
FROM XKe
```

例 3.16 使用“＝”来连接列表达式。

```
SELECT '学号' = XHao,'课程号' = KChHao, '成绩' = ChJi + 5
FROM XKe
```

例 3.17 使用 AS 关键字来连接列表达式和指定的列名。

```
SELECT XHao AS  '学号',KChHao AS  '课程号',ChJi + 5 AS '成绩'
FROM XKe
```

WHERE 子句的格式为:

```
WHERE <查询条件>
```

其中,＜查询条件＞是由列名、运算符、常量、函数等构成的一个表达式。＜查询条件＞中常用的运算符有比较运算符和逻辑运算符。

(1) 比较运算符用于比较两个数值之间的大小是否相等。常用的比较运算符有＝、＞、＜、＞＝、＜＝、!＝或＜＞、!＞、!＜共 9 种。

(2) 逻辑运算符主要有:

① 范围比较运算符:BETWEEN … AND…、NOT BETWEEN…AND。

② 集合比较运算符:IN、NOT IN。

③ 字符匹配运算符:LIKE、NOT LIKE。

④ 空值比较运算符:IS NULL、IS NOT NULL。

⑤ 条件连接运算符:AND、OR、NOT。

下面举例说明。

1. 基于比较运算符的查询

例 3.18 查询学生选课成绩大于 80 分的学生学号、课程号、成绩。

```
SELECT * FROM XKe WHERE ChJi > 80
```

2. 基于 BETWEEN…AND 的查询

基本格式:列名 BETWEEN 下限值 AND 上限值

等价于:列名＞＝下限值 AND 列名＜＝上限值

BETWEEN…AND…一般用于数值型范围的比较。表示当列值在指定的下限值和上限值范围内时,条件为 TRUE,否则为 FALSE。NOT BETWEEN…AND…与 BETWEEN…AND…正好相反,表示列值不在指定的下限值和上限值范围内时,条件为 TRUE,否则为 FALSE。

例 3.19 查询学生选课成绩在 80～90 分之间的学生学号、课程号、成绩。

```
SELECT * FROM XKe
WHERE ChJi BETWEEN 80 AND 90
```

等价于

```
SELECT * FROM XKe
WHERE ChJi >= 80 AND ChJi <= 90
```

3. 基于 IN 的查询

IN 用于测试一个列值是否与常量表中的任何一个值相等。

IN 条件表示格式为：

```
列名 IN (常量 1, 常量 2, … 常量 n)
```

当列值与 IN 中的任一常量值相等时，则条件为 TRUE，否则为 FALSE。

例 3.20 查询数学系、计算机系、艺术系学生的学号、姓名。

```
SELECT XHao,XMing FROM XSheng
WHERE YXi IN ('Math', 'Computer', 'Art')
```

等价于

```
SELECT XHao,XMing FROM XSheng
WHERE YXi = 'Math' OR YXi = 'Computer' OR YXi = 'Art'
```

4. 基于 LIKE 的查询

LIKE 用于测试一个字符串是否与给定的模式匹配。所谓模式是一种特殊的字符串，其中可以包含普通字符，也可以包含特殊意义的字符，通常叫通配符。

LIKE 运算符的一般形式为：

```
列名 LIKE <模式串>
```

其中，模式串中可包含如下 4 种通配符：

(1) _：匹配任意一个字符。注意，在这里一个汉字或一个全角字符也算一个字符。如'_u_'表示第二个字符为 u，第一、第三个字符为任意字符的字符串。

(2) %：匹配任意 0 个或多个字符。如'S%'表示以 S 开头的字符串。

(3) []：匹配[]中的任意一个字符，如[SDJ]。

(4) [^]：不匹配[]中的任意一个字符，如[^SDJ]。

可以用 LIKE 来实现模糊查询。

例 3.21 查找姓名的第二个字符是 u 并且只有三个字符的学生的学号、姓名。

```
SELECT XHao,XMing FROM XSheng
WHERE XMing LIKE '_u_'
```

例 3.22 查找姓名以 S 开头的所有学生的学号、姓名。

```
SELECT XHao,XMing FROM XSheng
WHERE XMing LIKE 'S%'
```

例 3.23 查找姓名以 S、D 或 J 开头的所有学生的学号、姓名。

```
SELECT XHao,XMing FROM XSheng
WHERE XMing LIKE '[SDJ]%'
```

5. 基于 NULL 空值的查询

空值是尚未确定或不确定的值。判断某列值是否为 NULL 值只能使用专门判断空值的子句。判断列值为空的语句格式为：

```
列名 IS NULL
```

判断列值不为空的语句格式为：

```
列名 IS NOT NULL
```

例 3.24 查询无考试成绩的学生的学号和相应的课程号。

```
SELECT XHao, KChHao FROM XKe
WHERE ChJi IS NULL
```

不等价于：

```
SELECT XHao, KChHao FROM XKe
WHERE ChJi = 0
```

例 3.25 查询有考试成绩(即成绩不为空值)的学生的学号、课程号。

```
SELECT XHao, KChHao FROM XKe
WHERE ChJi IS NOT NULL
```

6. 基于多个条件的查询

可以使用 AND、OR 逻辑谓词来连接多个条件,构成一个复杂的查询条件。使用格式为：

```
<条件 1> AND <条件 2> AND…<条件 n>
```

或

```
<条件 1> OR <条件 2> OR…<条件 n>
```

下面是语法中各参数的说明。

用 AND 连接的所有的条件都为 TRUE 时,整个查询条件才为 TRUE。

用 OR 连接的条件中,只要其中任一个条件为 TRUE,整个查询条件就为 TRUE。

例 3.26 查询计算机系年龄在 18 岁以上的学生学号、姓名。

```
SELECT XHao,XMing
FROM XSheng
WHERE YXi = 'Computer' AND NLing > 18
```

例 3.27 求选修了 C1 课程或 C2 课程的学生学号、成绩。

```
SELECT XHao,ChJi
FROM XKe
WHERE KChHao = 'C1' OR KChHao = 'C2'
```

7. 使用统计函数的查询

统计函数也称为集合函数或聚集函数，其作用是对一组值进行计算并返回一个值，如表 3-3 所示。

表 3-3　统计函数

函　数	功 能 说 明
COUNT(*)	求表中或组中记录个数
COUNT(<列名>)	求不是 NULL 的列值个数
SUM(<列名>)	求该列所有值的总和(必须是数值列)
AVG(<列名>)	求该列所有值的平均值(必须是数值列)
MAX(<列名>)	求该列所有值的最大值(必须是数值列)
MIN(<列名>)	求该列所有值的最小值(必须是数值列)

例 3.28　求学生的总人数。

```
SELECT COUNT( * ) AS  '学生的总人数'
FROM XSheng
```

例 3.29　求选修了 C1 课程的学生的平均成绩。

```
SELECT AVG(ChJi) AS  '平均成绩'
FROM XKe WHERE KChHao = 'C1'
```

例 3.30　求 20010102 号学生的考试总成绩之和。

```
SELECT SUM(ChJi) AS  '20010102 考试总成绩'
FROM XKe WHERE XHao = '20010102'
```

例 3.31　选修了 C1 课程的学生的最高分和最低分。

```
SELECT MAX(ChJi) AS '最高分', MIN(ChJi) AS '最低分'
FROM XKe WHERE KChHao = 'C1'
```

8. GROUP BY 子句

有时需要把 FROM、WHERE 子句产生的表按某种原则分成若干组，然后再对每个组进行统计，一组形成一行，最后把所有这些行组成一个表，称为组表。

GROUP BY 子句在 WHERE 子句后边。一般形式为：

```
GROUP BY <分组列> [, … n ]
```

其中<分组列>是分组的依据。分组原则是<分组列>的列值相同，就为同一组。当有多个<分组列>时，则先按第一个列值分组，然后对每一组再按第二个列值进行分组，依此类推。

例 3.32　求选修每门课程的学生人数。

```
SELECT KChHao AS  '课程号',COUNT(XHao) AS  '选修人数'
FROM XKe
GROUP BY KChHao
```

例 3.33　输出每个学生的学号和他/她的各门课程的总成绩。

```
SELECT XHao '学号', Sum(ChJi) '总成绩'
FROM XKe
GROUP BY XHao
```

下列语句是错误的：

```
SELECT XHao AS '学号',KChHao AS '课程号',COUNT(XHao) AS '选修人数'
FROM XKe
GROUP BY KChHao
```

因为 SELECT 子句中的 XHao 列，既不是统计函数，也不是 ROUP BY 子句中的列名。

9. HAVING 子句

HAVING 子句指定 GROUP BY 生成的组表的选择条件。它的一般形式为：

```
HAVING <组选择条件>
```

HAVING 子句在 GROUP BY 子句之后，并且必须与 GROUP BY 子句一起使用。

例 3.34 求选修课程大于等于 2 门课的学生的学号、平均成绩、选修的门数。

```
SELECT XHao, AVG(ChJi) AS  '平均成绩',COUNT( * ) AS  '选修门数'
FROM XKe
GROUP BY XHao
HAVING COUNT( * )>= 2
```

10. ORDER BY 子句

指定 SELECT 语句的输出结果中记录的排序依据。ORDER BY 排序子句的格式为：

```
ORDER BY <列名> [ASC | DESC ] [, … n ]
```

其中，<列名>指定排序的依据，ASC 表示按列值升序方式排序，DESC 表示按列值降序方式排序。如果没有指定排序方式，则默认的排序方式为升序排序。

在 ORDER BY 子句中，可以指定多个用逗号分隔的列名。这些列出现的顺序决定了查询结果排序的顺序。当指定多个列时，首先按第一个列值排序，如果列值相同的行，则对这些值相同的行再依据第二列进行排序，依此类推。

例 3.35 查询所有学生的信息，并按学生的年龄值从小到大排序。

```
SELECT * FROM XSheng
ORDER BY NLing
```

例 3.36 查询选修了 C1 课程的学生的学号和成绩，查询结果按成绩降序排列。

```
SELECT XHao, ChJi FROM XKe
WHERE KChHao = 'C1'
ORDER BY ChJi DESC
```

例 3.37 查询全体学生信息，查询结果按所在系的系名升序排列，同一系的学生按年龄降序排列。

```
SELECT *
FROM XSheng
ORDER BY YXi ASC, NLing DESC
```

例 3.38 求选修课程大于等于 2 门课的学生的学号、平均成绩和选课门数，并按平均成绩降序排列。

```
SELECT XHao AS  '学号', AVG(ChJi) AS  '平均成绩',
COUNT( * )AS '修课门数'
FROM XKe
GROUP BY XHao HAVING COUNT( * ) >= 2
ORDER BY AVG (ChJi) DESC
```

3.2.3 添加数据操作

添加数据操作使用 INSERT 语句实现，其基本语法格式为：

```
INSERT [INTO]
Table_name (column_name)[, … n]
VALUES
(expression)[, … n]
```

使用 INSERT 语句注意事项：

(1) 在 INSERT 语句中，VALUES 列表中的表达式的数量，必须匹配列表中的列数；表达式的数据类型必须可以和表格中对应各列的数据类型兼容。

(2) 如果在表格中存在定义为 NOT NULL 的数据列，那么该列的值必须要出现在 VALUES 的列表中。否则，会出错。

例 3.39 先删除表 T1，然后又创建一个带有 4 个列的表 T1。最后利用 INSERT 语句插入一些数据行，这些行只有部分列包含值。

```
IF EXISTS(SELECT TABLE_NAME
FROM INFORMATION_SCHEMA.TABLES
WHERE TABLE_NAME = 'T1')

DROP TABLE T1
GO

CREATE TABLE T1 (
column1 int NOT NULL,
column2 varchar(20),
column3 int NULL,
column4 varchar(40))

INSERT INTO T1 (column1,column2,column3,column4)
VALUES (1234,'aaaa', - 20,'cccccc')

SELECT * FROM T1
```

修改数据使用 UPDATE 语句实现，其基本语法格式为：

```
UPDATE table_name
SET
column_name = {expression|default|NULL}[, … n]
[FROM table_name[, … n]]
WHERE searchcondition
```

例 3.40　一个简单的修改语句。

```
UPDATE T1
SET column2 = 'bbcc', column3 = 46
WHERE column1 = 1234
```

删除数据使用 DELETE 语句实现，其基本语法格式为：

```
DELETE [FROM] table_name
WHERE search_conditions
```

例 3.41　删除 T1 表中 column2 值为'bbcc'的行。

```
DELETE T1
WHERE column2 = 'bbcc'
```

3.3　SQL Server 数据库管理

3.3.1　创建数据库

使用 SQL Server Management Studio 创建数据库方法如下。

(1) 在 SQL Server Management Studio 中，在数据库文件夹或其下属任一数据库图标上右击，选择"新建数据库"选项，就会弹出如图 3-22 所示的对话框。

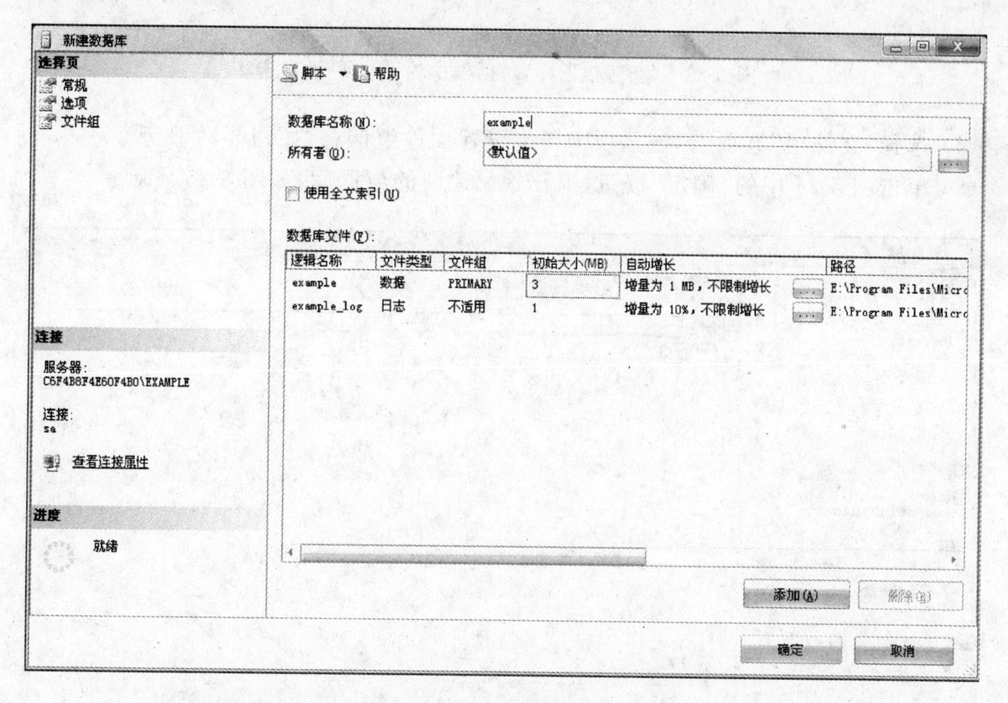

图 3-22　"新建数据库"对话框中的"常规"选项卡

(2) 在"常规(General)"选项卡中，要求用户输入数据库名称以及选择所有者。

(3) 选择"选项"选项卡，该选项卡用来输入排序规则、恢复模式和兼容级别，如图 3-23 所示。

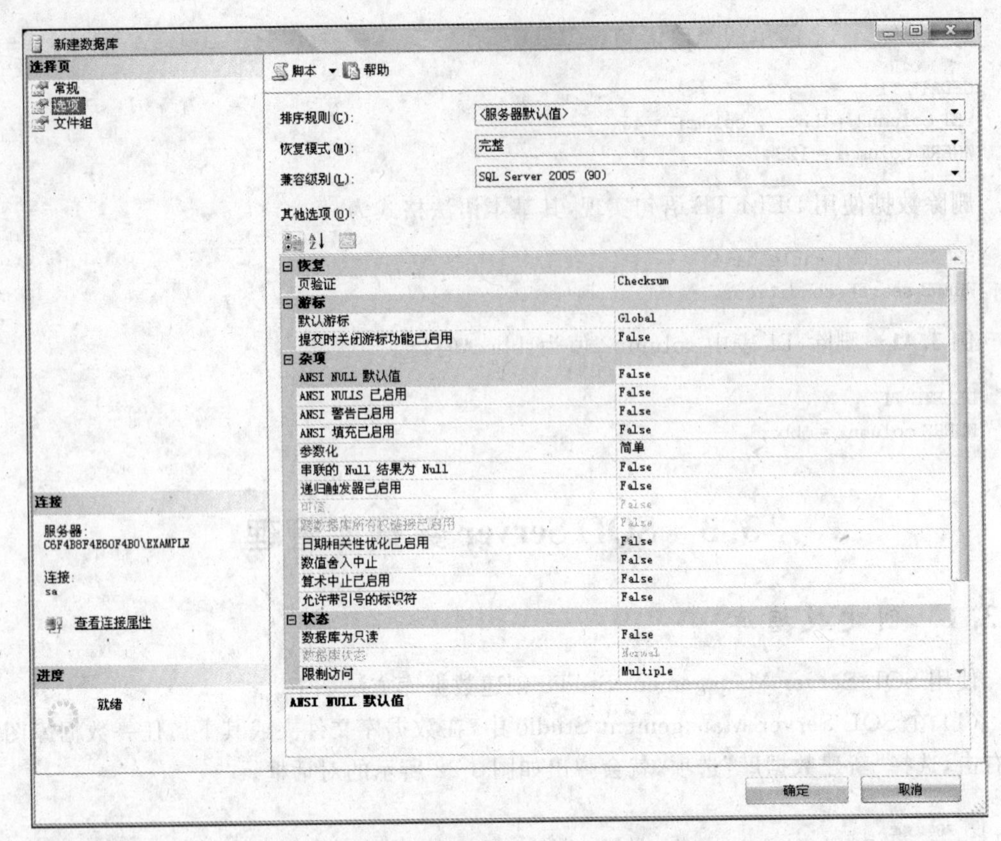

图 3-23 “新建数据库”对话框中的“选项”选项卡

(4) 选择“文件组”选项卡，该选项卡用来设置文件组信息，如图 3-24 所示。

(5) 单击图 3-24 中的“确定”按钮，则开始创建新的数据库，如图 3-25 所示。

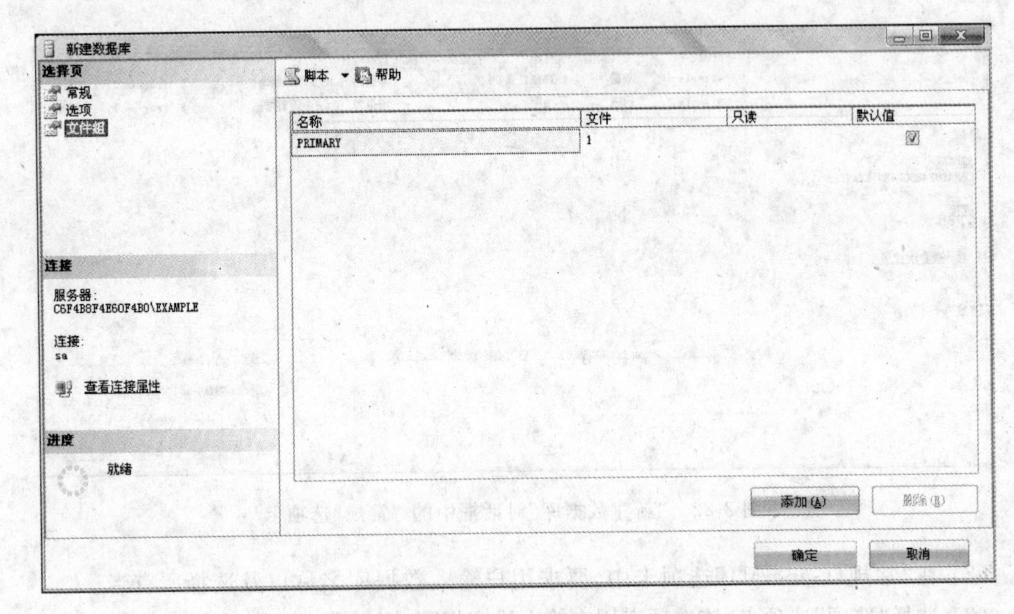

图 3-24 “新建数据库”对话框中的“文件组”选项卡

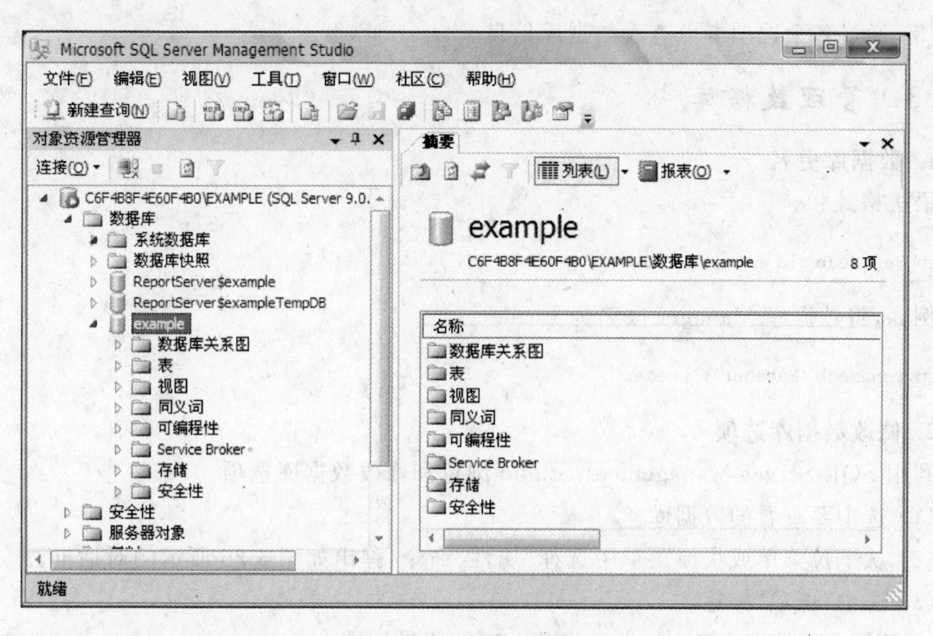

图 3-25 新创建的数据库

3.3.2 查看数据库信息

使用 SQL Server Management Studio 来查看更详细的有关数据库的信息。

(1) 选中要查看的数据库。

(2) 从“操作”菜单或快捷菜单中选择“属性”命令，弹出如图 3-26 所示对话框。

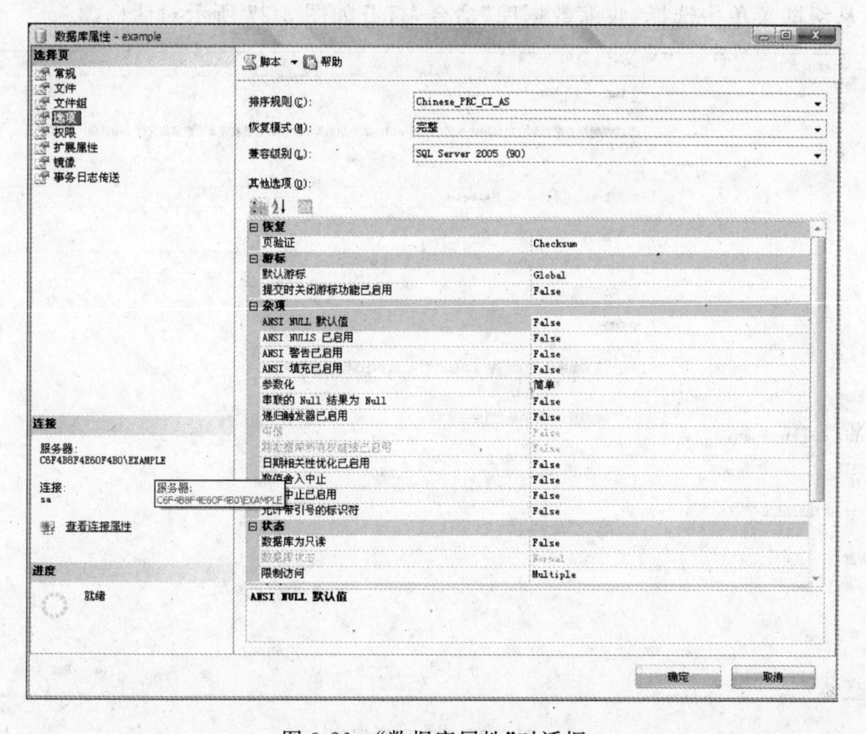

图 3-26 “数据库属性”对话框

(3) 通过各个选项卡可查看数据库信息。

3.3.3 管理数据库

1. 数据库更名

语法格式：

```
sp_renamedb old_name,new_name
```

例如，将数据库 Manager 改名为 Leader。

```
sp_renamedb 'Manager','Leader'
```

2. 修改数据库选项

利用 SQL Server Management Studio 浏览和修改数据库选项。

(1) 选中要查看的数据库。

(2) 从下拉菜单或快捷菜单中选择"属性"命令，弹出如图 3-26 所示的对话框。

(3) 选中"选项"标签。

3. 使用 SQL Server Management Studio 缩小数据库

步骤如下：

(1) 展开服务器组，再展开指定的服务器。

(2) 从指定服务器上展开数据库结点。

(3) 选中要执行缩小操作的数据库。

(4) 从快捷菜单中选择"所有任务"命令。

(5) 从级联菜单中选择"收缩数据库"命令，打开如图 3-27 所示对话框。

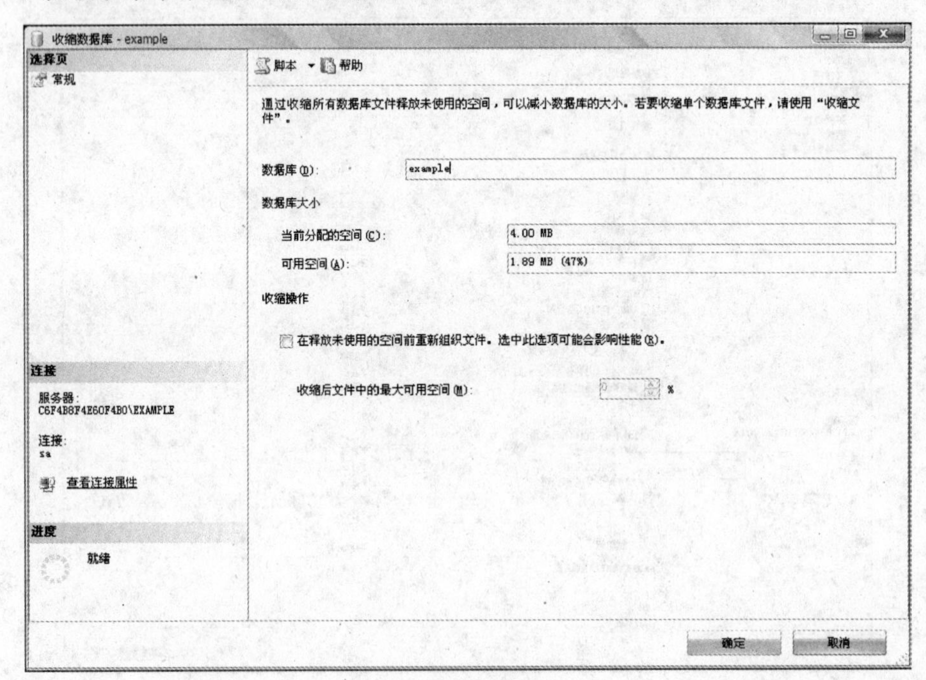

图 3-27 收缩数据库

4. 自动收缩数据库

使用 SQL Server Management Studio 自动收缩数据库。

(1) 选中要查看的数据库。

(2) 从下拉菜单或快捷菜单中选择"属性"命令。

(3) 选择"选项"标签。

(4) 选中"自动收缩"复选框。

3.3.4 删除数据库

使用 SQL Server Management Studio 删除数据库步骤如下。

(1) 选中要删除的数据库。

(2) 从快捷菜单或"操作"菜单中选择"删除"命令,并确定。

3.4 表的管理与使用

3.4.1 数据库中表的创建

利用 SQL Server Management Studio 创建表的步骤如下:

在 SQL Server Management Studio 中,展开指定的服务器和数据库,打开想要创建新表的数据库,右击表对象,从弹出的快捷菜单中选择"新建表"命令,或者在工具栏中单击按钮,就会出现"新建表"对话框,在该对话框中,可以定义列的以下属性:列名称、数据类型、长度和是否允许为空,然后根据提示进行设置。

表设计器的界面如图 3-28 所示。

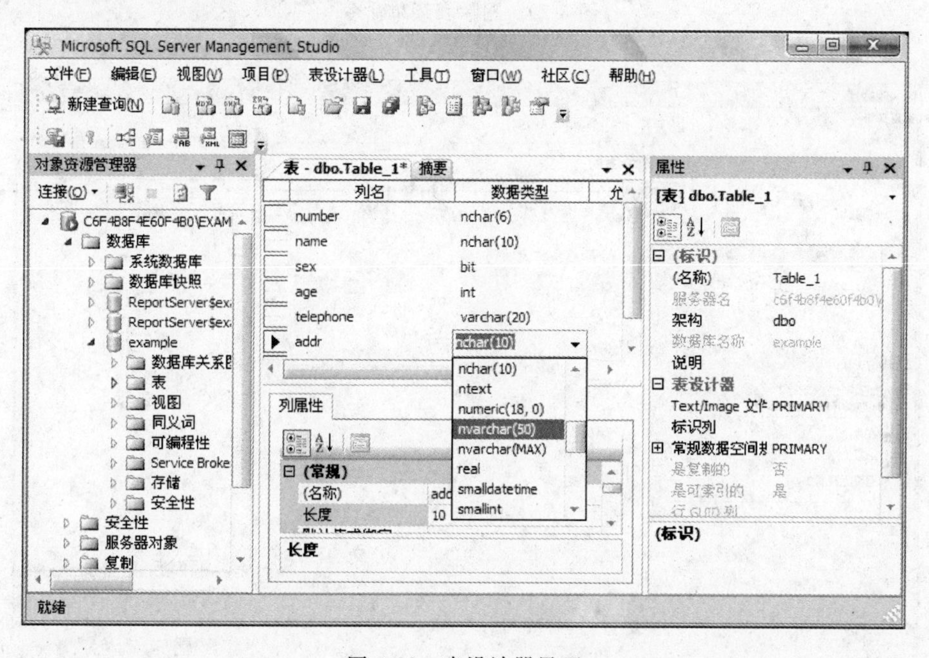

图 3-28 表设计器界面

3.4.2 数据库中表的删除

利用 SQL Server Management Studio 删除表的步骤如下：

在 SQL Server Management Studio 中，展开指定的数据库和表格项，右击要删除的表，从快捷菜单中选择“删除”命令，则会出现“删除对象”对话框，单击“确定”按钮，即可删除表。相应界面如图 3-29 和图 3-30 所示。

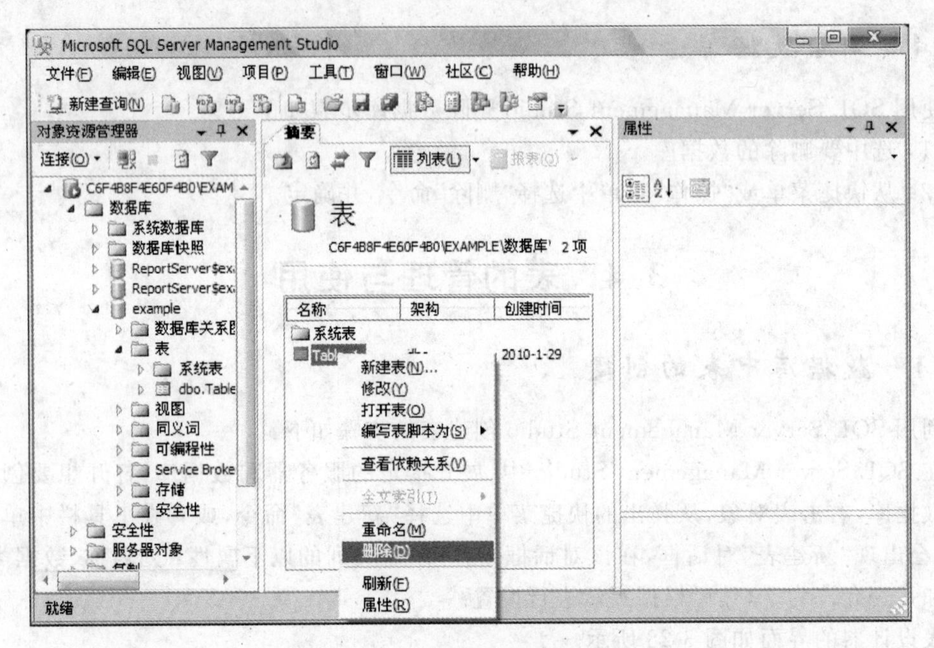

图 3-29 删除表菜单命令

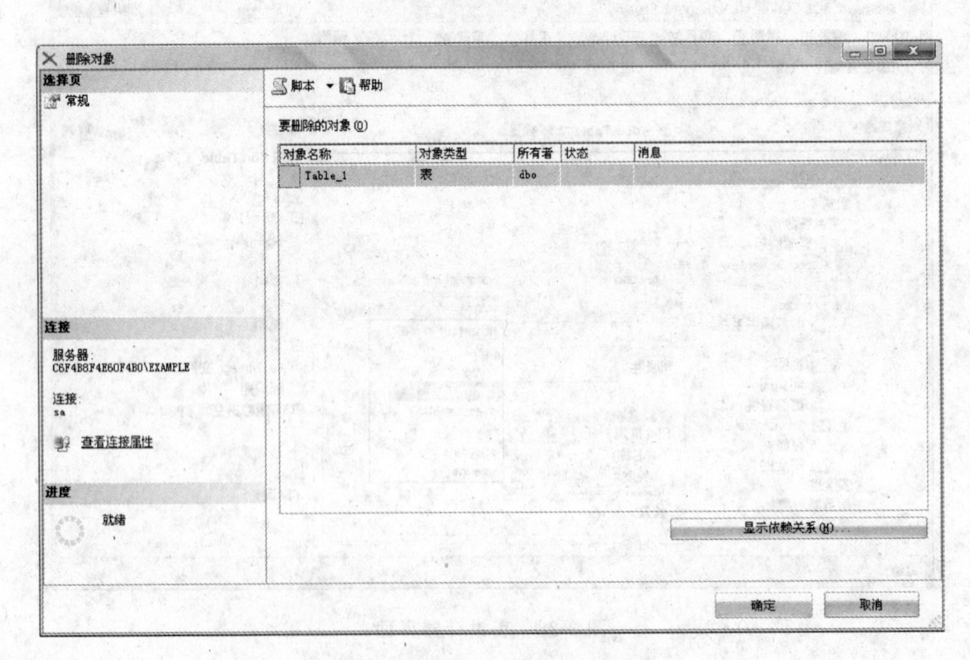

图 3-30 “删除对象”对话框(删除表)

3.4.3 数据库中表的修改

利用 SQL Server Management Studio 增加、删除和修改字段。在 SQL Server Management Studio 中，打开指定的服务器中要修改表的数据库，右击要进行修改的表，从弹出的快捷菜单中选择“修改”命令，则会出现“修改”对话框。在该对话框中，可以利用图形化工具完成增加、删除和修改字段的操作，如图 3-31 所示。

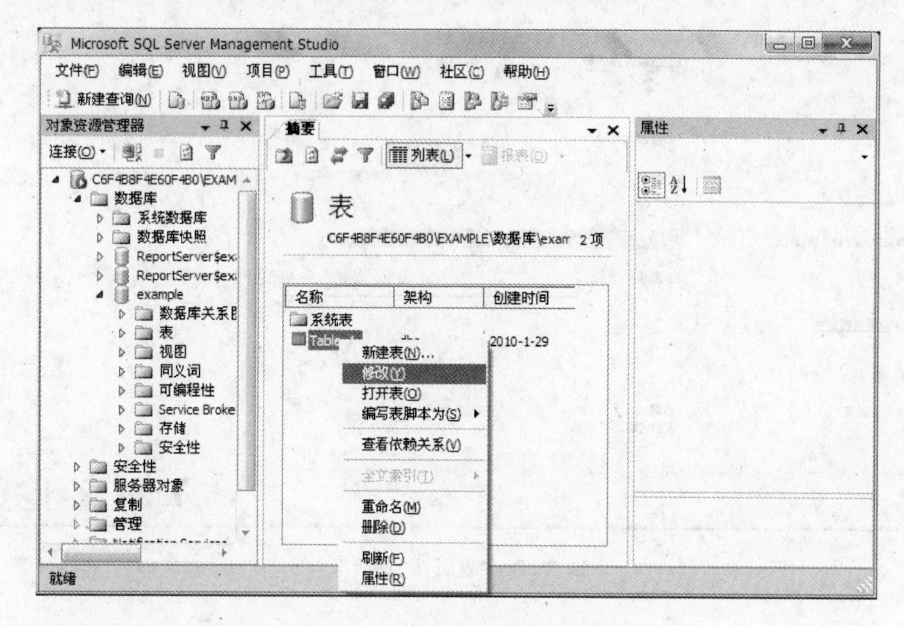

图 3-31　修改表定义菜单命令

3.4.4 查看表的属性

使用 SQL Server Management Studio 查看表属性的步骤如下：

在 SQL Server Management Studio 中，选择指定的表，然后右击，在弹出的快捷菜单中选择“属性”命令即可。其界面如图 3-32 所示。

3.4.5 表的重命名

使用 SQL Server Management Studio 对表进行重命名，步骤如下：

在 SQL Server Management Studio 中，选择要重命名的表，然后右击，在弹出的快捷菜单中选择“重命名”命令，输入新表名即可。

3.4.6 编辑维护表格数据

1. 使用 INSERT 添加表格数据

INSERT 语句的基本语法：

```
INSERT [ INTO]
Table_name (column_name)[, … n]
VALUES
(expression)[, … n]
```

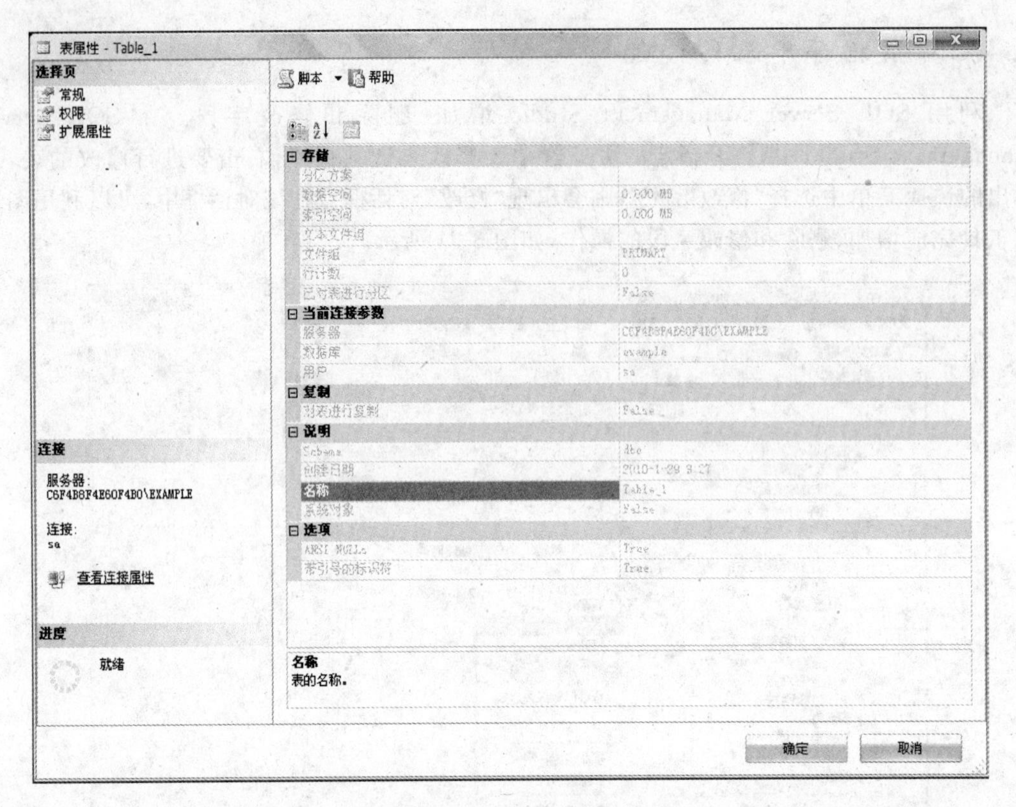

图 3-32 “表属性”对话框

例 3.42 向 XSheng 表中添加一个学生记录，学生学号为 20010105，姓名为 Stefen，性别为男，年龄 25 岁，所在系为艺术系。

```
INSERT INTO XSheng
  VALUES ('04040001', 'stefen', 'F', 25, '艺术系')
```

说明：

(1) 在 INSERT 语句中，VALUES 列表中的表达式的数量，必须匹配列表中的列数；表达式的数据类型必须可以和表格中对应各列的数据类型兼容。

(2) 如果在表格中存在定义为 NOT NULL 的数据列，那么该列的值必须要出现在 VALUES 的列表中。否则，会出错。

(3) 字段列表可以省略，但是需要注意以下几点：

① 使用这种方式必须使值列表中值的顺序与表中定义的字段顺序完全一致。

② 如果没有按正确顺序提供插入的数值，那么服务器有可能会给出一个语法错误。

③ 也有可能服务器没有任何反映，数据插入成功，但数据库却因此多了一条错误的数据。

例 3.43 向表 XSheng 中添加数据。

```
INSERT INTO XSheng
  VALUES ('04040001', '王梦梦', 'F', 25, '音乐系')
```

下面的用法是错误的：

```
INSERT INTO publishers
VALUES ('王梦梦', '04040001', 'F',25, '音乐系')
```

这样的语句依然能够执行，但是它是一条错误的数据。

(4) 可以省略 VALUES 列表，此时插入的是子查询的结果。

语法格式：

```
INSERT table_name
SELECT column_name[, … n]
FROM table_name
WHERE search_conditions
```

说明：

① 这种方式是用 SELECT 语句的查询结果代替 VALUES 子句。

② 用这种方式可以一次插入多行数据。

③ 需要注意的是 INSERT 表中 SELECT 表结果集的列数、列序和数据类型必须一致。

例 3.44 假定当前数据库中有一个临时表 TempXSheng，把数学系的所有学生记录一次性地加到 XSheng 表中。

```
INSERT INTO XSheng
SELECT * FROM TempXSheng
WHERE YXi = '数学系'
```

2. 使用 UPDATE 语句修改数据

UPDATE 语句的语法格式：

```
UPDATE table_name
SET
column_name = {expression|default|NULL}[, … n]
[FROM table_name[, … n]]
WHERE searchcondition
```

例 3.45 将所有学生选课的成绩加 5。

```
UPDATE XKe SET ChJi = ChJi + 5
```

例 3.46 将姓名为 Sue 的学生的所在系改为中文系。

```
UPDATE XSheng SET YXi = '中文系'
WHERE XMing = 'Sue'
```

例 3.47 将选修了课程名为“数据库”课程的学生成绩加 10。

```
UPDATE XKe SET ChJi = ChJi + 10
WHERE KChHao = (SELECT KChHao
                FROM KCheng
                WHERE MCheng = '数据库')
```

3. 使用 DELETE 语句删除表格中数据

(1) DELETE 语句的语法格式：

```
DELETE  [FROM]  table_name
```

```
WHERE  search_conditions
```

例 3.48 删除学生姓名为“田丽丽”的学生记录。

```
DELETE FROM XSheng
WHERE XMing = '田丽丽'
```

例 3.49 删除计算机系选修成绩不及格的学生选修记录。

```
DELETE FROM XKe
WHERE ChJi < 60 AND XHao IN (SELECT XHao
                             FROM XSheng
                             WHERE YXi = '计算机学院')
```

(2) 使用 TRUNCATE TABLE 清空表格

TRANCATE TABLE 语句可以删除表格中所有的数据，只留下一个表格的定义，通常要比使用 DELETE 语句快。

语法格式：

```
TRUNCATE TABLE table_name
```

例 3.50 清空表 XKe 中所有数据。

```
TRUNCATE TABLE XKe
```

4. 使用 SQL Server Management Studio 管理表格数据

利用 SQL Server Management Studio 管理表格步骤如下：

(1) 选择指定的表格。

(2) 右击，从弹出的快捷菜单中选择“打开表”命令，如图 3-33 所示。

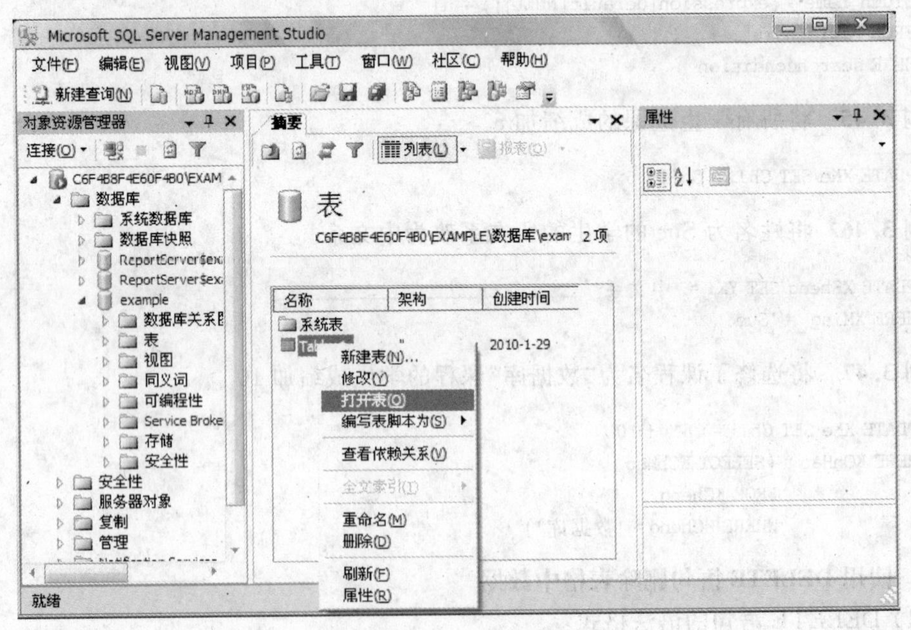

图 3-33 选择“打开表”命令

可以直接在表格中编辑数据。利用图形化的方式或者直接书写 SQL 语句进行查询，如图 3-34 所示。

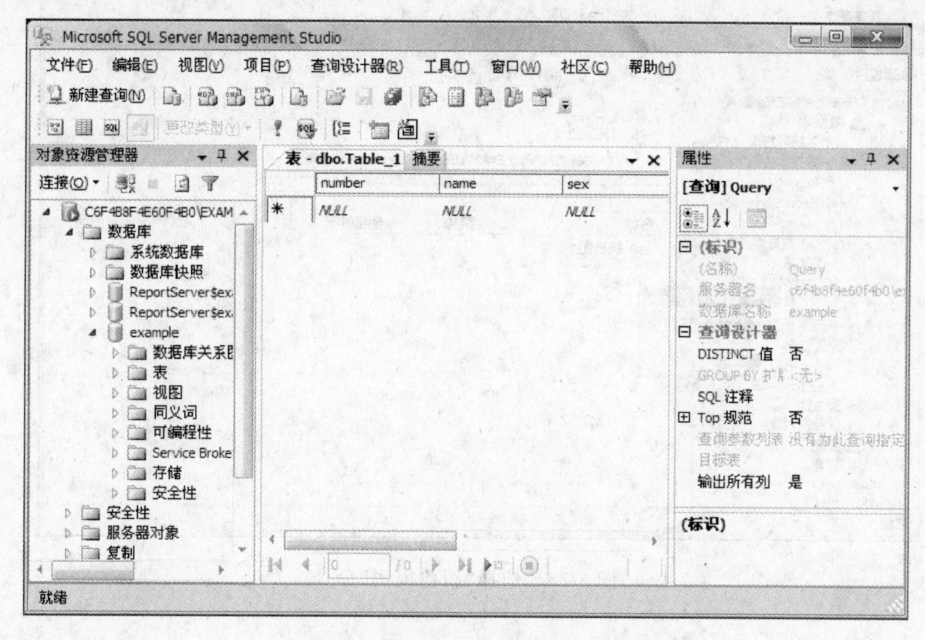

图 3-34　查询界面

3.5　视图及其应用

视图是从一个或者多个表或视图中导出的表，其结构和数据是建立在对表的查询基础上的。和真实的表一样，视图也包括几个被定义的数据列和多个数据行，但从本质上讲，这些数据列和数据行来源于其所引用的表。因此，视图不是真实存在的基础表而是一个虚拟表，视图所对应的数据并不实际地以视图结构存储在数据库中，而是存储在视图所引用的表中。

使用视图可以让不同的用户以不同的方式看到不同或者相同的数据集，使用户只关心他感兴趣的某些特定数据和他所负责的特定任务，而那些不需要的或者无用的数据则不在视图中显示。另外，视图还提供了一定程度的安全性保障。

3.5.1　视图的创建

创建视图时应该注意以下几点。

(1) 只能在当前数据库中创建视图。

(2) 如果视图引用的基表或者视图被删除，则该视图不能再被使用，直到创建新的基表或者视图。

(3) 视图的名称必须遵循标识符的规则，且对每个用户必须是唯一的。此外，该名称不得与该用户拥有的任何表的名称相同。

图 3-35、图 3-36 和图 3-37 所示是利用 SQL Server Management Studio 创建视图的具体操作步骤，用户可根据图中提示创建视图。

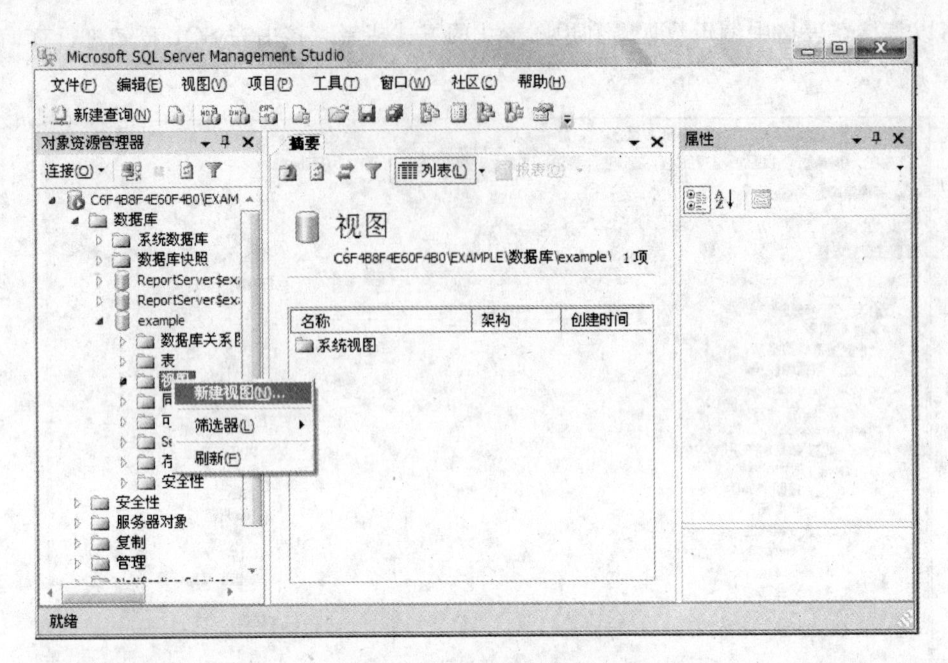

图 3-35　选择“新建视图”命令

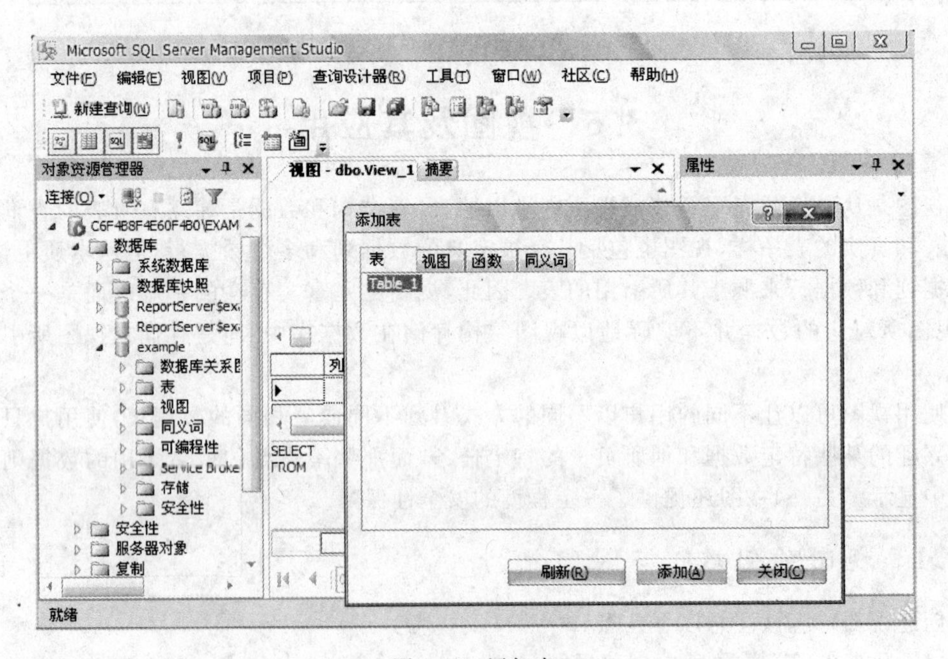

图 3-36　添加表

最后在图 3-37 所示窗口中单击“关闭”按钮，根据提示保存视图即可。

3.5.2　视图的修改和删除

1. 修改视图

利用 SQL Server Management Studio 修改视图。

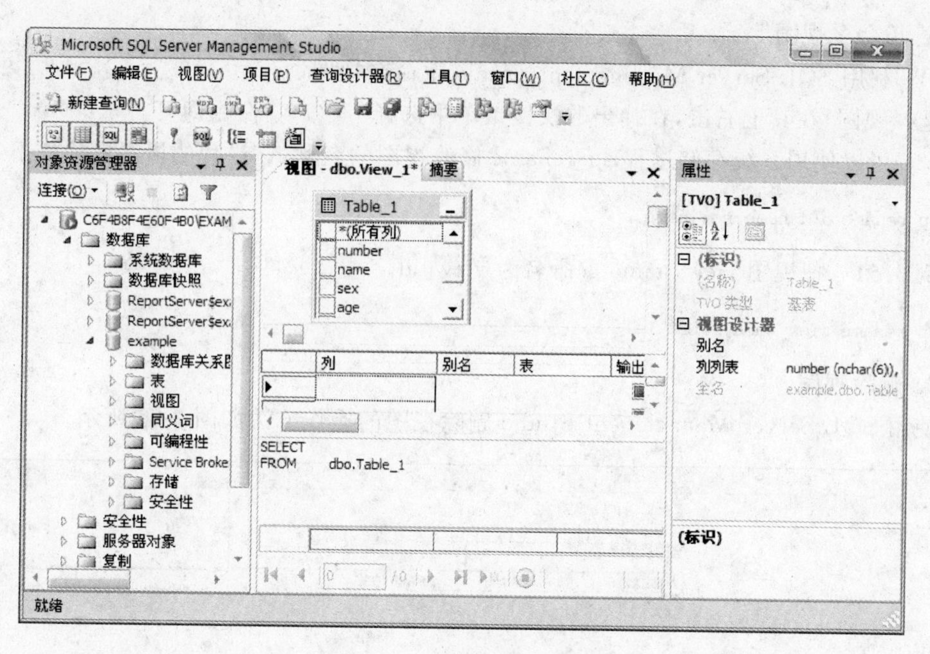

图 3-37 选择视图字段窗口

在 SQL Server Management Studio 中，打开数据库结点，然后选择其中的“视图”结点，在右边的显示区中选择需要修改的视图，在其上右击，在弹出的快捷菜单中选择“设计视图”或“属性”命令，即可对视图进行修改，其窗口如图 3-38 所示。

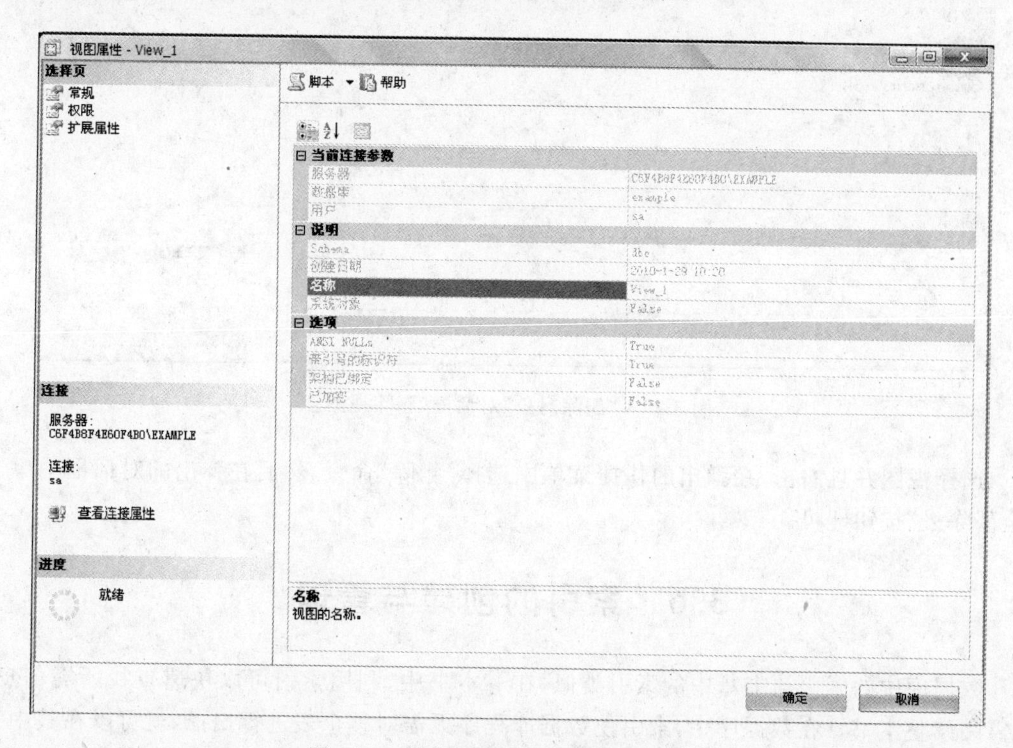

图 3-38 单击“属性”后的视图修改窗口

2. 重命名视图

(1) 利用 SQL Server Management Studio 重命名视图。

选择视图,在其上右击,在弹出的快捷菜单中选择“重命名”命令即可。

(2) 可以使用系统存储过程 sp_rename 修改视图的名称,该过程的语法形式如下:

```
sp_rename old_name,new_name
```

例 3.51 把视图 view_name 重命名为 view_id。

```
sp_rename view_name, view_id
```

3. 删除视图

使用 SQL Server Management Studio 删除视图的操作方法如图 3-39 所示。

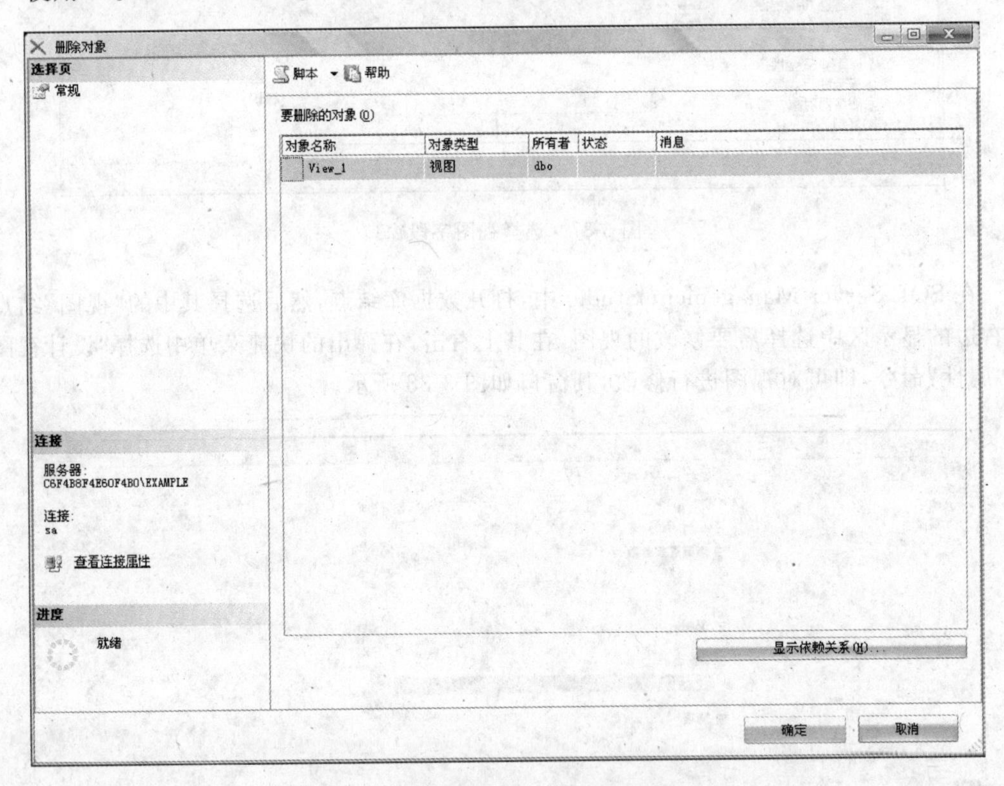

图 3-39 “删除对象”对话框(删除视图)

选择视图并且右击,在弹出的快捷菜单中选择“删除”命令,然后在弹出的对话框中单击“全部除去”按钮即可。

3.6 索引的创建与管理

数据库中的索引与书籍中的索引类似,在一本书中,利用索引可以快速查找所需信息,无需阅读整本书。在数据库中,索引使数据库程序无需对整个表进行扫描,就可以在其中找到所需数据。书中的索引是一个词语列表,其中注明了包含各个词的页码。而数据库中的索引是某个表中一列或者若干列值的集合和相应的指向表中物理标识这些值的数据页的逻辑指针清单。

在数据库中，使用索引的优点如下：

通过创建唯一索引，可以保证数据记录的唯一性；可以大大加快数据检索速度；可以加速表与表之间的连接，这一点在实现数据的参照完整性方面有特别的意义；在使用ORDER BY和GROUP BY子句中进行数据检索时，可以显著减少查询中分组和排序的时间；可以在检索数据的过程中使用优化隐藏器，提高系统性能。

索引可以分为聚集索引和非聚集索引，聚集索引对表的物理数据页中的数据按列进行排序，然后再重新存储到磁盘上，即聚集索引与数据是混为一体的，它的叶结点中存储的是实际的数据；非聚集索引具有完全独立于数据行的结构，使用非聚集索引不用将物理数据页中的数据按列排序。非聚集索引的叶结点存储了组成非聚集索引的关键字值和行定位器。

3.6.1 创建索引

SQL Server 2005 创建索引的方法如下：

- 利用 SQL Server Management Studio 中的索引向导创建索引。
- 利用 SQL Server Management Studio 直接创建索引。
- 利用 Transact-SQL 语句中的 CREATE INDEX 命令创建索引。

利用 SQL Server Management Studio 创建索引的具体步骤如下：

(1) 在 SQL Server Management Studio 中，展开指定的服务器和数据库，选择要创建索引的表并展开，右击索引，从弹出的快捷菜单中选择“新建索引”命令，如图 3-40 所示，就会出现“新建索引”对话框，输入索引名称，如图 3-41 所示。

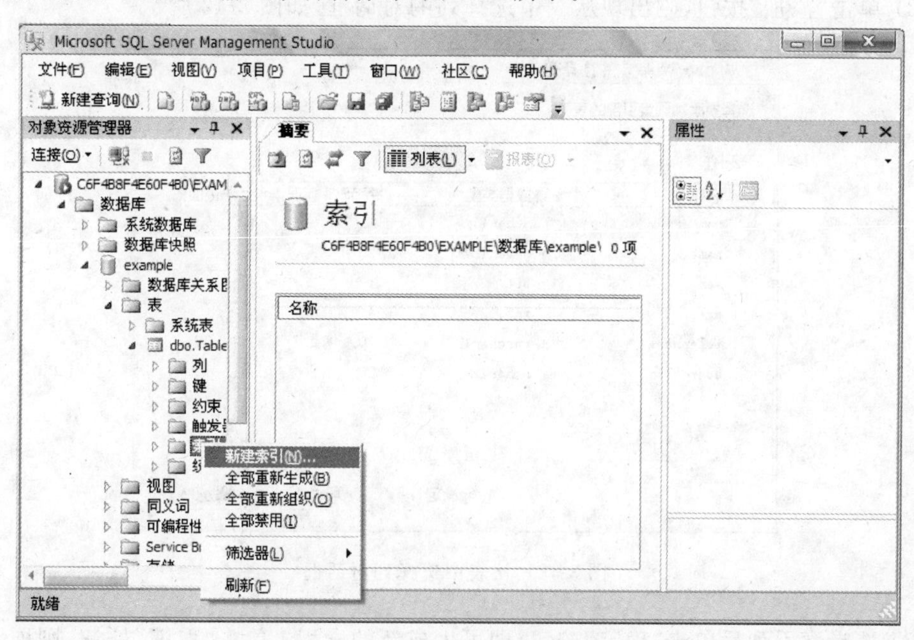

图 3-40 选择“新建索引”命令

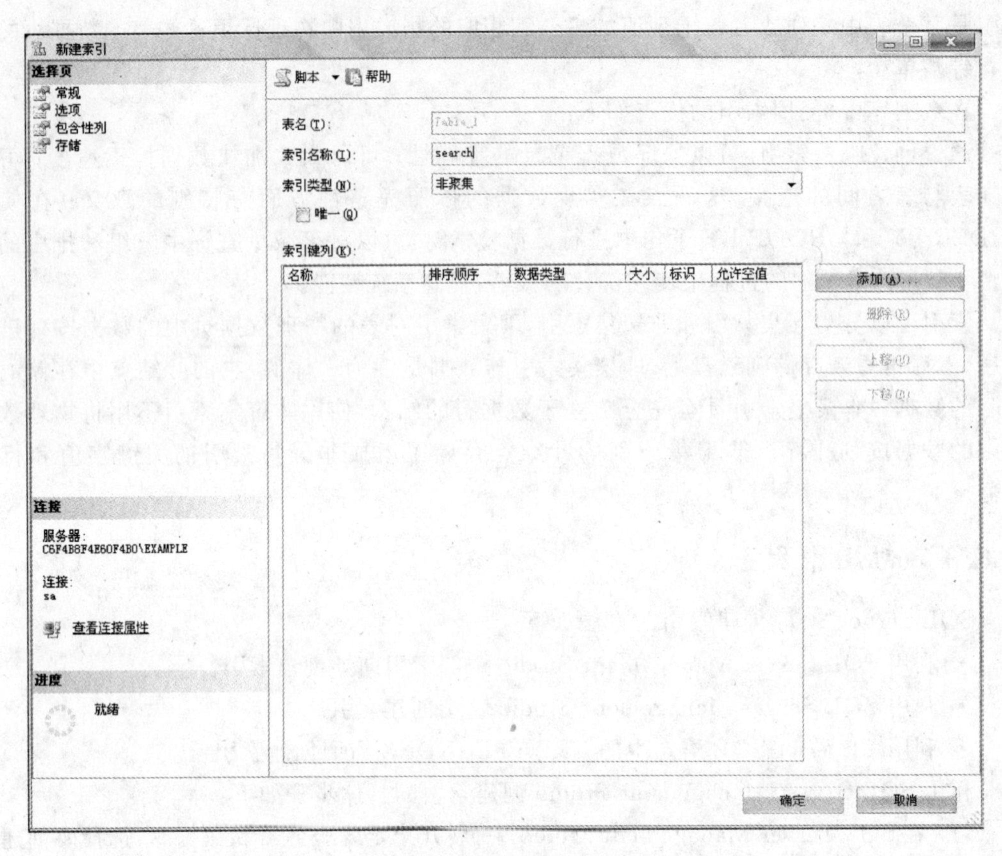

图 3-41 “新建索引”对话框

(2) 单击“添加”按钮，则出现从表中选择列的对话框，如图 3-42 所示。

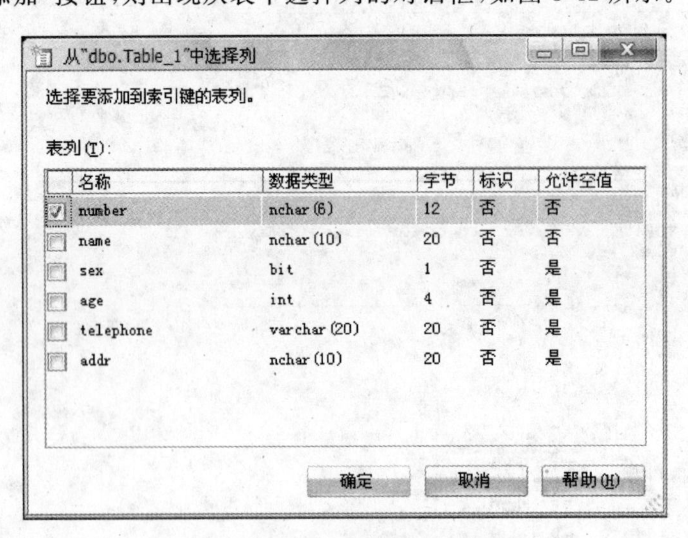

图 3-42 从表中选择列对话框

(3) 选择索引列后单击“确定”按钮，即可生成新的索引；单击“取消”按钮，则取消新建索引的操作。

3.6.2 查看、修改和删除索引

要查看和修改索引的详细信息，可以在 SQL Server Management Studio 中，展开指定的服务器和数据库项，再展开表、索引，右击要查看的索引，从弹出的快捷菜单中选择“属性”命令，则会出现“索引属性”对话框，即可查看和修改索引。要删除索引，可在弹出的快捷菜单中选择“删除”命令，弹出“删除对象”对话框，单击“确认”按钮即可删除索引。

3.7 存储过程与触发器

3.7.1 存储过程概述

将一些固定的操作集中起来由 SQL Server 数据库服务器来完成，以实现某个任务，这种方法就是存储过程。存储过程可以接受参数，也可以以输出参数的形式返回结果；存储过程可以包含对数据库进行查询、修改的语句，也可以调用其他的存储过程；存储过程还可以返回执行状态值以表示存储过程的执行情况。

在 SQL Server 中存储过程分为两类：系统存储过程和用户自定义存储过程。系统存储过程存储在 master 数据库中，主要用于从系统表中获取信息。用户自定义的存储过程是用户在数据库中为了完成某一任务而编写的存储过程。

存储过程具有提高执行速度、减少网络通信流量、增强代码重用性和提供安全性控制机制等优点。存储过程第一次被执行后，就驻留在内存中，这样以后在执行存储过程时，不必再经过编译和优化，从而提高了执行速度；存储过程中可以包含单条或多条 SQL 语句并且在服务器上执行，但是存储过程只作为一个独立的单元来使用，因此使用存储过程时服务器和客户端之间的网络上只需要传输用来执行存储过程的命令和存储过程执行完毕返回的结果，无需在网络上传送大量的 SQL 语句，从而减少了网络通信的流量；存储过程采用了模块化程序设计，可以多次被调用，用户也可以独立于应用程序对存储过程进行修改，从而提高了代码的重用性；存储过程还可以通过访问权限的设置，不允许未授权的用户访问关键的数据，从而保证数据库的安全性。

3.7.2 存储过程的使用与管理

1. 创建存储过程

创建存储过程时，需要确定存储过程的三个组成部分：

(1) 所有的输入参数以及传给调用者的输出参数。

(2) 被执行的针对数据库的操作语句，包括调用其他存储过程的语句。

(3) 返回给调用者的状态值，以指明调用是成功还是失败。

2. 使用 Transact-SQL 语言创建存储过程

创建存储过程时应注意以下几点：

(1) 不能将 CREATE PROCEDURE 语句与其他 SQL 语句组合到单个批处理中。

(2) 创建存储过程的权限默认属于数据库所有者，该所有者可将此权限授予其他用户。

(3) 存储过程是数据库对象，其名称必须遵守标识符规则。

(4) 只能在当前数据库中创建存储过程。

(5) 一个存储过程的最大尺寸为128MB。

使用CREATE PROCEDURE创建存储过程的语法形式如下：

```
CREATE PROC[EDURE] procedure_name
[{ @parameter data_type }
[VARYING] [ = default ] [OUTPUT ]] [,…n ]
[WITH
{ RECOMPILE | ENCRYPTION | RECOMPILE , ENCRYPTION } ]
  [FOR REPLICATION ]
  AS sql_statement [,…n ]
```

各个参数说明如下：

procedure_name：用于指定要创建的存储过程的名称。

@parameter：过程中的参数。在CREATE PROCEDURE语句中可以声明一个或多个参数。

data_type：用于指定参数的数据类型。

VARYING：用于指定作为输出OUTPUT参数支持的结果集。

Default：用于指定参数的默认值。

OUTPUT：表明该参数是一个返回参数。

RECOMPILE：表明SQL Server不会保存该存储过程的执行计划，该过程将在运行时重新编译。

ENCRYPTION：表示SQL Server加密了syscomments表，该表的text字段是包含CREATE PROCEDURE语句的存储过程文本。

FOR REPLICATION：指定不能在订阅服务器上执行为复制创建的存储过程。本选项不能和WITH RECOMPILE选项一起使用。

AS：用于指定该存储过程要执行的操作。

sql_statement：是存储过程中要包含的任意数目和类型的Transact-SQL语句。

例3.52 创建存储过程au_info。

```
USE pubs
GO
IF EXISTS (SELECT name FROM sysobjects
WHERE name = 'au_info' and type = 'p')
DROP procedure au_info
GO
CREATE procedure au_info
AS
SELECT au_lname,au_fname,title,pub_name
FROM authors a join titleauthor ta ON a.au_id = ta.au_id
JOIN titles t ON t.title_id = ta.title_id join publishers p
ON t.pub_id = p.pub_id
GO
```

可以通过以下方法执行au_info存储过程：

```
EXECUTE au_info
```

如果该过程是批处理中的第一条语句,则可使用:

```
au_info
```

例 3.53 创建代参数的存储过程 au_info1。

```
USE pubs
IF exists (select name from sysobjects
WHERE name = 'au_info1' and type = 'P')
DROP procedure au_info1
GO
USE pubs
GO
CREATE procedure au_info1
@lastname varchar(40),
@firstname varchar(20)
AS
SELECT au_lname, au_fname, title, pub_name
FROM authors a inner join titleauthor ta
ON a.au_id = ta.au_id inner join titles t
ON t.title_id = ta.title_id inner join publishers p
ON t.pub_id = p.pub_id
WHERE au_fname = @firstname
AND au_lname = @lastname
GO
```

可以通过以下方法执行 au_info1 存储过程:

```
EXECUTE au_info1 'dull', 'ann'
EXECUTE au_info1 @lastname = 'dull', @firstname = 'ann'
EXECUTE au_info1 @firstname = 'ann', @lastname = 'dull'
EXEC au_info1 'dull', 'ann'
EXEC au_info @lastname = 'dull', @firstname = 'ann'
EXEC au_info1 @firstname = 'ann', @lastname = 'dull'
```

如果该过程是批处理中的第一条语句,则可使用:

```
au_info 'Dull', 'Ann'
au_info @lastname = 'Dull', @firstname = 'Ann'
au_info @firstname = 'Ann', @lastname = 'Dull'
```

例 3.54 创建带有通配符参数的存储过程 au_info3,该存储过程对传递的参数进行模式匹配,如果没有提供参数,则使用预设的默认值。

```
USE pubs
IF EXISTS (SELECT name FROM sysobjects
WHERE name = 'au_info3' and type = 'p')
DROP procedure au_info3
GO
USE pubs
GO
```

```
CREATE procedure au_info3
@lastname varchar(30) = 'd%',
@firstname varchar(18) = '%'
AS
SELECT au_lname, au_fname, title, pub_name
FROM authors a inner join titleauthor ta
ON a.au_id = ta.au_id inner join titles t
ON t.title_id = ta.title_id inner join publishers p
ON t.pub_id = p.pub_id
WHERE au_fname like @firstname
AND au_lname like @lastname
GO
```

可以通过以下方法执行 au_info3 存储过程：

```
EXECUTE au_info3
EXECUTE au_info3 'wh%'
EXECUTE au_info3 @firstname = 'a%'
EXECUTE au_info3 '[ck]ars[oe]n'
EXECUTE au_info3 'hunter', 'sheryl'
EXECUTE au_info3 'h%', 's%'
```

例 3.55 创建一个存储过程（titles_sum)，并使用一个可选的输入参数和一个输出参数。

OUTPUT 参数允许外部过程、批处理或多条 Transact-SQL 语句访问在过程执行期间设置的某个值。

首先，创建存储过程：

```
USE pubs
GO
IF EXISTS(select name from sysobjects
WHERE name = 'titles_sum' and type = 'p')
DROP procedure titles_sum
GO
USE pubs
GO
CREATE procedure titles_sum @title varchar(40) = '%', @sum money output
AS
SELECT 'title name' = title
FROM titles
WHERE title like @title
SELECT @sum = sum(price)
FROM titles
WHERE title like @title
GO
```

接下来将该 OUTPUT 参数用于控制流语言。

注意：OUTPUT 变量必须在创建表和使用该变量时都进行定义。参数名和变量名不一定要匹配，不过数据类型和参数位置必须匹配(除非使用@SUM＝variable 形式)。

```
DECLARE @totalcost money
EXECUTE titles_sum 'the%', @totalcost output
```

```
IF @totalcost < 200
BEGIN
PRINT ''
PRINT 'all of these titles can be purchased for less than $ 200.'
END
ELSE
SELECT 'the total cost of these titles is $ '
 + rtrim(cast(@totalcost as varchar(20)))
```

3. 在 SQL Server Management Studio 中创建存储过程

(1) 启动 SQL Server Management Studio,并登录所要使用的服务器,如图 3-43 所示。

图 3-43 登录服务器

(2) 在 SQL Server Management Studio 窗口左端的树状结构中,选择要创建存储过程的数据库,如“教务管理”数据库,然后单击“+”展开,如图 3-44 所示。

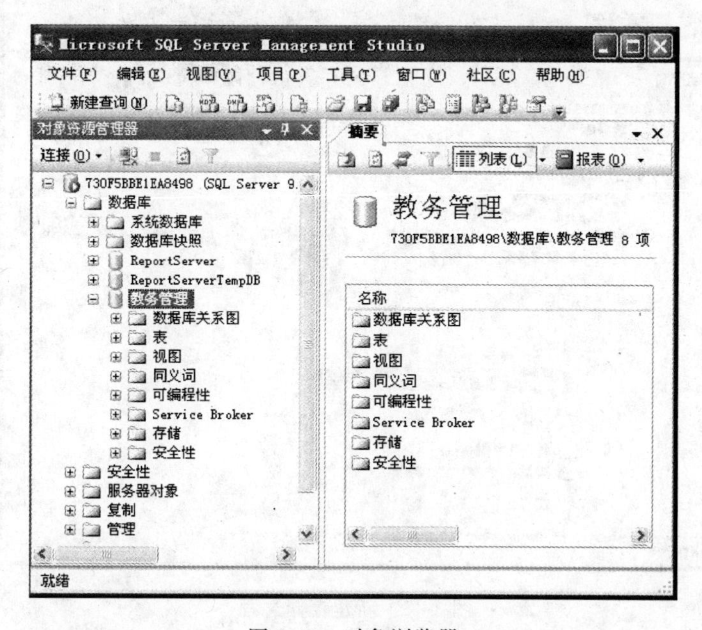

图 3-44 对象浏览器

(3) 选择“可编程性”结点，单击“+”展开，如图 3-45 所示。

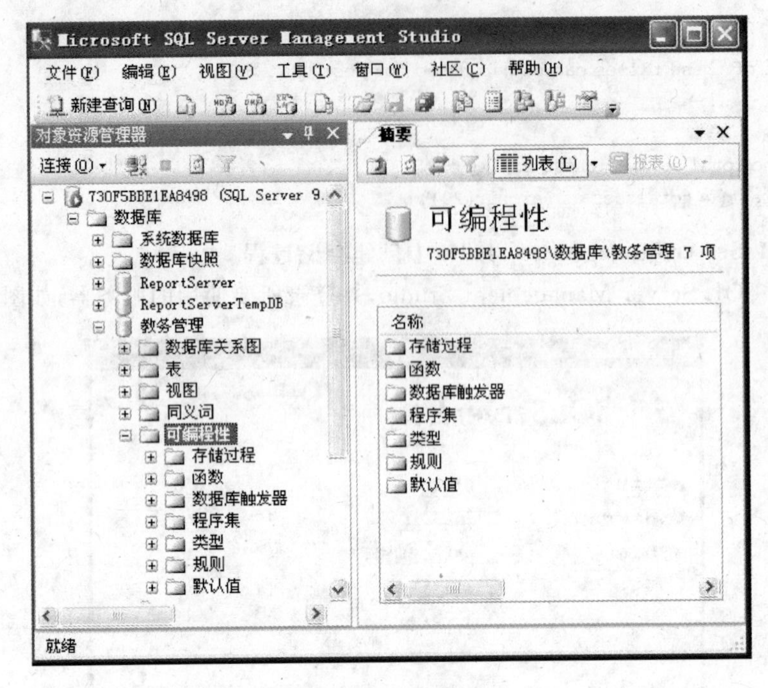

图 3-45 可编程性

(4) 选择“存储过程”结点，然后右击，在弹出的菜单中选择“新建存储过程”命令，如图 3-46 所示。

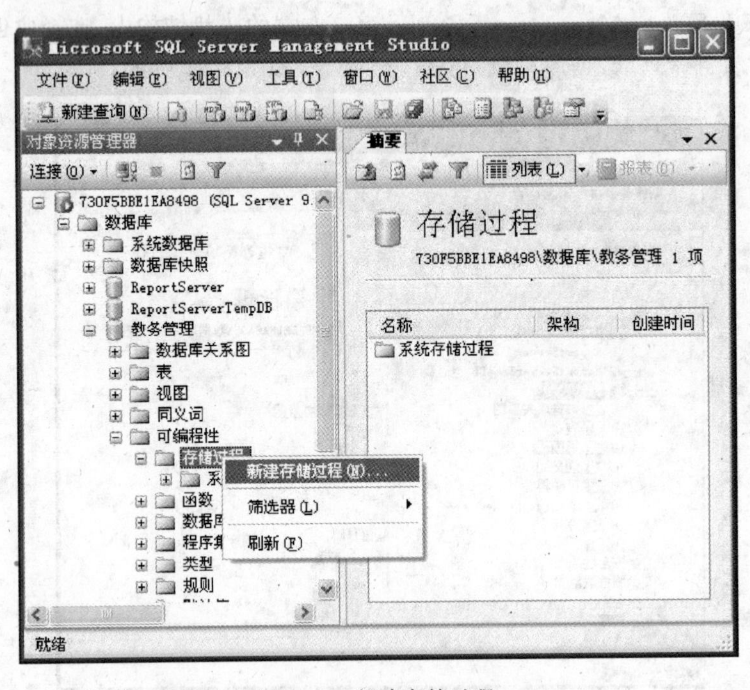

图 3-46 新建存储过程

(5) 在打开的文本框中输入创建存储过程的 T-SQL 语句，如图 3-47 所示。

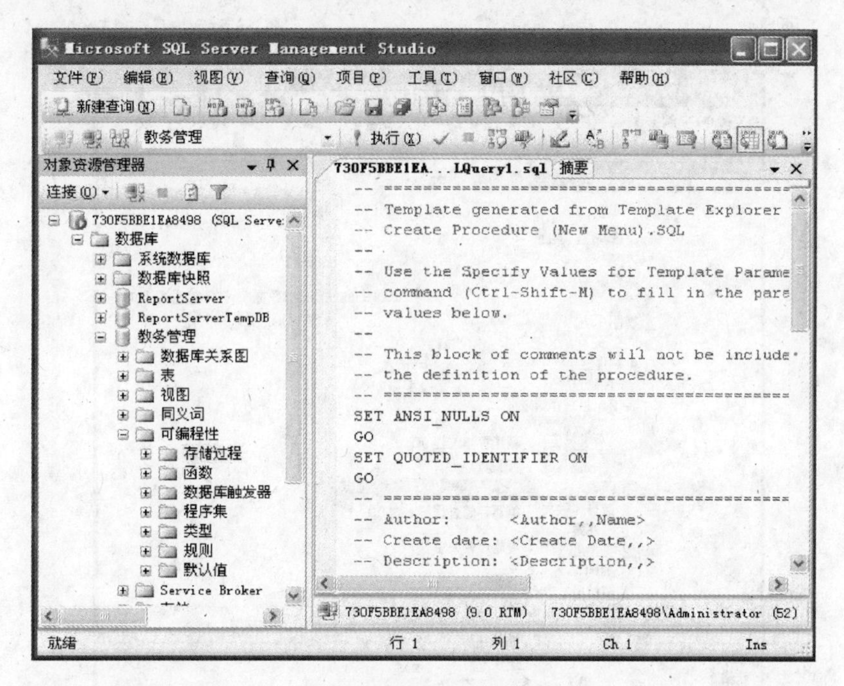

图 3-47 创建存储过程

4. 使用 SQL Server Management Studio 执行存储过程

(1) 启动 SQL Server Management Studio，并登录所要使用的服务器，在 SQL Server Management Studio 窗口左端的树状结构中，选择要创建存储过程的数据库，如“教务管理”数据库，单击“+”展开，如图 3-48 所示。

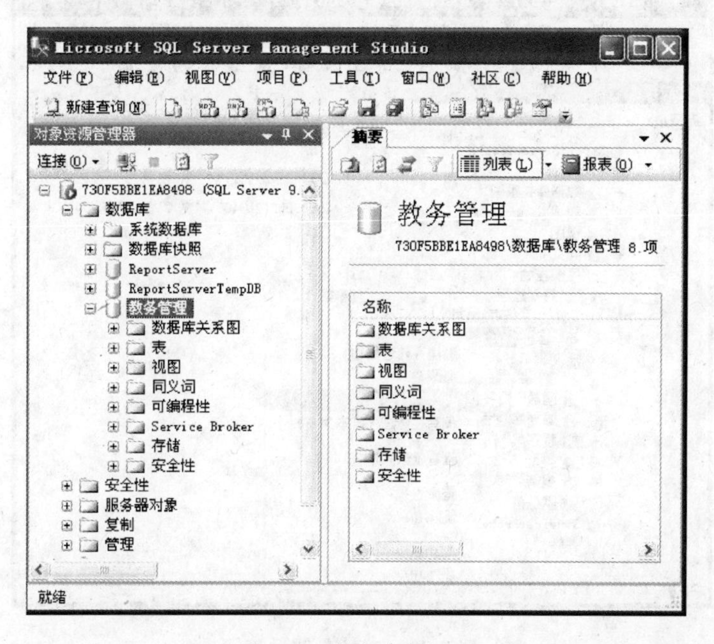

图 3-48 执行存储过程

(2) 选择“可编程性”结点下的“存储过程”结点，显示存储在数据库中的所有的存储过程，如图 3-49 所示。

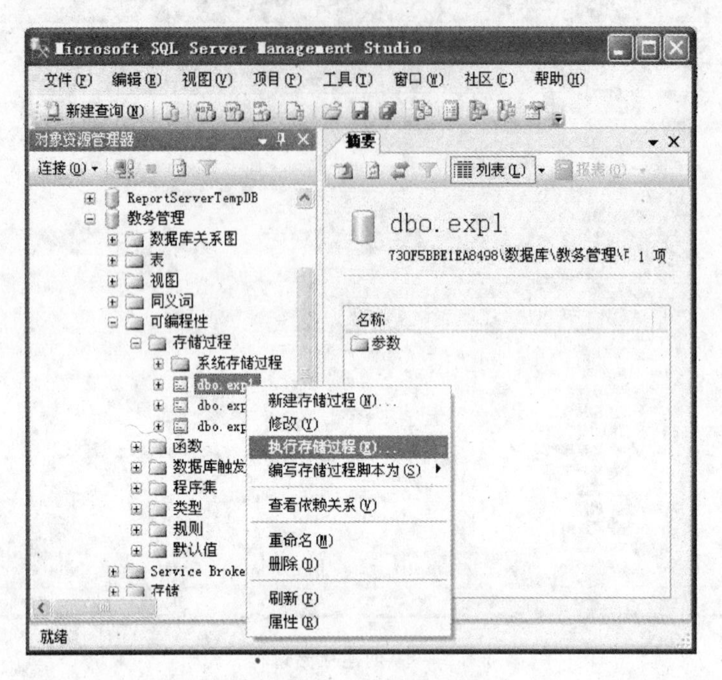

图 3-49 打开存储过程

(3) 在要执行的存储过程上右击，在弹出的快捷菜单中选择“执行存储过程”命令，如图 3-50 所示。

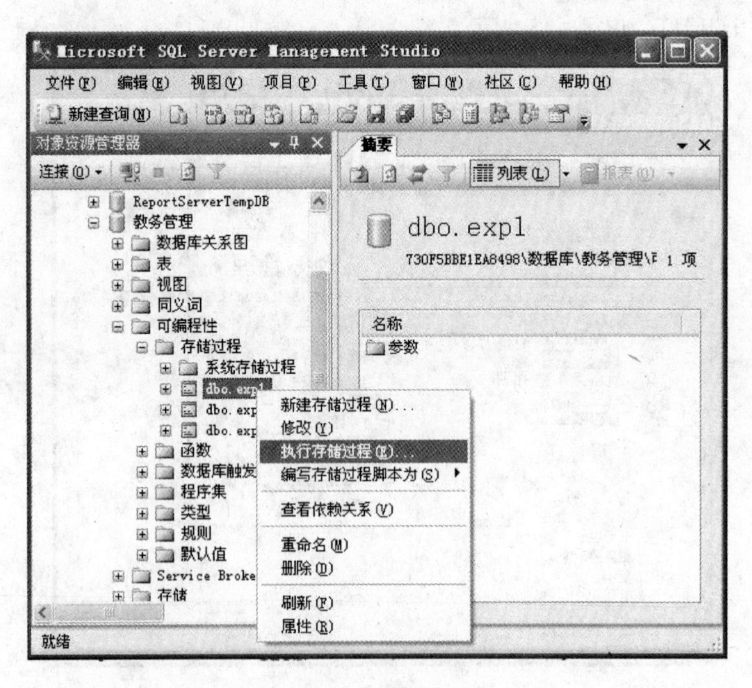

图 3-50 选择存储过程

(4) 选择“执行存储过程”命令后，会弹出“执行过程”窗口，在该窗口中显示了系统的状态、存储过程的参数等相关信息，单击“确定”按钮则开始执行该存储过程，如图 3-51 所示。

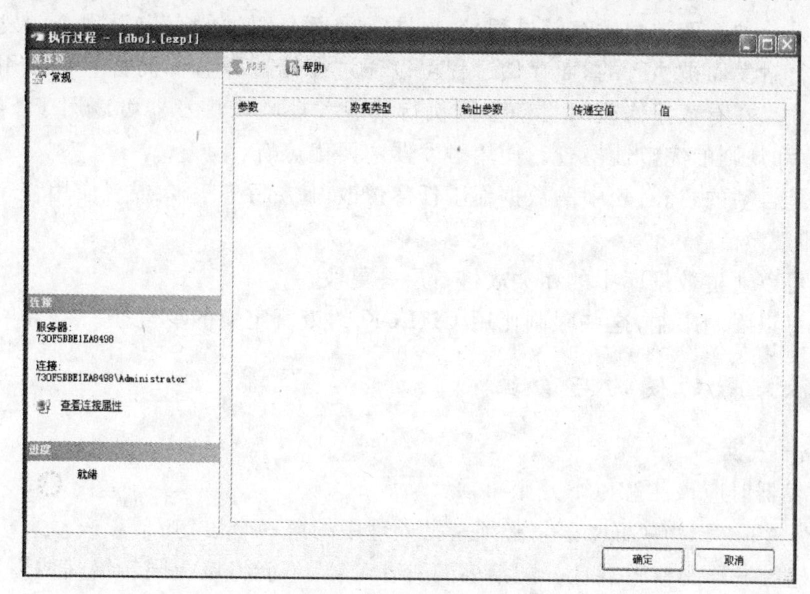

图 3-51　执行过程

(5) 存储过程执行完后，会返回执行的结果，在窗口的右下角，会看到执行的结果，以及执行存储过程的相关消息，如图 3-52 所示。

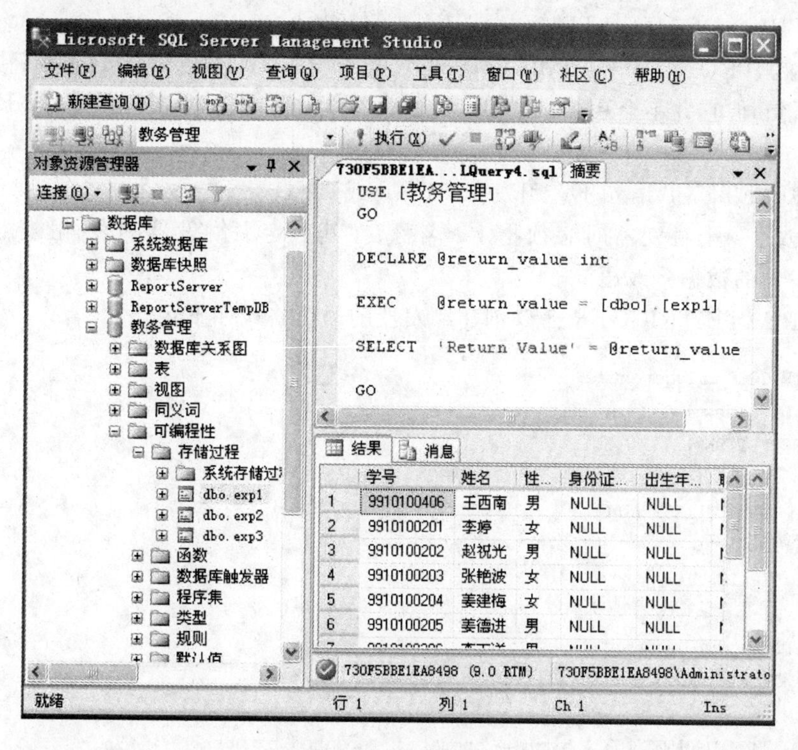

图 3-52　执行结果

3.7.3 触发器概述

触发器是一种特殊类型的存储过程,它不同于前面介绍过的存储过程。触发器主要是通过事件进行触发而被执行的,而存储过程可以通过存储过程名称而被直接调用。触发器可以使每个站点在有数据修改时自动强制执行其业务规则。触发器可以用于 SQL Server 约束、默认值和规则的完整性检查。使用触发器主要优点有:

触发器是自动的,当对表中的数据作了任何修改(比如手工输入或者应用程序采取的操作)之后立即被激活。

触发器可以通过数据库中的相关表进行层叠更改。

触发器可以强制限制,这些限制比用 CHECK 约束所定义的更复杂。

3.7.4 触发器的使用与管理

1. 创建触发器

创建触发器时应该注意以下几个事项:

(1) CREATE TRIGGER 语句必须是批处理中的第一个语句。

(2) 创建触发器的权限默认分配给表的所有者,且不能将该权限转给其他用户。

(3) 触发器为数据库对象,其名称必须遵循标识符的命名规则。

(4) 虽然触发器可以引用当前数据库以外的对象,但只能在当前数据库中创建触发器。

(5) 虽然不能在临时表或系统表上创建触发器,但是触发器可以引用临时表。

(6) 在含有用 DELETE 或 UPDATE 操作定义的外键的表中,不能定义 INSTEAD OF 和 INSTEAD OF UPDATE 触发器。

(7) 虽然 TRUNCATE TABLE 语句类似于没有 WHERE 子句(用于删除行)的 DELETE 语句,但它并不会引发 DELETE 触发器,因为 TRUNCATE TABLE 语句没有记录。

(8) WRITETEXT 语句不会引发 INSERT 或 UPDATE 触发器。

(9) 当创建一个触发器时必须指定:名称、在其上定义触发器的表、触发器将何时激发、激活触发器的数据修改语句。

使用 CREATE TRIGGER 命令创建触发器的语法格式如下:

```
CREATE TRIGGER trigger_name
ON { table | view }
[WITH ENCRYPTION ]
{
{ { FOR | AFTER | INSTEAD OF } { [INSERT ] [, ] [UPDATE ] }
[WITH APPEND ]
[NOT FOR REPLICATION ]
AS
[{ IF UPDATE ( column )
[{ AND | OR } UPDATE ( column ) ]
[, …n ]
| IF ( COLUMNS_UPDATED ( ) { bitwise_operator } updated_bitmask )
{ comparison_operator } column_bitmask [, …n ]
```

```
} ]
sql_statement [, …n ]
}
}
```

各个参数说明如下：

trigger_name：触发器的名称。

Table | view：是在其上执行触发器的表或视图，有时称为触发器表或触发器视图。

WITH ENCRYPTION：加密 syscomments 表中包含 CREATE TRIGGER 语句文本的条目。

AFTER：指定触发器只有在触发 SQL 语句中指定的所有操作都已成功执行后才激发。所有的引用级联操作和约束检查也必须成功完成后，才能执行此触发器。如果仅指定 FOR 关键字，则 AFTER 是默认设置。不能在视图上定义 AFTER 触发器。

INSTEAD OF：指定执行触发器而不是执行触发 SQL 语句，从而替代触发语句的操作。

{ [DELETE] [,] [INSERT] [,] [UPDATE] }：是指定在表或视图上执行哪些数据修改语句时将激活触发器的关键字。

WITH APPEND：指定应该添加现有类型的其他触发器。

NOT FOR REPLICATION：表示当复制进程更改触发器所涉及的表时，不应执行该触发器。

AS：是触发器要执行的操作。

sql_statement：是触发器的条件和操作。

IF UPDATE (column)：测试在指定的列上进行的 INSERT 或 UPDATE 操作，不能用于 DELETE 操作。

column：是要测试 INSERT 或 UPDATE 操作的列名。

IF (COLUMNS_UPDATED())：测试是否插入或更新了提及的列，仅用于 INSERT 或 UPDATE 触发器中。

bitwise_operator：是用于比较运算的位运算符。

updated_bitmask：是整型位掩码，表示实际更新或插入的列。

comparison_operator：是比较运算符。

column_bitmask：是要检查的列的整型位掩码，用来检查是否已更新或插入了这些列。

例 3.56 在 employee 上创建一个 delete 类型的触发器。

```
USE pubs
GO
CREATE TRIGGER my_trigger
ON employee
INSTEAD OF DELETE
AS
RAISERROR('你无权删除记录!',10,1)
```

例 3.57 创建一个触发器，在 employee 和 jobs 表之间使用触发器业务规则，当插入或更新雇员工作级别 (job_lvls) 时，该触发器检查指定雇员的工作级别(由此决定薪水)是否处于为该工作定义的范围内。若要获得适当的范围,必须引用 jobs 表。

```
USE pubs
IF EXISTS (SELECT name FROM sysobjects
WHERE name = 'employee_insupd' AND type = 'TR')
DROP TRIGGER employee_insupd
GO
CREATE TRIGGER employee_insupd
ON employee
FOR INSERT, UPDATE
AS
DECLARE @min_lvl tinyint,
@max_lvl tinyint,
@emp_lvl tinyint,
@job_id smallint
SELECT @min_lvl = min_lvl,
@max_lvl = max_lvl,
@emp_lvl = i.job_lvl,
@job_id = i.job_id
FROM employee e INNER JOIN inserted i ON e.emp_id = i.emp_id
JOIN jobs j ON j.job_id = i.job_id
IF (@job_id = 1) and (@emp_lvl <> 10)
BEGIN
    RAISERROR ('Job id 1 expects the default level of 10.', 16, 1)
    ROLLBACK TRANSACTION
END
ELSE
IF NOT (@emp_lvl BETWEEN @min_lvl AND @max_lvl)
BEGIN
    RAISERROR ('The level for job_id: %d should be between
              %d and %d.',16, 1, @job_id, @min_lvl, @max_lvl)
    ROLLBACK TRANSACTION
END
```

2. 触发器的使用

1)使用 INSERT 触发器

INSERT 触发器通常被用来更新时间标记字段,或者验证被触发器监控的字段中的数据满足要求的标准,以确保数据完整性。

2)使用 UPDATE 触发器和 INSERT 触发器的工作过程基本上一致,修改一条记录等于插入了一条新的记录并且删除一条旧的记录。

3)使用 DELETE 触发器

DELETE 触发器通常用于两种情况,第一种情况是为了防止那些确实需要删除但会引起数据一致性问题的记录的删除;第二种情况是执行可删除主记录的子记录的级联删除操作。可以使用这样的触发器从主销售记录中删除所有的定单项。

4)使用嵌套的触发器

如果一个触发器在执行操作时引发了另一个触发器,而这个触发器又接着引发下一个触发器，这些触发器就是嵌套触发器。触发器可嵌套至 33 层，并且可以控制是否可以通过“嵌套触发器”服务器配置选项进行触发器嵌套。如果允许使用嵌套触发器，且链中的一个触发器开始一个无限循环，则超出嵌套级，而且触发器将终止。在执行过程中，如果一个触发器修改某个表，而这个表已经有其他触发器，这时就要使用嵌套触发器。

3. 查看触发器

sp_help、sp_helptext 和 sp_depends 具体用途和语法形式如下：

(1) sp_help 用于查看触发器的一般信息，如触发器的名称、属性、类型和创建时间。

语法格式：

```
sp_help '触发器名称'
```

(2) sp_helptext 用于查看触发器的正文信息。

语法格式：

```
sp_helptext '触发器名称'
```

(3) sp_depends 用于查看指定触发器所引用的表或者指定的表涉及的所有触发器。

语法格式：

```
sp_depends'触发器名称'
sp_depends '表名'
```

4. 修改触发器

(1) 使用 sp_rename 命令修改触发器的名称。

语法格式：

```
sp_rename oldname,newname
```

(2) 使用 alter trigger 命令修改触发器正文。

语法格式：

```
ALTER TRIGGER trigger_name
ON (table|view)
[WITH ENCRYPTION]
{
{(FOR|AFTER|INSTEAD OF) {[DELETE][,][INSERT][,][UPDATE]}
[NOT FOR REPLICATION]
AS
sql_statement [,'n ]
}
|
{(FOR|AFTER|INSTEAD OF){[INSERT][,] [UPDATE]}
[NOT FOR REPLICATION]
AS
{IF UPDATE(column)
[{AND|OR} UPDATE(column)]
[,'n]
|IF(COLUMNS_UPDATED(){bitwise_operator}updated_bitma)
{comparison_operator} column_bitmask [,'n ]
}
```

```
    sql_statement [,'n ]
    }
    }
```


5. 删除触发器

(1) 使用 DROP TRIGGER 删除指定的触发器。

语法格式:

```
DROP TRIGGER { trigger } [,'n ]
```

(2) 删除触发器所在的表时,SQL Server 将会自动删除与该表相关的触发器。

(3) 在企业管理器中,右击要删除的触发器所在的表,从弹出的快捷菜单中选择“所有任务”子菜单下的“管理触发器”命令,则会出现“触发器属性”对话框。在“名称”选项框中选择要删除的触发器,单击“删除”按钮,即可删除该触发器。

小　结

本章内容是本书的重点之一,主要介绍了 SQL Server 2005 数据库管理系统的应用,包括: SQL Server 2005 的基本概况、安装方法及系统组成; Transact-SQL 语言的数据定义、数据操纵和数据控制功能; SQL Server 2005 数据库、表、视图、索引、存储过程和触发器的管理和使用以及 Transact-SQL 语言的编程基础。其中使用 Transact-SQL 语言创建及修改数据库和各种数据库对象的定义、使用 SQL Server Management Studio 创建和修改数据库和各种数据库对象、Transact-SQL 语言的查询功能、使用系统存储过程和 SQL Server Management Studio 管理和维护数据库和数据库对象是 SQL Server 2005 的基本管理功能,希望读者熟练掌握; Transact-SQL 语言的数据控制功能、Transact-SQL 语言的编程以及存储过程和触发器的使用属于高级应用,在比较大型和复杂的系统中经常使用,实际应用的过程中可以查阅相关资料以发挥其强大的功能。

习　题

一、单选题

1. SQL 语言是________是语言,易学习。

   A. 过程化　　B. 非过程化　　C. 格式化　　D. 导航式

2. SQL 语言是________语言。

   A. 层次数据库　　B. 网络数据库　　C. 关系数据库　　D. 非数据库

3. SQL 语言具有________的功能。

   A. 关系规范化、数据操纵、数据控制　　B. 数据定义、数据操纵、数据控制

   C. 数据定义、关系规范化、数据控制　　D. 数据定义、关系规范化、数据操纵

4. SQL 语言的数据操纵语句包括 SELECT、INSERT、UPDATE 和 DELETE 等。其中最重要的,也是使用最频繁的语句是________。

   A. SELECT　　B. INSERT　　C. UPDATE　　D. DELETE

5. SQL 语言具有两种使用方式，分别称为交互式 SQL 和________。

A. 提示式 SQL　　B. 多用户 SQL　　C. 嵌入式 SQL　　D. 解释式 SQL

6. SQL 语言中，实现数据检索的语句是________。

A. SELECT　　B. INSERT　　C. UPDATE　　D. DELETE

7. 下列 SQL 语句中，修改表结构的是________。

A. ALTER　　B. CREATE　　C. UPDATE　　D. INSERT

下面的第 8 到第 11 题基于这样的三个表即学生表 S、课程表 C 和学生选课表 SC，它们的结构如下：

```
S(S#, sn ,sex ,age, dept)
C(C# ,cn)
SC(S#,C#,grade)
```

其中：S#为学号，sn 为姓名，sex 为性别，age 为年龄，dept 为系别，C#为课程号，cn 为课程名，grade 为成绩。

8. 检索所有比“王华”年龄大的学生姓名、年龄和性别。正确的 SELECT 语句是________。

A. SELECT sn, age, sec FROM S
   WHERE age>(SELECT wge FROM S
   WHERE sn='王华')

B. SELECT sn, age,sex
   FROMS
   WHERE sn='王华'

C. SELECT sn, wge, sex FROM S
   WHERE age>(SELECT age
   WHERE sn='王华')

D. SELECT sn, age, sex FROM S
   WHERE age>王华.age

9. 检索选修课程“C2”的学生中成绩最高的学生的学号。正确的 SELECT 语句是________。

A. SELECT S# FORM SC
   WHERE C#='C2'AND grade>=
   (SELECT grade FORM SC
   WHERE C#='C2')

B. SELSCT S# FORM SC
   WHERE C#='C2'AND grade IN
   (SELECT grade FORM SC
   WHERE C#='C2')

C. SELECT S# FORM SC
   WHERE C#='C2'AND grade NOTIN
   (SELECT grade FORM SC
   WHERE C#='C2')

D. SELECT S# FORM SC
WHERE C#='C2'AND grade>=ALL
(SELECT grade FORM SC
WHERE C#='C2')

10. 检索学生姓名及其所选修课程的课程号和成绩。正确的 SELECT 语句是________。

A. SELSCT C. sn,SC. C#,SC. grade
FROMS
WHERE S. S#=SC. S#

B. SELSECT S. sn,SC . C#,SC. grade
FROM SC
WHERE S. S#=SC. grade

C. SELECT S. sn, SC. C#,SC. grade
FROMS, SC
WHERE S. S#,SC. grade

D. SELECT S. sn, SC. C#, SC. grade
FROM S. SC

11. 检索选修四门以上课程的学生总成绩(不统计不及格的课程),并要求按总成绩的降序排列出来。正确的 SELECT 语句是________。

A. SELECT S#, SUM(grade) FROM SC
WHERE grade>60
GROUP BY S#
ORDER BY 2 DESC
HAVING COUNT(*)>=4

B. SELECT S#, SUM(grade) FROM SC
WHERE grade>=60
GROUP BY S#
HAVING COUNT(*)>=4
ORDER BY 2 DESC

C. SELE S#,SUM(grade) FROM SC
WHERE grade>=60
HAVING COUNT(*)=4
GROUP BY S#
ORDER BY 2 DESC

D. SELECT S#, SUM(grade)FROM SC
WHERE grade>=60
ORDER BY 2 DESC
GROUP BY S#
HAVIMG COUNT(*)>=4

12. 假定学生关系是 S(S＃，sanme, sex, age)，课程关系是 C (C＃，cname,teacher)，学生选课关系是 SC(S＃,C＃,grade)。

要查找选修"COMPUTER"课程的"女"学生姓名，将涉及关系________。

A. S　　B. SC,C　　C. S,SC　　D. S,C,SC

13. 若用如下的 SQL 语句创建一个 student 表：

```
CRRATE TABLE student(NO C(4) NOT NULL,
                     name C(8) NOT NULL,
                     sex C(2),
                     age N(2))
```

可以插入到 student 表中的是________。

A. ('1031','曾华',男 23)　　B. ('1031','曾华',NULL,NULL)

C. (NULL,'曾华','男',23)　　D. ('1031','NULL','男'23)

二、填空题

1. SQL 是________。

2. SQL 语言的数据定义功能包括 ________、________、________和 ________。

3. 视图是一个虚表，它是从________中导出的表。在数据库中，只存放视图________，不存放视图的____________。

4. 设有如下关系表 R：

```
R(no, name, sex, age, class)
主码是 no
```

其中：no 为学号，name 为姓名，sex 为性别，age 为年龄，class 为班号。写出实现下列功能的 SQL 语句。

(1) 插入一个记录(25,'李明','男',21,'95031')；______。

(2) 插入"95031"班学号为 30、姓名改为"郑和"的学生记录；______。

(3) 将学号为 10 的学生姓名改为"王华"；______。

(4) 将所有"95101"班号改为"95091"；______。

(5) 删除学号为 20 的学生记录；______。

(6) 删除生'王'的学生记录；______。

三、简答题

1. SQL Server 2005 数据平台包括哪些工具?

2. SQL Server 2005 拥有哪些版本?

3. 设有如表 3-4、表 3-5 和表 3-6 所示的三个关系，并假定这个关系框架组成的数据模型就是用户子模式。其中各个属性的含义如下：A＃(商店代号)、aname(商店名)、wqty(店员人数)、city(所在城市)、B＃(商品号)、banme(商品名称)、price(价格)、qty(商品数量)。试用 SQL 语言写出下列查询，并给出执行结果：

(1) 找出店员人数超过 100 人或者在长沙市的所有商店的代号和商店名。

(2) 找出供应书包的商店名。

(3) 找出供应代号为 256 的商店所供应的全部商品名和所在城市。

表 3-4　关系 A

A#	aname	wqty	city
101	韶山商店	15	长沙
204	前门面货商店	89	北京
256	东风商场	501	北京
345	铁道商店	76	长沙
620	第一百货公司	413	上海

表 3-5　关系 B

B#	banme	price	B#	banme	price
1	毛笔	21	3	收音机	1325
2	羽毛球	784	4	书包	242

表 3-6　关系 AB

A#	B#	qty	A#	B#	qty
101	1	105	256	2	91
101	2	42	345	1	141
101	3	25	345	2	18
101	4	104	345	4	74
204	3	61	602	4	125
256	1	241			

4. 设有图书登记表 TS,具有属性：bno(图书编号),bc(图书类别),bna(书名),au(著者),pub(出版社)。按下列要求用 SQL 语言进行设计：

(1) 按图书馆编号 bno 建立 TS 表的索引 ITS。

(2) 查询按出版社统计其出版图书总数。

(3) 删除索引 ITS。

5. 已知三个关系 R、S 和 T 如表 3-7、表 3-8 和表 3-9 所示。

表 3-7　关系 R

A	B	C
a1	b1	20
a1	b2	22
a2	b1	18
a2	b3	a2

表 3-8　关系 S

A	D	E
a1	d1	15
a2	d2	18
a1	d2	24

表 3-9　关系 T

D	F
D2	f2
d3	f3

试用 SQL 语句实现如下操作：

(1) 将 R、S 和 T 三个关系按关联属性建立一个视图 R-S-T。

(2) 对视图 R-S-T 按属性 A 分组后,求属性 C 和 E 的平均值。

6. 设有关系 R 和 S 如表 3-10 和表 3-11 所示。

表 3-10 关系 R

A	B
a1	b1
a2	b2
a3	b3

表 3-11 关系 S

A	C
a1	40
a2	50
a3	55

试用 SQL 语句实现：

(1) 查询属性 C>50 时，R 中与相关联的属性 B 之值。

(2) 当属性 C=40 时，将 R 中与之相关联的属性 B 值修改为 b4。

7. 已知学生表 S 和学生选课表 SC。其关系模式如下：

```
S(SNO,SN,SD,PROV)
SC(SNO,CN,GR)
```

其中：SNO 为学号，SN 为姓名，SD 为系名，PROV 为省区，CN 为课程名，GR 为分数。

试用 SQL 语言实现下列操作：

(1) 查询"信息系"的学生来自哪些省区。

(2) 按分数降序排序，输出"英语系"学生选修了"计算机"课程的学生的姓名和分数。

8. 设有学生表 S(sno,sn)(sno 为学生号，sn 为姓名)和学生选修课程表 SC(sno,cno,cn,G)(sno 为学生号，cno 为课程号，cn 为课程名，g 为成绩)，试用 SQL 语言完成以下各题：

(1) 建立一个视图 V-SSC(sno,sn,cno,cn,g)，并按 cno 升序排序。

(2) 从视图 V-SSC 上查询平均成绩在 90 分以上的 sn、cn 和 g。

第4章 数据库安全及维护

内容提要

- 数据库安全性控制原理；
- 使用 SQL Server 2005 实现数据库安全性控制；
- 数据库完整性控制原理；
- 使用 SQL Server 2005 实现数据库完整性约束；
- 数据库恢复技术；
- 使用 SQL Server 2005 实现数据库的备份与恢复；
- 并发控制。

数据库安全性和完整性是实现对数据库中的数据保护的重要机制。数据库的安全性是指防止对数据库的非法使用所面临的导致数据的泄漏、更改或破坏。数据库的完整性是指防止错误信息进入数据库或从数据库中输出而产生无效操作和错误结果。此外，数据库的恢复和并发控制都是保正数据库系统能够正常运行的重要组成部分。本章将要介绍数据库安全及维护的相关理论以及在 SQL Server 2005 中的实现。

4.1 数据库安全性

4.1.1 安全性概述

计算机系统安全性是指为计算机系统建立和采取的各种安全保护措施，以保护计算机系统中硬件、软件及数据，防止因偶然或恶意的原因使系统遭到破坏，数据遭到更改或泄漏等。

计算机系统安全主要包括三类安全性问题，即技术安全类、管理安全类和政策法律类。

技术安全性是指计算机系统中采用具有一定安全性的硬件、软件来实现对计算机系统及其所存数据的安全保护，当计算机系统受到无意或恶意的攻击时仍能保证系统正常运行，保证系统内的数据不增加、不丢失、不泄漏。

管理安全性是指技术安全之外的，诸如软硬件意外故障、场地的意外事故、管理不善导致的计算机设备和数据介质的物理破坏、丢失等安全问题。

政策法律类安全性是指政府部门建立的有关计算机犯罪、数据安全保密的法律道德准则和政策法规、法令。

危害数据库系统安全的原因很多，因此，数据库安全工作的范围也很广。防火、防水、防磁、防盗、防掉电、防破坏以及工作人员审查等也都在此范围内，这些方面，无论哪里出了问题，对数据库都可能是致命的。但是，有关这方面的内容超出了本书的范围。安全的操作系统是数据库安全的前提。操作系统保证对数据库的任何访问都必须由 DBMS 才能执行，否则，任何数据库的安全措施都只是摆设而已。操作系统的安全措施在有关操作系统的著作中都有介绍，也不在本书范围之内。本书只介绍 DBMS 中的安全措施，用来防止由于非法使用数据库而造成的数据泄露、篡改及破坏。

4.1.2 数据库安全性控制

1. 数据库安全与保密概述

数据库系统，一般可以理解成两部分：一部分是数据库，按一定的方式存取数据；另一部分是数据库管理系统(DBMS)，为用户及应用程序提供数据访问，并具有对数据库进行管理、维护等多种功能。

数据库系统安全包含两层含义：

第一层是指系统运行安全，它包括：法律、政策的保护，如用户是否有合法权利，政策是否允许等；物理控制安全，如机房加锁等；硬件运行安全；操作系统安全，如数据文件是否保护等；灾害、故障恢复；死锁的避免和解除；电磁信息泄漏的防止。

第二层是指系统信息安全，它包括：用户口令字鉴别；用户存取权限控制；数据存取权限、方式控制；审计跟踪；数据加密。

2. 常见的数据库安全问题及原因

(1) 脆弱的账号设置。用户账号的登录名和密码设置得过于简单，容易被破坏者猜到。如用生日、电话号码等作为密码。

(2) 缺乏角色分离。传统数据库管理并没有“安全管理员(Security Administrator)”这一角色，这就迫使数据库管理员(DBA)既要负责账号的维护管理，又要专门对数据库执行性能和操作行为进行调试跟踪，从而导致管理效率低下。

(3) 缺乏审计跟踪。数据库审计经常被 DBA 以提高性能或节省磁盘空间为由忽视或关闭，这大大降低了管理分析的可靠性和效力。

(4) 未利用数据库的安全特征。为了实现个别应用系统的安全而忽视数据库安全。如数据库的公用程序，它们都绕过了应用层安全。因此，唯一可靠的安全功能都应限定在数据库系统内部。

3. 安全性控制

1) 用户标识与鉴别

通过用户名和口令来鉴定用户。只有在 DBMS 成功注册了的人员才是该数据库的用户，才能访问数据库。注册时，每个用户都有一个与其他用户不同的用户标识符。任何数据库用户要访问数据库时，都须声明自己的用户标识符。系统首先要检查有无该用户标识符的用户存在。若不存在，就拒绝该用户进入系统；但即使存在，系统还要进一步核实该声明者是否确实是具有此用户标识符的用户。只有通过核实的人才能进入系统。这个核实工作就称为用户鉴别。

鉴别的方法多种多样，一般有：

(1) 口令(Password)。口令是最广泛使用的用户鉴别方法。所谓口令就是 DBMS 给每个用户分配一个字符串。系统在内部存储一个用户标识符和口令的对应表，用户必须记住自己的口令。当用户声明自己是某用户标识符用户时，DBMS将进一步要求用户输入自己的口令。只有当用户标识符和口令符合对应关系时，系统才确认此用户，才允许该用户真正进入系统。

用户必须保管好自己的口令，不能遗忘，也不能泄露给别人。系统也必须保管好用户标识符和口令的对应表，不能允许除DBA以外的任何人访问此表（有高级安全要求的系统，甚至DBA都不能访问此表）。口令不能是容易被别人猜出来的特殊字符串，例如生日、电话号码等。用户在终端输入口令时，口令不能在终端显示，并且应允许用户错误的输入若干次。为了口令的安全，用户隔一段时间后必须更换自己的口令。一个口令长时间多次使用后，比较容易被人窃取，因此可以采取比较复杂的方法。例如用户和系统共同确定一个算法，验证时，系统向用户提供一个随机数，用户根据确定的计算过程对此随机数和口令的组合进行计算，并把计算结果输入系统，系统根据输入的结果是否与自己同时计算的结果相符来鉴别用户。

(2) 用户的个人特征。用户的个人特征包括指纹、签名、声波纹等。这些鉴别方法效果不错，但需要特殊的鉴别装置。

(3) 磁卡。磁卡是使用较广的鉴别手段，磁卡上，记录有某用户的用户标识符。使用时，用户需显示自己的磁卡，输入设置自动读入该用户的用户标识符，然后请求用户输入口令，从而鉴别用户。如果采用智能磁卡，还可把约定的复杂计算过程存放在磁卡上，结合口令和系统提供的随机数自动计算结果并把结果输入到系统中，安全性更高。

2) 存取控制

由DBMS授权给有资格的用户访问数据库的权限，存取控制机制分为两部分：

(1) 定义用户权限，并将用户权限登记到数据字典中。

(2) 合法权限检查，当用户提出操作请求后，DBMS查找数据字典，进行合法性检查，如用户的操作请求超出了定义的权限，系统将拒绝执行此操作。

3) 自主存取控制(DAC)方法

主要通过SQL的GRANT和REVOKE语句来实现。自主存取控制能够通过授权机制有效地控制其他用户对敏感数据的存取。但是由于用户对数据的存取权限是“自主”的，用户可以自由地将数据的存取权限授予他人、决定是否也将“授权”的权限授予别人，而系统对此无法控制。

4) 强制存取控制(MAC)方法

强制存取控制是对数据本身进行密级标记，无论数据如何复制，标记与数据是一个不可分的整体，只有符合密级标记要求的用户才可以操纵数据，从而提供了更高级别的安全性。

强制存取控制方法是建立在自主存取控制方法上的，即只有首先通过自主存取控制方法检查的用户，才有资格接受本节所述的强制存取控制方法检查。

在MAC中，用户(包括代表用户的所有进程)以及数据(文件、基表、视图等)都被标上一个密级标记。密级标记的值域是有等级规定的几个值，如绝密、机密、秘密、公开等。

当某一合法用户(进程)要求存取某数据时，MAC机制将对比该用户与此数据的密级标记，以决定是否同意此次操作。系统不同，对比的规则也不尽相同。例如，可有下列对比规则：

(1) 仅当用户的密级大于等于数据的密级时，该用户才能读取此数据。

(2) 仅当用户的密级小于等于数据的密级时，该用户才能写此数据。

规则(1)是必须的。低级别的用户当然不能取高级别的数据。规则(2)的目的在于防止高密级的用户更新低密级的数据对象。

在 MAC 中,数据及数据的密级标记、用户和用户的密级标记都是不可分的整体。用户只能对与他的密级值相匹配的数据进行允许的操作。因此,MAC 比单纯的自主存取控制方法有着更高的安全性。

5) 视图机制

通过视图机制把要保密的数据对无权存取的用户隐藏起来。数据库系统为不同的用户定义不同的视图,可以达到访问控制的目的。在视图中,只定义该用户能访问的数据,使用户无法访问他无权访问的数据,从而达到对数据的安全保护的目的。例如为保密公司员工工资情况,可定义一个不包含工资属性的视图,供普通用户查询使用。

6) 审计

把用户对数据库的所有操作自动记录下来放入审计日志中。DBA 可以利用审计跟踪的信息,重现导致数据库现有状况的一系列事件,找出非法存取数据的人、时间和内容。

审计跟踪是一种监视措施,它把用户对数据的所有操作都自动记录入审计日志中。事后,可利用审计日志中的记录,分析出现问题的原因。在未产生问题时,也可以利用审计日志分析有无潜在的问题。而审计内容一般包含本次操作的有关值(操作类型、操作者、操作时间、数据对象、操作前值和操作后值等),但也可增加一些内容,例如可以在用户的磁卡中增加一个数据项——用户访问数据库的次数,在系统中记录用户访问本系统的次数,且分别自动增加。一旦某用户的这两个数据不一致,就可发现有潜在问题的地方。

审计通常是很费时间和空间的,一般用于安全性较高的部门。在实际 DBMS 中,审计往往是一个可选项,由 DBA 决定是否采用、何时采用。

7) 数据加密

数据是存储在介质上的,数据还经常通过通信线路传输。破坏者既可在介质上窃取数据,也可在通信线路上窃听到数据。有时,跟踪审计的日志文件中也找不到破坏者的踪影。对敏感的数据进行加密储存是防止数据泄露的有效手段。原始的数据(称为明文 Plain Text)在加密密钥的作用下,通过加密系统加密成密文(Cipher Text)在系统上传输。

明文是大家都看得懂的数据,一旦失窃,后果严重。但密文是谁也看不懂的数据,只有掌握解密密钥的人,才能在解密密钥的帮助下,由解密系统解密成明文。因此,仅仅窃得密文数据是没有用处的。

由于数据加密也比较费事,而且加密与解密程序会占用大量的系统资源。因此,实际 DBMS 往往把加密特性作为一种可选功能,由用户决定是否选用。如果选用了加密功能,用户必须要保管好自己的加密密钥和解密密钥,不能丢失或泄露。

4.1.3 SQL Server 2005 实现数据库安全性

SQL Server 2005 在两种安全级别上验证用户:一是登录身份验证,二是对数据库用户账户和角色的许可权限。

1. 登录身份验证

如果用户准备建立与 SQL Server 的连接,就必须拥有相应的登录账户。

Windows 身份验证和 SQL Server 身份验证,两种身份验证方式都有不同类型的登录账户。

1）Windows 身份验证

Windows 账户或组控制用户对 SQL Server 的访问，在进行连接的时候，用户不必提供 SQL Server 登录账户的用户名和密码，SQL Server 系统管理员必须把 Windows 2000 账户或 Windows 组定义为合法的 SQL Server 登录账户。

2）SQL Server 身份验证

使用 SQL Server 身份验证的时候，SQL Server 系统管理员定义 SQL Server 登录账户的用户名和密码。当建立与 SQL Server 连接的过程中，用户必须同时提供 SQL Server 账户的用户名和密码。

3）身份验证模式

当 SQL Server 运行在 Windows 2000 平台上的时候，系统管理员能够指定它运行在以下两种身份验证模式：Windows 身份验证模式和混合模式。

(1) Windows 身份验证模式：只允许 Windows 2000 身份验证，用户不能指定 SQL Server 登录账户。

(2) 混合模式：在这种身份验证模式中，如果用户准备建立与 SQL Server 的连接，那么他既可以使用 Windows 身份验证，也可以使用 SQL Server 身份验证。

2. 数据库用户账户和角色

如果用户被 Windows 2000 或 SQL Server 身份验证所认可，并登录到 SQL Server 之后，并不能访问所有的数据库，他们还必须拥有数据库中的账户。数据库用户账户和角色标识数据库中的用户，并控制数据库对象的所有权和执行语句的许可权。

1）数据库用户账户

Windows 2000 用户或组，或者 SQL Server 登录账户，它们都属于能够保证安全许可权限的用户账户，对于一个数据库来说，用户账户是特定的。

2）角色

角色能够允许将多个用户归类到某个单元中，再对此单元实施一定的许可权限。SQL Server 为常用的管理功能提供预定义的服务器和数据库角色，用户还能够创建自定义的数据库角色。SQL Server 中，用户能够同时属于多个角色。

3）角色类型

角色可以分为固定服务器角色、固定数据库角色、用户自定义数据库角色三种类型。

(1) 固定服务器角色：在服务器级别提供管理特权的分组。在服务器级别上，他们的管理与用户数据库无关。

(2) 固定数据库角色：在数据库级别提供管理特权的分组。

(3) 用户自定义数据库角色：用户可以创建自己的数据库角色来表达组织内部分组的工作，用户不必为其中的各个成员分别授予或废除许可权限。如果某角色的职能发生了改变，那么也能非常容易地改变角色的许可权限，这种变更会自动应用于每个角色成员。

3. 许可权限验证

在每个数据库内部，可以为用户账户和角色分配执行（或限制）某些动作的许可权限。在用户成功访问了数据库之后，SQL Server 就可以接受命令。验证步骤为：在用户执行某个动作之后，客户端将发送 Transact-SQL 语句给 SQL Server；SQL Server 接收到 Transact-SQL 语句之后，将检查用户是否具有执行该语句的许可权限；如果有，SQL

Server 执行相应的操作。否则，SQL Server 返回错误信息。

4. 利用 SQL Server Management Studio 进行认证模式的设置

其主要过程如下：

(1) 打开 SQL Server Management Studio，右击要设置认证模式的服务器，从快捷菜单中选择“属性”命令，则出现服务器属性对话框。

(2) 在服务器属性对话框中选择“安全性”选项页。

(3) 在“安全性”选项页中，身份验证中可以选择要设置的认证模式，同时登录审核中还可以选择跟踪记录用户登录时的哪种信息，例如登录成功或登录失败的信息等。

(4) 在启动服务账户中设置当启动并运行 SQL Server 时默认的登录者中哪一位用户。

5. 用户权限管理

1) 服务器登录账号和用户账号管理

(1) SQL Server 服务器登录管理。

SQL Server 有三个默认的用户登录账号：sa、administrators\builtin 和 guest。利用 SQL Server Management Studio 创建、管理 SQL Server 登录账号，其具体执行步骤如下：

① 打开 SQL Server Management Studio，单击需要登录的服务器左边的“+”号，然后展开安全性文件夹。

② 右击登录名图标，从快捷菜单中选择“新建登录名”命令，则出现“登录名-新建”对话框，如图 4-1 所示。

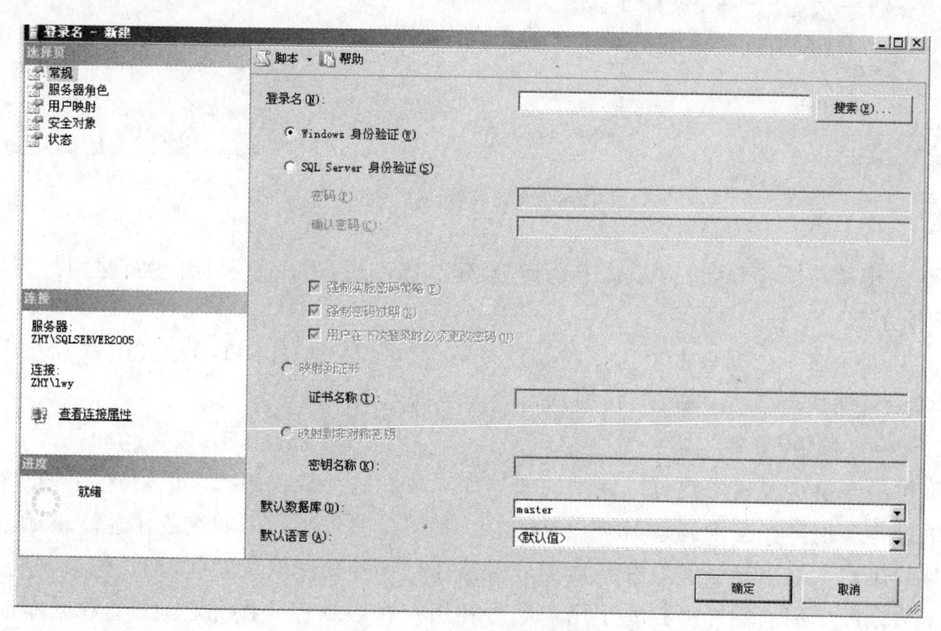

图 4-1　新建登录名对话框

③ 在“登录名”文本框中输入登录名，然后选择新建的用户是 Windows 身份认证模式，还是 SQL Server 身份验证模式。

④ 在“默认数据库”下拉列表框中选择该登录账号默认访问的数据库。

⑤ 设置完成后，单击“确定”按钮即可完成登录账号的创建。

(2) 用户账号管理。

在数据库中,一个用户或工作组取得合法的登录账号,只表明该账号通过了 Windows 身份验证或者 SQL Server 身份验证,但不能表明其可以对数据库数据和数据库对象进行某种或者某些操作,只有当他同时拥有了用户账号后,才能够访问数据库。

利用 SQL Server Management Studio 可以授予 SQL Server 登录访问数据库的许可权限。使用它可创建一个新数据库用户账号。

其具体执行步骤如下:

① 展开指定数据库左边的"+"号,然后选择用户结点,如图 4-2 所示。

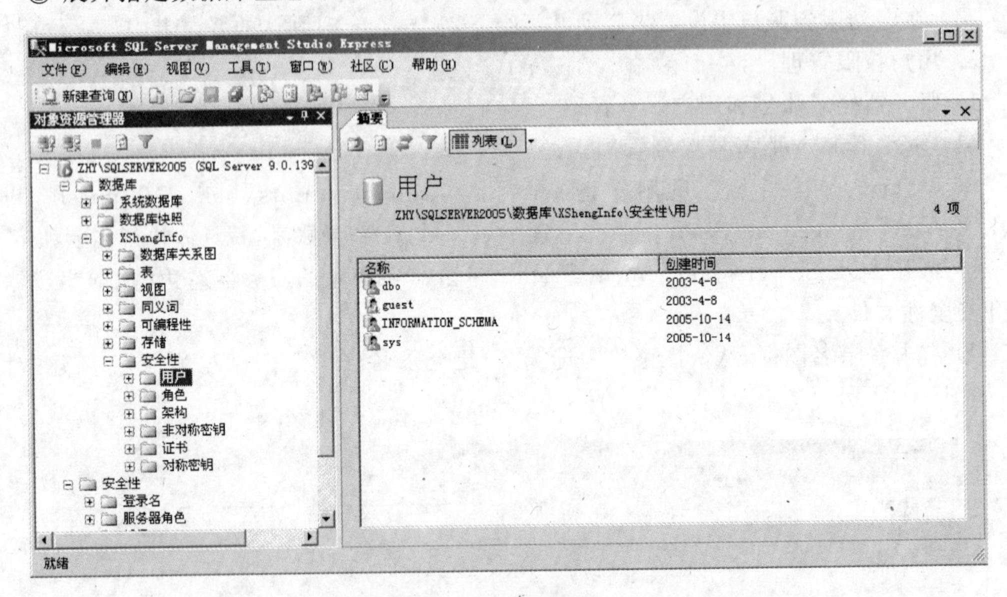

图 4-2 新建数据库用户

② 右击用户图标,从快捷菜单中选择"新建数据库用户"命令,则出现新建用户窗口,如图 4-3 所示。

③ 在登录名下拉列表框中选择或新建登录名,在用户名文本框中输入用户名。

④ 设置完成后,单击"确定"按钮即可完成数据库用户的创建。

2) 许可(权限)管理

许可用来指定授权用户可以使用的数据库对象和这些授权用户可以对这些数据库对象执行的操作。用户在登录到 SQL Server 之后,其用户账号所归属的组或角色所被赋予的许可(权限)决定了该用户能够对哪些数据库对象执行哪种操作以及能够访问、修改哪些数据。在每个数据库中用户的许可独立于用户账号和用户在数据库中的角色,每个数据库都有自己独立的许可系统,在 SQL Server 中包括三种类型的许可:对象许可、语句许可和预定义许可。

- 对象许可:表示对特定的数据库对象,即表、视图、字段和存储过程的操作许可,它决定了能对表、视图等数据库对象执行哪些操作。
- 语句许可:表示对数据库的操作许可,也就是说,创建数据库或者创建数据库中的其他内容所需要的许可类型称为语句许可。

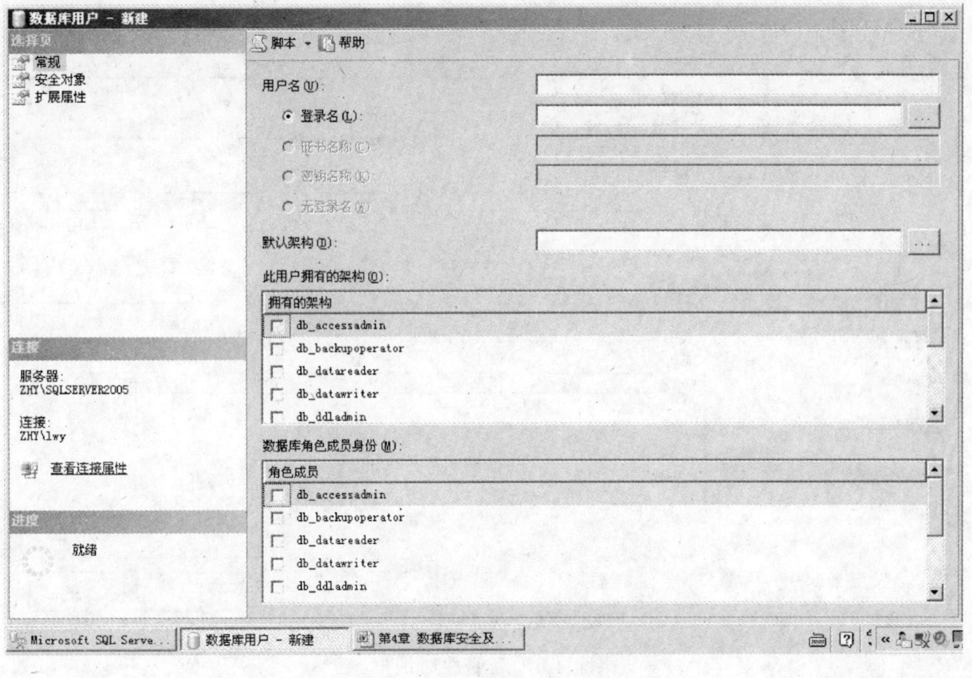

图 4-3　新建数据库用户窗口

• 预定义许可：是指系统安装以后有些用户和角色不必授权就有的许可。

(1) 使用 SQL Server Management Studio 管理许可权限。

SQL Server 可通过两种途径管理许可，即面向单一用户和面向数据库对象的许可设置来实现对语句许可和对象许可的管理，从而实现对用户许可的设定。具体操作方法是：右击某一数据库对象(如表 studentinfo)，如图 4-4 所示，然后从弹出的快捷菜单中选择“属性”命令，出现“表属性”对话框，如图 4-5 所示。

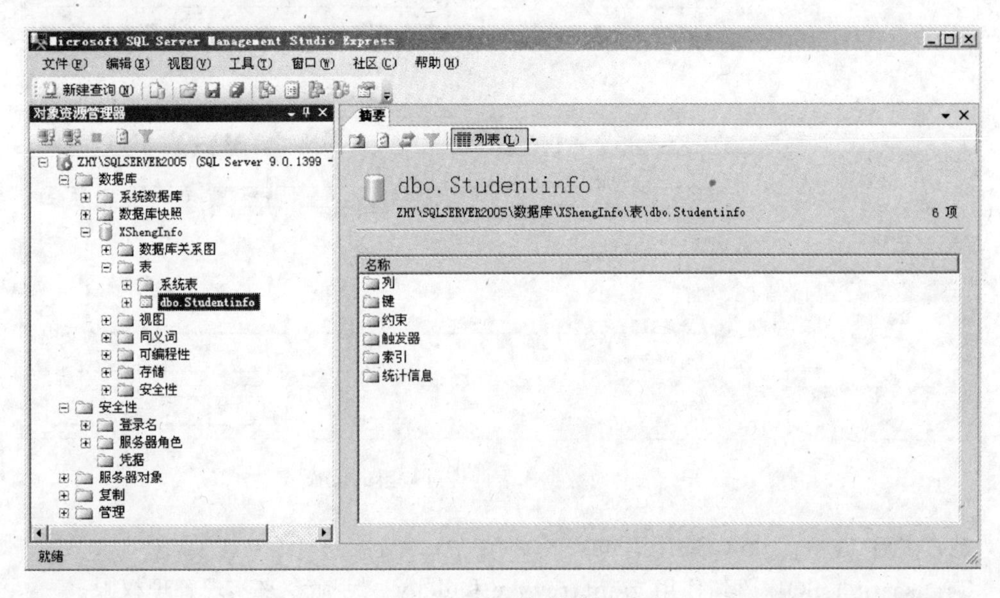

图 4-4　许可权限设置

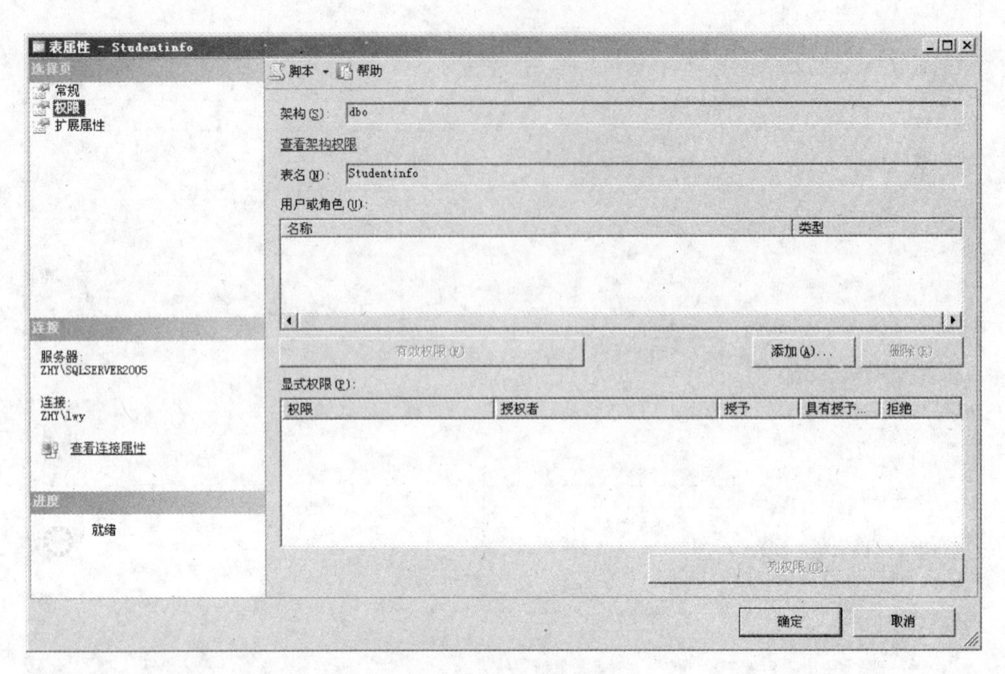

图 4-5 表属性对话框

在该对话框中单击“添加”按钮，加入用户 loguser，然后在下面的“loguser 的显示权限”栏即可设置许可权限，如图 4-6 所示。

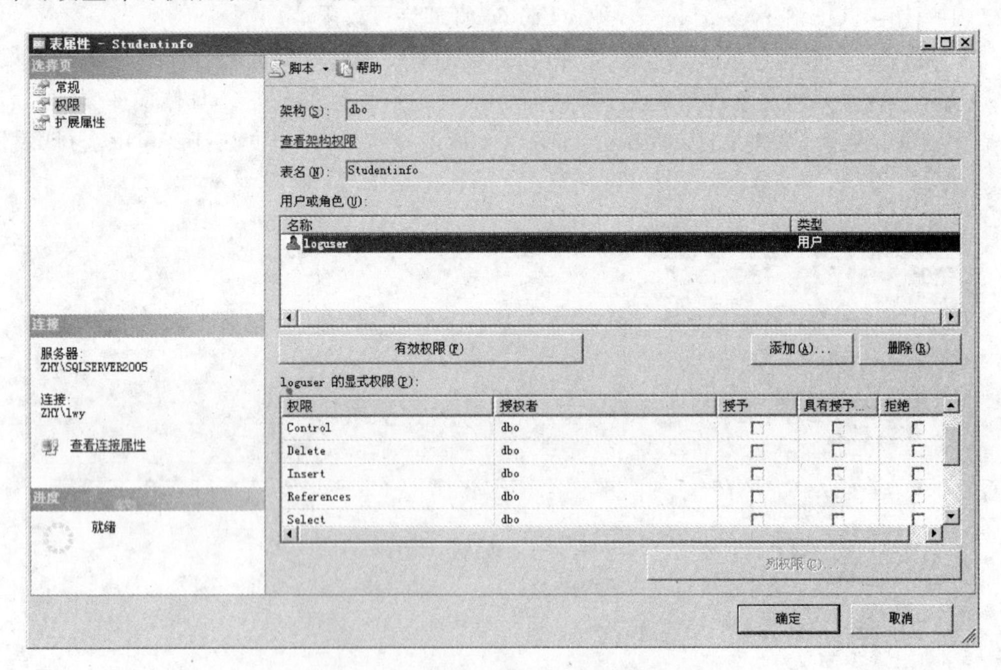

图 4-6 对数据库表的许可权限的设置

(2) 使用 Transaction_SQL 语句。

Transaction_SQL 语句使用 grant、revoke 和 deny 三种命令来实现管理权限。

① GRANT 语句。

GRANT 语句是授权语句，它可以把语句权限或者对象权限授予给其他用户和角色。

授予语句权限的语法形式为：

```
GRANT {ALL|statement[,…n]}
TO security_account [,…n ]
```

授予对象权限的语法形式为：

```
GRANT
{ALL [PRIVILEGES]|permission [,…n ]}
{
[(column [,…n ])] ON {table|view}
|ON {table|view} [(column[,…n ])]
|ON {stored_procedure|extended_procedure}
|ON {user_defined_function}
}
TO security_account [,…n ]
[WITH GRANT OPTION]
[AS {group|role}]
```

② DENY 语句。

DENY 语句用于拒绝给当前数据库内的用户或者角色授予权限，并防止用户或角色通过其组或角色成员继承权限。

否定语句权限的语法形式为：

```
DENY {ALL|statement [,…n ]}
TO security_account [,…n]
```

否定对象权限的语法形式为：

```
DENY…
{ALL [PRIVILEGES]|permission[,…n]}
{…
[(column [,…n])] ON {table|view}
|ON {table|view}[(column [,…n ])]
|ON {stored_procedure|extended_procedure}
|ON {user_defined_function}
}
TO security_account [,…n ]
[CASCADE]
```

(3) REVOKE 语句。

REVOKE 语句是与 GRANT 语句相反的语句，它能够将以前在当前数据库内的用户或者角色上授予或拒绝的权限删除，但是该语句并不影响用户或者角色从其他角色中作为成员继承过来的权限。

收回语句权限的语法形式为：

```
REVOKE {ALL|statement [,…n ]}
FROM security_account [,…n ]
```

收回对象权限的语法形式为：

```
REVOKE [GRANT OPTION FOR]
{ALL [PRIVILEGES]|permission[, …n ]}
{
[(column [, …n ])] ON {table|view}
|ON {table|view} [(column [, …n ])
|ON {stored_procedure|extended_procedure}
|ON {user_defined_function}
}
{TO|FROM}
security_account [, …n ]
[CASCADE]
[AS {group|role}]
```

6. 角色管理

角色是 SQL Server 7.0 版本引进的新概念，它代替了以前版本中组的概念。利用角色，SQL Server 管理者可以将某些用户设置为某一角色，这样只对角色进行权限设置便可以实现对所有用户权限的设置，大大减少了管理员的工作量。SQL Server 提供了用户通常管理工作的预定义服务器角色和数据库角色。

1) 服务器角色

服务器角色是指根据 SQL Server 的管理任务，以及这些任务相对的重要性等级来把具有 SQL Server 管理职能的用户划分为不同的用户组，每一组所具有的管理 SQL Server 的权限都是 SQL Server 内置的，即不能对其进行添加、修改和删除，只能向其中加入用户或者其他角色。

7 种常用的固定服务器角色如下：

系统管理员：拥有 SQL Server 所有的权限许可。

服务器管理员：管理 SQL Server 服务器端的设置。

磁盘管理员：管理磁盘文件。

进程管理员：管理 SQL Server 系统进程。

安全管理员：管理和审核 SQL Server 系统登录。

安装管理员：增加、删除连接服务器，建立数据库复制以及管理扩展存储过程。

数据库创建者：创建数据库，并对数据库进行修改。

2) 数据库角色

数据库角色是为某一用户或某一组用户授予不同级别的管理或访问数据库以及数据库对象的权限，这些权限是数据库专有的，并且还可以使一个用户具有属于同一数据库的多个角色。SQL Server 提供了两种类型的数据库角色，即固定的数据库角色和用户自定义的数据库角色。

(1) 固定的数据库角色。

public：维护全部默认许可。

db_owner：数据库的所有者，可以对所拥有的数据库执行任何操作。

db_accessadmin：可以增加或者删除数据库用户、工作组和角色。

db_addladmin：可以增加、删除和修改数据库中的任何对象。

db_securityadmin：执行语句许可和对象许可。

db_backupoperator：可以备份和恢复数据库。

db_datareader：能且仅能对数据库中的任何表执行 SELECT 操作，从而读取所有表的信息。

db_datawriter：能够增加、修改和删除表中的数据，但不能进行 SELECT 操作。

db_denydatareader：不能读取数据库中任何表中的数据。

db_denydatawriter：不能对数据库中的任何表执行增加、修改和删除数据操作。

(2) 用户自定义角色。

创建用户定义的数据库角色就是创建一组用户，这些用户具有相同的一组许可。如果一组用户需要执行在 SQL Server 中指定的一组操作并且不存在对应的 Windows NT 组，或者没有管理 Windows NT 用户账号的许可，就可以在数据库中建立一个用户自定义的数据库角色。用户自定义的数据库角色有两种类型，即标准角色和应用程序角色。

标准角色通过对用户权限等级的认定而将用户划分为不同的用户组，使用户总是相对于一个或多个角色，从而实现管理的安全性。

应用程序角色是一种比较特殊的角色。如果打算让某些用户只能通过特定的应用程序间接地存取数据库中的数据而不是直接地存取数据库数据时，就应该考虑使用应用程序角色。当某一用户使用了应用程序角色时，便放弃了已被赋予的所有数据库专有权限，他所拥有的只是应用程序角色被设置的角色。

3) 管理角色的方式

(1) 使用 SQL Server Management Studio 管理角色。

① 管理服务器角色。

打开 SQL Server Management Studio，展开指定的服务器，单击安全性文件夹，然后单击服务器角色图标，选择需要的服务器角色，右击，并选择“属性”命令，在弹出的对话框中单击“添加”按钮，然后根据提示操作即可，如图 4-7 所示。

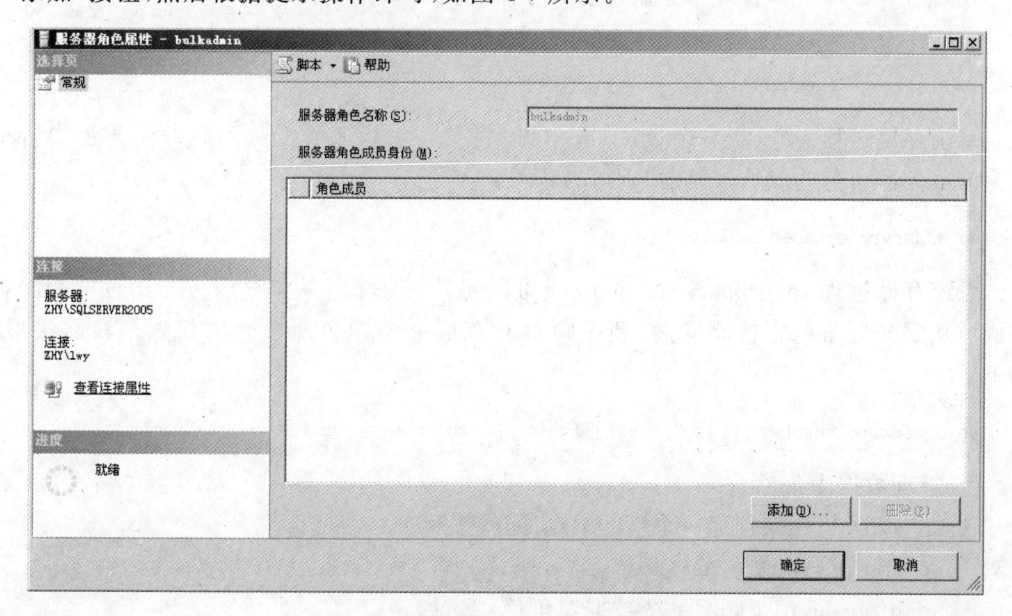

图 4-7　管理 bulkadmin 角色对话框

② 管理数据库角色。

在 SQL Server Management Studio 中,展开指定的服务器以及指定的数据库,展开“安全性”结点,然后右击角色图标,从快捷菜单中选择“新建数据库角色”命令,则出现“数据库角色—新建”对话框,根据提示即可新建角色,如图 4-8 所示。

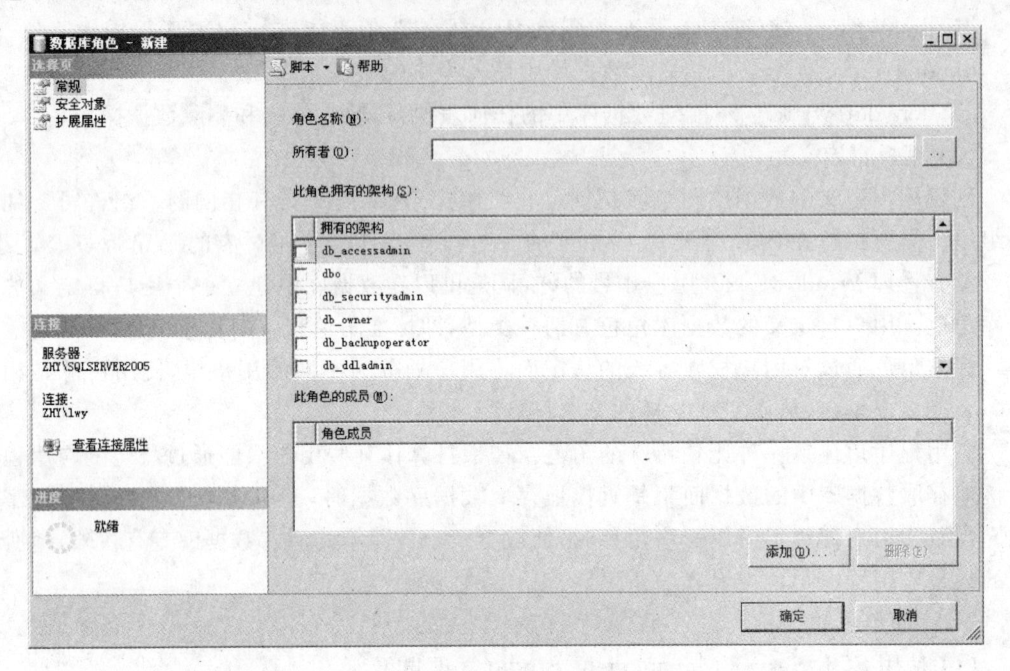

图 4-8 新建数据库角色对话框

(2) 使用存储过程管理角色。

① 管理服务器角色。

在 SQL Server 中,管理服务器角色的存储过程主要有两个:

```
sp_addsrvrolemember
sp_dropsrvrolemember
```

系统存储过程 sp_addsrvrolemember 可以将某一登录账号加入到服务器角色中,使其成为该服务器角色的成员。其语法形式如下:

```
sp_addsrvrolemember login,role
```

系统存储过程 sp_dropsrvrolemember 可以将某一登录者从某一服务器角色中删除,当该成员从服务器角色中被删除后,便不再具有该服务器角色所设置的权限。其语法形式如下:

```
sp_dropsrvrolemember [@loginame = ]'login',[@rolename = ]'role'
```

② 管理数据库角色。

- sp_addrole 用来创建一个新的数据库角色,例如:

  sp_addrole role,owner

- sp_droprole 用于删除一个数据库角色,例如:

sp_droprole role

- sp_helprole 用来显示当前数据库所有的数据库角色的所有信息，例如：

sp_helprole [rolename]

- sp_addrolemember 用来向数据库某一角色中添加数据库用户，例如：

sp_addrolemember role,security_account

- sp_droprolemember 用来删除某一角色的用户，例如：

sp_droprolemember role,security_account

sp_helprolemember 用于显示某一数据库角色的所有成员，例如：

sp_helprolemember ['rolename']

4.2 数据库完整性

4.2.1 完整性约束条件

1. 概述

所谓数据完整性，事实上是衡量数据库中数据质量好坏的一种标志，是确保数据库中数据一致、正确以及符合企业规则的一种思想，是使无序的数据条理化，确保正确的数据被存放在正确的位置的一种手段。

满足完整性要求的数据具有以下特点：一是数据的正确无误。包含两方面意思：首先，数据类型必须正确；其次，数据值必须处于正确的范围内；二是数据的存在必须确保同一关系中数据之间的和谐关系。例如，已经在学生关系中为一位同学分配了 stu_id 为 040209，则不许再将 040209 作为 stu_id 分配给别的同学；三是数据的存在必须确保维护不同关系中数据之间的和谐关系。数据的完整性和安全性是两个不同的概念。数据完整性是为了防止错误信息的输入，保证数据库中的数据符合应用环境的语义要求，而数据的安全性是防止数据库被恶意破坏和非法存取。完整性措施的防范对象是不合语义的数据，而安全性措施的防范对象是非法用户和非法操作。

完整性约束条件作用的对象可以是：关系、元组、列三种。

列约束主要是列的类型、取值范围、精度、排序等约束条件。

元组的约束是元组中各个字段间的联系的约束。

关系的约束是若干元组间、关系集合上以及关系之间的联系的约束。

约束可以分为静态约束和动态约束：静态约束是指数据库每一确定状态时的数据对象所应满足的约束条件，它是反映数据库状态合理性的约束，是最重要的一类完整性约束。动态约束是指数据库从一种状态转变为另一种状态时，新、旧值之间所应满足的约束条件，它是反映数据库状态变迁的约束。

2. 完整性约束条件的分类

1）静态列级约束

静态列级约束是对一个列的取值域的说明，包括：

(1) 对数据类型的约束，包括数据的类型、长度、单位、精度。

(2) 对数据格式的约束。如规定学号的前两位表示系的编号，中间两位表示入学年份，后四位中的两位表示班级号，两位表示学号。出生日期格式为 YYYY. MM. DD。

(3) 对取值范围或取值集合的约束。例如规定学生的性别取值范围为(男，女)。

(4) 对空值的约束。空值表示未定义或未知的值，它与零值和空格不同。有的列允许空，有的列不允许空。

(5) 其他约束。例如关于列的排序说明，组合列等。

2) 静态元组的约束

静态元组的约束就是规定元组的各个列之间的约束关系。例如图书管理关系中包含库存量、借出册数等列，规定借出册数不得多于库存量。

3) 静态关系约束

在一个关系的各个元组之间或者若干关系之间的各种联系或约束。

常见的静态关系约束有：

- 实体完整性约束。
- 参照完整性约束。
- 函数依赖约束。
- 统计约束，即字段值与关系中多个元组的统计值之间的约束关系。

4) 动态列级约束

动态列级约束是指修改列定义或列值时应满足的约束条件，包括下面两方面：

(1) 修改列定义时的约束。如将允许空值的列改为不允许空值时，如果该列目前已存在空值，则拒绝这种修改。

(2) 修改列值时的约束。修改列值有时要参照旧值，如雇员的年龄只能增长等。

5) 动态元组约束

动态元组约束是指修改元组的值时元组中各个字段间需要满足某种约束条件。例如雇员工资调整时新工资不得低于原工资的 1.2 倍等。

6) 动态关系约束

动态关系约束是加在关系变化前后状态上的限制条件，例如事务一致性、原子性等约束条件。

4.2.2 完整性控制

1. 概述

DBMS 的完整性控制机制应具有三方面的功能：定义功能，是指提供定义完整性约束条件的机制；检查功能，是指检查用户发出的操作请求是否违背了完整性约束条件；另外，如果发现用户的操作请求使数据违背了完整性约束条件，则应采取一定的动作来保证数据的完整性。

数据库系统检查是否违反完整性约束条件的方式通常有两种：立即执行约束和延迟执行约束。立即执行约束是指检查是否违背完整性约束的时机通常是在一条语句执行完后立即检查；延迟执行约束是指有时完整性检查需要延迟到整个事务执行结束后再进行，检查正确方可提交。如果发现某个用户的操作违反了完整性约束条件，系统将拒绝该操作，但是对于延迟执行的约束，系统将拒绝整个事务，把数据库恢复到该事务执行前的状态。

目前大多数关系数据库管理系统都提供了完整性控制功能，对于违反实体完整性和用户定义的完整性的操作一般都采用拒绝执行的方式处理，而对于违反参照完整性约束的操作，并不是简单的拒绝执行，有时要执行一些附加的操作来保证数据库的完整性。

2. 实现参照完整性要考虑的几个问题

1) 外码能否接受空值问题

外码能否接受空值问题要根据应用环境语义是否相符而定。

2) 在被参照关系中删除元组时的问题

当删除被参照关系的某个元组，而参照关系存在若干元组，其外码值与被参照关系删除元组的主码值相同，这时可有三种策略：

(1) 级联删除。将参照关系中所有外码值与被参照关系中要删除元组主码值相同的元组一起删除。如果参照关系同时又是另一个关系的被参照关系，则这种删除操作会继续级联下去。

(2) 受限删除。仅当参照关系中没有任何元组的外码值与被参照关系中要删除元组的主码值相同时，系统才执行删除操作，否则拒绝此删除操作。

(3) 置空值删除。删除被参照关系的元组，并将参照关系中相应元组的外码置空值。

3) 在被参照关系中插入元组时的问题

当参照关系插入某个元组，而被参照关系不存在相应的元组，其主码值与参照关系插入元组的外码值相同，可以有以下策略：

(1) 受限插入：仅当被参照关系中存在相应的元组，其主码值与参照关系插入元组的外码值相同，系统才执行插入操作，否则拒绝此操作。

(2) 递归插入：首先向被参照关系中插入相应的元组，其主码值等于参照关系插入元组的外码值，然后向参照关系插入元组。

4) 修改关系中主码的问题

(1) 一般不允许修改主码，如果需要修改，只能先删除该元组，然后再把具有新主码值的元组插入到关系中。

(2) 允许修改主码，但必须保证主码的唯一性和非空，否则拒绝修改。

当修改的关系是被参照关系时，还必须检查参照关系，是否存在这样的元组，其外码值等于被参照关系要修改的主码值。

当修改的关系是参照关系时，还必须检查被参照关系，是否存在这样的元组，其主码值等于被参照关系要修改的外码值。

4.2.3 SQL Server 2005 实现数据库完整性

1. 约束概述

约束的用途是限制输入到表中的值范围。SQL Server 提供的约束有：PRIMARY KEY(主键)约束、FOREIGN KEY(外键)约束、UNIQUE(唯一)约束、CHECK(核查)约束、空值约束、CASCADE(级联引用一致性约束)。约束还可以分为表级约束和列级约束。列级约束是行定义的一部分，只能够应用在一列上；表级约束的定义独立于列的定义，可以应用在一个表中的多列上。当需要在一个表中的多列上建立约束时，只能建立表级约束。

可以使用系统存储过程 sp_helpconstraint 查看约束信息，语法如下：

```
sp_helpconstraint table_name
```

2. 使用 PRIMARY KEY 约束

1）定义主键的语法

```
CREATE TABLE table_name
(column_name datatype
[CONSTRAINT constraint_name]
{PRIMARY KEY}
[{CLUSTERED|NONCLUSTERED}][,…n]
[[,CONSTRAINT constraint_name]
{PRIMARY KEY}
[{CLUSTERED|NONCLUSTERED}]
(column_name[,…n])[,…n]]
)
```

主键可以在列级或表级上进行定义，但不允许同时在两个级别上进行定义。

例 4.1 在数据库 mydatabase 中建立表 table_dept，并且在列 dept_id 上定义主键。

```
① USE mydatabase
GO
CREATE TABLE table_dept
( dept_id smallint IDENTITY(1,1) PRIMARY KEY CLUSTERED,
    dept_desc VARCHAR(50) NOT NULL ,
)
GO
② USE mydatabase
GO
CREATE TABLE table_dept
( dept_id smallint IDENTITY(1,1) CONSTRAINT PK_ID PRIMARY KEY CLUSTERED,
    dept_desc VARCHAR(50) NOT NULL ,
)
go
```

例 4.2 在数据库 mydatabase 中建立表 table_joy，并且在列 joy _type、joy _time 上定义表级主键约束。

```
USE mydatabase
GO
CREATE TABLE table_joy
(joy_type int,
joy_time datetime,
joy_site CHAR(50),
joy_desc CHAR(512),
CONSTRAINT joy_key PRIMARY KEY (joy _type, joy _time)
)
GO
```

浏览指定表上的主键信息：

```
sp_pkeys table_name
```

例如：

```
sp_pkeys table_joy
```

2）删除主键的语法

```
ALTER TABLE table_name
DROP {[CONSTRAINT] primarykey_name}[,…n]
```

例 4.3　删除主键 PK_ID。

```
ALTER TABLE table_dept
DROP CONSTRAINT PK_ID
```

3）向表添加主键约束的语法

```
ALTER TABLE table_name
ADD [CONSTRAINT primarykey_name]
PRIMARY KEY [CLUSTERED|NONCLUSTERED]
(column_name[,…n])
```

例 4.4　向表 table_dept 中添加主键约束。

```
ALTER TABLE table_dept
ADD CONSTRAINT PK_ID
PRIMARY KEY CLUSTERED (dept_id)
GO
```

4）使用 SQL Server Management Studio 创建主键

在指定的列上右击，然后在弹出的快捷菜单中选择“设置主键”命令，如图 4-9 所示。

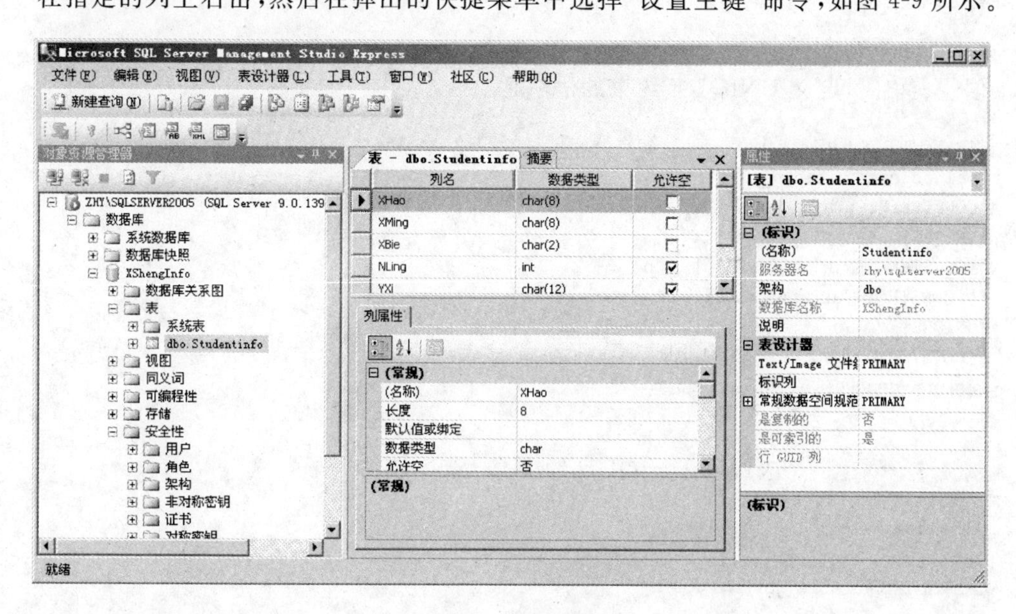

图 4-9　设置主键

主键设置完毕后，在该列上出现了表示主键的图标，如图 4-10 所示。

再次选择[设置主键]命令将撤销对该列的主键约束。

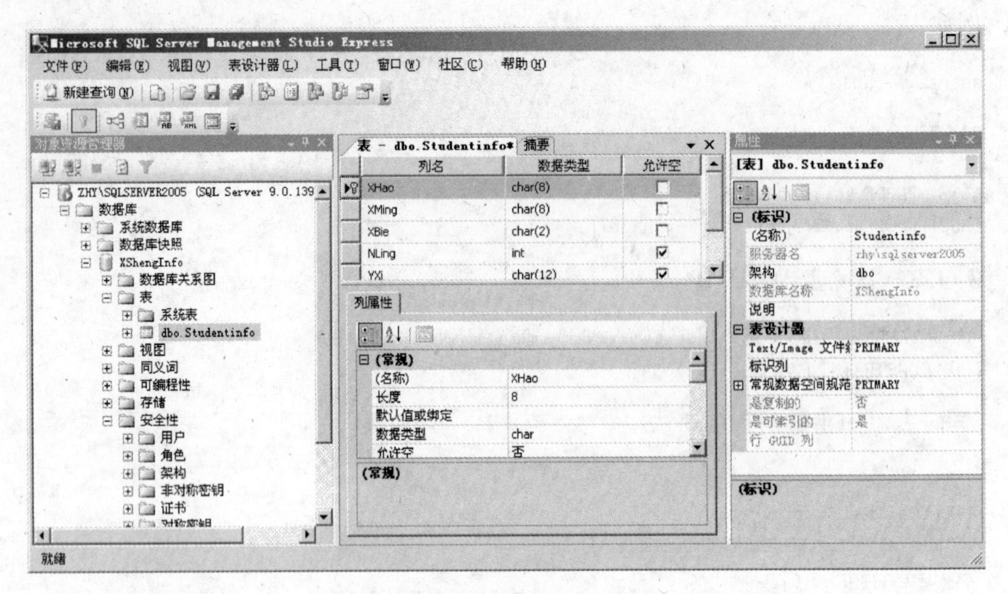

图 4-10　设置主键后的对话框

3. 使用 UNIQUE 约束

UNIQUE 约束主要用来确保不受主键约束的列上的数据的唯一性。

UNIQUE 约束与主键的区别主要有如下三方面：一是 UNIQUE 约束主要用在非主键的一列或多列上要求数据唯一的情况，二是 UNIQUE 约束允许该列上存在 NULL 值，而主键绝不允许出现这种情况，三是可以在一个表上设置多个 UNIQUE 约束，而在一个表上只能设置一个主键。

1）创建 UNIQUE 约束

创建表格时，定义 UNIQUE 约束的语法是：

```
CREATE TABLE table_name
(column_name datatype
[CONSTRAINT unique_name]
{UNIQUE}
[{CLUSTERED|NONCLUSTERED}][,…n]
[[,CONSTRAINT unique_name]
{UNIQUE}
[{CLUSTERED|NONCLUSTERED}]
(column_name[,…n])[,…n]]
)
```

例 4.5　创建一个表级的 UNIQUE 约束。

```
USE mydatabase
GO
CREATE TABLE table_joy
(joy_name char(20),
joy_type char(20),
joy_time datetime,
joy_id int PRIMARY KEY CLUSTERED,
CONSTRAINT unique_ joy UNIQUE (joy_type, joy_time)
```

```
)
GO
```

2）删除 UNIQUE 约束的语法

```
ALTER TABLE table_name
DROP {[CONSTRAINT] unique_name}[,…n]
```

3）添加 UNIQUE 约束的语法

```
ALTER TABLE table_name
ADD [CONSTRAINT unique_name]
{UNIQUE} [CLUSTERED|NONCLUSTERED]
(column_name[,…n])
```

4）使用 SQL Server Management Studio 实现 UNIQUE 约束

方法如下：

(1) 进入设计表窗口。

(2) 在表中要增加 UNIQUE 约束的行上右击，再从弹出的快捷菜单中选择“索引/键”命令，弹出如图 4-11 所示的对话框。

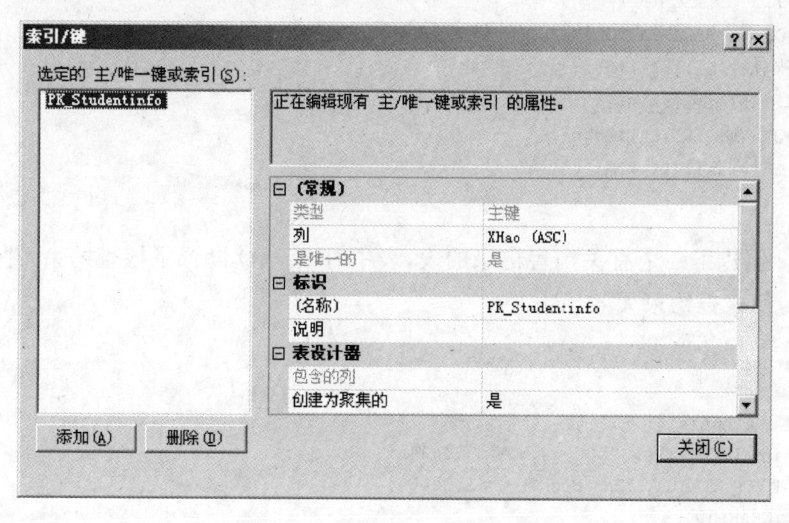

图 4-11 “索引/键”对话框(一)

(3) 单击“添加”按钮，新建约束(单击“删除”按钮删除约束)，在“类型”属性处选择“唯一键”，如图 4-12 所示。

(4) 单击“关闭”按钮完成操作。

4. 使用 CHECK(核查)约束

CHECK 约束通过检查输入表列的数据的值来维护值域的完整性。当在一个已经存在的表上添加核查约束时，核查约束可以只应用于新的数据，也可以应用于新的和已经存在的数据。默认情况下，核查约束将同时应用于新的数据和已经存在的数据。

(1) 创建表时，定义核查约束的语法：

```
CREATE TABLE table_name
```

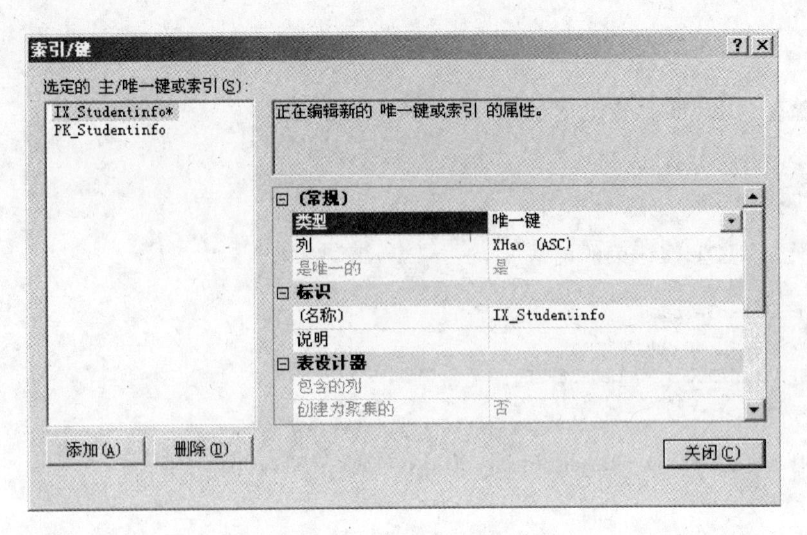

图 4-12 “索引/键”对话框(二)

```
(column_name col_definition
[[CONSTRAINT check_name]
CHECK [NOT FOR REPLICATION]
(check_criterial)][,…n]
[[,CONSTRAINT check_name]
CHECK [NOT FOR REPLICATION]
(check_criterial)][,…n]
)
```

例 4.6 创建了一个有关销售记录的表,表中对 SaleID 设置了核查约束,并规定在进行复制过程中,使核查约束无效。

```
USE mydatabase
GO
CREATE TABLE books
(BookID int IDENTITY(100000,1) NOT FOR REPLICATION
CHECK NOT FOR REPLICATION (BookID <= 150000),
BookName CHAR(50),
CONSTRAINT PK_ID PRIMARY KEY (BookID)
)
GO
```

(2) 在已经存在的表上,添加核查约束的语法是:

```
ALTER TABLE table_name
{ADD
column_name column_definition
CHECK [NOT FOR REPLICATION ]
(check_criterial)
|[WITH CHECK| WITH NOCHECK] ADD
CHECK [NOT FOR REPLICATION ]
(check_criterial)[,…n]
}[,…n]
```

① WITH CHECK|WITH NOCHECK：在添加新的核查约束时，是否对现存的数据进行检查。

② NOT FOR REPLICATION：规定在进行复制时，使核查约束失效。

(3) 删除核查约束的语法是：

```
ALTER TABLE table_name
DROP{[CONSTRAINT] check_name}[, …n]
```

(4) 使约束有效或失效的方法是：

```
ALTER TABLE table_name
{CHECK|NO CHECK} CONSTRAINT
{ALL |constraint_name[, …n]}
```

例 4.7 使 Pubs 数据库中 authors 表上的所有约束无效。

```
USE pubs
GO
ALTER TABLE authors
NOCHECK CONSTRAINT ALL
GO
```

(5) 使用 SQL Server Management Studio 实现 CHECK 约束的方法如下：

进入设计表窗口，在表中要增加核查约束的列上右击，从弹出的快捷菜单中选择[CHECK 约束]命令，然后在打开的对话框中单击"添加"按钮，在对话框中完成操作，如图 4-13 所示。

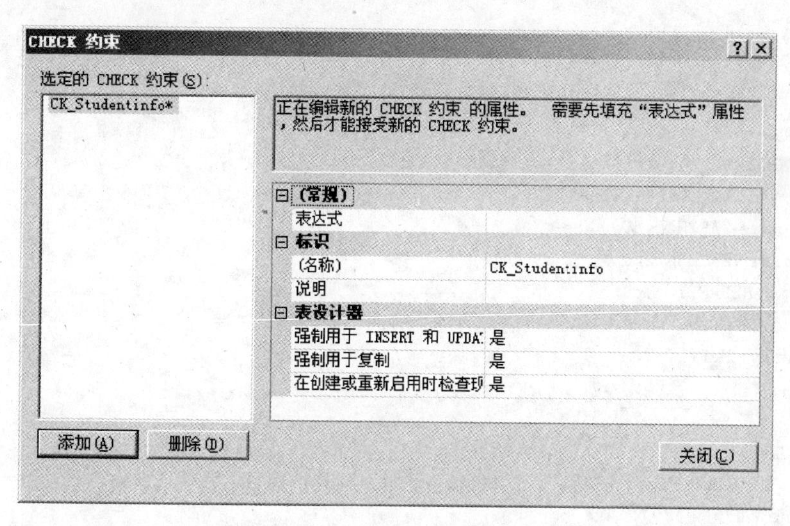

图 4-13 创建核查约束对话框

表设计器属性中三个选项的含义如下：

① 强制用于 INSERT 和 UPDATE 约束：可设为空，以使插入或修改数据时，检查约束无效。

② 强制用于复制：可设为空，以使在进行数据复制时，核查约束无效。

③ 在创建或重新启用时检查现存数据：对现存数据进行检查。

5. 使用 FOREIGN KEY 约束

外键约束主要用来维护两个表之间的一致性关系，外键的建立主要是通过将一个表中的主键所在列包含在另一个表中，这些列就是另一个表的外键。当将外键约束添加到一个已经存在数据的列上时，在默认情况下，SQL Server 将会自动检查表中已经存在的数据，以确保所有的数据都与主键保持一致，或者为 NULL。也可以根据实际情况的需要，设置 SQL Server 不对现存数据进行外键约束的检查。

1）创建外键约束

创建表格时，建立外键约束的语法：

```
CREATE TABLE table_name
(column_name column_definition
[CONSTRAINT constraint_name]
[[FOREIGN KEY] REFERENCES ref_table [(ref_column)]
[ON DELETE {CASCADE | NO ACTION}]
[ON UPDATE {CASCADE | NO ACTION}]
[NOT FOR REPLICATION]]
[,…n]
[CONSTRAINT foreignkey_name]
FOREIGN KEY [(column[,…n])]
REFERENCES ref_table [(ref_column[,…n])]
[NOT FOR REPLICAITON]
[,…n]
)
```

例 4.8 创建外键约束。

```
USE mydatabase
GO
CREATE TABLE pub
( pub_id VARCHAR(20) PRIMARY KEY,
    pub_name VARCHAR(50),
    address VARCHAR(20),
    city VARCHAR(10),
    state CHAR(2),
    country CHAR(10))
GO

CREATE TABLE author
( author_id VARCHAR(20) PRIMARY KEY,author_name VARCHAR(50),
    phone VARCHAR(20),
    zipcode CHAR(10)
)
GO

CREATE TABLE title
( title_id int PRIMARY KEY,
    title_name VARCHAR(50),
    auhtor_id VARCHAR(20)
```

```
CONSTRAINT foreignkey_auid
FOREIGN KEY REFERENCES author(author_id)

ON DELETE CASCADE
NOT FOR REPLICATION,
pub_id VARCHAR(20)
CONSTRAINT foreignkey_pubid FOREIGN KEY REFERENCES pub(pub_id)
NOT FOR REPLICATION
)
GO
```

2）删除外键约束的语法

```
ALTER TABLE table_name
DROP {[CONSTRAINT] foreignkey_name }[, … n]
```

3）添加外键约束的语法

```
ALTER TABLE table_name
{ADD
(column_name column_definition
[CONSTRAINT constraint_name]
[[FOREIGN KEY] REFERENCES ref_table [(ref_column)]
[NOT FOR REPLICATION]]}
[, … n]
|{[WITH CHECK|WITH NOCHECK] ADD
[CONSTRAINT foreignkey_name][(column[, … n])]
[[FOREIGN KEY] REFERENCES ref_table [(ref_column)]

[NOT FOR REPLICATION]]
}[, … n]
```

例 4.9 先删除 title 表上的表级外键约束，然后，又重新建立了该约束。

```
USE mydatabase
GO
ALTER TABLE title
DROP CONSTRAINT
foreignkey_pubid
GO
ALTER TABLE title
WITH CHECK ADD

CONSTRAINT foreignkey_pub_id
FOREIGN KEY (pub_id)
REFERENCES pub(pub_id)
NOT FOR REPLICATION
GO
```

4）查看有关外键的信息

```
sp_fkeys primary_table_name
```

例 4.10 查看引用表 pub 的外键信息。

```
sp_fkeys pub
```

4.3 数据库恢复技术

4.3.1 事务的基本概念

1. 事务(Transaction)的意义

事务是用户定义的一个数据库操作序列,这些操作要么全做要么全不做,是一个不可分割的工作单位。一个事务可以是一条 SQL 语句、一组 SQL 语句或整个程序。事务和程序是两个概念。一般地讲,一个程序包含多个事务。

定义事务的语句:

```
BEGIN TRANSACTION
COMMIT
ROLLBACK
```

下面是 SQL Server 2005 中事务的实现,为保证数据库的一致性和可恢复性,事务处理要保证整个事物的完整性,否则事务将回滚。在 T_SQL 语言中,事务处理控制语句有以下 4 个:

```
BEGIN TRAN [SACTION ] [transaction_name]
```

开始一个事务。

```
COMMIT [TRAN [SACTION ] [transaction_name ] ]
```

完成一个事务。

```
ROLLBACK [TRAN [SACTION ] [transaction_name] ]
```

回滚一个事务。

```
SAVE TRAN [SACTION ] { savepoint_name }
```

设置保存点 savepoint_name。

用户可以在事务内设置保存点或标记。保存点定义如果有条件地取消事务的一部分,事务可以返回的位置。如果将事务回滚到保存点,则必须(如果需要,使用更多的 Transact-SQL 语句和 COMMIT TRANSACTION 语句)继续完成事务,或者必须(通过将事务回滚到其起始点)完全取消事务。若要取消整个事务,可使用 ROLLBACK TRANSACTION transaction_name 格式。这将取消事务的所有语句和过程。

例 4.10 更改分给 The Gourmet Microwave 的两位作者的版税。

数据库将会在两个更新间不一致,因此必须将它们分组为用户定义的事务。

```
BEGIN TRANSACTION royaltychange
UPDATE titleauthor
SET royaltyper = 65
```

```
FROM titleauthor, titles
WHERE royaltyper = 75
AND titleauthor.title_id = titles.title_id
AND title = 'The Gourmet Microwave'
UPDATE titleauthor
SET royaltyper = 35
FROM titleauthor, titles
WHERE royaltyper = 25
AND titleauthor.title_id = titles.title_id
AND title = 'The Gourmet Microwave'
SAVE TRANSACTION percentchanged

UPDATE titles
SET price = price * 1.1
WHERE title = 'The Gourmet Microwave'
SELECT (price * royalty * ytd_sales) * royaltyper
FROM titles, titleauthor
WHERE title = 'The Gourmet Microwave'
AND titles.title_id = titleauthor.title_id

ROLLBACK TRANSACTION percentchanged
COMMIT TRANSACTION
```

2. 事务的特性

1）原子性(Atomicity)

事务是数据库的逻辑工作单位，事务中包括的诸操作要么全做，要么全不做，即便存在故障，事务也应该是完整的执行或者没有执行。

2）一致性(Consistency)

事务的执行必须以一个一致性状态开始，并在一致性状态中结束。

3）隔离性(Isolation)

一个事务的执行不能被其他事务干扰，即其他事务一定不能访问中间结果。即并发执行的各个事务之间不能互相干扰。

4）持续性(Durability)

也称永久性，指一个事务一旦提交，它对数据库中数据的改变就应该是永久性的。即便遇到了系统故障，这些结果也应成为永久结果。

3. 事务 ACID 特性可能遭到破坏的因素

事务 ACID 特性可能遭到破坏的因素有以下两个：一是多个事务并发运行时，不同事务的操作交叉执行，二是事务在运行过程中被强行停止。

在第一种情况下，数据库管理系统必须保证多个事务的交叉运行不影响这些事务的原子性。在第二种情况下，数据库管理系统必须保证被强行终止的事务对数据库和其他事务没有任何影响。

4.3.2 故障的种类

数据库系统可能会发生的故障大致可以分为以下几种：

1. 事务内部的故障

事务内部更多的故障是非预期的,是不能由应用程序处理的。如运算溢出、并发事务发生死锁而被选中撤销该事务、违反了某些完整性限制等。事务故障意味着事务没有达到预期的终点(COMMIT 或者显式的 ROLLBACK),因此,数据库可能处于不正确状态。

发生这类故障时,恢复程序要在不影响其他事务运行的情况下,强行回滚(ROLLBACK)该事务,即撤销该事务已经作出的任何对数据库的修改,使得该事务好像根本没有启动一样。这类恢复操作称为事务撤销(UNDO)。

2. 系统故障

系统故障是指造成系统停止运转的任何事件,例如突然停电、CPU 故障、操作系统故障、误操作等,发生这类故障系统必须重新启动。这类故障影响到所有正在执行的事务,使其非正常终止。一些未完成事务的部分结果可能已写入数据库。一些已完成事务部分数据可能正在缓冲区(未写入磁盘上的物理数据库中)。

在系统重新启动后,恢复子系统应该做:

(1) 撤销所有未完成的事务对数据库的修改(UNDO)。

(2) 重做所有已提交的事务(REDO);以将数据库恢复到一致状态。

3. 介质故障

即外存故障,如磁盘损坏、强磁场干扰等。这类故障发生的可能性较小,但破坏性很强。它使数据库受到破坏,并影响正在存取数据的事务。

4. 计算机病毒

计算机病毒是人为故障,轻则使部分数据不正确,重则使整个数据库遭到破坏。病毒的种类很多,不同病毒有不同的特征。有的病毒传播很快,一旦侵入系统就马上摧毁系统;有的病毒有较长的潜伏期,机器在感染后数天或数月才开始发病;有的病毒感染系统所有的程序和数据,有的只是感染某些特定的程序和数据。

安装防毒、杀毒软件可以在一定程度上防止数据库被病毒破坏,但是不能绝对的保证数据库的安全,因此,数据库一旦被破坏仍要用恢复技术把数据库加以恢复。

4.3.3 转储和恢复

1. 故障恢复的手段

故障恢复的原理很简单,就是预先在数据库系统外,备份正确状态时的数据库影像数据,当发生故障时,再根据这些影像数据来重建数据库。恢复机制要做两件事情:第一,建立冗余数据;第二,根据冗余数据恢复数据库。原理虽然简单,但实现技术却相当复杂。

建立冗余数据的常用方法是数据库转储法和日志文件法。

1) 数据库转储法

由 DBA(数据库管理员)定期地把整个数据库复制到磁带或另一个磁盘或光盘上保存起来,作为数据库的后备副本(后援副本),称为数据库转储法。数据库发生破坏时,可把后备副本重新装入以恢复数据库。但重装副本只能恢复到转储时的状态。转储以后的所有更新事务必须重新运行,才能使数据库恢复到故障发生前的一致状态。

由于转储的代价很大,因此必须根据实际情况确定一个合适的转储周期。转储分为静态转储和动态转储两类。

(1) 静态转储。在系统中没有事务运行的情况下进行转储称为静态转储。这可保证得到一个一致性的数据库副本,但在转储期间整个数据库不能使用。

(2) 动态转储。允许事务并发执行的转储称为动态转储。动态转储克服了静态转储时会降低数据库可用性的缺点,但不能保证转储后的副本是正确有效的。

例如在转储中,把某一数据存储到了副本,但在转储结束前,某一事务又把此数据修改了,这样,后备副本上的数据就不正确了。因此必须建立日志文件,把转储期间任何事务对数据库的修改都记录下来。以后,后备副本加上日志文件就可把数据库恢复到前面动态转储结束时的数据库状态。

另外,转储还可以分为海量转储和增量转储。海量转储是指转储全部数据库;增量转储是指只转储上次转储后更新过的数据。数据库中的数据一般只部分更新。因此,采用增量转储可明显减少转储的开销。例如每周做一次海量转储,每天做一次增量转储。也可每天做一次增量转储,当总的增量转储的内容达到一定量时,做一次海量转储。

2) 日志文件法

前面已指出,重装副本只能使数据库恢复到转储时的状态,必须接着重新运行转储后的所有更新事务才能使数据库恢复到故障发生前的一致状态。日志文件法就是用来记录所有更新事务的。

事务每一次对数据库的更新都必须写入日志文件。一次更新在日志文件中有一条记载更新工作的记录。

必须先把日志记录写到日志文件中,再立即执行更新操作。日志文件有三类记录:

(1) 每个事务开始时,必须在日志文件中登记一条该事务的开始记录。

(2) 每个事务结束时,必须在日志文件中登记一条结束该事务的记录(注明为COMMIT 或 ROLLBACK)。

(3) 任一事务的任一次对数据库的更新,都必须在日志文件中登入一条记录,其格式为:

(< 事务标识 >,< 操作类型 >,< 更新前数据旧值 >,< 更新后数据的新值 >)

其中,＜ 事务标识 ＞有插入、删除和修改三种类型。

2. 恢复方法

利用数据库事务副本和日志文件可把数据库恢复到故障发生前的一个一致性状态。故障类型不同,恢复方法也不同。

1) 恢复事务故障

事务未正常终止(COMMIT)而被终止时,可利用日志文件撤销(UNDO)此事务对数据库已做的所有更新。

(1) 反向扫描日志文件,查找该事务的记录。

(2) 若找到的记录为该事务的开始记录,则 UNDO 结束;否则,执行该记录的逆操作(对插入操作,执行删除操作;对删除操作,执行插入操作;对修改操作,用修改前的值替代修改后的值),继续反向扫描,直到找到事务的开始记录。

上述操作是由系统自动完成的。

2）恢复系统故障

系统发生故障后，必须把未完成的事务对数据库的更新撤销，重做已提交事务对数据库的更新（因为这些更新可能还留在缓冲区没来得及写入数据库）。

(1) 从头正向扫描日志文件，直至故障发生时刻（日志文件结束为止）。

遇到一条某事务开始记录，即把该事务列入撤销（UNDO）队列中，并继续扫描下去；遇到一条COMMIT结束（正常结束）的事务结束记录，则把记录从撤销队列（UNDO）移到（REDO）队列中，并继续扫描下去。最后得到两个队列（UNDO和REDO）。

(2) 再次正向扫描日志文件，遇到REDO队列中任何事务的每个更新记录，重新执行该记录的操作（将＜更新后数据的新值＞写入数据库）。

(3) 反向扫描日志文件，遇到UNDO队列中任何事务的每个更新记录，执行一次逆操作（将＜更新前的数据的旧值＞写入数据库）。上述步骤在系统重新启动时由系统自动完成。

3）恢复介质故障

介质发生故障时，磁盘上的物理数据库和日志文件都被破坏。此时的恢复工作最麻烦：必须重装最新的数据库副本，重做建立该副本到发生故障之间完成的事务（假定为静态转储）：

(1) 修复系统，必要时，更新介质（磁盘）。

(2) 如果操作系统或DBMS崩溃，则需重新启动系统。

(3) 装入最新的数据库后备副本，使数据库恢复到转储结束时的正确状态。

(4) 装入转储结束时的日志文件副本。

(5) 扫描日志文件，找出在故障发生时提交的事务，排入重做（REDO）队列。

(6) 重做（REDO）中所有事务。

此时，数据库已恢复到故障前的某一正确状态。

若是采用动态转储，则上述第③条还需加上转储过程中对应的日志文件，才能把数据库恢复到转储结束时的正确状态。介质故障产生后，不可能完全由系统自动完成恢复工作，必须由DBA介入重装数据库副本和各有关日志文件副本的工作。然后命令DBMS完成具体的恢复工作。

随着磁盘技术的发展（容量大，价格低），恢复技术发展得很快。各实际DBMS的恢复技术还是不尽相同的，用户在实际使用时，应按照实际DBMS的要求来完成恢复的前期工作和恢复工作。

4.3.4 日志文件

1. 日志文件的格式和内容

日志文件是用来记录事务对数据库的更新操作的文件。不同数据库系统采用的日志文件格式并不完全一样。概括起来日志文件主要有两种格式：以记录为单位的日志文件和以数据块为单位的日志文件。

对于以记录为单位的日志文件，日志文件中需要登记的内容包括：

(1) 各个事务的开始（BEGIN TRANSACTION）标记。

(2) 各个事务的结束（COMMIT或ROLLBACK）标记。

(3) 各个事务的所有更新操作。

这里每个事务开始的标记、每个事务的结束标记和每个更新操作均作为日志文件中的一个日志记录(Log Record)。

每个日志记录的内容主要包括：

(1) 事务标识(标明是哪个事务)。

(2) 操作的类型(插入、删除或修改)。

(3) 操作对象(记录内部标识)。

(4) 更新前数据的旧值(对插入操作而言,此项为空值)。

(5) 更新后数据的新值(对删除操作而言,此项为空值)。

对于以数据块为单位的日志文件,日志记录的内容包括事务标识和被更新的数据块。由于将更新前的整个块和更新后的整个块都放入日志文件中,操作的类型和操作对象等信息就不必放入日志记录中了。

2. 日志文件的作用

日志文件在数据库恢复中起着非常重要的作用。可以用来进行事务故障恢复和系统故障恢复,并协助后备副本进行介质故障恢复。具体作用是：

(1) 事务故障恢复和系统故障必须用日志文件。

(2) 在动态转储方式中必须建立日志文件,后援副本和日志文件综合起来才能有效地恢复数据库。

(3) 在静态转储方式中,也可以建立日志文件。当数据库毁坏后可重新装入后援副本把数据库恢复到转储结束时刻的正确状态,然后利用日志文件,把已完成的事务进行重做处理,对故障发生时尚未完成的事务进行撤销处理。这样不必重新运行那些已完成的事务程序就可把数据库恢复到故障前某一时刻的正确状态。

3. 登记日志文件

为保证数据库是可恢复的,登记日志文件时必须遵循两条原则：一是登记的次序严格按并发事务执行的时间次序,二是必须先写日志文件,后写数据库。

把对数据的修改写到数据库中和把表示这个修改的日志记录写到日志文件中是两个不同的操作。有可能在这两个操作之间发生故障,即这两个写操作只完成了一个。如果先写了数据库修改,而在运行记录中没有登记这个修改,则以后就无法恢复这个修改了。如果先写日志,但没有修改数据库,按日志文件恢复时只不过是多执行一次不必要的 UNDO 操作,并不会影响数据库的正确性。所以为了安全,一定要先写日志文件,即首先把日志记录写到日志文件中,然后写数据库的修改。这就是“先写日志文件”的原则。

4.3.5 SQL Server 2005 实现数据库的备份与恢复

1. 备份概述

备份就是对 SQL Server 数据库或事务日志进行备份,数据库备份记录了在进行备份这一操作时数据库中所有数据的状态,以便在数据库遭到破坏时能够及时地将其恢复。在 SQL Server 中,只有固定服务器角色 db_backupoperator、sysadmin 和 db_owner 或已经被授予权限的用户才可以进行数据库备份。

SQL Server 2005 四种备份方式如下：

(1) 完全数据库备份(Database-complete)：创建完整的数据库备份。它的优点是容易实现，缺点是在数据库出现故障后，有可能丢失大量最新的数据。

(2) 差异备份或称增量备份(Database-differential)：只记录自上次完整数据库备份后发生更新的数据。差异备份比完全数据库备份小而且速度快，因此可以经常进行，差异备份必须与完全数据库备份联用。

(3) 事务日志备份(Transaction Log)：只备份事务日志中的信息。使用事务日志备份可以将数据库恢复到特定的时间点或故障点。事务日志备份必须与至少一次的完全数据库备份联用，因为要恢复数据必须得有一个开始点。

(4) 数据库文件和文件组备份(File and Filegroup)：对部分文件或者文件组进行备份。数据库系统执行文件或者文件组备份时，必须指定文件或者文件组的名称。

2. 创建备份设备

在进行备份以前首先必须指定或创建备份设备，备份设备是用来存储数据库、事务日志或文件和文件组备份的存储介质，备份设备可以是硬盘、磁带或管道。当使用磁盘时，SQL Server 允许将本地主机硬盘和远程主机上的硬盘作为备份设备，备份设备在硬盘中是以文件的方式存储的。

创建备份设备的两种方法：

(1) 使用 SQL Server Management Studio 创建备份设备，如图 4-14 和图 4-15 所示。

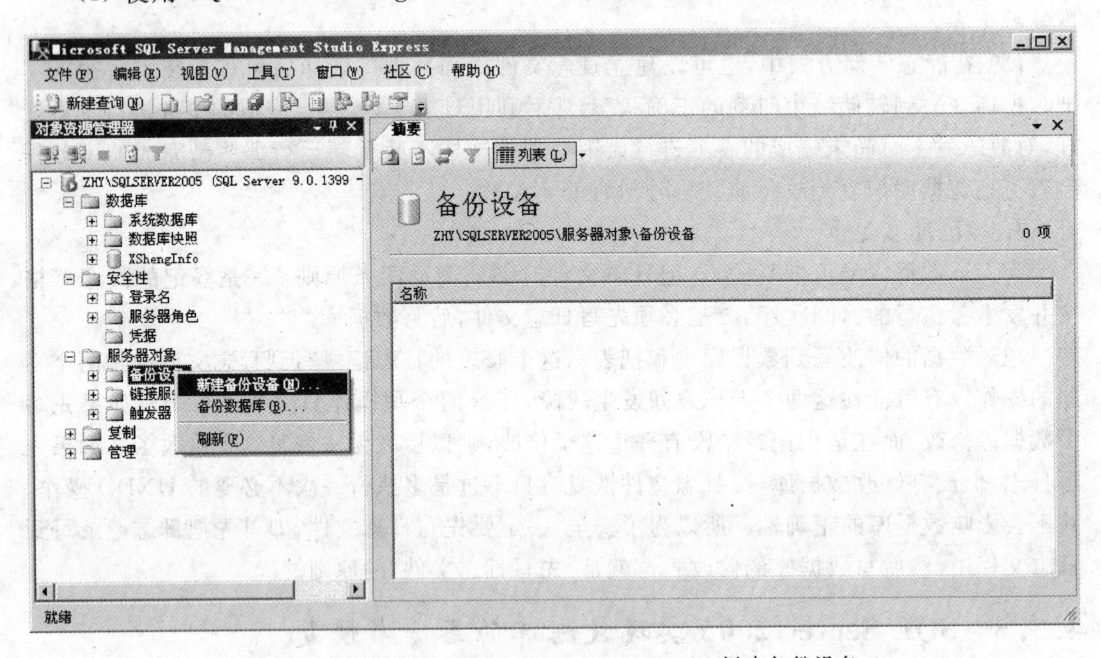

图 4-14 使用 SQL Server Management Studio 创建备份设备

(2) 使用系统存储过程创建备份设备。

在 SQL Server 中，可以使用 sp_addumpdevice 语句创建备份设备，其语法形式如下：

```
sp_addumpdevice {'device_type'}
[,'logical_name'][, 'physical_name']
[,{{controller_type|'device_status'}}]
```

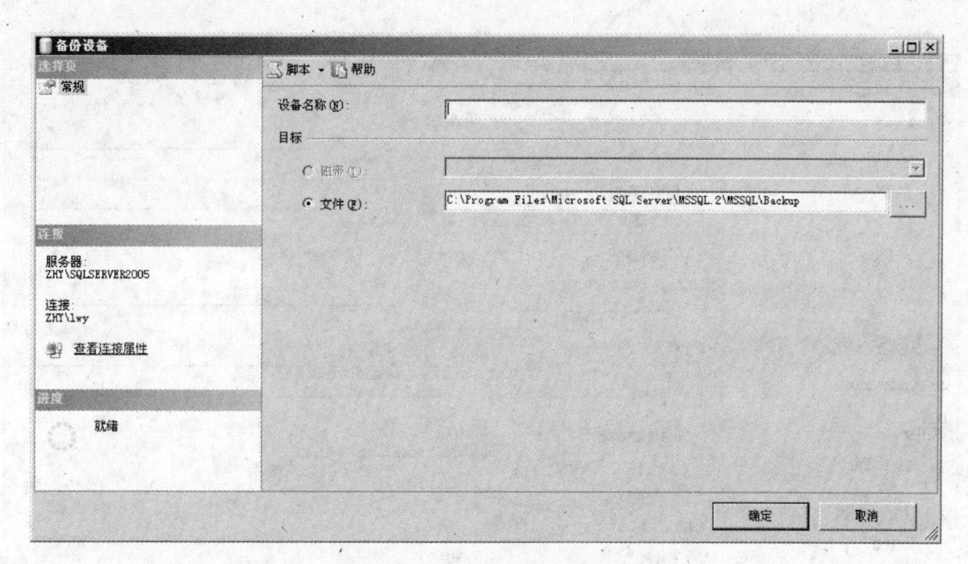

图 4-15 “备份设备”对话框

例 4.11 在磁盘上创建了一个备份设备。

```
USE master
GO
EXEC sp_addumpdevice 'disk', 'backup_mydb','d:\backup\bk_mydb.bak'
```

3. 删除备份设备

删除备份设备与创建的过程类似,只需在 SQL Server Management Studio 中选中要删除的备份设备,鼠标右击,在弹出的快捷菜单中选择删除命令即可删除该备份设备。或者使用 sp_dropdevice 语句来删除备份设备。其语法如下:

```
sp_dropdevice ['logical_name'][,'delfile']
```

例 4.12 删除上面创建的备份设备。

```
sp_dropdevice 'backup_mydb','d:\backup\bk_mydb.bak'
```

4. 备份的执行

(1) 启动 SQL Server Management Studio,登录到指定的数据库服务器,展开数据库结点,右击所要进行备份的数据库图标,在弹出的快捷菜单中选择“任务”,再选择“备份”。

(2) 出现“备份数据库”对话框,如图 4-16 所示。对话框中有两个选项卡,即“常规”和“选项”。

(3) 在常规页框中,选择备份数据库的名称、操作的名称、描述信息、备份的类型、备份的介质、备份的执行时间。

(4) 通过单击“添加”按钮选择备份设备。

(5) 在选项页中进行附加设置。

5. 数据库的恢复

数据库备份后,一旦系统发生崩溃或者执行了错误的数据库操作,就可以从备份文件中恢复数据库。数据库恢复是指将数据库备份加载到系统中的过程。系统在恢复数据库的过

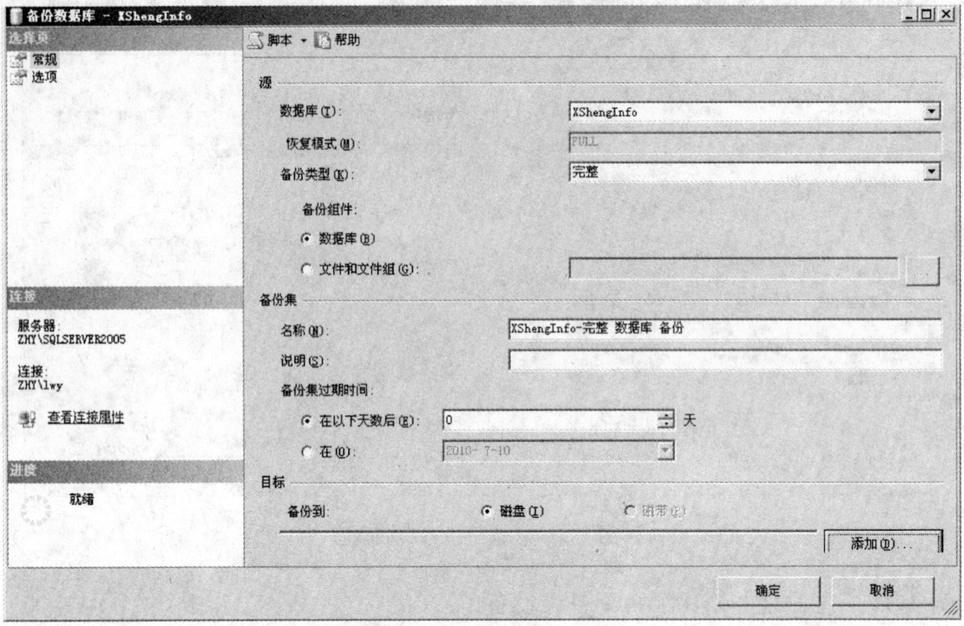

图 4-16 “备份数据库”对话框

程中,自动执行安全性检查、重建数据库结构以及完整数据库内容。

下面是使用 SQL Server Management Studio 恢复数据库的操作步骤:

(1) 打开 SQL Server Management Studio,单击要登录的数据库服务器,然后从主菜单中选择工具,在菜单中选择“还原数据库”命令。打开如图 4-17 所示的对话框。

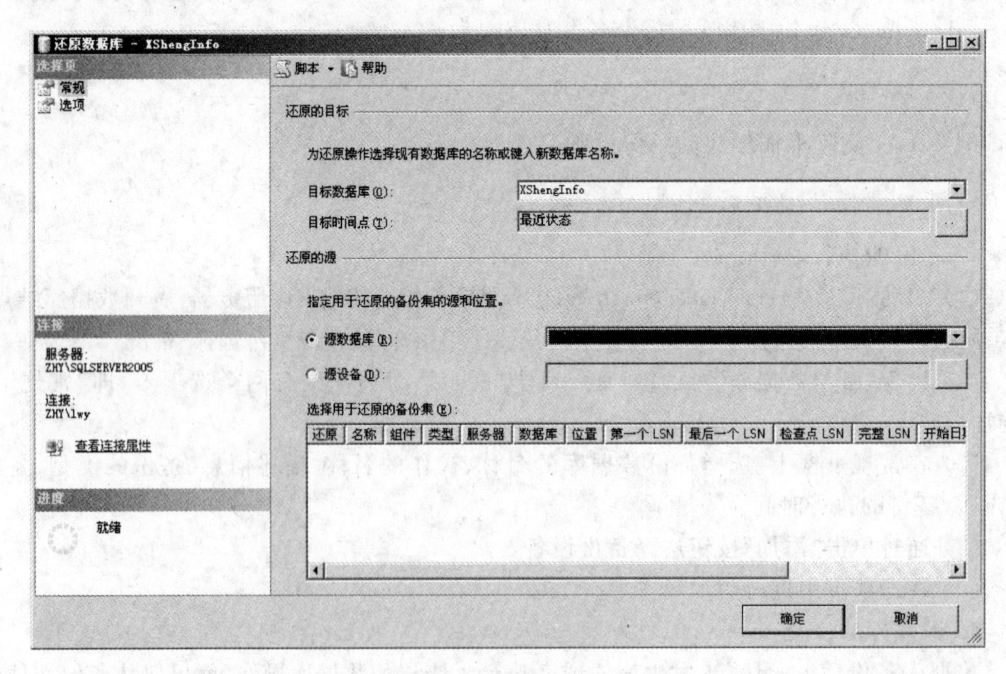

图 4-17 “还原数据库”对话框

(2) 在目标数据库旁的下拉列表中选择要恢复的数据库,在"还原的源"组中选择"源设备",单击后面的按钮,弹出"指定备份"对话框,如图 4-18 所示。

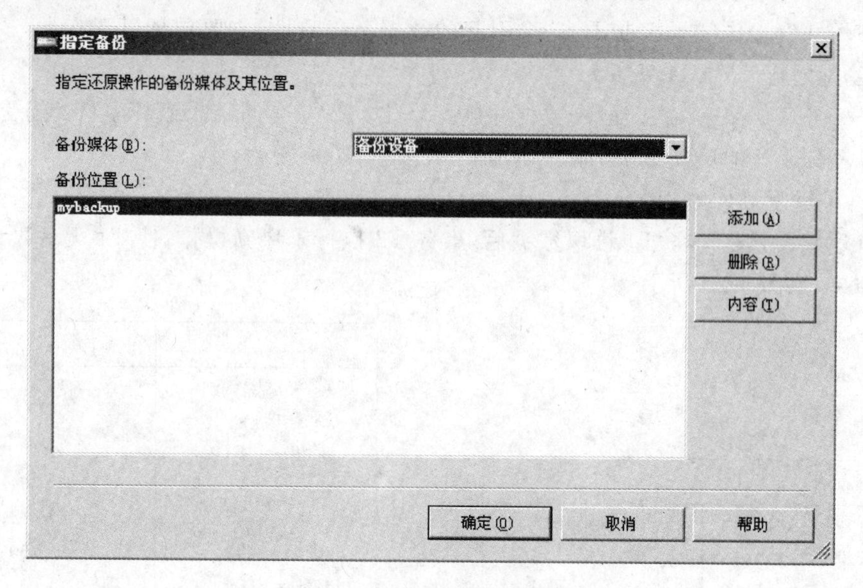

图 4-18 "指定备份"对话框

完成设置,单击"确定"按钮,返回图 4-17 所示的界面。

(3) 在图 4-16 中,选中"选项页"中的"选项",进行其他选项的设置。

如果要恢复系统数据库,可以采用下面的操作步骤:

(1) 关闭 SQL Server,运行系统安装目录下的子目录 bin 下的 rebuilem. exe 文件,这是个命令行程序,运行后可以重新创建系统数据库。

(2) 系统数据库重新建立后,启动 SQL Server。

(3) SQL Server 启动后,系统数据库是空的,没有任何系统信息。因此,需要从备份数据库中恢复。一般是先恢复 master 数据库,再恢复 msdb 数据库,最后恢复 model 数据库。

4.4 并发控制

4.4.1 并发控制概述

一个数据库允许多个用户同时访问称为多用户数据库。在多用户数据库系统中,同一时刻可以并行运行多个事务。一个事务结束后,另一事务才开始,这种执行方式叫事务的串行访问(Serial Access),即事务串行执行。因为事务的不同执行阶段需要不同的资源,如占用 CPU、访磁盘、通信等,所以事务的串行执行会造成系统中许多资源的闲置,从而降低了整个系统的效率,因此数据库管理系统应当可以同时接纳多个事务,各个事务的运行在时间上可以重叠,这种执行方式叫并发访问(Concurrent Access)。在单处理机系统中,各个事务只能轮流使用 CPU,这种并发方式叫交叉并发(Interleaved Concurrency),而在多处理机系统中,多个 CPU 可以同时运行多个事务,这种并发方式叫同时并发(Simultaneous Concurrency)。当多个用户并发访问数据库时就会产生多个事务同时存取同一数据的情况。若对并发操作不加以控制就可能会存取或者存储不正确的数据，破坏数据库的一致性，所以数据库管理系统必须提供并发控制机制以保证数据库正确的运行。

事务的并发操作如果控制不当，会引起的数据不一致性，主要包括以下三类：

1）丢失更新(Lost Update)

两个事务 T1 和 T2 读入同一数据并进行修改，T2 提交的结果破坏了 T1 提交的结果，导致事务 T1 对 X 的更新丢失，如图 4-19 所示。

2）不可重复读(Non-Repeatable Read)

不可重复读是指事务 T1 读取数据后，事务 T2 执行了更新操作，使 T1 无法再现前一次读取的结果，如图 4-20 所示。

T1	T2
① 读 x=5；	...
② ...	读 x=5；
③ x:=x+1；	...
写 x=6；	...
④ ...	x:=x+1；
...	写 x=6；

图 4-19　丢失更新

T1	T2
① 读 x=60；	...
读 y=80；	...
求和=140；	...
② ...	读 y=80；
...	y:=y*2；
...	写 y=160；
③ 读 x=60；	...
读 y=160；	...
求和=220；	...
验证不对	

图 4-20　不可重复读

3）读"脏"数据(Dirty Read)

"脏"数据即为不正确的数据，是指事务 T1 修改某一数据，并将其写回磁盘，事务 T2 读取同一数据后，T1 由于某种原因被撤销，此时 T1 已修改过的数据恢复原值，T2 读到的数据就与数据库中的数据不一致，产生了读"脏"数据的情况，如图 4-21 所示。

T1	T2
① 读 x=100；	...
x=x*5；	...
写 x=500；	...
② ...	读 x=500；
③ ROLLBACK；	...
x 恢复为 100；	...
...	

图 4-21　读"脏"数据

产生上述三类数据不一致性的主要原因是并发操作破坏了事务的隔离性，产生了事务交叉运行的情况。并发控制就是采用正确的方式调度并发操作，使一个事务的执行不受其他事务的干扰，从而避免产生数据的不一致性。

4.4.2 封锁

并发控制的主要技术是封锁(Locking)。封锁就是事务 T 在对某个数据对象(如表、记录等)操作之前，先向系统发出请求对其加锁，加锁后在事务 T 释放它的锁之前，其他的事务不能更新此数据对象。

1. 封锁类型

基本的封锁类型有两种：排他锁(Exclusive Locks，X 锁)和共享锁(Share Locks，S 锁)。

排他锁又称为写锁，若事务T对数据对象A加上X锁，则只允许T读取和修改A，其他任何事务都不能再对A加任何类型的锁，直到T释放A上的锁。排他锁保证了其他事务在T释放A上的锁之前不能再读取和修改A。

共享锁又称为读锁，若事务T对数据对象A加上S锁，则事务T可以读A但不能修改A，其他事务只能再对A加S锁，而不能加X锁，直到T释放A上的S锁。共享锁保证了其他事务可以读A，但在T释放A上的S锁之前不能对A做任何修改。

2. 封锁协议

在运用X锁和S锁对数据对象加锁时，还需要约定一些规则，例如何时申请X锁或S锁、持锁时间、何时释放等，称这些规则为封锁协议(Locking Protocol)。根据对封锁规定不同的规则，可以形成下面三级封锁协议，不同级别的封锁协议达到的系统一致性的级别是不同的，即三级封锁协议解决丢失更新、不可重复读和读"脏"数据的程度是不同的。

1) 一级封锁协议

事务T在修改数据R之前必须先对其加X锁，直到事务结束才释放。

事务结束包括正常结束(COMMIT)和非正常结束(ROLLBACK)。

一级封锁协议可防止丢失修改，如图4-22所示。

一级封锁协议中，如果仅仅是读数据不对其进行修改，是不需要加锁的，所以它不能保证可重复读和不读"脏"数据。

2) 二级封锁协议

一级封锁协议加上事务T在读取数据R之前必须先对其加S锁，读完后即可释放S锁。

二级封锁协议除防止了丢失修改，还可进一步防止读"脏"数据，如图4-23所示。

T1	T2
① Xlock x	. . .
获得	. . .
② 读 x=5;	. . .
	Xlock x
③ x:=x+1;	等待
写 x=6;	等待
Commit	等待
Unlock x	等待
④ . . .	获得 Xlock x
. . .	读 x=6;
	x:=x+1;
	写 x=7;
	Commit
	Unlock x

图4-22 没有丢失更新

T1	T2
① Xlock x	. . .
x=100;	. . .
x=x*5;	. . .
写 x=500;	. . .
② . . .	SLock x
. . .	等待
. . .	等待
. . .	等待
③ ROLLBACK;	等待
(x恢复为100)	等待
Unlock x	等待
④	获得 SLock x
. . .	读 x=100;
	Commit
	Unlock x

图4-23 不读"脏"数据

二级封锁协议中，由于读完数据后即可释放S锁，所以它不能保证可重复读。

3）三级封锁协议

一级封锁协议加上事务T在读取数据R之前必须先对其加S锁，直到事务结束才释放。

三级封锁协议防止了丢失修改、不读“脏”数据、不可重复读，如图4-24所示。

T1	T2
① SLock x	...
SLock y	...
读 x=60；	...
读 y=80；	...
求和=140；	...
② ...	XLock y
...	等待
...	等待
...	等待
...	等待
③ 读 x=60；	等待
读 y=80；	等待
求和=140；	等待
Commit	等待
Unlock x	等待
Unlock y	等待
④ ...	获得 XLock y
...	读 y=80；
	y：=y*2；
	写 y=160；
	Commit
	Unlock y

图4-24　可重复读

3. 活锁和死锁

1）活锁

如果事务T1封锁了数据R，事务T2请求封锁R，于是T2等待。T3也请求封锁R，当T1释放了R上的封锁之后系统首先批准了T3的请求，T2仍然等待。然后T4又请求封锁R，当T3释放了R上的封锁之后系统又批准了T4的请求……T2有可能永远等待，这就是活锁的情形。

2）死锁

如果事务T1封锁了数据R1，T2封锁了数据R2，然后T1又请求封锁R2，因T2已封锁了R2，于是T1等待T2释放R2上的锁。接着T2又申请封锁R1，因T1已封锁了R1，T2也只能等待T1释放R1上的锁。这样就出现了T1在等待T2，而T2又在等待T1的局面，T1和T2两个事务永远不能结束，形成死锁。

4. 死锁的预防和解除

解决死锁问题的方法是预防和解除。

1）死锁的预防

在数据库中，产生死锁的原因是两个或多个事务都已封锁了一些数据对象，然后又都请求对已被其他事务封锁的数据对象加锁，从而出现死等待。防止死锁的发生其实就是要破坏产生死锁的条件。预防死锁通常有以下两种方法：

(1) 一次封锁法。一次封锁法要求每个事务必须一次将所有要使用的数据全部加锁，否则就不能继续执行。例如如果事务T1将数据对象R1和R2一次加锁，T1就可以执行下去，而T2等待。T1执行完后释放R1、R2上的锁，T2继续执行。这样就不会发生死锁。

一次封锁法虽然可以有效地防止死锁的发生，但也存在问题。第一，一次就将以后要用到的全部数据加锁，势必扩大了封锁的范围，从而降低了系统的并发度。第二，数据库中数据是不断变化的，原来不要求封锁的数据，在执行过程中可能会变成封锁对象，所以很难事先精确地确定每个事务所要封锁的数据对象，为此只能扩大封锁范围，将事务在执行过程中可能要封锁的数据对象全部加锁，这就进一步降低了并发度。

(2) 顺序封锁法。顺序封锁法是预先对数据对象规定一个封锁顺序，所有事务都按这个顺序实行封锁。例如在B树结构的索引中，可规定封锁的顺序必须是从根结点开始，然后是下一级的子女结点，逐级封锁。

顺序封锁法可以有效地防止死锁，但也同样存在问题。第一，数据库系统中封锁的数据对象极多，并且随数据的插入、删除等操作而不断地变化，要维护这样的资源的封锁顺序非常困难，成本很高。第二，事务的封锁请求可以随着事务的执行而动态地决定，很难事先确定每一个事务要封锁哪些对象，因此也就很难按规定的顺序去施加封锁。

可见，在操作系统中广为采用的预防死锁的策略并不很适合数据库的特点，因此 DBMS 在解决死锁的问题上普遍采用的是诊断并解除死锁的方法。

2）死锁的诊断与解除

数据库系统中诊断死锁的方法与操作系统类似，一般使用超时法或事务等待图法。

(1) 超时法。如果一个事务的等待时间超过了规定的时限，就认为发生了死锁。超时法实现简单，但其不足也很明显。一是有可能误判死锁，事务因为其他原因使等待时间超过时限，系统会误认为发生了死锁。二是时限若设置得太长，死锁发生后不能及时发现。

(2) 等待图法。事务等待图是一个有向图 $G=(T,U)$。T 为结点的集合，每个结点表示正运行的事务；U 为边的集合，每条边表示事务等待的情况。若 T1 等待 T2，则 T1、T2 之间划一条有向边，从 T1 指向 T2。事务等待图动态地反映了所有事务的等待情况。并发控制子系统周期性地(比如每隔 1min)检测事务等待图，如果发现图中存在回路，则表示系统中出现了死锁。

DBMS 的并发控制子系统一旦检测到系统中存在死锁，就要设法解除。通常采用的方法是选择一个处理死锁代价最小的事务，将其撤销，释放此事务持有的所有的锁，使其他事务得以继续运行下去。当然，对撤销的事务所执行的数据修改操作必须加以恢复。

小　结

本章所述内容的基本结构是先阐述原理，再介绍原理在 SQL Server 2005 中的实际应用形式，是数据库原理与实践的典型结合。数据库的安全性控制主要是指通过对数据库的存取控制，防止未授权人员非法存取数据造成数据的泄密和被破坏；完整性控制指的是保证数据中数据的正确性、有效性和相容性，保证数据库中的数据是可用的，一是数据库保持一致性状态，数据库完整性约束主要有列级完整性约束、元组完整性约束和关系完整约束。数据库的备份恢复是指数据库系统发生故障后，要能够把数据库恢复到故障前的某一正确状态，确保数据不丢失或把损失减到最小，恢复的基本方法是使用日志和后备副本。并发控制指的是多用户使用数据库的同一数据时不能破坏数据库的一致性，产生的异常主要有丢失更新、不可重复读、读“脏”数据，解决的基本方法是封锁机制。在介绍的过程中每一部分内容基本上都是先从理论上进行叙述，然后再介绍 SQL Server 2005 中的实现过程，达到了理论和实际的紧密结合。

习　题

一、单选题

1. SQL Server 数据库中，下列不属于 T-SQL 事务管理语句的是(　　)。

　A. BEGIN TRANSACTION；　　　B. END TRANSACTION；

C. COMMIT TRANSACTION;　　　　D. ROLLBACK TRANSACTION;

2. 要建立一个约束,保证用户表(user)中年龄(age)必须在16岁以上,下面语句正确的是(　　)。

A. alter table user add constraint ck_age CHECK(age>16)

B. alter table user add constraint df_age DEFAULT(16) for age

C. alter table user add constraint uq_age UNIQUE(age>16)

D. alter table user add constraint df_age DEFAULT(16)

3. 下列哪一个与数据库日志无关?(　　)

A. 保障事务原子性　　　　B. 保障数据库一致性

C. 故障后恢复　　　　D. 死锁检测

4. 若系统在运行过程中,由于某种硬件故障,使存储在外存上的数据部分损失或全部损失,这种情况称为(　　)。

A. 介质故障　　B. 运行故障　　C. 系统故障　　D. 事务故障

5. 事务日志用于保存(　　)。

A. 程序运行过程　　　　B. 程序的执行结果

C. 对数据的更新操作　　　　D. 数据操作

6. 数据库恢复的基础是利用转储的冗余数据。这些转储的冗余数据包括(　　)。

A. 数据字典、应用程序、审计档案、数据库后备副本

B. 数据字典、应用程序、审计档案、日志文件

C. 日志文件、数据库后备副本

D. 数据字典、应用程序、数据库后备副本

7. 在数据库的安全性控制中,授权的数据对象的(　　),授权子系统就越灵活。

A. 范围越小　　B. 约束越细致　　C. 范围越大　　D. 约束范围大。

8. 事务的持续性是指(　　)。

A. 事务中包括的所有操作要么都做,要么都不做。

B. 事务一旦提交,对数据库的改变是永久的。

C. 一个事务内部的操作对并发的其他事务是隔离的。

D. 事务必须是使数据库从一个一致性状态变到另一个一致性状态。

9. SQL语言中的COMMIT语句的主要作用是(　　)。

A. 结束程序　　B. 返回系统　　C. 提交事务　　D. 存储数据

10. SQL语言的GRANT和REMOVE语句主要是用来维护数据库的(　　)。

A. 完整性　　B. 可靠性　　C. 安全性　　D. 一致性

二、填空题

1. 如果某事务成功完成执行,则该事务称为____________事务。

2. 表示两个或多个事务可以同时运行而不互相影响的是________性。

3. 数据库恢复是将数据库从____________状态恢复到____________的功能。

4. 不允许任何其他事务对这个锁定目标再加任何类型锁的锁是________。

5. 用于数据库恢复的重要文件是________。

6. SQL语言中用____________语句实现事务的回滚。

7. 实体完整性和参照完整性属于________约束。
8. 保护数据安全性的一般方法是________。
9. 恢复和并发控制的基本单位是________。
10. 如果数据库中只包含成功事务提交的结果，就说数据库处于________状态。

三、简答题

1. 计算机系统的安全性和数据库安全性的含义各是什么？
2. 实现数据库安全性控制的主要方法和技术有哪些？
3. 什么是数据库的完整性？
4. 数据库完整性约束条件可分为哪几类？
5. 试述事务的概念和特性。
6. 数据库系统在运行过程中可能产生的故障有哪几类？恢复的方法和技术各是什么？
7. 日志文件的内容和作用是什么？
8. 并发操作可能会产生的不一致性有哪几类？用什么方法可以避免各种不一致性？
9. 什么是封锁？封锁的类型有哪几种？试述每一种封锁类型的含义。
10. 什么是活锁？什么是死锁？请简述死锁预防、诊断和解除的方法。

第 5 章　数据库设计

内容提要

- 数据库设计的内容和特点；
- 数据库设计的步骤；
- 需求分析；
- 概念结构设计；
- 逻辑结构设计；
- 物理结构设计；
- 数据库的实施和维护。

数据库设计通常是指数据库应用系统的设计，而不是设计一个完整的 DBMS 的设计，本章主要介绍数据库设计的内容和特点，数据库设计的基本步骤、基本要求和基本方法。

5.1　数据库设计概述

数据库系统是计算机应用系统的重要组成部分，开发一个应用系统特别是信息系统一般都要用到数据库。以数据库为基础的信息系统通常称为数据应用系统，它一般具有输入、输出、数据传输、数据存储和数据加工等功能。数据库设计是将业务对象转换为表和视图等数据库对象的过程，它是数据库应用系统开发过程中最重要和最基本的内容，是信息系统的核心和基础。它把信息系统中的大量数据按照一定的模型组织起来，提供存储、维护、检索数据的功能，使信息系统可以方便、及时、准确从数据库中获取所需的信息。一个信息系统的各个部分能否紧密的结合在一起以及如何结合，关键在数据库，因此必须对数据库进行合理的设计。

5.1.1　数据库设计内容

数据库设计包含两方面的内容：结构特性设计和行为特性设计。

结构特性设计是指根据给定的应用环境进行数据库模式或数据库结构的设计，数据库应用系统的数据量大，数据间的联系复杂，因此数据库结构设计得是否合理，将直接影响系统的性能和运行效率。结构设计应满足如下的要求：能正确地反映客观事物，具有最小冗余度，能满足不同用户对数据的需求，具有较高的数据独立性和数据共享性，并且能够维护数据的完整性。数据库结构特性是静态的，应留有扩充余地，以便使系统容易改变。

行为特性设计是指应用程序、事务处理的设计，即利用数据库管理系统及其相关的开发工具软件完成诸如查询、修改、添加、数据统计、报表制作以及事务处理等数据库用户的行为和动作，行为设计应满足数据的完整性约束、安全性控制、并发控制和数据的备份和恢复等要求。

5.1.2 数据库设计特点

数据库设计是一项综合性技术，大型数据库系统的开发是一项比较复杂的工程。它要求设计人员不但要有数据库的基本知识，还要求有相关应用领域的基本知识以及软件开发的基本原理和基本方法。因此数据库设计具有硬件、软件和管理界面相结合，结构设计和行为设计相结合的特点。

数据库应用系统是以数据为核心的，早期的数据库设计主要致力于数据库结构的研究和设计上，而忽视了与具体应用环境的要求相结合，在这种情况下，结构设计和行为设计是相分离的，如图 5-1 所示。因此，在数据库设计的过程中，还要注意数据库的结构和应用环境相结合，即结构设计和行为设计相结合。

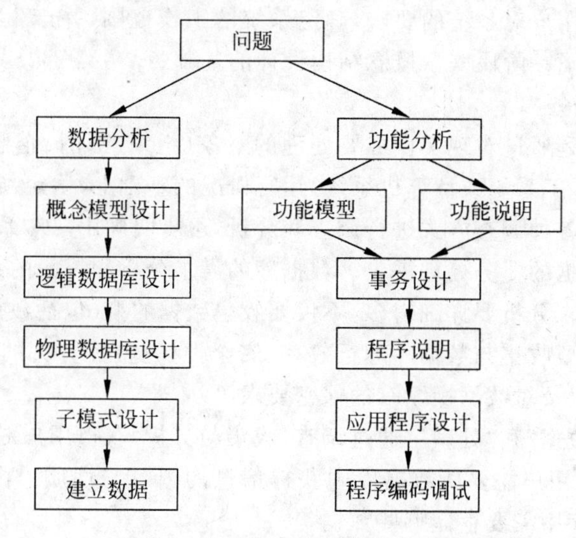

图 5-1 结构和行为相分离的设计

5.2 数据库设计步骤

数据库应用系统的开发是一项软件工程，开发过程应遵循软件工程的一般原则和方法。按照规范设计的方法，考虑数据库及其应用系统开发全过程，将数据库设计分为以下 6 个阶段：

(1) 需求分析；

(2) 概念结构设计；

(3) 逻辑结构设计；

(4) 物理结构设计；

(5) 数据库实施；

(6) 数据库运行与维护。

数据库设计工作开始之前，首先要确定人员，包括系统分析员、数据库设计人员和程序员、用户和数据库管理员。系统分析员和数据库设计人员是数据库设计的核心人员，他们将自始至终参与数据库设计，他们的水平决定了数据库系统的质量。用户和数据库管理员在数据库设计中也是比较重要的，他们主要参与需求分析和数据库的运行维护，他们的积极参与不但能加快数据库设计的速度，而且也能提高数据库设计的质量。程序员是在数据库系统实施阶段负责编制程序和准备软硬件环境。

下面分别介绍各个阶段的工作。

5.2.1 需求分析

需求分析是数据库设计的第一阶段，在进行数据库设计时，首先必须准确了解与分析用户需求（包括数据与处理）。需求分析是整个设计过程的基础，这一阶段工作做得是否充分与准确，决定了整个系统开发的速度和质量。如果需求分析有误，则以它为基础的整个数据库设计将可能返工重做，因此需求分析是数据库设计人员最麻烦和最困难的工作。该阶段的工作是收集和分析用户对系统的要求，确定系统的工作范围，并产生“数据流图”和“数据字典”，所得的结果是下一阶段——概念结构设计的基础。

1. 需求分析的任务

需求分析的任务是通过对现实世界要处理的对象（组织、部门、企业等）进行详细调查，在充分了解原系统（手工系统或计算机系统）运行概况的基础上，确定新系统的功能。

需求分析是通过各种调查方式进行调查和分析，逐步明确用户对系统的需求，主要包括数据需求和对这些数据的业务处理需求。数据库的需求分析和一般的系统分析基本上是一致的，但是，数据库需求分析要详细得多，不仅要收集数据的型（包括数据的名称、数据类型、字节长度等），而且还要收集与数据库运行效率、安全性、完整性有关的信息，包括数据使用频率、数据间的联系以及对数据操纵时的保密要求等。

调查的重点是“数据”和“处理”，通过调查、收集与分析，获得用户对数据库的如下要求：

1）信息要求：指用户需要从数据库中获得信息的内容与性质。由信息要求可以导出数据要求，即在数据库中需要存储哪些数据。

2）处理要求：指用户要完成什么处理功能，对处理的响应时间有什么要求，处理方式是批处理还是联机处理。

3）安全性与完整性要求：确定用户的最终需求是一件很困难的事，这是因为一方面用户缺少计算机知识，开始时无法确定计算机究竟能为自己做什么，不能做什么，因而往往不能准确地表达自己的需求，所提出的需求往往不断地变化。另一方面，设计人员缺少用户的专业知识，不易理解用户的真正需求，甚至误解用户的需求。因此设计人员必须不断深入地与用户交流，才能逐步确定用户的实际需求。

2. 需求分析的步骤

需求分析可以按照以下三个步骤来进行：

1）需求收集

充分了解用户可能提出的要求。首先要了解组织的机构设置，主要业务活动和职能，确定组织的目标，大致工作流程，任务范围划分等；然后进行进一步调查访问，了解每一项业务功能，所需数据，约束条件和相互联系等；最后根据前面调查的结果进行初步分析，确定哪些功能由计算机来完成，哪些功能由人工完成，由计算机来完成的部分就是新系统的边界。

2）分析整理

把收集到的各种信息（如文件、笔记、录音、图表等）转化为下一阶段设计可用的形式。主要工作有业务流程分析，一般采用数据流分析法，分析结果以数据流图（Data Flow Diagram，DFD）表示，另外，还需要整理出以下文档：

（1）数据清单：主要列出每一个数据项的名字、含义、来源、类型和长度等。

（2）业务活动清单：主要列出每个部门的基本工作任务，包括任务的定义、操作类型以及涉及的数据等。

（3）数据的完整性、一致性、安全性需求等文档。

3）评审

该阶段的工作是确认任务是否全部完成，避免造成严重的疏漏或错误，以保证设计质量，评审工作要有项目组以外的专家和主管部门负责人参加，以保证评审的客观性和准确性。

3. 需求分析的方法

为了准确的了解用户的实际要求，可以采用以下方法进行需求调查：

（1）跟班作业：通过亲身参加业务工作来了解业务活动的情况。这种方法可以比较准确地理解用户的需求，但比较费时间。

（2）开调查会：通过与用户座谈来了解业务活动的情况及用户需求。

（3）请专人介绍：请业务部门的负责人或主管领导介绍业务活动的情况。

（4）询问：对调查中存在的某些问题，可以找专人询问。

（5）设计调查表要用户填写：如果调查表格设计得合理，这种方法很有效，也易于被用户接受。

（6）查阅记录：查阅与原系统有关的数据记录。

在需求调查的过程中，往往需要同时采用上述多种方法，并强调用户的积极参与与配合，才能取得良好的效果。

4. 需求分析的结果

了解了用户的需求之后，还需要进行进一步的分析或表达用户的需求，并把结果以标准化文档的形式写出来，之后必须要提交给用户，征得用户的认可才行。需求分析的结果通常以需求说明、数据流图和数据字典等方式表达。

1）数据流图

数据流图也称为数据流程图（Data Flow Diagram，DFD），是便于用户理解的系统数据流程的图形表示，能精确地在逻辑上描述系统的功能、输入、输出和数据存储，表达了数据和处理的关系。

数据流图一般由以下元素组成：

- 数据流——►：数据及其流动方向，直线上方标明数据流名称。
- 数据流的源点/终点□：数据流的源点和终点，方框内标明相应的名称。
- 处理○：数据处理，圆圈内标明处理名称。
- 文件□：文件和数据存储，在其内标明相应名称。
- 外部实体□：代表系统之外的信息提供者或使用者。

数据流由一组确定的数据组成。数据流用带名字的箭头表示，名字表示流经的数据，箭头则表示流向。例如“成绩单”数据流由学生名、课程名、学期、成绩等数据组成。

处理是对数据进行的操作或加工。处理包括两方面的内容：一是变换数据的组成，即改变数据结构；二是在原有的数据内容基础上增加新的内容，形成新的数据。例如在学生成绩管理系统中，“选修课程”是一个处理，它把学生信息和开课信息进行处理后生成学生的选课清单。

文件是数据暂时存储或永久保存的地方。例如，学生信息表、开课信息表等。

外部实体指独立于系统而存在的，但又和系统有联系的实体。它表示数据的外部来源和最后的去向。确定系统与外部环境之间的界限，从而可确定系统的范围。外部实体可以是某种人员、组织、系统或某事物。例如在学生成绩管理系统中，家长可作为外部实体存在，因为家长不是该系统要研究的实体，但它可以查询本系统中学生的成绩。

构造数据流图的目的是方便系统分析员与用户进行交流，指导系统设计，并为下一阶段的工作打下基础。所以DFD既要简单，又要容易被理解。

构造数据流图通常采用自顶向下、逐层分解，直到功能细化为止，形成若干层次的数据流图。

图5-2所示为高校教务管理系统的部分数据流图(该系统包括选课管理系统和成绩管理系统)，其中的课程信息、教师信息、学生信息和各科成绩可分别来自外部系统的数据支持。

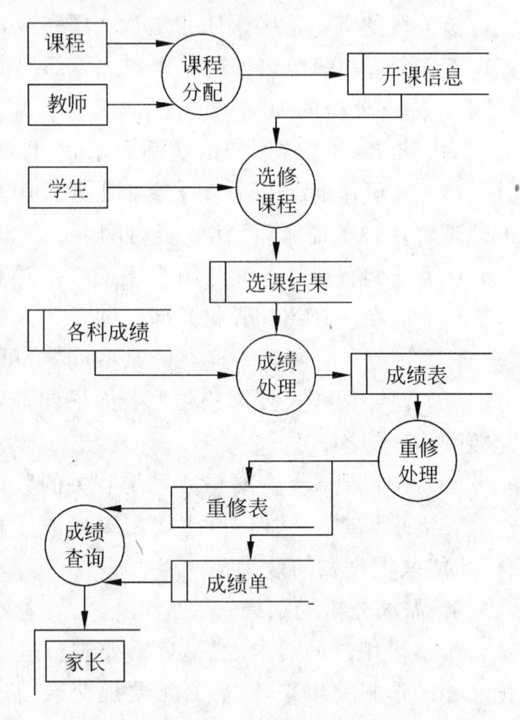

图5-2　高校教务管理系统数据流图

2）数据字典

数据字典(Data Dictionary)是系统中各类数据描述的集合，它以特定的格式记录系统中的各种数据、数据元素以及它们的名字、性质、意义及各类约束条件，以及系统中用到的常量、变量、数组和其他数据单位的重要文档。

数据字典产生于数据流图，是对数据流图中的各个成分的详细描述，是对数据流图的注释和重要补充，它帮助系统分析员全面确定用户的要求，并为以后的系统设计提供参考依据。在数据库设计过程中，数据字典被不断地充实、修改、完善。

数据字典是关于数据库中数据的一种描述，而不是数据本身。它通过对数据项和数据结构的定义来描述数据流、数据存储的逻辑内容。

数据字典通常包括数据项、数据结构、数据流、数据存储和处理过程5个部分：

(1) 数据项。

数据项是不可再分的数据单位。其描述格式通常为：

数据项描述 ={数据项名，数据项含义说明，别名，数据类型，长度，取值范围，取值含义，与其他数据项的逻辑关系，数据项之间的联系}

其中，“取值范围”和“与其他数据项的逻辑关系”(如该数据项与其他数据项的大小、相等关系，或等于其他几个数据项之和、之差等关系）定义了数据的完整性约束条件。

下面是对成绩数据项的描述：

① 数据项名：成绩。

② 别名：分数。

③ 说明：课程考试的分数值。

④ 定义：数值型，带一位小数。

⑤ 取值范围：0～100。

（2）数据结构。

数据结构反映了数据之间的组合关系。一个数据结构可以由若干个数据项，或由若干个数据结构，或由若干个数据项和数据结构组成。其描述格式通常为：

数据结构描述 ＝{数据结构名，含义说明，组成：{数据项或数据结构}}

下面是对成绩单数据结构的描述：

① 数据结构名：成绩单。

② 别名：课程考试成绩。

③ 说明：学生每学期考试成绩单。

④ 组成：学号、姓名、课程名、学期、成绩。

（3）数据流。

数据流是数据结构在系统内的传输路径。其描述格式通常为：

数据流描述 ＝{数据流名，说明，数据流来源，数据流去向，
组成：{数据结构}，平均流量，高峰期流量}

其中，"数据流来源"指该数据流来自哪个过程，"数据流去向"指该数据流将到哪个过程去，"平均流量"是指在单位时间（每天、每周、每月等）内的传输次数，"高峰期流量"是指在高峰时期的数据流量。

下面是对学生信息数据流的描述：

① 数据流名称：学生信息。

② 来源：学生。

③ 去向：处理－选修课程。

④ 组成：学号、姓名、性别、年龄、班级、专业、院系。

⑤ 平均流量：每天 350 次。

⑥ 高峰期流量：每天 1000 次。

（4）数据存储。

数据存储是数据结构停留或保存的地方，也是数据流的来源和去向之一。它可以是手工文档和凭证，也可以是计算机文档。其描述格式通常为：

数据存储描述 ＝{数据存储名，说明，编号，输入的数据流，输出的数据流，
组成：{数据结构}，数据量，存取频度，存取方式}

其中，"存取频度"指每小时或每天或每周存取几次、每次存取多少数据等信息，"存取方式"包括批处理还是联机处理、检索还是更新、顺序检索还是随机检索等，"输入的数据流"要指出数据来源，"输出数据流"要指出数据去向。

下面是对开课信息的数据存储描述：

① 数据存储名：开课信息表。

② 说明：用来记录每学期开设课程基本情况。

③ 组成：课程号、课程名、学期、开课院系、专业、课程性质、学分、任课教师编号、任课教师姓名。

④ 输入：课程信息、教师信息。

⑤ 输出：处理选修课程。

⑥ 存取方式：检索操作提供各项开课信息的显示；写操作对开课情况进行修改、增加或删除。

⑦ 存取频度：40 人次/天。

(5) 处理过程。

处理过程说明数据处理的逻辑关系，即输入与输出之间的逻辑关系。同时，也要说明数据处理的触发条件、错误处理等问题。其描述格式通常为：

处理过程描述 ={处理过程名，说明，输入：{数据流}，
输出：{数据流}，处理：{简要说明}}

其中，“简要说明”主要说明该处理过程的功能及处理要求，功能是指该处理过程用来做什么，处理要求处理频度(单位时间内处理多少数据量、多少事务等)要求、响应时间要求等。

下面是描述选修课程处理过程的描述：

① 处理过程名：选修课程处理。

② 输入数据流：学期、学号、课程号、任课教师号。

③ 输出数据流：选课清单。

④ 处理说明：把选课者的学号、开课学期号以及所选的课程号记录到数据库中。

⑤ 处理频率：根据学校的学生人数而定，要从分考虑集中选课时的高峰期流量。

5.2.2 概念结构设计

概念结构设计是对收集的信息和数据进行分析整理，确定实体、属性及联系。将各个用户的局部视图合并成一个全局视图，形成独立于计算机的反映用户观点的概念模型。概念模型仅是用户活动的客观反映，并不涉及用什么样的数据模型来实现它的问题，因此概念模型与具体的 DBMS 无关。概念模型应接近现实世界，结构稳定，用户容易理解，能准确地反映用户的信息需求。实体-联系方法是设计概念模型的主要方法，在该阶段结束时应该产生系统的基本 E-R 图。

1. 概念结构设计的目标和任务

概念结构设计的目标是产生反映系统信息需求的数据库概念结构，即概念模式。概念结构是独立于 DBMS 和使用的硬件环境的。在这一阶段，设计人员要从用户的角度看待数据以及数据处理的要求和约束，产生一个反映用户观点的概念模式，然后再把概念模式转换为逻辑模式。

描述概念结构的模型应具有以下几个特点：

(1) 有丰富的语义表达能力。能表达用户的各种需求，准确地反映现实世界中各种数据及其复杂的联系以及用户对数据的处理要求等。

(2) 易于交流和理解。概念模型是设计人员和用户之间的主要交流工具，因此要容易

和不熟悉计算机技术的用户交换意见。

(3) 易于修改。当应用环境和系统需求发生变化时,概念模型能灵活地进行修改和扩充,以适应用户需求和环境的变化。

(4) 易于向各种数据模型转换。设计概念模型的最终目的是向某种 DBMS 支持的数据模型转换,建立数据库应用系统,因此概念模型应该易于向关系、网状、层次等各种数据模型转换。

概念模型的表示方法很多,其中最著名、最常用的表示方法为实体-联系方法,这种方法也称为 E-R 模型方法,该方法采用 E-R 图描述概念模型。E-R 模型在前面已经介绍过了,这里不再赘述。

2. 概念结构设计的方法

设计概念结构通常有 4 类方法:

(1) 自顶向下:即首先定义全局概念结构的框架,然后逐步细化。

(2) 自底向上:即首先定义各局部应用的概念结构,然后将它们集成起来,得到全局概念结构。

(3) 逐步扩张:首先定义最重要的核心概念结构,然后向外扩充,以滚雪球的方式逐步生成其他概念结构,直至总体概念结构。

(4) 混合策略:即将自顶向下和自底向上相结合,用自顶向下策略设计一个全局概念结构的框架,以它为骨架集成由自底向上策略中设计的各局部概念结构。

其中最经常采用的策略是自顶向下地进行需求分析,然后再自底向上地设计概念结构,如图 5-3 所示。自底向上设计概念结构通常分为两步:第一步是数据抽象与设计各局部应用的局部视图(局部 E-R);第二步是集成各局部视图,得到全局的概念结构(全局 E-R)。

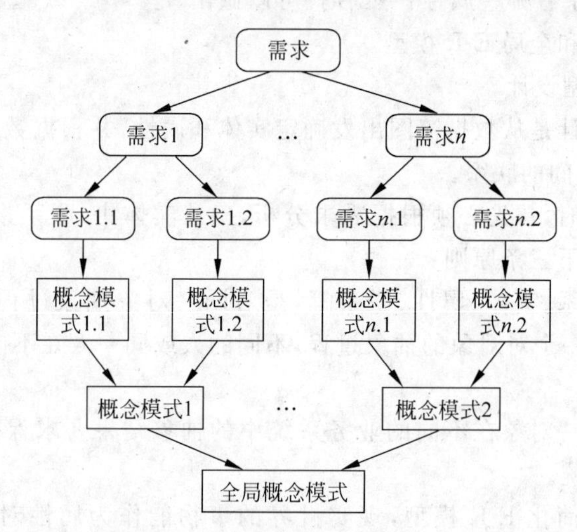

图 5-3　自顶向下的需求分析与自顶向上的概念结构设计

3. 概念结构设计的步骤

1) 数据抽象与局部 E-R 模型的设计

(1) 数据抽象。

概念结构是对现实世界的一种抽象,所谓抽象就是对实际的人、事、物和概念进行加工处理，抽取所关心的共同特性，加以描述，组成某种模型。

一般有三种抽象：分类、聚集和概括。

① 分类(Classification)：定义某一类概念作为现实世界中一组对象的类型，它抽象了对象值和型之间的“is member of”的语义，即成员关系，如图 5-4 所示。

② 聚集(Aggregation)：定义某一类型的组成成分。它抽象了对象内部类型和成分之间“is part of”的语义，即组成关系。在 E-R 模型中若干属性的聚集组成了实体型，如图 5-5 所示。

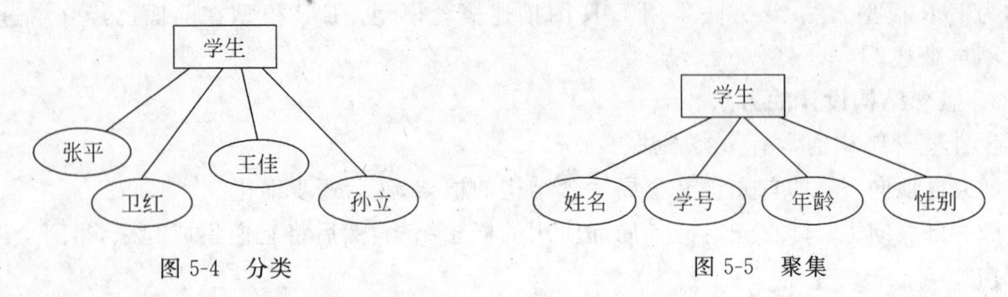

图 5-4　分类　　　　图 5-5　聚集

③ 概括(Generalization)：定义类型之间一种子集联系。它抽象了类型之间的“is subset of”的语义，即子集关系，如图 5-6 所示。

在需求分析中，已初步得到了有关各类实体、实体间的联系以及描述它们性质的数据元素，统称数据对象。在这一阶段中，首先要从以上数据对象中确认出：系统有哪些实体？每个实体有哪些属性？哪些实体间存在联系？每一种联系有哪些属性？然后就可以做出系统的局部 E-R 模型和全局 E-R 模型。

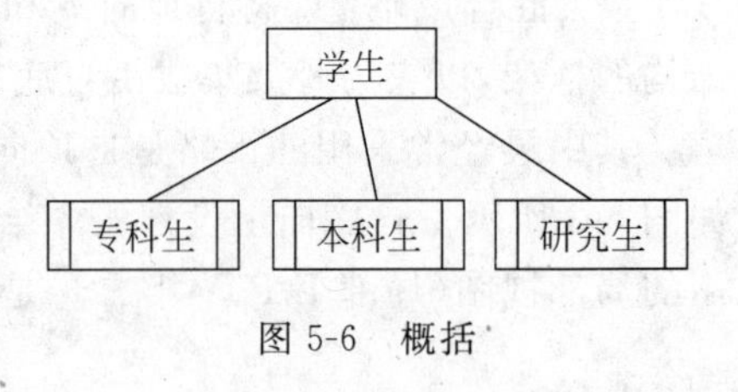

图 5-6　概括

(2) 局部 E-R 模型设计。

局部 E-R 模型设计是从数据流图出发确定实体和属性，并根据数据流图中表示的对数据的处理，确定实体之间的联系。

在设计 E-R 模型时，首先必须根据需求分析，确认实体集、联系集和属性。一般的，设计 E-R 模型应遵循以下三条原则：

① 相对原则：关系、实体、属性、联系等，是对同一对象抽象过程的不同解释和理解。即建模过程实际上是一个对对象的抽象过程，不同的人或同一人在不同的情况下，抽象的结果可能不同。

② 一致原则：同一对象在不同的业务系统中的抽象结果要求保持一致。业务系统是指建立系统的各子系统。

③ 简单原则：为简化 E-R 模型，现实世界的事物能作为属性对待的，尽量归为属性处理。

属性和实体间并无一定的界限。如果一个事物满足以下两个条件之一的，一般可作为属性对待：

① 属性不再具有需要描述的性质。属性在含义上是不可分的数据项。

② 属性不能再与其他实体集具有联系，即 E-R 模型指定联系只能是实体集间的联系。例如，职工是一个实体集，可以有职工号、姓名、性别等属性，工资如果没有需要进一步描述

的特性，可以作为职工的一个属性。但如果涉及工资的详细情况，如基本工资、各种补贴、各种扣除时，它就成为一个实体集。

设计分 E-R 图的步骤如下：

① 选择局部应用。在需求分析阶段，通过对应用环境和要求进行详尽的调查分析，用多层数据流图和数据字典描述了整个系统。

设计分 E-R 图的第一步，就是要根据系统的具体情况，在多层的数据流图中选择一个适当层次的(经验很重要)数据流图，让这组图中每一部分对应一个局部应用，即可以以这一层次的数据流图为出发点，设计分 E-R 图。

一般而言，中层的数据流图能较好地反映系统中各局部应用的子系统组成，因此人们往往以中层数据流图作为设计分 E-R 图的依据。

② 逐一设计分 E-R 图。每个局部应用都对应了一组数据流图，局部应用涉及的数据都已经收集在数据字典中了。现在就是要将这些数据从数据字典中抽取出来，参照数据流图，标定局部应用中的实体；实体的属性、标识实体的码；确定实体之间的联系及其类型($1:1$、$1:n$、$m:n$)。

- 标定局部应用中的实体。现实世界中一组具有某些共同特性和行为的对象就可以抽象为一个实体。对象和实体之间是“is member of”的关系。例如在学校环境中，可以把张平、卫红、王佳、孙立等对象抽象为学生实体。对象类型的组成成分可以抽象为实体的属性。组成成分与对象类型之间是“is part of”的关系。例如学号、姓名、专业、年级等可以抽象为学生实体的属性。其中学号为标识学生实体的码。
- 实体的属性、标识实体的码。实际上实体与属性是相对而言的，很难有截然划分的界限。同一事物，在一种应用环境中作为“属性”，在另一种应用环境中就必须作为“实体”。一般说来，在给定的应用环境中，有：属性不能再具有需要描述的性质，即属性必须是不可分的数据项；属性不能与其他实体具有联系，联系只发生在实体之间。
- 确定实体之间的联系及其类型($1:1$、$1:n$、$m:n$)。根据需求分析，要考察实体之间是否存在联系，有无多余的联系。

下面以图 5-2 所示的数据流图设计分 E-R 图。

选择局部应用—课程分配，设计分 E-R 图，如图 5-7 所示。

选择局部应用—选修课程，设计分 E-R 图，如图 5-8 所示。

(3) 总体 E-R 模型设计。

各子系统的分 E-R 模型设计好以后，下一步就是将各个局部 E-R 图加以综合，使同一个实体只出现一次，产生总的概念模型(总体 E-R 图)。一般说来，综合可以有两种方式：一种是多个分 E-R 图一次集成；另一种是逐步集成，用累加的方式一次集成两个分 E-R 图。

第一种方式比较复杂，做起来难度较大；第二种方式每次只集成两个分 E-R 图，可以降低复杂度。无论采用哪种方式，每次集成局部 E-R 图时都需要分两步走：第一步合并，解决各分 E-R 图之间的冲突，将各分 E-R 图合并起来生成初步 E-R 图；第二步修改和重构，消除不必要的冗余，生成基本 E-R 图。

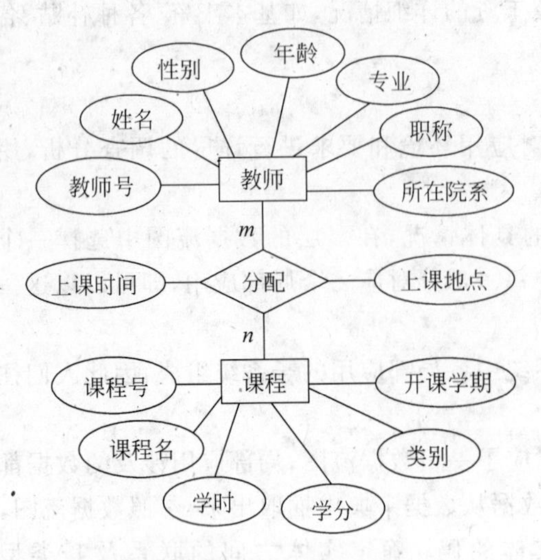

图 5-7　教师—课程分 E-R 图

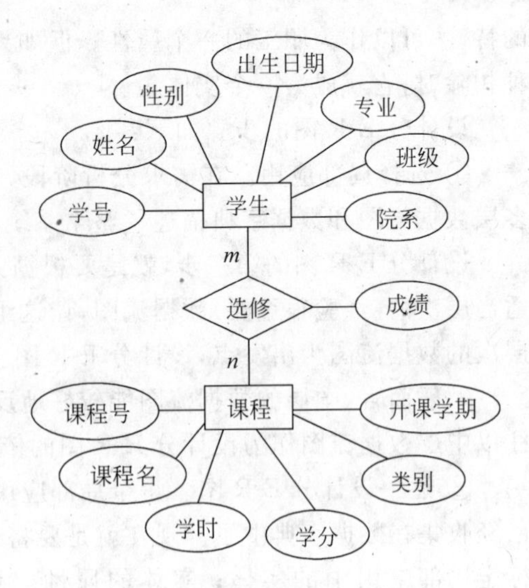

图 5-8　学生—课程分 E-R 图

① 合并分 E-R 图，生成初步 E-R 图。

各分 E-R 图之间的冲突主要有三类：属性冲突、命名冲突和结构冲突。

- 属性冲突：属性值的类型、取值范围或取值集合不同。例如，属性“学号”有的定义为字符型，有的为数值型；属性“身高”有的以厘米为单位，有的以米为单位。
- 命名冲突：包括实体名、联系名、属性名之间异名同义，或同名异义等。例如“成绩”和“分数”属于异名同义。
- 结构冲突：同一对象在不同应用中具有不同的抽象。例如“课程”在某一局部应用中被当作实体，而在另一局部应用中则被当作属性。

同一实体在不同局部视图中所包含的属性个数，或者属性的排列次序不完全相同。

属性冲突和命名冲突通常用讨论、协商等行政手段解决；结构冲突则要认真分析后用技术手段解决，例如把实体变换为属性或属性变换为实体，使同一对象具有相同的抽象，又如，取同一实体在各局部 E-R 图中属性的并作为集成后该实体的属性集，并对属性的取值类型进行协调统一。

在进行综合时，除相同的实体应该合并外，还可在属于不同 R 图的实体间添加新的联系。

② 修改与重构，生成总体 E-R 图。

分 E-R 图经过合并生成的是初步 E-R 图。初步 E-R 图中可能存在冗余的数据和冗余的实体间的联系，即存在可由基本数据导出的数据和可由其他联系导出的联系。例如“年龄”和“出生日期”，“年龄”可由“出生日期”推导出来。冗余数据和冗余联系容易破坏数据库的完整性，给数据库维护增加困难，因此得到初步 E-R 图后，还应当进一步检查 E-R 图中是否存在冗余，如果存在，应设法予以消除。修改、重构初步 E-R 图以消除冗余，主要采用分析方法，还可以用规范化理论来消除冗余。

图 5-9 是将图 5-7 和图 5-8 合并后的总体 E-R 图。

从 E-R 模型中可以获得实体、实体间的联系等信息，但不能得到约束实体处理的业务规则。对模型中的每一个实体中的数据所进行的添加、修改和删除，应该符合预定的规则。

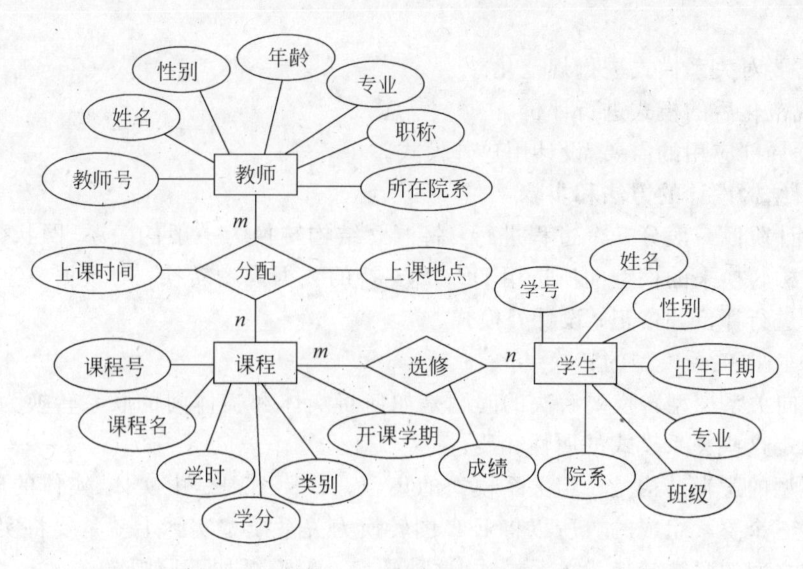

图 5-9　合并后的总 E-R 图

特别是删除，往往包含着一些重要的业务规则。业务规则是在需求分析中得到的，需要反映在数据库模式和数据库应用程序中。

（4）评审。

概念结构设计的最后一步是把全局概念模式提交评审。评审可分为用户评审和 DBA 及设计人员评审两部分。用户评审的重点是确认全局概念模式是否准确完整地反映了用户的信息需求，以及现实世界事务的属性间的固有联系；DBA 和设计人员的评审则侧重于确认全局概念模式是否完整，属性和实体的划分是否合理，是否存在冲突，以及各种文档是否齐全等。

4. 概念设计的结果

本阶段设计所得的结果为以下文档：

（1）系统各子部门的局部概念结构描述；

（2）系统全局概念结构描述；

（3）修改后的数据字典；

（4）概念模型应具有的业务规则。

5.2.3　逻辑结构设计

1. 逻辑结构设计的目标和任务

逻辑结构设计的目标就是把概念结构设计阶段设计好的基本 E-R 图转换为特定的 DBMS 所支持的数据模型，包括数据库模式和外模式，并对其进行优化。目前使用的绝大多数是关系数据模型，所以逻辑结构设计，即是将 E-R 模型转换为等价的关系模型。

逻辑结构设计阶段主要依据有：概念结构设计阶段的所有的局部和全局概念模式，即局部 E-R 图和全局 E-R 图；需求分析阶段产生的业务活动分析结果，主要包括用户需求、数据的使用频率和数据库的规模。

DBMS 所支持的数据结构，目前大多数是二维表。因此本阶段的主要任务有：

① 将 E-R 模型转换为等价的关系模式。

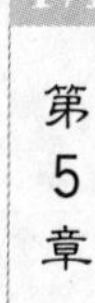

② 按需要对关系模式进行规范化。

③ 对规范化后的模式进行评价。

④ 根据局部应用的需要，设计用户外模式。

2. 逻辑结构设计的方法和步骤

逻辑设计阶段一般分5个过程进行：将概念结构转换为一般的关系、网状、层次模型；将由概念结构转换来的模型向所选用DBMS支持的数据模型转换；对数据模型进行优化；对数据模型进行评价和修正；设计外模式。

1) E-R图向关系模型的转换

E-R图向关系模型转换要解决的问题是如何将实体和实体间的联系转换为关系模式，以及如何确定这些关系模式的属性和码。

关系模型的逻辑结构是一组关系模式的集合。E-R图则是由实体、实体的属性和实体之间的联系三个要素组成的。所以将E-R图转换为关系模型实际上就是要将实体、实体的属性和实体之间的联系转换为关系模式，这种转换一般遵循如下原则：

(1) 一个实体转换为一个关系模式。实体的属性就是关系的属性，实体的码就是关系的码。

(2) 一个1∶1联系可以转换为一个独立的关系模式，也可以与任意一端对应的关系模式合并。如果转换为一个独立的关系模式，则与该联系相连的各实体的码以及联系本身的属性均转换为关系的属性，每个实体的码均是该关系的候选码。如果与某一端实体对应的关系模式合并，则需要在该关系模式的属性中加入另一个关系模式的码和联系本身的属性。

(3) 一个1∶n联系可以转换为一个独立的关系模式，也可以与n端对应的关系模式合并。如果转换为一个独立的关系模式，则与该联系相连的各实体的码以及联系本身的属性均转换为关系的属性，而关系的码为n端实体的码。

(4) 一个m∶n联系转换为一个关系模式。与该联系相连的各实体的码以及联系本身的属性均转换为关系的属性，而关系的码为各实体码的组合。

(5) 三个或三个以上实体间的一个多元联系可以转换为一个关系模式。与该多元联系相连的各实体的码以及联系本身的属性均转换为关系的属性，而关系的码为各实体码的组合。

(6) 具有相同码的关系模式可合并。

下面结合图5-9所示的E-R图，把它转换为关系模型。关系的码用下划线标出。

(1) 实体名：教师。

对应的关系模式：教师(<u>教师号</u>，姓名，性别，年龄，专业，职称，所在院系)。

(2) 实体名：课程。

对应的关系模式：课程(<u>课程号</u>，课程名，学时，学分，类别，开课学期)。

(3) 实体名：学生。

对应的关系模式：学生(<u>学号</u>，姓名，性别，出生日期，专业，班级，院系)。

(4) 联系名：分配。

所联系的实体及其主码：教师，主码为“教师号”和课程，主码为“课程号”。

对应的关系模式：开课表(<u>教师号，课程号</u>，上课时间，上课地点)。

(5) 联系名：选修。

所联系的实体及其主码：学生，主码为“学号”和课程，主码为“课程号”。

对应的关系模式：选课表(<u>学号，课程号</u>，成绩)。

另外，本系统中提供外部数据支持的信息表列举如下：

院系表(<u>编号</u>，院系名称)

专业表(<u>专业编号</u>，专业名称，所属院系)

班级表(<u>班级编号</u>，班级名称，所属院系)

2) 数据模型的优化

数据库逻辑设计的结果不是唯一的。为了进一步提高数据库应用系统的性能，还应该根据应用需要适当地修改、调整数据模型的结构，这就是数据模型的优化。关系数据模型的优化通常以规范化理论为指导，具体方法为：

(1) 确定数据依赖。

(2) 对于各个关系模式之间的数据依赖进行极小化处理，消除冗余的联系。

(3) 按照数据依赖的理论对关系模式逐一进行分析，考察是否存在部分函数依赖、传递函数依赖等，确定各关系模式分别属于第几范式。

(4) 按照需求分析阶段得到的处理要求，分析这些模式对于这样的应用环境是否合适，确定是否要对某些模式进行合并或分解。

注意：*并不是规范化程度越高的关系就越好。例如，当查询经常涉及两个或多个关系模式的属性时，系统经常进行连接运算。连接运算的代价是相当高的，可以说关系模型低效的主要原因就是连接运算引起的。这时可以考虑将这几个关系合并成一个关系。因此在这种情况下，第二范式甚至第一范式也许是合适的。对于一个具体的应用来说，到底规范化到什么程度，需要权衡响应时间和潜在问题两者的利弊决定。*

(5) 对关系模式进行必要的分解，提高数据操作的效率和存储空间的利用率。常用的两种分解方法是水平分解和垂直分解。

例如学生关系中包括专科生、本科生与研究生三类学生。如果大多数查询一次只涉及其中的一类学生，就应把整个学生关系“水平分割”为专科生、本科生与研究生三个关系，以便提高系统的查询效率。

又如学生关系(学号，姓名，性别，出生日期，专业，班级，院系)中，如果经常查询的仅是后三项，前几项则较少，就可将该关系“垂直分割”为两个关系，即学生自然情况(学号，姓名，性别，出生日期)和学生院系(学号，专业，班级，院系)以便减少访问时传送的数据量，提高查询的效率。

3) 模式评价

模式评价可检查规范化后的关系模式，是否满足用户的各种功能要求和性能要求，并确认需要修正的模式部分。

4) 功能评价

关系模式中，必须包含用户可能访问的所有属性。根据需求分析和概念结构设计文档，如果发现用户的某些应用不被支持，则应进行模式修正。但涉及多个模式的联接应用时，应确保联接具有无损性。否则，也应进行模式修正。

对于检查出有冗余的关系模式和属性，应分析产生的原因，是为了提高查询效率或应用扩展的"有意冗余",还是某种疏忽或错误造成的。如果是后一种情况,应当予以修正。

问题的产生可能在逻辑设计阶段,也可能在概念设计或需求分析阶段。所以,有可能需要回溯到上两个阶段进行重新审查。

5) 性能评价

主要用于估算数据库操纵的逻辑记录传送量及数据的存储空间,对数据库模式的性能评价是比较困难的,因为缺乏相应的评价手段。

6) 逻辑模式的修正

修正逻辑模式的目的是改善数据库性能、节省存储空间。在关系模式的规范化中,很少注意数据库的性能问题。一般认为,数据库的物理设计与数据库的性能关系更密切一些,事实上逻辑设计得好坏对它也有很大的影响。除了性能评价提出的模式修正意见外,还可以考虑以下几个方面:

(1) 尽量减少连接运算。

在数据库的操作中,连接运算的开销很大。参与连接的关系越多、越大,开销也越大。

所以,对于一些常用的、性能要求比较高的数据查询,最好是单表操作。这与规范化理论相矛盾。有时为了保证性能,不得不把规范化了的关系再连接起来,即反规范化。当然这将带来数据的冗余和潜在的更新异常的发生。需要在数据库的物理设计和应用程序中加以控制。

(2) 减小关系的大小和数据量。

关系的大小对查询的速度影响也很大。有时为了提高查询速度,可把一个大关系从纵向或横向划分成多个小关系。有时关系的属性太多,可对关系进行纵向分解,将常用和不常用的属性分别放在不同的关系中,可以提高查询关系的速度。

(3) 选择属性的数据类型。

关系中的每一属性都要求有一定的数据类型,为属性选择合适的数据类型不但可以提高数据的完整性,还可以提高数据库的性能,节省系统的存储空间。

① 使用变长数据类型。

当数据库设计人员和用户不能确定一个属性中数据的实际长度时,可使用变长的数据类型。现在很多 DBMS 都支持以下几种变长数据类型:Varbinary()、Varchar()和 Nvarchar()。使用这些数据类型,系统能够自动地根据数据的实际长度确定数据的存储空间,大大提高存储效率。

② 预期属性值的最大长度。

在关系的设计中,必须能预期属性值的最大长度,只有知道数据的最大长度,才能为数据定制最有效的数据类型。

③ 使用用户自定义的数据类型。

如果使用的 DBMS 支持用户自定义数据类型,则利用它可以更好地提高系统性能。因为这些类型是专门为特定的数据设计的,能够有效地提高存储效率,保证数据安全。

7) 设计用户外模式

外模式也叫子模式,是用户可直接访问的数据模式。在同一系统中,不同用户可以有不同的外模式。外模式来自逻辑模式,但在结构和形式上可以不同于逻辑模式,所以它不是逻辑模式简单的子集。通过外模式对逻辑模式的屏蔽,为应用程序提供了一定的逻辑独立性;

可以更好地适应不同用户对数据的需求；为用户划定了访问数据的范围，有利于数据的保密等。在关系型 DBMS 中，都具有视图的功能。通过定义视图，再加上与局部用户有关的基本表，就构成了用户的外模式。在设计外模式时，可以参照局部 E-R 模型。

5.2.4 物理结构设计

数据库在物理设备上的存储结构与存取方法称为数据库的物理结构，它依赖于给定的计算机系统。为一个给定的逻辑数据模型选取一个最适合应用要求的物理结构的过程，就是数据库的物理设计。

设计数据库物理结构，设计人员必须充分了解所用 DBMS 的内部特征；充分了解数据库的应用环境，特别是数据应用处理的频率和响应时间的要求；充分了解外存储设备的特性。

数据库的物理设计通常分为两步：第一步对物理结构进行评价，评价的重点是时间和空间效率；第二步如果评价结果满足原设计要求，则可进入到物理实施阶段，否则，就需要重新设计或修改物理结构，有时甚至要返回逻辑设计阶段修改数据模型。

1. 物理设计的内容和方法

不同的数据库产品所提供的物理环境、存取方法和存储结构有很大差别，能供设计人员使用的设计变量、参数范围也很不相同，因此没有通用的物理设计方法可遵循，只能给出一般的设计内容和原则。通常，关系数据库物理设计的内容主要包括存储结构的设计和存取方法的设计。

1）存储结构的设计

存储记录结构包括记录的组成、数据项的类型、长度和数据项间的联系，以及逻辑记录到存储记录的映射。在设计记录的存储结构时，并不改变数据库的逻辑结构。但可以在物理上，对记录进行分割。数据库中数据项的被访问频率是很不均匀的。基本上符合公认的“80/20 规则”，即“从数据库中检索的 80％的数据由其中的 20％的数据项组成”。

当多个用户同时访问常用数据项时，会因访盘冲突而等待。如果将这些数据分布在不同的磁盘组上，当用户同时访问时，系统可并行地执行 I/O，减少访盘冲突，提高数据库的性能。所以对于常用关系，最好将其水平分割成多个裂片，分布到多个磁盘组上，以均衡各个磁盘组的负荷，发挥多磁盘组并行操作的优势。

目前，数据库系统一般都拥有多个磁盘驱动器，如现在使用较多的是廉价冗余磁盘阵列(Redundant Array of Inexpensive Disks，RAID)。数据在多个磁盘组上的分布，叫做分区设计(Partition Design)。利用分区设计，可以减少磁盘访问冲突，均衡 I/O 负荷，提高 I/O 的并行性。所以，数据库的性能不但决定于数据库的设计，还与数据库系统的运行环境有关。例如系统是多用户还是单用户，数据库的存储是在单个磁盘上还是磁盘组上等。

确定数据库物理结构主要指确定数据的存放位置和存储结构，包括确定关系、索引、日志、备份等的存储安排和存储结构，确定系统配置等。

确定数据的存放位置和存储结构要综合考虑存取时间、存储空间利用率和维护代价三方面的因素。这三个方面常常是相互矛盾的，因此需要进行权衡，选择一个折中方案。

2）存取方法的设计

存取方法是为存储在物理设备上的数据提供存储和检索的能力。它包括存储结构和检索机制两部分。存储结构限定了可能访问的路径和存储记录，检索机制定义每个应用的访问路径。数据库系统是多用户共享的系统，对同一个关系要建立多条存取路径才能满足多用户的多种应用要求。物理设计的任务之一就是要确定选择哪些存取方法，即建立哪些存取路径。

索引是数据库中一种非常重要的数据存取路径，在存取方法设计中要确定建立何种索引，以及在哪些表和属性上建立索引。通常情况下，对数据量很大，又需要做频繁查询的表建立索引，并且选择将索引建立在经常用做查询条件的属性或属性组，以及经常用做连接属性的属性或属性组上。

索引是用于提高查询性能的，但要牺牲额外的存储空间和提高更新维护代价。因此要根据用户需求和应用的需要来合理使用和设计索引。

索引从物理上分为聚簇索引和普通索引。确定索引的一般规则为：

(1) 如果一个(或一组属性)经常在查询条件中出现，适于在这个属性(或属性组)上建立索引(或组合索引)。

(2) 如果一个属性经常作为最大值或最小值等聚集函数的参数，适于在这个属性上建立索引。

(3) 如果一个(或一组)属性经常在连接操作的连接条件中出现，适于在这个属性(或属性组)上建立索引。

(4) 关系的主码或外部码一般应建立索引。

(5) 对于以查询为主或只读的表，可以多建索引。

(6) 对于范围查询(即以=、<、>、≤、≥等比较符确定查询范围的)，可在有关的属性上建立索引。

以下情况可以考虑建立聚簇索引：

(1) 聚簇码的值相对稳定，没有或很少需要进行修改。

(2) 表主要用于查询，并且通过聚簇码进行访问或连接是该表的主要应用。

(3) 对应每个聚簇码值的平均元组数既不太多，也不太少。

以下情况，不宜建立索引：

(1) 数据量很小的表。因为采用顺序扫描只需几次 I/O，不值得采用索引。

(2) 经常更新的属性或表。因为经常更新需要对索引进行维护，代价较大。

(3) 属性值很少的表。例如“性别”属性的可能值只有两个，平均起来，每个属性值对应一半的元组，加上索引的读取，不如全表扫描。

(4) 数据长度过大的属性。在过长的属性上建立索引，索引所占的存储空间较大，有不利之处。

(5) 一些特殊数据类型的属性。有些数据类型上的属性不宜建立索引，如大文本、多媒体数据等。

(6) 不出现或很少出现在查询条件中的属性。

一般情况下，索引还需在数据库运行测试后，再加以调整。使用索引的最大优点是可以减少检索的 CPU 服务时间和 I/O 服务时间，改善检索效率。如果没有索引，系统只能通过顺序扫描寻找相匹配的检索对象，时间开销较大。但是，在关系上建立的索引并不是越多越好，建立过多的索引，系统对索引的查询和维护都要付出代价。因此，若一个关系的更新频率很高，修改索引要增加CPU开销，反而会影响存取操作的性能。

2. 物理设计的评价

数据库物理设计过程中需要对时间效率、空间效率、维护代价和各种用户要求进行权衡，其结果可以产生多种方案，数据库设计人员必须对这些方案进行细致的评价，从中选择一个较优的方案作为数据库的物理结构。

评价物理数据库的方法完全依赖于所选用的DBMS，主要是从定量估算各种方案的存储空间、存取时间和维护代价入手，对估算结果进行权衡、比较，选择出一个较优的合理的物理结构。如果该结构不符合用户需求，则需要修改设计。

物理设计的结果是物理设计说明书，包括存储记录格式、存储记录位置分布及存取方法，并给出对硬件和软件系统的约束。

5.2.5 数据库的实施和维护

1. 数据库的实施

完成数据库的物理设计之后，设计人员就要用RDBMS提供的数据定义语言和其他实用程序将数据库逻辑设计和物理设计结果严格描述出来，成为DBMS可以接受的源代码，再经过调试产生目标模式。然后就可以组织数据入库了，这就是数据库实施阶段。

一般数据库系统中，数据量都很大，而且数据来源于部门中的各个不同的单位，数据的组织方式、结构和格式都与新设计的数据库系统有相当的差距，组织数据录入就要将各类源数据从各个局部应用中抽取出来，输入计算机，再分类转换，最后综合成符合新设计的数据库结构的形式，输入数据库。因此，这样的数据转换、组织入库的工作是相当费力费时的。

这一阶段主要完成的工作有如下两项：

1）建立实际的数据库结构

用DBMS提供的数据定义语言(DDL)编写描述逻辑设计和物理设计结果的程序(一般称为数据库脚本程序)，经计算机编译处理和执行后，就生成了实际的数据库结构。

所用DBMS的产品不同，描述数据库结构的方式也不同。有的DBMS提供数据定义语言DDL，有的提供数据库结构的图形化定义方式，有的两种方法都提供。在定义数据库结构时，应包含以下内容：

(1) 数据库模式与子模式，以及数据库空间等的描述。

模式与子模式的描述主要是对表和视图的定义，其中应包括索引的定义。索引在具体的DBMS中有聚簇与非聚簇索引之分。使用不同的DBMS，对数据库空间的描述也有差别，如在SQL Server 2005中，数据库空间描述可以包括定义数据库的大小、自动增长的比例以及数据文件、日志文件的存放位置。

(2) 数据库完整性描述。

在数据库设计时如果没有一定的措施确保数据库中数据的完整性，就无法从数据库中获得可信的数据。在模式与子模式实现中，完整性描述主要包括以下几种：

① 对列的约束，包括列的数据类型、列值的约束。其中对列值的约束又有非空约束(Not Null)；唯一性约束(Unique)；主键约束(Primary Key)；外键约束(Foreign Key)；域(列值范围)的约束等。

② 对表的约束。主要有表级约束(多个属性之间的)和外键约束。

要保证多个表之间的数据的一致性,主要采用外键来实现。

③ 对复杂的业务规则的约束。一些简单的业务规则可以定义在列和表的约束中,但对于复杂的业务规则,不同的 DBMS 有不同的处理方法。对数据库设计人员来说,可以采用触发器定义在数据库结构中,在应用程序中以编写代码的形式加以控制。

(3) 数据库安全性描述。

子模式是实现安全性要求的一个重要手段。可以为不同的应用设计不同的子模式。在数据操纵上,系统可以对用户的数据操纵进行两方面的控制:一是给合法用户授权,目前主要有身份验证和口令识别;二是给合法用户不同的存取权限。

(4) 数据库物理存储参数描述。

物理存储参数因 DBMS 的不同而不同。一般可设置以下参数:块大小、页面大小(字节数或块数)、数据库的页面数、缓冲区个数、缓冲区大小、用户数等。

2) 数据加载

数据库应用程序的设计应该与数据库设计同时进行。一般地,应用程序的设计应该包括数据库加载程序的设计。在数据加载前,必须对数据进行整理。由于用户缺乏计算机应用背景的知识,常常不了解数据的准确性对数据库系统正常运行的重要性,因而未对提供的数据作严格的检查。所以,数据加载前,要建立严格的数据登录、录入和校验规范,设计完善的数据校验与校正程序,排除不合格数据。

数据加载分为手工录入和使用数据转换工具两种。现有的 DBMS 都提供了 DBMS 之间数据转换的工具。如果用户原来就使用数据库系统,可以利用新系统的数据转换工具。先将原系统中的表,转换成新系统中相同结构的临时表,然后对临时表中的数据进行处理后插入到相应表中。数据加载是一项费时费力的工作。另外由于还需要对数据库系统进行联合调试,所以大部分的数据加载工作,应在数据库的试运行和评价工作中分批进行。

数据库应用程序的设计应该与数据库设计同时进行,因此在组织数据入库的同时还要调试应用程序。

2. 数据库的试运行

在原有系统的一小部分数据输入数据库后,就可以开始对数据库系统进行联合调试,这又称为数据库的试运行。一般将数据库的试运行和评价结合起来。这一阶段要实际运行数据库应用程序,一方面执行对数据库的各种操作,测试应用程序的功能是否满足设计要求。如果不满足,则要对应用程序部分进行修改、调试,直到达到设计要求为止。另一方面,在数据库试运行时,还要测试系统的性能指标,分析其是否达到设计目标,是否为用户所容忍。如果测试的结果与设计目标不符,则要返回物理设计阶段,重新调整物理结构,修改系统参数。某些情况下甚至要返回逻辑设计阶段,修改逻辑结构。

在试运行阶段应分期分批地组织数据入库,先输入小批量数据做调试用,待试运行基本合格后,再大批量输入数据,逐步增加数据量,逐步完成试运行。以免如果试运行后需要修改数据库的设计时,还要重新组织数据入库。另外,在数据库试运行阶段,由于系统还不稳定,硬软件故障随时都可能发生。系统的操作人员对新系统还不熟悉,误操作也不可避免,因此应首先调试运行 DBMS 的恢复功能,做好数据库的转储和恢复工作。一旦故障发生,能使数据库尽快恢复,尽量减少对数据库的破坏。

此外，测试中一定要有非设计人员的参与，最后由用户直接进行测试，并提出改进意见。测试数据应尽可能地覆盖现实应用的各种情况。数据库设计人员应综合各方面的评价和测试意见，对数据库和应用程序进行适当的修改，以满足用户的最大需求。

3. 数据库的运行和维护

数据库试运行合格后，数据库开发工作就基本完成，可以投入正式运行了。但是，由于应用环境在不断变化，数据库运行过程中物理存储也会不断变化，因此，对数据库设计进行评价、调整、修改等维护工作是一个长期的任务，也是设计工作的继续和提高。

在数据库运行阶段，对数据库经常性的维护工作主要是由DBA完成的，它包括：

1）对数据库性能的监测和改善

由于数据库应用环境、物理存储的变化，特别是用户数和数据量的不断增加，数据库系统的运行性能会发生变化。某些数据库结构（如数据页和索引），经过一段时间的使用以后，可能会被破坏。所以DBA必须利用系统提供的性能监控和分析工具，经常对数据库的运行、存储空间及响应时间进行分析，结合用户的反映确定改进措施。目前的DBMS都提供一些系统监控或分析工具。例如在SQL Server中使用以下的组件都可进行系统监测和分析：SQL Server Profiler组件、Transaction-SQL工具、Query Analyzer组件等。

2）数据库的转储和恢复

数据库的转储和恢复是系统正式运行后最重要的维护工作之一。因此DBA应根据应用要求，制定不同的备份方案，保证一旦发生故障，能很快将数据库恢复到某种一致性状态，尽量减少对数据库的破坏。

3）数据库的安全性、完整性控制

在数据库运行过程中，由于应用环境的变化，对安全性的要求也会发生变化，例如原来有些数据是保密的，现在可以公开查询了，系统中用户的安全级别也会发生改变；同样，数据库的完整性约束条件也会发生改变，这些都需要DBA根据实际情况进行相应的改变，以满足用户的应用要求。

4）数据库的重组织与重构造

数据库运行一段时间后，由于记录的增、删、改，会使数据库物理存储情况变坏，影响数据库的存取效率。这时，DBA要对数据库进行重组和部分重组，以提高系统性能。

数据库的重组是指在不改变数据库逻辑和物理结构的情况下，去除数据库存储文件中的废弃空间，以及碎片空间中的指针链，使数据库记录在物理上紧连。一般地，数据库每作一次删除操纵后就进行自动重组。但这会影响系统的运行速度。因此常用的方法是，在后台或所有用户离线以后进行系统重组。

数据库的重构是指当数据库的逻辑结构不能满足当前数据处理的要求时，对数据库的模式和内模式的修改。由于数据库重构的困难和复杂性，一般都在迫不得已的情况下才进行。例如应用需求发生了变化，需要增加新的应用或实体，取消某些应用或实体。例如表的增删，表中数据项的增删，数据项类型的变化等。

重构数据库，一般只能对部分数据库结构进行。重构数据库后，还需要修改相应的应用程序。一旦应用需求变化太大，需要对全部数据库结构进行重组，说明该数据库系统的生命周期已经结束，需要设计新的数据库应用系统了。

在基于数据库的应用系统中，数据库是基础，只有成功的数据库设计，才可能有成功的系统。一个好的数据库，不仅可以为用户提供所需要的全部信息，而且还可以提供快速、准确、安全的服务，数据库的管理和维护相对也会简单。否则，应用程序设计得再好，整个系统也不可能是成功的。

小　结

本章主要介绍了数据库设计的一般方法和步骤。详细介绍了数据库设计各个阶段的主要目标和任务、方法和步骤以及各设计阶段的结果。在进行数据库的结构设计时，应考虑数据库的行为设计，所以，在设计的每一阶段，都要求产生同步的数据处理的结果。数据库设计中最重要的两个环节是概念结构设计和逻辑结构设计，希望读者认真的理解和掌握。

习　题

一、单选题

1. 数据库设计的是三个阶段中不包括(　　)。

   A. 概念结构设计　　B. 逻辑结构设计

   C. 物理结构设计　　D. E-R 图设计

2. E-R 图向关系模式转换中，不包括下面哪方面的转换(　　)。

   A. 实体型的转换　　B. 逻辑结构设计

   C. 嵌套的转换　　D. E-R 图设计

3. 数据字典的内容应包括(　　)。

   A. 数据项，数据结构

   B. 数据流，数据存储，处理过程

   C. 数据项，数据结构，数据流，数据存储，处理过程

   D. 数据结构，数据流

二、填空题

1. ________是关于数据库中数据的描述，即对元数据的描述。
2. 概念设计中最著名、最实用的方法就是________。
3. 规范化的基本思想是________________。

三、简答题

1. 什么是 E-R 图？
2. 什么是数据库的逻辑结构设计？试叙述其设计步骤。
3. 试述数据库物理设计的内容和步骤。
4. 数据库设计的内容和特点是什么？
5. 数据库设计的基本过程分为哪几个阶段？
6. 需求分析阶段的任务、步骤、方法和结果各是什么？
7. 数据流图由哪些基本元素组成？其表示方法和含义各是什么？
8. 数据字典的内容和作用是什么？
9. 试述概念结构设计的目标、方法、步骤和结果。

10. 合并分 E-R 图时需要解决的冲突有哪几类？

11. 试述把 E-R 图转换为关系模型所依据的原则。

12. 数据库实施和维护阶段的主要工作是什么？

13. 什么是数据库的重组织和重构造？为什么要对数据库进行重组织和重构造？

四、思考题

试设计一个图书馆数据库，此数据库中对每个借阅者保留读者记录，其中包括读者号、姓名、地址、性别、年龄和单位。对每本书存有书号、作者和出版社，对每本被解除的书存有读者号、借出日期和应还日期。

要求：给出 E-R 图，再将其转换为关系模式。

第6章　数据库访问技术

内容提要

- ODBC 工作原理及使用方法；
- ADO 模型的层次结构；
- 使用 ADO 技术访问数据库的方法；
- ADO. Net 的体系结构的组成及工作原理。

在数据库应用系统的开发中，数据库访问技术是一个重要的组成部分，它是连接前端应用程序和后台数据库的关键环节。目前，数据库应用系统的数据库访问接口有很多，它们都提供了对数据库方便的访问和控制功能，本章介绍几种比较常见的技术。

6.1　ODBC 的使用

6.1.1　ODBC 概述

ODBC(Open Database Connectivity，开放数据库互连)是一个数据库编程接口，它是微软公司开放服务结构(Windows Open Services Architecture，WOSA)中有关数据库的一个组成部分，它建立了一组规范，并提供了一组对数据库访问的标准 API(应用程序编程接口)。这些 API 利用 SQL 来完成其大部分任务。ODBC 本身也提供了对 SQL 语言的支持，用户可以直接将 SQL 语句送给 ODBC。

应用程序可以通过调用 ODBC 的接口函数访问不同类型的数据库，一个基于 ODBC 的应用程序对数据库的操作不依赖任何 DBMS，不直接与 DBMS 打交道，所有的数据库操作由对应的 DBMS 的 ODBC 驱动程序完成。也就是说，不论是 FoxPro、Access，还是 Oracle 数据库，均可用 ODBC API 进行访问。由此可见，ODBC 的最大优点是能以统一的方式处理所有的数据库。

一个完整的 ODBC 由下列几个部件组成：

(1) 应用程序(Application)。

(2) ODBC 管理器(Administrator)。该程序主要任务是管理安装的 ODBC 驱动程序和管理数据源。

(3) 驱动程序管理器(Driver Manager)。驱动程序管理器包含在 ODBC32. DLL 中，对用户是透明的。其任务是管理 ODBC 驱动程序，是 ODBC 中最重要的部件。

(4) ODBC API。

(5) ODBC 驱动程序。是一些 DLL，提供了 ODBC 和数据库之间的接口。

(6) 数据源。数据源包含了数据库位置和数据库类型等信息，实际上是一种数据连接的抽象。

各部件之间的关系如图 6-1 所示。

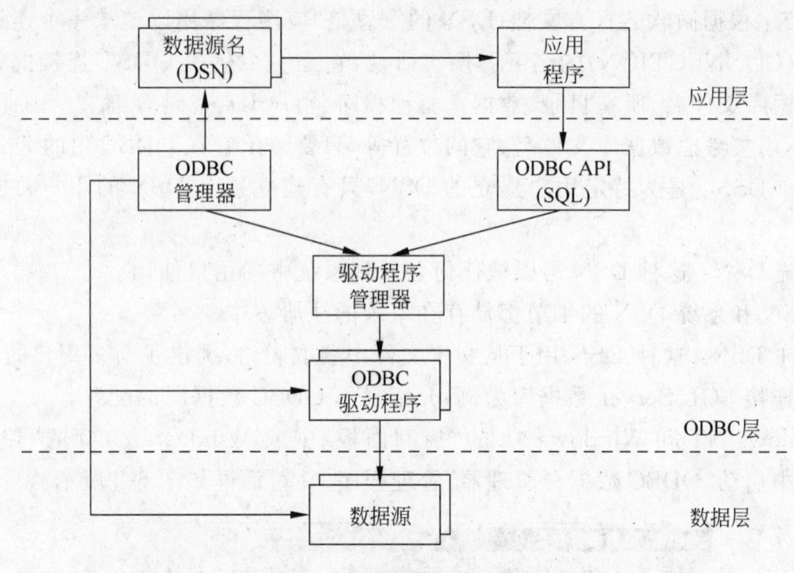

图 6-1 ODBC 部件关系图

应用程序要访问一个数据库，首先必须用 ODBC 管理器注册一个数据源，管理器根据数据源提供的数据库位置、数据库类型及 ODBC 驱动程序等信息，建立起 ODBC 与具体数据库的联系。这样，只要应用程序将数据源名提供给 ODBC，ODBC 就能建立起与相应数据库的连接。

在 ODBC 中，ODBC API 不能直接访问数据库，必须通过驱动程序管理器与数据库交换信息。驱动程序管理器负责将应用程序对 ODBC API 的调用传递给正确的驱动程序，而驱动程序在执行完相应的操作后，将结果通过驱动程序管理器返回给应用程序。

在没有 ODBC 以前不同的数据库的开发所采用的标准是不统一的。一般来讲不同的数据库厂商都有自己的数据库开发包，这些开发包支持两种模式的数据库开发：预编译的嵌入模式(例如 Oracle 的 Proc，SQL Server 的 ESQL)和 API 调用(例如 Oracle 的 OCI)。使用预编译方式开发应用程序，所有的 SQL 语句要写在程序内部，并且遵守一定的规则，然后由数据库厂商的预编译工具处理后形成 C 代码，最后由 C 编译器进行编译。这种预编译方式无法动态的生成 SQL 语句，对程序员来讲是很不方便的。使用 API 方式进行开发，比预编译方式有了很大的改变，数据库厂商提供了开发包，程序员通过各种 API 函数就可以连接数据库，执行查询、修改、删除，执行存储过程等。程序员有了更多的自由，而且可以创建自己的开发包，但是这种方式只能针对同一种数据库，并不具备通用性。ODBC 解决了上述问题，它的出现结束了数据库开发的无标准时代。此外 ODBC 的结构很简单和清晰，学习和了解 ODBC 的机制和开发方法对学习 ADO 等其他的数据库访问技术也会有所帮助。

6.1.2 ODBC 数据源的配置

ODBC 数据库驱动程序使用 Data Source Name(DSN)定位和标识数据库，DSN 包含数据库配置、用户安全性和定位信息,且可以获取 Windows NT 注册表项中或文本文件的表格。通过 ODBC,可以创建三种类型的 DSN :用户 DSN、系统 DSN 或文件 DSN。

下面介绍一下这几个名词。

(1) DSN:根据微软的官方文档,DSN 的意思是“应用程序用以请求一个连到 ODBC 数据源的连接(CONNECTION)的名字”,换句话说,它是一个代表 ODBC 连接的符号。它隐藏了诸如数据库文件名、所在目录、数据库驱动程序、用户 ID、密码等细节。因此,当建立一个连接时,不用去考虑数据库文件名、它的位置等,只要给出它在 ODBC 中的 DSN 即可。

(2) 用户 DSN:是为特定用户建立的 DSN,只有建立这个 DSN 的用户才能看到并使用它。

(3) 系统 DSN:这种 DSN 可以被任何登录到系统中的用户使用。

用户 DSN 和系统 DSN 的细节都储存在系统的注册表中。

(4) 文件 DSN:这种 DSN 用于从文本文件中获取表格,提供了对多用户的访问。

下面以连接 SQL Server 数据库为例,介绍一下 ODBC 数据源的配置。

在 Windows NT 和 Windows 9x 的“控制面板”中或 Windows 2000 的“控制面板”的“管理工具”中启动“ODBC 数据源管理器”管理程序,其对话框如图 6-2 所示。

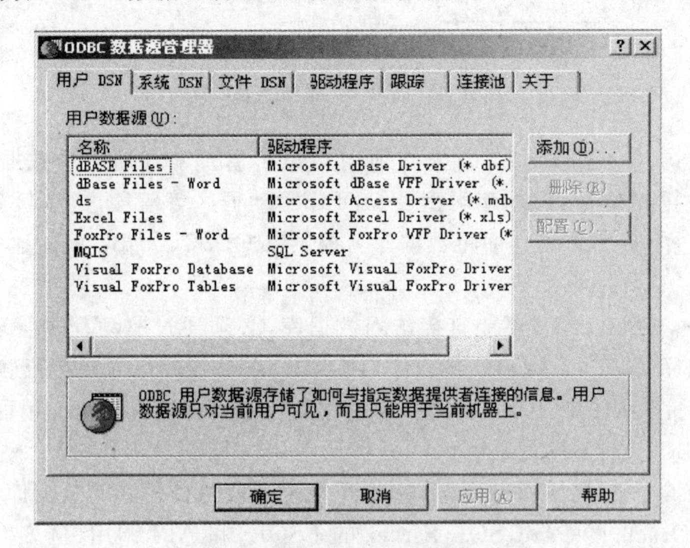

图 6-2 “ODBC 数据源管理器”对话框

选择“用户 DSN”或“系统 DSN”选项卡,然后,单击“添加”按钮,开始添加一个新的数据源,这时,系统将弹出如图 6-3 所示的“创建新数据源”对话窗口。

在驱动程序列表中选择 SQL Server 驱动程序,建立一个访问 SQL Server 数据库服务器的连接。单击“完成”按钮后系统将显示“建立新的数据源到 SQL Server”向导对话框,如图 6-4 所示。

在“名称”文本框中输入新数据源的名称 JW,在“说明”文本框中输入对该数据源的说明。在“服务器”下拉列表中选择需要连接的 SQL Server 数据库服务器名称。单击“下一步”按钮,系统将显示如图 6-5 所示的界面。

根据需要选择使用 Windows NT 验证还是使用 SQL Server 验证。单击“客户端配置”

图 6-3 “创建新数据源”对话框

图 6-4 建立新的数据源向导

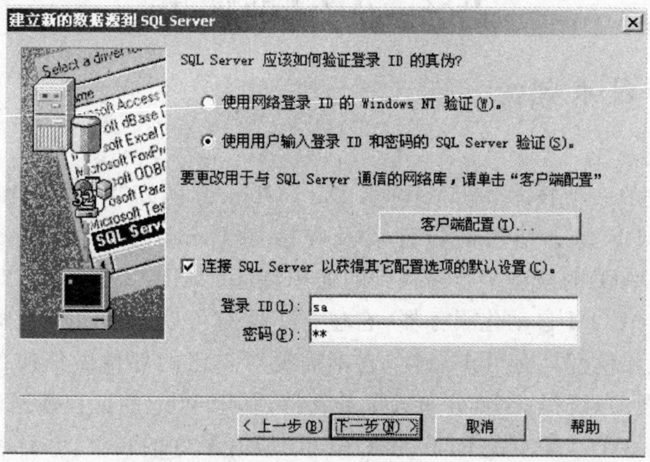

图 6-5 登录验证界面

按钮可以配置客户端连接服务器使用的通信协议和端口。选择“连接 SQL Server 以获得其他选项的默认配置”复选框，将会在进入下一步操作前使用选项下方输入框中输入的用户名和密码，并连接到 SQL Server 服务器。单击“下一步”按钮，向导将进入如图 6-6 所示的数据库设置界面。

选择“更改默认的数据库为”复选框，在下方的下拉列表中选择当前连接的 SQL Server 数据库服务器中的 library 数据库作为默认数据库，这样，连接数据库的客户端应用程序就将选中的这个数据库作为默认的使用数据库。单击“下一步”按钮，再单击“完成”按钮，系统将显示如图 6-7 所示的“ODBC Microsoft SQL Server 安装”对话框，单击“测试数据源”按钮，如显示“测试成功”，表明新数据源已经正确地连接到 SQL Server 数据库。

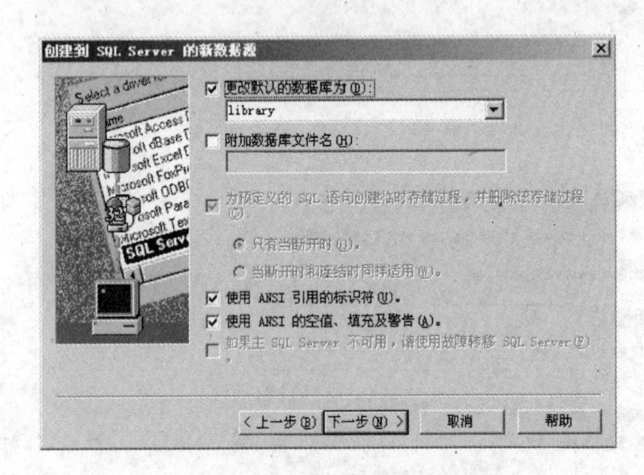

图 6-6 数据库设置对话框

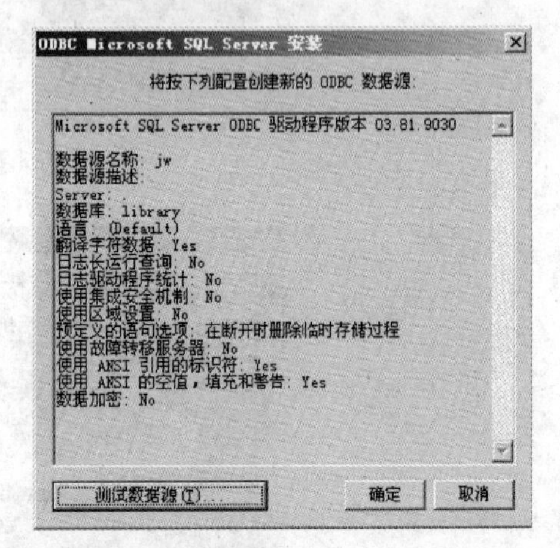

图 6-7 “ODBC Microsoft SQL Server 安装”对话框

注意：在配置 ODBC 数据源以前，要确定数据库已建立完成，并且还得确定 SQL Server 服务器处在运行状态。

6.2 ADO 的使用

6.2.1 ADO 技术概述

1. ADO 概述

ADO 是微软的一项技术，是 ActiveX Data Objects 的缩写。它是微软的 Active-X 组件，结合了 OLE DB 易于使用的特性以及在诸如 Remote Data Objects(RDO)和 Data Access Objects(DAO)的模型中容易找到的通用特性。ADO 是一个可以通过 IDispatch 和 vtable 函数访问的 COM 自动化服务器，它包含了所有可以被 OLE DB 标准接口描述的数据类型。ADO 对象模型具有可扩展性，它不需要对自己的部件做任何工作。在实际运行中，ADO 的内存覆盖，线程安全，分布式事务支持，基于 Web 的远程数据访问等特性得到了用户很高的评价。ADO 集中了 RDO 和 DAO 的所有最好的特性，并且将它们重新组织在一个同样可以提供对事件的充分支持的对象模型中。作为 Microsoft UDA(Universal Data Access，一致数据访问)策略的一部分，ADO 试图成为基于跨平台的，数据源异构的数据访问的标准模型。

在ADO之前的RDO是一种增加DAO的客户机/服务器能力,以提高其性能和可扩充性的方法。从根本上说,RDO是一种位于ODBC API的上层的简便的封装。它揭示了DAO数据对象模型中的许多东西,但它缺乏进行数据访问的Jet引擎,而且它只能访问关系型的数据库。ADO的思想就在于为不同的应用程序访问相同的数据源创建一个更高层的公用层。尽管存在数据结构和组织间的物理位置的不同,编程的接口应该是一样的。ADO 2.0还具有新的特性,包括事件处理,记录集的延续,分层目录结构指针和数据成形,分布式事务处理,多维数据,远程数据服务(RDS),以及对C++和Java的支持的增强,并且在Visual Studio 6.0中的任何开发工具中都得到了支持。

2. 用ADO实现访问数据库

ADO主要包括以下7个对象:

(1) Connection:连接对象,建立一个与数据源的连接,应用程序通过连接对象访问数据源,连接是交换数据所必需的环境。

(2) Command:命令对象,定义对数据源进行操作的命令,以执行相应的动作,通过以建立的连接,该对象可以以某种方式来操作数据源,一般情况下,该命令对象可以在数据源中添加、删除或更改数据,也可以检索数据,还可完成较复杂的查询功能。

(3) Recordset:记录集对象,用于表示来自数据库或命令执行结果集的对象,并可通过该对象控制对数据源数据的增、删、改。

(4) Error:错误对象,用来描述数据访问错误的细节。

(5) Field:字段(域)对象,用来表示Recordset对象的字段。

(6) Parameter:参数对象,表示Command对象的命令参数,参数可以在命令执行之前进行更改。

(7) Property:属性对象,用来描述对象的属性,每个ADO对象都有一组唯一的属性来描述或控制对象的行为。属性有两种类型:内置的和动态的。内置属性是ADO对象的一部分并且随时可用,动态属性由数据源提供者添加到ADO对象的属性集合中,仅在该提供者被使用时才能存在。

使用ADO访问数据库的基本步骤通常都是以下5步:

(1) 创建数据源名。

(2) 创建数据库链接。

(3) 创建数据对象。

(4) 操作数据库。

(5) 关闭数据对象和连接。

以下示例采用的均是ASP文件中VBScript脚本语言编写的代码。

(1) 创建数据库源名称,即创建和配置ODBC数据源。

(2) 创建数据库连接。

语法如下:

```
Set Conn = Server.CreateObject ("ADODB.CONNECTION")
```

这条语句创建了数据库连接对象Conn。创建数据库连接之后,必须打开该连接才能访问数据库，打开连接使用下面的语句：

```
Conn.Open "dsn_name","username","password"
```

其中：dsn_name 为数据源名称；Username 和 password 为访问数据库的用户名和密码，均为可选参数。

例如假设已经定义了一个访问 Access 数据库系统 DSN，数据源名称为 acce_dsn，访问数据库的代码如下：

```
Set Conn = Server.CreateObject ("ADODB.CONNECTION")
Conn.Open "acce_dsn"
```

如果数据源 acce_dsn 是访问 SQL Server 数据库的，并且用户名和密码分别为 sa 和 123456，那么访问数据库代码应为：

```
Set Conn = Server CreateObject ("ADODB.CONNECTION")
Conn.Open "acce_dsn","sa","123456"
```

在 ADO 中还可以不通过 ODBC 而直接与 Access 数据相连，这种方法在个人主页中大量使用(因为其用户无法进行服务器 ODBC 设置操作)，这里只简单提一下方法：

```
Connection.Open "provider = Microsoft.Jet.OLEDB.4.0; Data Source = c:\test.mdb "
```

(3) 创建数据对象。

RecordSet 保存的是数据库命令结果集，并标有一个当前记录。创建方法如下：

```
Set RecordSet = Conn.Execute(sqlStr)
```

这条语句创建并打开了对象 RecordSet，其中 Conn 是先前创建的连接对象，SqlStr 是一个字符串，代表一条标准的 SQL 语句，例如：

```
SqlStr = "SELECT * FROM authors"
Set RecordSet = Conn.Execute (SqlStr)
```

这条语句执行后，对象 RecordSet 中就保存了表 authors 中的所有记录。

(4) 操作数据库。

Execute 方法的参数是一个标准的 SQL 语句串，所以可以利用它方便地执行数据插入、修改、删除等操作，例如：

```
SqlStr = "DELETE FROM authors"
Conn.Execute (SqlStr)              //执行删除操作
SqlStr = "UPDATE authors SET salary = 3 WHERE id = 'FZ0001' "
Conn.Execute (SqlStr)              //执行修改操作
```

(5) 关闭数据对象和连接。

在使用 ADO 对象对数据库的操作完成之后，一定要关闭它，因为它使用了服务器的资源，如果不释放将导致服务器资源浪费并影响服务器性能。通过调用方法 Close 实现关闭以释放资源，例如：

```
Conn.Close
```

6.2.2 使用 ADO 技术访问数据库举例

下面是一个用户身份验证的程序,登录界面是 login. htm,通过访问数据库 vcdb. mdb 进行身份验证的程序是 checkname. asp。

程序中用到的数据库是 vc. mdb,其中的两个数据表 student 表和 teacher 表的结构如表 6-1 和表 6-2 所示。

表 6-1 student 表

字段名称	字段类型	长度	说明
stu_id	文本	10	学号
stu_name	文本	10	姓名
stu_username	文本	20	学生用户名
stu_key	文本	20	密码

表 6-2 teacher 表

字段名称	字段类型	长度	说明
tea_id	文本	10	教师编号
tea _name	文本	10	姓名
tea _username	文本	20	教师用户名
tea _key	文本	20	密码

login. htm 程序如下:

```
<%@LANGUAGE = "VBSCRIPT" CODEPAGE = "936" %>
<!DOCTYPE HTML PUBLIC " - //W3C//DTD HTML 4.01 Transitional//EN" "http://www.w3.org/TR/html4/
loose.dtd">

<html>
<head>
<meta http - equiv = "Content - Type" content = "text/html; charset = gb2312">
<title>用户登录界面</title>
</head>

<body>

<div align = "center">
<form name = "form1" method = "post" action = "checkname.asp">
<table width = "497" height = "200" border = "1" cellpadding = "0" cellspacing = "1">
<tr>
<td><div align = "center">
用户名:    
<input name = "username" type = "text" id = "username">
</div></td>
</tr>
<tr>
<td><div align = "center 密码:      
<input name = "userkey" type = "password" id = "userkey">
```

```
</div></td>
</tr>
<tr>
<td><div align="center">
身份验证码:
<input name="usercheck" type="password" id="usercheck">
</div></td>
</tr>
<tr>
<td><div align="center"><input name="radio1" type="radio" value="s" checked>
学生</div></td>
</tr>
<tr>
<td><div align="center">
<input type="radio" name="radio1" value="t">
教师</div></td>
</tr>
<tr>
<td><div align="center">
<input type="submit" name="Submit" value="登录">
        
<input name="reset" type="reset" id="reset" value="取消">
</div></td>
</tr>
</table>
</form>
</div>
</body>
</html>
```

checkname.asp 程序如下:

```
<%@LANGUAGE="VBSCRIPT" CODEPAGE="936"%>
<!DOCTYPE HTML PUBLIC "-//W3C//DTD HTML 4.01 Transitional//EN" "http://www.w3.org/TR/html4/
loose.dtd">
<%
'******************checkname.asp*****************
username = request("username")
username = replace(username,"'","""")
key = request("userkey")
key = replace(key,"'","""")
checkcode = request("usercheck")
checkcode = replace(checkcode,"'","""")
if username = "" or key = "" or checkcode = "" then
response.Write "用户名或密码不能为空!"
response.write "<a href = login.htm>[返回登录界面]</a>"
response.end
else
session("username") = username
session("key") = key
session("checkcode") = checkcode
```

```
session.timeout = 20
set conn = server.createobject("ADODB.Connection")
DBPath = server.MapPath("vcdb.mdb")
conn.open "provider = Microsoft.Jet.OLEDB.4.0; data source = " & DBPath
if request("radio1") = "s" then
SQLCmd = "select * from student where stu_username = '" & username &"' and stu_key = '" & _
key &"' and stu_id = '" & checkcode & "'"
else
SQLCmd = "select * from teacher where tea_username = '" & username &"' and tea_key = '" & _
key &"' and tea_id = '" & checkcode & "'"
end if
set rs = conn.execute(SQLCmd)
if not rs.eof then
Response.write "登录成功!"
else
response. write "登录失败!"
end if
rs.close
conn.close
end if
%>
<html>
<head>
<meta http-equiv = "Content-Type" content = "text/html; charset = gb2312">
<title>无标题文档</title>
</head>

<body>

</body>
</html>
```

6.3 ADO.NET 简介

6.3.1 ADO.NET 技术的设计目标

ADO.NET 是由微软 ActiveX Data Object(ADO)升级发展而来的,它是微软公司下一代数据访问标准。

随着应用程序开发的发展演变,新的应用程序的开发模式已经是基于 Web 的应用程序模型并且程序的耦合将会越来越松散。如今,越来越多的应用程序使用 XML(Extensible Markup Language,可扩展的标记语言)来编码通过网络传递数据。Web 应用程序将 HTTP 用作在层间进行通信的结构,因此它们必须显式处理请求之间的状态维护。这一新模型大大不同于连接、紧耦合的编程风格,此风格曾是客户端/服务器时代的标志。在此编程风格中,连接会在程序的整个生存期中保持打开,而不需要对状态进行特殊处理。在设计符合当今开发人员需要的工具和技术时,微软认识到需要为数据访问提供全新的编程模型,此模型是基于 .NET Framework 生成的。基于 .NET Framework 这一点将确保数据访问技术的一致性——组件将共享通用的类型系统、设计模式和命名约定。

微软公司设计 ADO.NET 的目的是为了满足这一新编程模型的要求：具有断开式数据结构；能够与 XML 紧密集成；具有能够组合来自多个、不同数据源的数据的通用数据表示形式；以及具有为与数据库交互而优化的功能，这些要求都是 .NET Framework 固有的内容。因此，在创建 ADO.NET 时具有以下设计目标：

1. 利用当前的 ADO 知识

ADO.NET 的设计满足了当今应用程序开发模型的多种要求。同时，该编程模型尽可能地与 ADO 保持一致，这使当今的 ADO 开发人员不必从头开始学习全新的数据访问技术 ADO.NET 是 .NET Framework 的固有部分，因此对于 ADO 程序员决不是完全陌生的。ADO.NET 与 ADO 共存，虽然大多数基于 .NET 的新应用程序将使用 ADO.NET 来编写，但 .NET 程序员仍然可以通过 .NET COM 互操作性服务来使用 ADO。

2. 支持 N 层编程模型

ADO.NET 为断开式 N 层编程环境提供了一流的支持，许多新的应用程序都是为该环境编写的。使用断开式数据集这一概念已成为编程模型中的焦点。N 层编程的 ADO.NET 解决方案就是 DataSet。

3. 集成 XML 支持

XML 和数据访问是紧密联系在一起的，即 XML 的全部内容都是有关数据编码的，而数据访问越来越多的内容都与 XML 有关。.NET Framework 不仅支持 Web 标准，它还是完全基于 Web 标准生成的。XML 支持内置在 ADO.NET 中非常基本的级别上。.NET Framework 和 ADO.NET 中的 XML 类是同一结构的一部分，它们在许多不同的级别上集成。

6.3.2 ADO.NET 的体系结构

ADO.NET 是由一系列的数据库相关类和接口组成的，它的基石是 XML 技术，所以通过 ADO. Net 不仅能访问关系型数据库中的数据，而且还能访问层次化的 XML 数据。

ADO.NET 提供了两种数据访问的模式：一种为连接模式(Connected)，另一种为非连接模式(Disconnected)。与传统的数据库访问模式相比，非连接的模式为我们提供了更大的可升级性和灵活性。在该模式下，一旦应用程序从数据源中获得所需的数据，它就断开与数据源的连接，并将获得的数据以 XML 的形式存放在主存中。在应用程序处理完数据后，它再取得与数据源的连接并完成数据的更新工作。

ADO.NET 中的 DataSet 类是非连接模式的核心，数据集对象(DataSet)以 XML 的形式存放数据。既可以从一个数据库中获取一个数据集对象，也可以从一个 XML 数据流中获取一个数据集对象。而从用户的角度来看，数据源在哪里并不重要，也是无需关心的。这样一个统一的编程模型就可被运用于任何使用了数据集对象的应用程序。

在 ADO.NET 体系结构中还有一个非常重要的部分就是数据提供者对象(Data Provider)，它是访问数据库的必备条件。通过它，可以产生相应的数据集对象；同时它还提供了连接模式下的数据库访问支持。

1. ADO.NET 组件的总体结构

设计 ADO.NET 组件的目的是为了从数据操作中分解出数据访问。ADO.NET 的两个核心组件会完成此任务：DataSet 和 .NET Framework 数据提供程序，后者是一组包括 Connection、Command、DataReader 和 DataAdapter 对象在内的组件。

ADO.NET DataSet 是 ADO.NET 的断开式结构的核心组件。DataSet 的设计目的很明确，为了实现独立于任何数据源的数据访问。因此，它可以用于多种不同的数据源，用于 XML 数据，或用于管理应用程序本地的数据。DataSet 包含一个或多个 DataTable 对象的集合，这些对象由数据行和数据列以及主键、外键、约束和有关 DataTable 对象中数据的关系信息组成。

ADO.NET 结构的另一个核心元素是 .NET Framework 数据提供程序，其组件的设计目的相当明确：为了实现数据操作和对数据的快速、只进、只读访问。Connection 对象提供与数据源的连接。Command 对象能够访问用于返回数据、修改数据、运行存储过程以及发送或检索参数信息的数据库命令。DataReader 从数据源中提供高性能的数据流。最后，DataAdapter 提供连接 DataSet 对象和数据源的桥梁。DataAdapter 使用 Command 对象在数据源中执行 SQL 命令，以便将数据加载到 DataSet 中，并使对 DataSet 中数据的更改与数据源保持一致。

ADO.NET 组件的总体结构如图 6-8 所示。

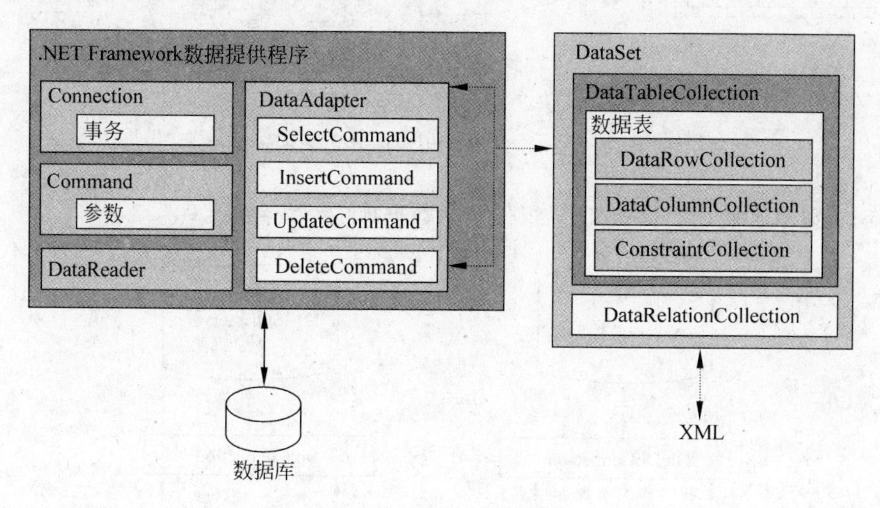

图 6-8　ADO.NET 组件

图 6-9 显示了 ADO. Net 总体的体系结构。

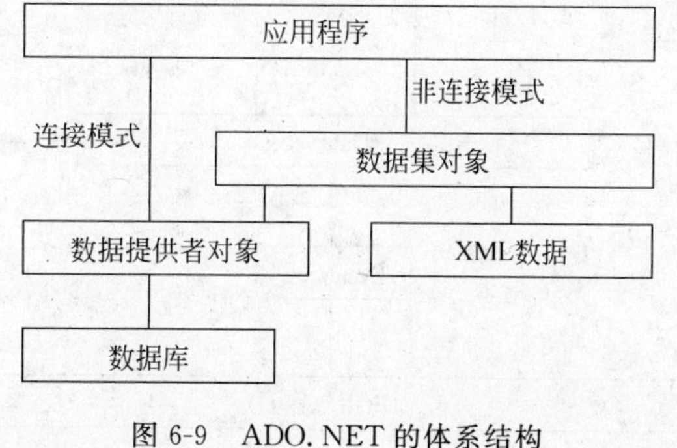

图 6-9　ADO. NET 的体系结构

图 6-10 显示了 ADO.NET 应用程序的基本结构。

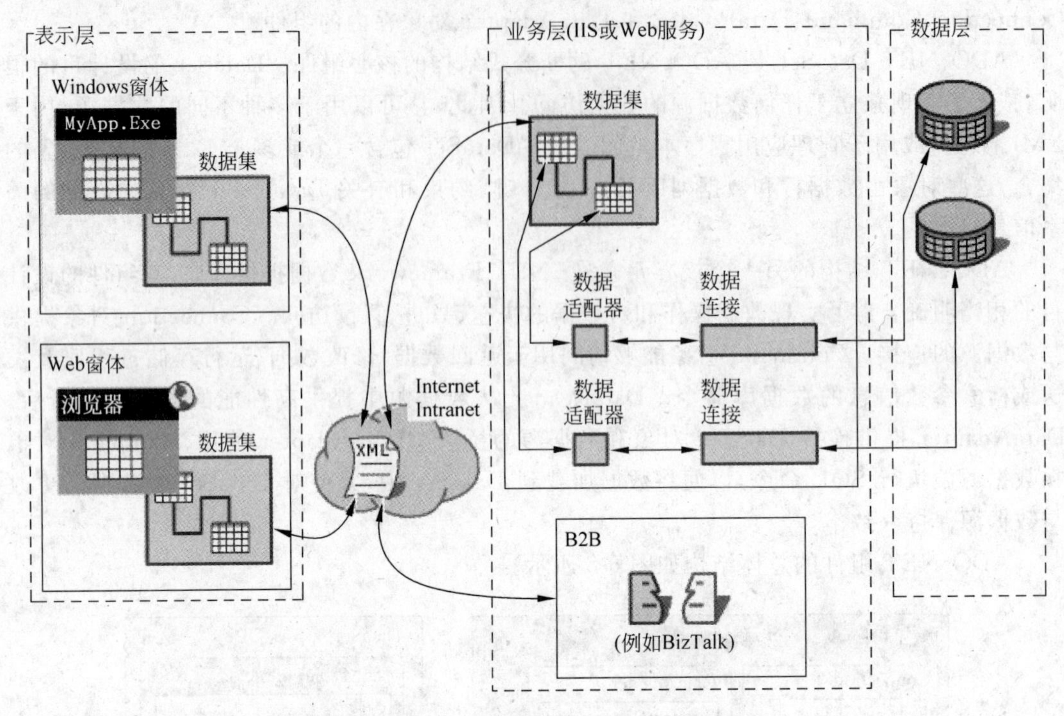

图 6-10 ADO.NET 应用程序基本结构示意图

图 6-11 显示了使用 ADO.NET 组件访问数据库的组织结构。

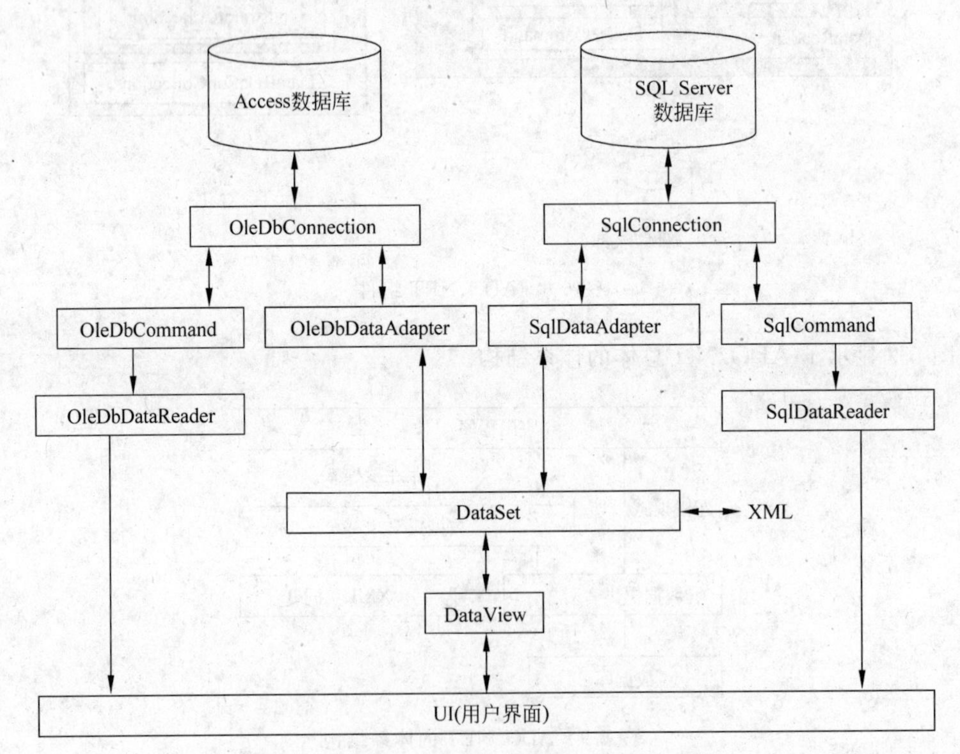

图 6-11 ADO.NET 组件访问数据库结构示意图

2. ADO.NET DataSet 结构

DataSet 对象是支持 ADO.NET 的断开式、分布式数据方案的核心对象。DataSet 是数据的内存驻留表示形式，无论数据源是什么，它都会提供一致的关系编程模型。它可以用于多个不同的数据源，用于 XML 数据，或用于管理应用程序本地的数据。DataSet 表示包括相关表、约束和表间关系在内的整个数据集。图 6-12 所示为 DataSet 对象模型。

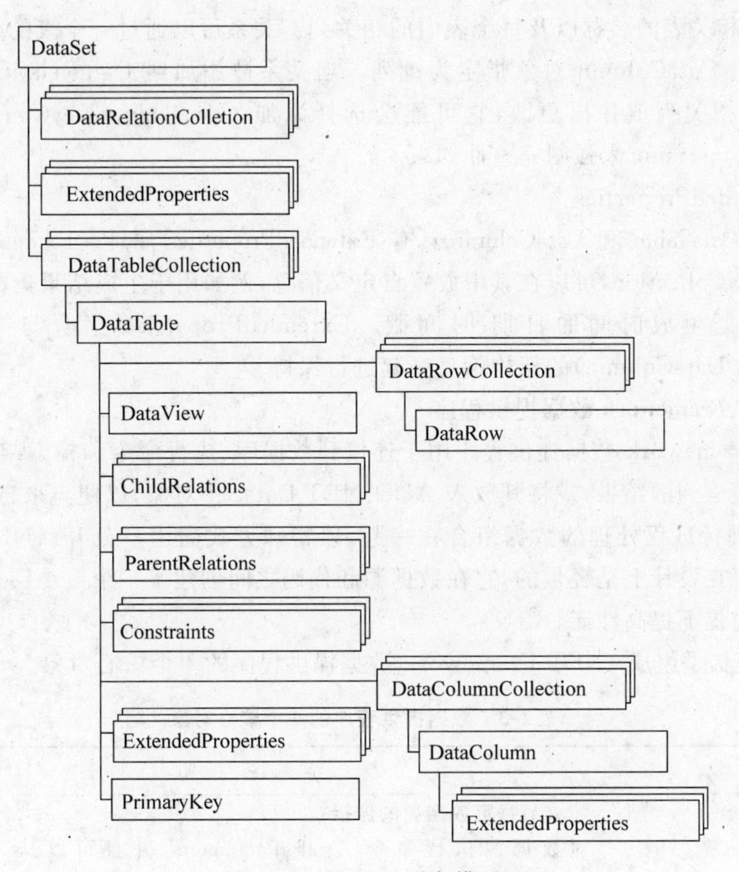

图 6-12　DataSet 对象模型

DataSet 中的方法和对象与关系数据库模型中的方法和对象一致。DataSet 也可以按 XML 的形式来保持和重新加载其内容，并按 XML 架构定义语言(XSD)架构的形式来保持和重新加载其架构。

1) DataTableCollection

一个 ADO.NET DataSet 包含 DataTable 对象所表示的零个或更多个表的集合。DataTableCollection 包含 DataSet 中的所有 DataTable 对象。

DataTable 在 System.Data 命名空间中定义，表示内存驻留数据表。它包含 DataColumnCollection 所表示的列和 ConstraintCollection 所表示的约束的集合，这些列和约束一起定义了该表的架构。DataTable 还包含 DataRowCollection 所表示的行的集合，而 DataRowCollection 则包含表中的数据。除了其当前状态之前，DataRow 还会保留其当前版本和初始版本，以标识对行中存储的值的更改。

2) DataRelationCollection

DataSet 在其 DataRelationCollection 对象中包含关系。关系由 DataRelation 对象来表示，它使一个 DataTable 中的行与另一个 DataTable 中的行相关联。关系类似于可能存在于关系数据库中的主键列和外键列之间的联接路径。DataRelation 标识 DataSet 中两个表的匹配列。

关系使用户能够在 DataSet 中从一个表导航至另一个表。DataRelation 的基本元素为关系的名称、相关表的名称以及每个表中的相关列。关系可以通过一个表的多个列来生成，方法是将一组 DataColumn 对象指定为键列。当关系被添加到 DataRelationCollection 中时，如果已对相关列值作出更改，它可能会选择添加一个 UniqueKeyConstraint 和一个 ForeignKeyConstraint 来强制完整性约束。

3) ExtendedProperties

DataSet、DataTable 和 DataColumn 具有 ExtendedProperties 属性。ExtendedProperties 是一个 PropertyCollection，可以在其中放置自定义信息，例如用于生成结果集的 SELECT 语句或表示数据生成时间的日期/时间戳。ExtendedProperties 集合与 DataSet（以及 DataTable 和 DataColumn）的架构信息一起进行保持。

3. .NET Framework 数据提供程序

.NET Framework 数据提供程序用于连接到数据库、执行命令和检索结果。利用它可以直接处理检索到的结果，或将其放入 ADO.NET DataSet 对象，以便与来自多个源的数据或在层之间进行远程处理的数据组合在一起，以特殊方式向用户公开。.NET Framework 数据提供程序在设计上是轻量的，它在数据源和代码之间创建了一个最小层，以便在不以功能为代价的前提下提高性能。

表 6-3 概括了组成 .NET Framework 数据提供程序的 4 个核心对象。

表 6-3 数据提供程序的 4 个核心对象

对　象	说　明
Connection	建立与特定数据源的连接
Command	对数据源执行命令，公开 Parameters，并且可以从 Connection 在 Transaction 的范围内执行
DataReader	从数据源中读取只进且只读的数据流
DataAdapter	用数据源填充 DataSet 并解析更新

.NET Framework 包括 SQL Server .NET Framework 数据提供程序（用于 Microsoft SQL Server 7.0 版或更高版本）、OLE DB .NET Framework 数据提供程序、ODBC .NET Framework 数据提供程序和 Oracle .NET Framework 数据提供程序。

1) SQL Server .NET Framework 数据提供程序

SQL Server .NET Framework 数据提供程序使用它自身的协议与 SQL Server 通信。由于它经过了优化，可以直接访问 SQL Server 而不用添加 OLE DB 或开放式数据库连接（ODBC）层，因此它是轻量的，并具有良好的性能。SQL Server .NET Framework 数据提供程序只能访问 Microsoft SQL Server 7.0 或更高版本。它位于 System.Data.SqlClient 命名空间中。使用时应用程序中应包含 System.Data.SqlClient 命名空间。

2）OLE DB .NET Framework 数据提供程序

OLE DB .NET Framework 数据提供程序通过 COM Interop(COM 互操作性，可以使.NET 程序在不修改原有 COM 组件的前提下方便的访问 COM 组件)使用本机 OLE DB 启用数据访问。OLE DB .NET Framework 数据提供程序支持本地事物和分布式事务两者。对于分布式事务，默认情况下，OLE DB .NET Framework 数据提供程序自动登记在事务中，并从 Windows 2000 组件服务获取事务详细信息。若要使用 OLE DB .NET Framework 数据提供程序，所使用的 OLE DB 提供程序必须支持 OLE DB .NET Framework 数据提供程序所使用的 OLE DB 接口中列出的 OLE DB 接口。

表 6-4 显示已经用 ADO.NET 进行测试的 OLE DB 提供程序。

表 6-4　ADO.NET 的 OLE DB 提供程序

驱动程序	提供程序
SQLOLEDB	用于 SQL Server 的 Microsoft OLE DB 提供程序
MSDAORA	用于 Oracle 的 Microsoft OLE DB 提供程序
Microsoft. Jet. OLEDB. 4. 0	用于 Microsoft Jet 的 OLE DB 提供程序

OLE DB .NET Framework 数据提供程序类位于 System. Data. OleDb 命名空间中。使用时应用程序中应包含 System. Data. OleDb 命名空间。

3）ODBC .NET Framework 数据提供程序

ODBC .NET Framework 数据提供程序通过 COM interop 使用本机 ODBC 驱动程序管理器(DM)启用数据访问。ODBC 数据提供程序支持本地事物和分布式事务两者。对于分布式事务，默认情况下，ODBC 数据提供程序自动登记在事务中，并从 Windows 2000 组件服务获取事务详细信息。

用 ADO.NET 测试的 ODBC 驱动程序有 SQL Server、Microsoft ODBC for Oracle 和 Microsoft Access 驱动程序(＊. mdb)。

ODBC .NET Framework 数据提供程序类位于 System. Data. Odbc 命名空间中。使用时应用程序中应包含 System. Data. Odbc 命名空间。

4）Oracle .NET Framework 数据提供程序

Oracle .NET Framework 数据提供程序通过 Oracle 客户端连接软件启用对 Oracle 数据源的数据访问。该数据提供程序支持 Oracle 客户端软件 8.1.7 版和更高版本。它支持本地事物和分布式事务。

Oracle .NET Framework 数据提供程序要求必须先在系统上安装 Oracle 客户端软件(8.1.7 版或更高版本)，才能使用它连接到 Oracle 数据源。

Oracle .NET Framework 数据提供程序类位于 System. Data. OracleClient 命名空间中，并包含在 System. Data. OracleClient. dll 程序集中。在编译使用该数据提供程序的应用程序时，将需要同时引用 System. Data. dll 和 System. Data. OracleClient. dll。使用时应用程序中应包含 System. Data. OracleClient 命名空间。

4. 选择 .NET Framework 数据提供程序

根据应用程序的设计和数据源，选择合适的 .NET Framework 数据提供程序可以提高应用程序的性能、功能和完整性。下面说明各个 .NET Framework 数据提供程序的优点和限制。

SQL Server .NET Framework 数据提供程序：建议用于使用 Microsoft SQL Server 7.0 或更高版本的中间层应用程序或者用于使用 Microsoft 数据引擎(MSDE)或 Microsoft SQL Server 7.0 或更高版本的单层应用程序。

OLE DB .NET Framework 数据提供程序：建议用于使用 Microsoft SQL Server 6.5 或较早版本的中间层应用程序，或任何支持 OLE DB .NET Framework 数据提供程序所使用的 OLE DB 接口中所列 OLE DB 接口(不要求 OLE DB 2.5 接口)的 OLE DB 提供程序。对于 Microsoft SQL Server 7.0 或更高版本，建议使用 SQL Server .NET Framework 数据提供程序。建议用于使用 Microsoft Access 数据库的单层应用程序。不建议将 Microsoft Access 数据库用于中间层应用程序。

ODBC .NET Framework 数据提供程序：建议用于使用 ODBC 数据源的中间层应用程序或者用于使用 ODBC 数据源的单层应用程序。

Oracle .NET Framework 数据提供程序：建议用于使用 Oracle 数据源的中间层应用程序或者用于使用 Oracle 数据源的单层应用程序。Oracle .NET Framework 数据提供程序位于 System.Data.OracleClient 命名空间中，并包含在 System.Data.OracleClient.dll 程序集中。在编译使用该数据提供程序的应用程序时，需要同时引用 System.Data.dll 和 System.Data.OracleClient.dll。

6.3.3 ADO.NET 数据对象介绍

1. Connection 对象

Connection 对象主要用于建立与数据源的活动连接。一旦建立了连接，其他独立于连接细节(但依赖于活动连接)的对象，如 Command 对象，就可以使用连接在数据源上执行命令。

每个.NET 数据提供者都有其自己特定于提供者的连接类，可以对它们进行实例化，这样的版本实现 IdbConnection 接口，可通过 System.Data 命名空间得到。例如，SqlConnection 和 OleDbConnection 都实现 IdbConnection 接口。该接口表示与数据源的唯一会话，提供基本的连接操作，允许用户随意关闭、打开或更改连接。

通常，通过显式调用 Open()方法建立连接。一旦它完成了自己的任务，例如用数据源中的关系数据填充 DataSet 对象，就可以显式调用 Close()方法来关闭连接。不再使用连接时，最好确保始终显式关闭连接，以减少对服务器资源的任何不必要的浪费。

如果由于某种原因没有显式关闭连接，则由 Garbage Collector 找到未被引用的 Connection 对象，将其收集起来。然而，不需要时最好显式关闭连接，因为这样可确保保存对数据所做的所有更改。

2. Command 对象

Command 对象负责使用 SQL 语句查询数据源。命令可以采取多种形式：可以设法通过简单的 SQL 查询字符串或存储过程更新、修改或检索数据源数据。如果对数据库执行命令后返回结果，Command 对象就可以把结果填充在 DataReader 中，作为标题值返回(例如按影响行的数目)，或者以参数的形式返回结果。

所有的.NET 数据提供者 Command 类都实现 IdbCommand 接口。可用于执行命令的

3 个默认函数是：

ExecuteReader，返回填充后的对象 DataReader。

ExecuteScalar，返回标量值。

ExecuteNonQuery，返回被执行命令影响到的行的数目。

3. DataReader 对象

DataReader 对象从数据库中读取每个记录，提供对数据库快速不缓冲的只读的顺序访问。此外，DataReader 有一种访问数据库的非常简洁的方法：它把进来的数据流视作集合，循环经过数据，一次加载一行，就像处理数组一样，从而减少了系统的额外工作，并提高了应用程序的性能。

4. DataAdapter 对象

DataAdapter 用于断开连接的环境，因为它提供了两个非常有用的方法，即 Fill()和 Update()方法。Fill()方法同步保存数据源中的数据与 DataSet 中的数据。Updata()方法用 DataSet 中修改过的数据更新数据源，这种更新可以是从添加一个行到添加新表的任意操作。

5. DataSet

DataSet 是 ADO.NET 离线访问的核心。这个类代表关系数据的内存内的离线容器，数据由任意类型的外部数据源生成(XML 文件、Access 数据库等)。应用程序可以用数据不断地填充它，除非最终耗尽系统内存或本地磁盘空间。有时，它可以表示 DataTable 对象形式的很多表，这些对象又可以代表任意数目的列、行和关系，分别表示为 DataColumn、DataRow、Constraint 和 DataRelation 对象。DataSet 可以保存提供给独立于数据源的关系数据模型的数据，并把自己表现为关系数据的一种层次结构，同时与数据源断开连接。由于 DataSet 无法了解到连接到什么数据源，因此可以像处理应用程序的本地数据一样有效地工作，从而可把数据存储在外部数据源或文件中。

6.4 JDBC 技术介绍

6.4.1 JDBC 概述

从 1995 年开始，Sun 的开发人员就希望能过通过扩展 Java 使得人们可以用“纯”Java 语言与任何数据库进行通信。但这是个一项无法完成的任务：因为业界存在许多不同的数据库，且它们所使用的协议也各不相同。所有的数据库供应商和工具开发商都认为如果能够提供一个驱动管理器，以允许第三方驱动程序可以连接到特定的数据库。这样，数据库供应商就可以提供自己的驱动程序，并插入到驱动管理器中。另外还需要一套简单的机制，以使得第三方驱动程序可以向驱动管理器注册。关键问题是，所有的驱动程序都必须满足驱动管理器 API 提出的要求。最后，Sun 公司制定了两套接口，应用程序开发者使用 JDBC API，而数据库供应商和工具开发商则使用 JDBC 驱动 API。这种接口组织方式遵循了微软公司非常成功的 ODBC 模式。ODBC 为 C 语言访问数据库提供了一套编程接口。JDBC 和 ODBC 都基于同一个思想：根据 API 编写的程序都可以与驱动管理器进行通信，而驱动管理器器则通过插入其中的驱动程序与实际数据库进行通信。

1996年夏天，Sun公司发布了第一版的Java数据库连接(JDBC)API。使编程人员可以通过这个API接口连接到数据库，并使用结构化查询语言(即SQL)完成对数据库的查找、更新。与其他数据库编程环境相比，Java和JDBC有一个显著的优点：使用Java和JDBC开发的程序可以跨平台运行，且不受数据库供应商的限制。到目前为止，JDBC的版本已经更新过数次。作为JDK 1.2的一部分，Sun公司于1998年发布了JDBC第二版。现在人们使用的主要是JDBC 4。

JDBC(Java DataBase Connectivity)是Java语言用来连接和操作关系型数据库的应用程序接口(API)。JDBC由一群类(Class)和接口(Interface)组成，通过调用这些类和接口所提供的方法，可以连接不同的数据库，对数据库下达SQL命令并取得行结果。

有了JDBC，用户只需用JDBC API编写一个程序逻辑，它可以向各种不同的数据库发送SQL语句。所以，在使用Java编程语言编写应用程序时，不用再去为不同的平台编写不同的应用程序。由于Java语言具有跨平台性，所以将Java和JDBC结合起来将使程序员只需写一遍程序就可让它在任何平台上运行，这也进一步体现了Java语言"编写一次，到处运行"的宗旨。

JDBC向应用程序开发者提供独立于数据库的、统一的API，当应用程序被移植到不同的平台或数据库系统，应用程序不变，改变的是驱动程序，驱动程序扮演了多层数据库设计中的中间层(或中间件)的角色。

JDBC主要完成以下4方面的工作：加载JDBC驱动程序；建立与数据库的连接；使用SQL语句进行数据库操作并处理结果；关闭相关连接。

JDBC主要提供两个层次的接口，分别是面向程序开发人员的JDBC API(JDBC应用程序接口)和面向系统底层的JDBC Drive API(JDBC驱动程序接口)，它们的功能如图6-13所示。

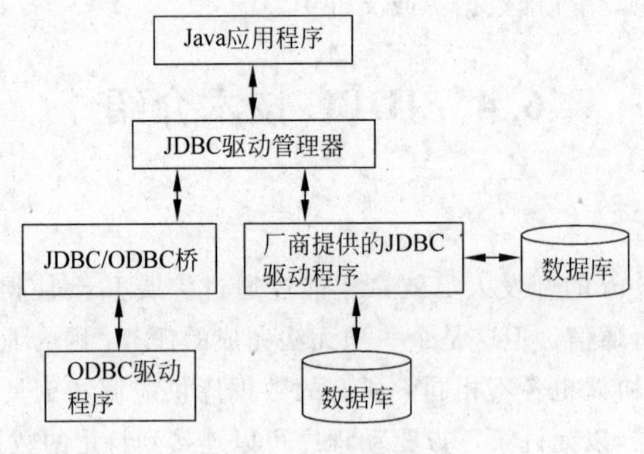

图6-13　JDBC的接口

从图6-13中可以看出JDBC API所关心的只是Java调用SQL的抽象接口，而不考虑具体使用时采用的是何种方式，具体的数据库调用要靠JDBC Driver API(JDBC驱动程序接口)来完成，即JDBC API可以与数据库无关，只要提供了JDBC Driver API，就可以用JDBC API访问任意一种数据库，无论它位于本地还是远程服务器。

6.4.2 JDBC 驱动程序

JDBC 驱动程序是面向驱动程序开发的编程接口。根据其运行条件的不同，常见的 JDBC 驱动程序主要有 4 种类型，它们分别是：

1. JDBC-ODBC 桥加 ODBC 驱动程序(JDBC-ODBC Bridge Plus ODBC Driver)

这类驱动程序将 JDBC 翻译成 ODBC，然后使用一个 ODBC 驱动程序与数据库进行通信。Sun 公司发布的 JDK 中包含了一个这样的驱动程序——JDBC/ODBC 桥。

2. 本地 API、部分是 Java 的驱动程序(Native-API Partly-Java Driver)

这类驱动程序是由部分 Java 程序和部分本地代码组成的，用于与数据库的客户端 API 进行通信。在使用这种驱动程序之前，不仅需要安装 Java 类库，还需要安装一些与平台相关的代码。

3. JDBC-Net 的纯 Java 驱动程序(JDBC-Net Pure Java Driver)

它使用一种与具体数据库无关的协议将数据库请求发送给服务器构件，然后该构件再将数据库请求翻译成特定数据库协议。这种类型的驱动程序将 JDBC 调用转换成与数据库无关的网络访问协议，利用中间件将客户端连接到不同类型的数据库系统。使用这种驱动程序不需要在客户端安装其他软件，并且能访问多种数据库。这种驱动程序是与平台无关的，并且与用户访问的数据库系统无关，特别适合组建三层的应用模型，这是最为灵活的 JDBC 驱动程序。

4. 本地协议的纯 Java 驱动程序(Native-Protocol Pure Java Driver)

这种类型的驱动程序将 JDBC 调用直接转化为某种特定数据库的专用的网络访问协议，可以直接从客户机来访问数据库系统。这种驱动程序与平台无关，而与特定的数据库有关，这类驱动程序一般由数据库厂商提供。

第三、四两类都是纯 Java 的驱动程序，它们具备 Java 的所有优点，因此，对于 Java 开发者来说，它们在性能、可移植性、功能等方面都有优势。JDBC 最终是为了实现以下目标：通过使用 SQL 语句，程序员可以利用 Java 语言开发访问数据库的应用。数据库供应商和数据库工具开发商可以提供底层的驱动程序。因此，他们有能力优化各自数据库产品的驱动程序。

在传统的客户机/服务器模式中，通常是在服务器端配置数据库，而在客户端安装内容丰富的 GUI。在此模型中，JDBC 驱动程序应该部署在客户端，如图 6-14 所示。

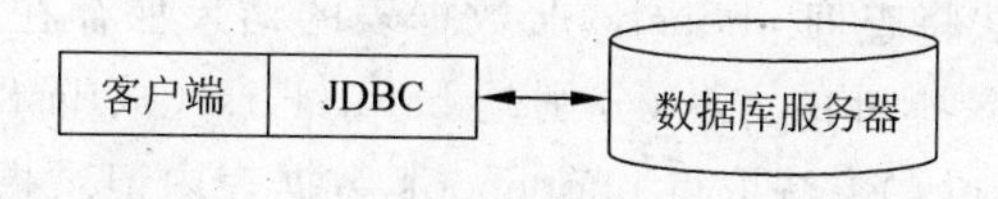

图 6-14　JDBC 驱动程序部署在客户端

如今全世界都在从客户端/服务器模式转向“三层应用模式”，甚至更高级的“n 层应用模式”。在三层应用模式中，客户端不直接调用数据库，而是调用服务器上的中间件层，最后由中间件层完成数据库查询操作。

三层模式将可视化表示从业务逻辑和原始数据分离开来。因此，我们可以从不同的客户端访问相同的数据和相同的业务规则。

客户端和中间层之间可以通过 HTTP、RMI 或者其他机制来完成。JDBC 负责在中间层和后台数据库之间进行通信,如图 6-15 所示。

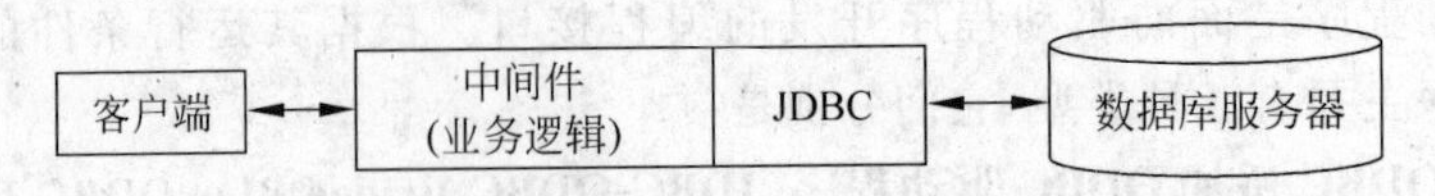

图 6-15 JDBC 在中间层和后台数据库之间通信

6.4.3 JDBC 常用类

1. Connection 类

Connection 类对象负责维护 JSP/Java 数据库程序和数据库之间的联机。通过 Connection 类提供的方法,可以建立另外三个非常有用的类对象,即 Statement 类、PreparedStatement 类和 Database Meta Data 类,下面分别针对这些类再作详细的说明。

2. Statement 类

通过 Statement 类所提供的方法,可以利用标准的 SQL 命令,对数据库直接进行新增、删除或修改记录(Record)的操作。

3. PreparedStatement 类

PreparedStatement 类和 Statement 类的不同之处在于 PreparedStatement 类对象会将传入的 SQL 命令事先编好等待使用,所以当有单一的 SQL 指令被执行多次时,用 PreparedStatement 类会比用 Statement 类更有效率。

4. ResultSet 类

当使用 SELECT 命令来对数据库做查询时,数据库会响应查询的结果,而 ResultSet 类对象负责存储查询数据库的结果。值得一提的是 ResultSet 类实际上作了一系列的方法即使不使用标准的 SQL 命令也能对数据库进行新增、删除和修改记录(Record)的操作。另外,ResultSet 类对象也负责维护一个记录指针(Cursor),记录指针指向数据表格(Table)中的某个记录,通过适当的移动记录指针,可以随心所欲地存取数据库,进而加强程序的效率。

使用 Statement 类提供的方法 executeQuery()查询数据库并将结果保存在 ResultSet 类对象中,代码如下:

```
ResultSet rst = smt.executeQuery("SELECT * from phonebook");
```

executeQuery()方法将查询 phonebook 数据表的结果保存在 Result 类对象中。在程序中使用了几个移动记录指针的方法,分别是 beforeFirst()、first()、last()、absolute()和 next(),并且使用 getstring()方法取得 phonebook 数据表内记录指针所指向记录的 4 个字段值。

5. DatabaseMetaData 类

DatabaseMetaData 类保存了数据库的所有特性,并且提供许多的方法来取得这些信息,详细的使用方法请参照 JDBC 说明文件。

6. ResultSetMetaData 类

ResultSetMetaData 类对象保存了所有 ResultSet 类对象中关于字段(Field)的信息,并且也提供了许多方法来取得这些信息。

小　　结

本章主要介绍了 ODBC、ADO、ADO.NET 和 JDBC 等常用的数据库访问技术，这 4 种数据访问技术是目前应用程序开发中经常使用的，其功能强大、操作方便，为广大程序员所喜爱。ODBC 是一个数据库编程接口，提供了一组对数据库访问的标准 API(，用户可以通过它建立系统数据源、用户数据源和文件数据源；ADO 是一种组件对象模型，提供了 7 个对象类，用户可以通过这 7 个对象完成对数据库的复杂的访问和控制操作；ADO.NET 由两个核心组件 DataSet 和 .NET Framework 数据提供程序组成，它提供了从数据操作中分解出数据访问功能，这部分功能主要由 DataSet 来完成，数据提供程序由 Connection、Command、DataReader 和 DataAdapter 对象等组件组成，提供了强大的数据库访问能力，其中还针对常用的 SQL Server 和 Oracle 数据库提供了专门的访问组件，实现了对这两种数据库的高效访问，JDBC 技术也是当前使用的主流的数据库访问技术，ADO.NET 和 JDBC 数据访问技术也是本书重点介绍的内容之一。

习　　题

一、单选题

1. 在 ODBC 中，ODBC API 不能直接访问数据库，必须通过(　　)与数据库交换信息。

   A. 函数　　　　B. 驱动程序管理器

   C. SQL 语句　　　　D. DBMS

2. ADO 对象模型定义了一个可编程的分层对象集合，下面(　　)不属于这一对象集合。

   A. Connection　　　　B. SQL

   C. Command　　　　D. Recordset

3. JDBC 可做三件事，下面(　　)项 JDBC 不能做。

   A. 与数据库建立连接　　　　B. 发送 SQL 语句

   C. 处理结果　　　　D. 数据库备份

二、填空题

1. 从结构上分，ODBC 分为________和________两类。

2. 一个完整的 ODBC 由________、________、________、________部件组成。

3. ADO 组件的使用需要利用支持________的高级语言，例如 ASP 中的 VBScript 或者 Visual Basic，甚至 Delphi。

4. JDBC 是一种用于执行________的 Jave API，可以为多种关系数据库提供统一访问，它由一组用 Java 语言编写的类和接口组成。

三、简答题

1. 列出 ADO 对象模型中的对象并解释它们之间的关系。

2. ADO 与 ADO.NET 的主要区别是什么？

3. 试述 JDBC 的主要用途。

4. ODBC 主要有哪几部分组成？各个部分的主要功能是什么？

5. 在 Windows 环境下，系统数据源、用户数据源、文件数据源的主要区别是什么？

6. 试描述 ADO.NET 的体系结构，并试述其优点。

7. ADO.NET 提供了哪几种数据提供程序？每一种数据提供程序适合访问什么数据库？

第7章 C语言数据库应用程序开发技术

内容提要

- C语言嵌入式SQL程序开发环境搭建；
- 嵌入式SQL语句中使用的C变量；
- 数据库的连接；
- 查询和更新；
- SQL通信区；
- 游标的使用；
- SQLDA。

本章主要阐述C语言嵌入SQL语句实现对数据库的操作，主要介绍了C语言嵌入SQL语言开发环境的搭建，使用静态嵌入式SQL语句和动态嵌入式SQL语句实现数据库的连接和对数据库的操作，本章适合有C语言基础而没有其他高级语言基础的读者和嵌入式应用软件开发方向的读者学习。

7.1 嵌入式SQL语句

普通SQL语言是作为独立语言在终端交互方式下使用的，是面向集合的描述性、非过程的语言。大部分语句的执行与其前面或后面的语句无关，而一些高级编程语言都是基于如循环、条件等结构的过程化语言。尽管SQL语言非常有力，但它却没有过程化能力。若把SQL语言嵌入到过程化的编程语言中，利用这些过程化结构，程序开发人员就能设计出更加灵活的应用系统，具有SQL语言和高级编程语言的良好特征，它将比单独使用SQL或高级语言具有更强的功能和灵活性。

下面介绍嵌入式SQL语言的一些概念。

嵌入式SQL语句是指在应用程序中嵌入使用的SQL语句。该应用程序称作宿主程序或主程序，书写该程序的语言称作宿主语言或主语言。嵌入的SQL语句与交互式SQL语句在语法上没有太大的差别，只是嵌入式SQL语句在个别语句上有所扩充。如嵌入式SQL中的SELECT语句增加了INTO子句，以便与宿主语言变量打交道。此外，嵌入式SQL为适应程序设计语言的要求，还增加了许多语句，如游标的定义、打开和关闭语句等。

嵌入式SQL语句主要有两种类型：执行性SQL语句和说明性SQL语句。执行性SQL语句可用来连接数据库，定义、查询和操纵数据库中的数据，每一执行性语句真正对数据库进行操作，执行完成后，在通信区中存放执行信息。说明性语句用来说明通信区和

SQL 语句中用到的变量。说明性语句不生成执行代码，对通信区不产生影响。

事务是逻辑上相关的一组 SQL 语句。数据库把它们视作一个单元。为了保持数据库的一致性，一个事务内的所有操作要么都做要么都不做。嵌入式 SQL 也能够很好地支持事务。

在嵌入式 SQL 程序中嵌入的 SQL 语句以 EXEC 作为起始标识，语句的结束以"；"作为标识。在嵌入的 SQL 语句可以使用主语言（这里是 C 语言）的程序变量（即主变量，或称为宿主变量），这时主变量名前加冒号"："作为标志，以区别于字段名和其他主语言变量。

嵌入式 SQL 程序包括两部分：程序首部和程序体。程序首部定义变量，为 ESQL 程序做准备，程序体包含各种 SQL 语句来连接数据库或操纵数据库中的数据。

编制并运行 ESQL 程序比单独使用纯 C 语言多一个预编译过程，通常具有以下几个步骤：

（1）编辑嵌入式 SQL 程序。通常将此时的程序扩展名命名为. SQC。

（2）使用的预编译器对嵌入式 SQL 源程序进行预处理，编译器将源程序中嵌入的 SQL 语言翻译成标准 C 语言，产生一个 C 语言编译器能直接进行编译的文件。其文件的扩展名为. C。该文件可以和普通的 C 文件一样被放入一个工程中被 C 编译器编译，连接后运行。

下面来了解一下 C 语言嵌入式 SQL 程序开发环境的搭建。

7.1.1 C 语言嵌入式 SQL 程序开发环境

本章所使用的 C 语言编译器为 Visual C++ 6.0 编译器，数据库为 SQL Server 2000 数据库。因此，请各位读者自行安装 Visual C++ 6.0 和 SQL Server 2000 数据库系统，这两个软件的安装过程很多相关书籍都有提及，本书不再赘述。本书下面的配置是在安装好 Visual C++ 6.0 和 SQL Server 2000 的基础上进行，在配置过程中需要用到 SQL Server 2000 安装光盘。

（1）准备编译所需的头文件和库文件。在 SQL Server 2000 的安装光盘中找到相对应目录的 devtools 目录。如果安装的是企业版 SQL Server 2000，此目录在 ENTERPRISE 目录中，如果安装的是个人版 SQL Server 2000，此目录在 PERSONAL 目录中。将 DEVTOOLS 目录复制到 SQL Server 的安装目录中，例如 C:\Program Files\Microsoft SQL Server。即可在 C:\Program Files\Microsoft SQL Server\DEVTOOLS\INCLUDE 目录中看到若干头文件，并在 C:\Program Files\Microsoft SQL Server\DEVTOOLS\X86LIB 目录中看到若干. lib 库文件，如图 7-1 所示。

（2）准备开发工具。在 SQL Server 2000 的安装光盘中找到相对应目录的 X86\BINN 目录。并将此文件夹复制到 SQL Server 的安装目录中，例如 C:\Program Files\Microsoft SQL Server。即可在 C:\Program Files\Microsoft SQL Server\BINN 看到若干可执行文件和. dll 动态链接库，如图 7-1 所示。

（3）初始化 SQL Server 预编译环境。执行 DEVTOOLS 目录中的 SAMPLES\ESQLC\UNZIP_ESQLC. EXE，释放出若干文件，执行 setenv. bat。此程序的路径为 C:\Program Files\Microsoft SQL Server\DEVTOOLS\SAMPLES\ESQLC\setenv. bat。此程序为批处理程序，执行后会弹出一个命令行窗口，短暂停留后消失，即设置完毕。

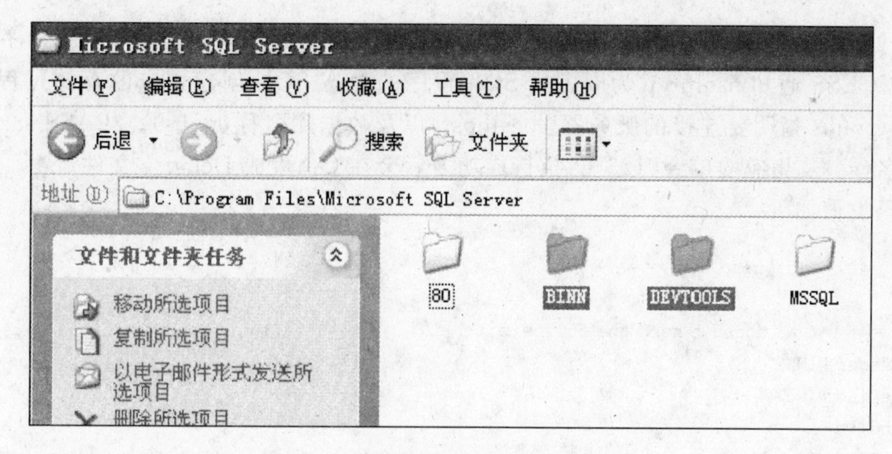

图 7-1 BINN 和 DEVTOOLS 目录

(4) 初始化 Visual C++ 编译器环境。运行 Visual C++ 6.0 安装目录 VC98\Bin 中的 VCVARS32.BAT,此程序路径是 C:\Program Files\Microsoft Visual Studio\VC98\Bin\VCVARS32.BAT。此程序也是批处理程序。

此时开发环境已经初步配置完毕。

7.1.2 第一个 C 语言嵌入式 SQL 程序

(1) 编辑源代码。打开记事本编辑如下代码,保存到 C:\demo.sqc。

```
#include<stdio.h>
void main()
{
    //声明嵌入式 SQL 的变量,此部分语句不会执行
    EXEC SQL BEGIN DECLARE SECTION;
    char first_name[40];
    char last_name[] = "White";
    EXEC SQL END DECLARE SECTION;
    //使用用户名 sa 和密码 123 连接到 localhost 主机的 pubs 数据库
    EXEC SQL CONNECT TO localhost.pubs
    USER sa.123;
    //执行 SQL 语句,并将查询到的 au_fname 字段内容放到 first_name 中
    EXEC SQL SELECT au_fname INTO :first_name from authors WHERE au_lname = :last_name;
    //断开连接
    EXEC SQL DISCONNECT ALL;
    //输出 first_name 的内容
    printf("first name: %s \n",first_name);
}
```

这里只对代码进行简要注释。

(2) 预编译此 SQC 文件。运行 CMD 进入命令行界面,输入命令:

```
cd C:\Program Files\Microsoft SQL Server\BINN
```

此时用户会切换到 C:\Program Files\Microsoft SQL Server\BINN 目录。输入命令:

```
nsqlprep C:\demo.sqc /SQLACCESS /DB localhost.pubs /PASS sa.123
```

执行预处理。其中，nsqlprep 是预处理程序，C:\demo.c 是要处理的源程序路径，/SQLACCESS 通知 nsqlprep 为嵌入式 SQL 程序的静态 SQL 创建相应的存储过程；/DB localhost.pubs 指明要连接的服务器(localhost)以及数据库名称(pubs)；/PASS sa.123 给出登录名(sa)及相应的口令(123)。执行成功之后会在 C:\生成 Demo.c 文件。

代码类似如下：

```
/* ===== c:\demo.c ===== */

/* ===== NT doesn't need the following... */
#ifndef WIN32
#define WIN32
#endif
#define _loadds
#define _SQLPREP_
#include <sqlca.h>
#include <sqlda.h>
#include <string.h>
#define SQLLENMAX(x)        ( ((x) > 32767) ? 32767 : (x) )
...
```

看得出来，SQL Server 2000 在预编译 SQC 文件中做了很多工作，代码量远远大于源程序。

(3) 使用 Visual C++ 6.0 打开 demo.c 文件，此时尚不能立即编译和链接文件，需要将头文件和相关库文件加入工程才行。

① 在 Visual C++ 6.0 的 Tools 菜单选择 options，在 Directories 选项卡中的 Include files 中添加 C:\PROGRAM FILES\MICROSOFT SQL SERVER\DEVTOOLS\INCLULDE，如图 7-2 所示。在 Lib Files 中添加 C:\PROGRAM FILES\MICROSOFT SQL SERVER\DEVTOOLS\X861IB，如图 7-3 所示。

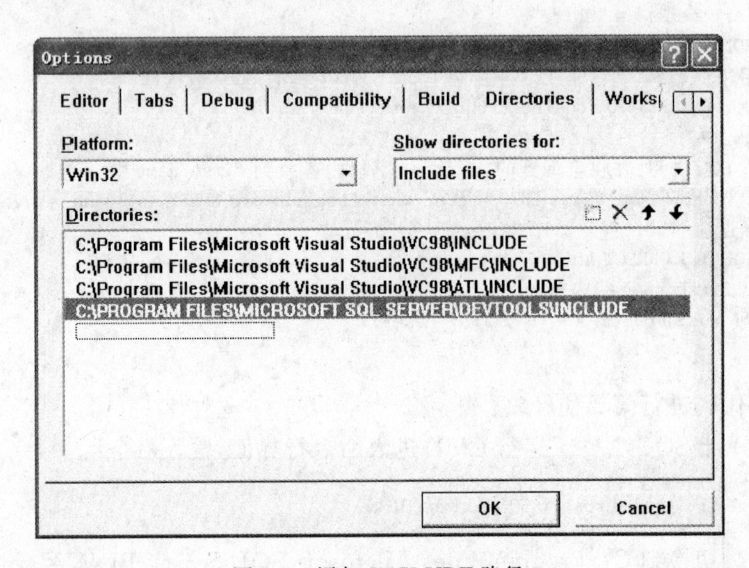

图 7-2　添加 INCLUDE 路径

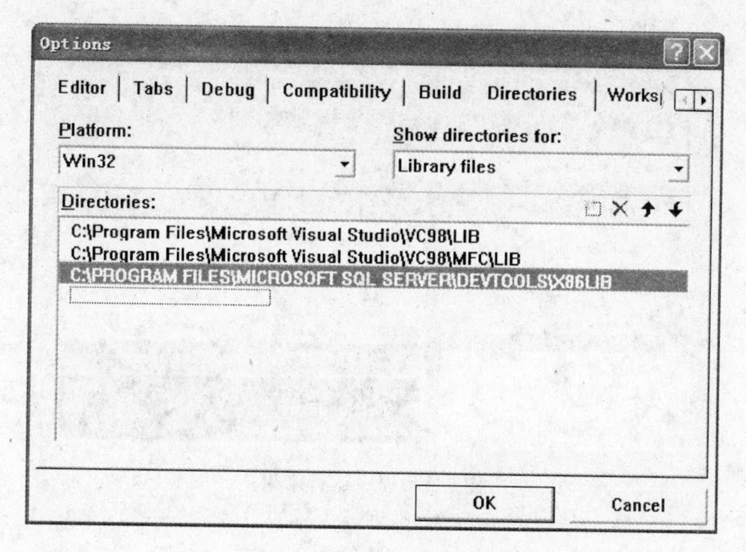

图 7-3　添加库文件路径

② 在 Visual C++ 6.0 的 Project 菜单中选择 Settings。如果该选项不可选，编译一下程序即可。在 Link 选项卡的 Object/Library Modules 文本框中加入 SQLakw32.lib 和 Caw32.lib，如图 7-4 所示。

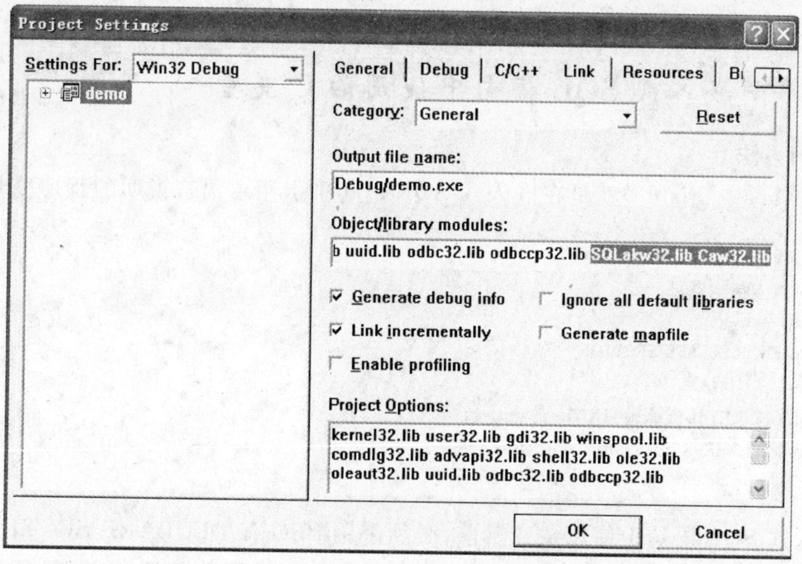

图 7-4　在工程中添加库文件

此时程序可通过正常编译链接，并生成可执行程序，但是执行时可能会弹出缺少 dll 的错误信息，解决方法是将 C:\Program Files\Microsoft SQL Server\BINN 中的 SQLakw32.dll 和 SQLaiw32.dll 放入 C:\Windows\system32 或者该可执行文件的目录中即可。

如图 7-5 所示，最终程序执行的结果是：

```
first name: Johnson
```

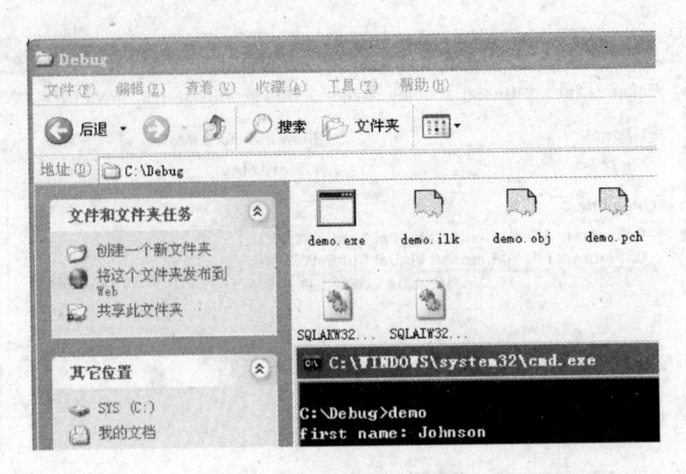

图 7-5 程序运行结果

7.2 静态 SQL 语句

嵌入式 SQL 语句从 SQL 语句的生成角度分为静态 SQL 语句和动态 SQL 语句两类。静态 SQL 语句,就是在编译时已经确定了引用的表和列。宿主变量不改变表和列信息。可以使用主变量改变查询参数值,但是不能用主变量代替表名或列名。本节讲解静态 SQL 语句的作用。

7.2.1 声明嵌入式 SQL 语句中使用的 C 变量

1. 声明方法

主变量(host variable)就是在嵌入式 SQL 语句中引用主语言说明的程序变量。例如:

```
EXEC SQL BEGIN DECLARE SECTION;
char first_name[50];
char last_name[] = "White";
EXEC SQL END DECLARE SECTION;
…
EXEC SQL SELECT au_fname INTO :first_name
FROM authors WHERE au_lname = :last_name;
…
```

在嵌入式 SQL 语句中使用主变量前,必须采用 BEGIN DECLARE SECTION 和 END DECLARE SECTION 给出主变量说明。这两条语句不是可执行语句,而是预编译程序的说明。主变量是标准的 C 程序变量。嵌入 SQL 语句使用主变量来输入数据和输出数据。C 程序和嵌入 SQL 语句都可以访问主变量。

注意:主变量的长度不能超过 30 字节。

2. 主变量的数据类型

在以 SQL 为基础的 DBMS 支持的数据类型与程序设计语言支持的数据类型之间有很大差别。这些差别对主变量影响很大。一方面,主变量是一个用程序设计语言的数据类型说明并用程序设计语言处理的程序变量;另一方面,在嵌入 SQL 语句中用主变量保存从数据库中取出的数据。所以，在嵌入式 SQL 语句中，必须映射 C 数据类型为合适的 DBMS 数据类型。必须慎重选择主变量的数据类型。在 SQL Server 中，很多数据类型都能够自动转换，例如：

```
EXEC SQL BEGIN DECLARE SECTION;
int hostvar1 = 39;
char * hostvar2 = "telescope";
float hostvar3 = 355.95;
EXEC SQL END DECLARE SECTION;
EXEC SQL UPDATE inventory
SET department = :hostvar1
WHERE part_num = "4572 - 3";
EXEC SQL UPDATE inventory
SET prod_descrip = :hostvar2
WHERE part_num = "4572 - 3";
EXEC SQL UPDATE inventory
SET price = :hostvar3
WHERE part_num = "4572 - 3";
```

在第一个 UPDATE 语句中，department 列为 smallint 数据类型(integer)，所以应该把 hostvar1 定义为 int 数据类型(integer)。这样的话，从 C 到 SQL Server 的 hostvar1 可以直接映射。在第二个 UPDATE 语句中，prod_descip 列为 varchar 数据类型，所以应该把 hostvar2 定义为字符数组。这样的话，从 C 到 SQL Server 的 hostvar2 可以从字符数组映射为 varchar 数据类型。在第三个 UPDATE 语句中，price 列为 money 数据类型。在 C 语言中，没有相应的数据类型，所以用户可以把 hostvar3 定义为 C 的浮点变量或字符数据类型。SQL Server 可以自动将浮点变量转换为 money 数据类型(输入数据)，或将 money 数据类型转换为浮点变量(输出数据)。

需要注意的是，如果数据类型为字符数组，那么 SQL Server 会在数据后面填充空格，直到填满该变量的声明长度。

在 ESQL/C 中，不支持所有的 unicode 数据类型(如 nvarchar、nchar 和 ntext)。对于非 unicode 数据类型，除了 datetime、smalldatetime、money 和 smallmoney 外(decimal 和 numeric 数据类型部分情况下不支持)，都可以相互转换。

因为 C 没有 date 或 time 数据类型，所以 SQL Server 的 date 或 time 列将被转换为字符。在缺省情况下，使用以下转换格式：mm dd yyyy hh:mm:ss[am | pm]。也可以使用字符数据格式将 C 的字符数据存放到 SQL Server 的 date 列上。还可以使用 Transact-SQL 中的 convert 语句来转换数据类型，如 SELECT CONVERT(char, date, 8) FROM sales。

3. 主变量和 NULL

大多数程序设计语言(如 C)都不支持 NULL。所以对 NULL 的处理，一定要在 SQL 中完成。可以使用主机指示符变量(host indicator variable)来解决这个问题。在嵌入式 SQL 语句中，主变量和指示符变量共同规定一个单独的 SQL 类型值。例如：

```
EXEC SQL SELECT price INTO :price:price_nullflag FROM titles
WHERE au_id = "mc3026"
```

其中,price 是主变量,price_nullflag 是指示符变量。指示符变量共有两类值:

(1) -1: 表示主变量应该假设为 NULL。

注意:主变量的实际值是一个无关值,不予考虑。

(2) >0: 表示主变量包含了有效值。该指示变量存放了该主变量数据的最大长度。

所以,上面这个例子的含义是:如果不存在 mc3026 写的书,那么 price_nullflag 为-1,表示 price 为 NULL;如果存在,则 price 为实际的价格。

下面再看一个 UPDATE 的例子:

```
EXEC SQL UPDATE closeoutsale
SET temp_price = :saleprice :saleprice_null, listprice = :oldprice;
```

如果 saleprice_null 是-1,则上述语句等价为:

```
EXEC SQL UPDATE closeoutsale
SET temp_price = null, listprice = :oldprice;
```

也可以在指示符变量前面加上关键字 INDICATOR,表示后面的变量为指示符变量。如:

```
EXEC SQL UPDATE closeoutsale
SET temp_price = :saleprice INDICATOR :saleprice_null;
```

值得注意的是,不能在 WHERE 语句后面使用指示符变量。如:

```
EXEC SQL DELETE FROM closeoutsale
WHERE temp_price = :saleprice :saleprice_null;
```

可以使用下面语句来完成上述功能:

```
if (saleprice_null == -1)
{
EXEC SQL DELETE FROM closeoutsale
WHERE temp_price IS null;
}
else
{
EXEC SQL DELETE FROM closeoutsale
WHERE temp_price = :saleprice;
}
```

为了便于识别主变量,当嵌入式 SQL 语句中出现主变量时,必须在变量名称前标上冒号":"。冒号的作用是,告诉预编译器,这是个主变量而不是表名或列名。

7.2.2 连接数据库

在程序中,使用 CONNECT TO 语句来连接数据库,该语句的完整语法为:

```
CONNECT TO {[server_name.]database_name} [AS connection_name] USER [login[.password] |
$ integrated]
```

(1) server_name 为服务器名。如省略,则为本地服务器名。

(2) database_name 为数据库名。

(3) connection_name 为连接名,可省略。如果仅仅使用一个连接,那么无需指定连接名。可以使用 SET CONNECTION 来使用不同的连接。

(4) login 为登录名。

(5) password 为密码。

例如"EXEC SQL CONNECT TO localhost. pubs USER sa. password;",服务器是 localhost,数据库为 pubs,登录名为 sa,密码为 password。缺省的超时时间为 10 秒。如果指定连接的服务器没有响应这个连接请求,或者连接超时,那么系统会返回错误信息。可以使用 SET OPTION 命令设置连接超时的时间值。

在嵌入式 SQL 语句中,使用 DISCONNECT 语句断开数据库的连接。其语法为:

```
DISCONNECT [connection_name | ALL | CURRENT]
```

其中,connection_name 为连接名,ALL 表示断开所有的连接,CURRENT 表示断开当前连接。

通过下面这些例子来理解 CONNECT 和 DISCONNECT 语句。

```
EXEC SQL CONNECT TO caffe.pubs AS caffe1 USER sa;
EXEC SQL CONNECT TO latte.pubs AS latte1 USER sa;
EXEC SQL SET CONNECTION caffe1;
EXEC SQL SELECT name FROM sysobjects INTO :name;
EXEC SQL SET CONNECTION latte1;
EXEC SQL SELECT name FROM sysobjects INTO :name;
EXEC SQL DISCONNECT caffe1;
EXEC SQL DISCONNECT latte1;
```

在上面这些例子中,第一个 SELECT 语句查询在 caffe 服务器上的 pubs 数据库。第二个 SELECT 语句查询在 latte 服务器上的 pubs 数据库。当然,也可以使用"EXEC SQL DISCONNECT ALL;"来断开所有的连接。

7.2.3 数据的查询和更新

可以使用 SELECT INTO 语句查询数据,并将数据存放在主变量中。例如 7.2.1 节中:

```
EXEC SQL SELECT au_fname INTO :first_name
FROM authors WHERE au_lname = :last_name;
```

使用 DELETE 语句删除数据。其语法类似于 Transact-SQL 中的 DELETE 语法。如:

```
EXEC SQL DELETE FROM authors WHERE au_lname = 'White'
```

使用 UPDATE 语句可以更新数据。其语法就是 Transact-SQL 中的 UPDATE 语法。如:

```
EXEC SQL UPDATE authors SET au_fname = 'Fred' WHERE au_lname = 'White'
```

使用 INSERT 语句可以插入新数据。其语法就是 Transact-SQL 中的 INSERT 语法。如:

```
EXEC SQL INSERT INTO homesales (seller_name, sale_price)
real_estate('Jane Doe', 180000.00);
```

用嵌入式 SQL 语句查询数据分成两类情况。一类是单行结果，一类是多行结果。对于单行结果，可以使用 SELECT INTO 语句；对于多行结果，必须使用游标(cursor)来完成。游标是一个与 SELECT 语句相关联的符号名，它使用户可逐行访问由 SQL Server 返回的结果集。先看下面这个例子，这个例子的作用是逐行打印 staff 表的 id、name、dept、job、years、salary 和 comm 的值。

```
EXEC SQL DECLARE C1 CURSOR FOR
SELECT id, name, dept, job, years, salary, comm FROM staff;
EXEC SQL OPEN c1;
while (SQLCODE == 0)
{
  /* SQLCODE will be zero if data is successfully fetched */
  EXEC SQL FETCH c1 INTO :id, :name, :dept, :job, :years, :salary, :comm;
  if (SQLCODE == 0)
    printf("%4d %12s %10d %10s %2d %8d %8d",
    id, name, dept, job, years, salary, comm);
}
EXEC SQL CLOSE c1;
```

从上例可以看出，首先应该定义游标结果集，即定义该游标的 SELECT 语句返回的行的集合。然后，使用 FETCH 语句逐行处理。

注意：嵌入式 SQL 语句中的游标定义选项同 Transact-SQL 中的游标定义选项有些不同，必须遵循嵌入式 SQL 语句中的游标定义规则。

(1) 声明游标。

例如：

```
EXEC SQL DECLARE C1 CURSOR FOR
SELECT id, name, dept, job, years, salary, comm FROM staff;
```

(2) 打开游标。

例如：

```
EXEC SQL OPEN c1;
```

完整语法为：OPEN 游标名［USING 主变量名 | DESCRIPTOR 描述名］。关于动态 OPEN 游标的描述见 7.3 节。

(3) 取一行值。

例如：

```
EXEC SQL FETCH c1 INTO :id, :name, :dept, :job, :years, :salary, :comm;
```

关于动态 FETCH 语句见 7.3 节。

(4) 关闭游标。

例如：

```
EXEC SQL CLOSE c1;
```

关闭游标的同时，会释放由游标添加的锁和放弃未处理的数据。在关闭游标前，该游标必须已经声明和打开。另外，程序终止时，系统会自动关闭所有打开的游标。

也可以使用 UPDATE 语句和 DELETE 语句来更新或删除由游标选择的当前行。使用 DELETE 语句删除当前游标所在的行数据的具体语法如下：

```
DELETE [FROM] {table_name | view_name} WHERE CURRENT OF cursor_name
```

(1) table_name 是表名，该表必须是 DECLARE CURSOR 的 SELECT 语句中的表。

(2) view_name 是视图名，该视图必须是 DECLARE CURSOR 的 SELECT 语句中的视图。

(3) cursor_name 是游标名。

下面这个例子逐行显示 firstname 和 lastname，询问用户是否删除该信息，如果回答"是"，那么删除当前行的数据。

```
EXEC SQL DECLARE c1 CURSOR FOR
SELECT au_fname, au_lname FROM authors FOR BROWSE;
EXEC SQL OPEN c1;
while (SQLCODE == 0)
{
  EXEC SQL FETCH c1 INTO :fname, :lname;
  if (SQLCODE == 0)
  {
    printf(" %12s %12s\n", fname, lname);
    printf("Delete? ");
    scanf(" %c", &reply);
    if (reply == 'y')
    {
      EXEC SQL DELETE FROM authors WHERE CURRENT OF c1;
      printf("delete sqlcode =  %d\n", SQLCODE(ca));
    }
  }
}
```

7.2.4 SQL 通信区

DBMS 是通过 SQLCA(SQL 通信区)向应用程序报告运行错误信息。SQLCA 是一个含有错误变量和状态指示符的数据结构。通过检查 SQLCA，应用程序能够检查出嵌入式 SQL 语句是否成功，并根据成功与否决定是否继续往下执行。预编译器自动在嵌入的 SQL 语句中包含 SQLCA 数据结构。在程序中可以使用 EXEC SQL INCLUDE SQLCA，目的是告诉 SQL 预编译程序在该程序中包含一个 SQL 通信区。也可以不写，系统会自动加上 SQLCA 结构。

1. SQLCODE

SQLCA 结构中最重要的部分是 SQLCODE 变量。在执行每条嵌入式 SQL 语句时，DBMS 在 SQLCA 中设置变量 SQLCODE 值，以指明语句的完成状态：

(1) 0：该语句成功执行，无任何错误或报警。

(2) <0：出现了严重错误。

(3) >0：出现了报警信息。

2. SQLSTATE

SQLSTATE 变量也是 SQLCA 结构中的成员。它同 SQLCODE 一样，都返回错误信息。SQLSTATE 是在 SQLCODE 之后产生的。这是因为，在制定 SQL2 标准之前，各个数据库厂商都采用 SQLCODE 变量来报告嵌入式 SQL 语句中的错误状态。但是，各个厂商没有采用标准的错误描述信息和错误值来报告相同的错误状态。所以，标准化组织增加了 SQLSTATE 变量，规定了通过 SQLSTATE 变量报告错误状态和各个错误代码。因此，目前使用 SQLCODE 的程序仍然有效，但也可用标准的 SQLSTATE 错误代码编写新程序。

在每条嵌入式 SQL 语句之后立即编写一条检查 SQLCODE/SQLSTATE 值的程序，是一件很烦琐的事情。为了简化错误处理，可以使用 WHENEVER 语句。该语句是 SQL 预编译程序的指示语句，而不是可执行语句。它通知预编译程序在每条可执行嵌入式 SQL 语句之后自动生成错误处理程序，并指定了错误处理操作。

用户可以使用 WHENEVER 语句通知预编译程序去如何处理以下三种异常：

(1) WHENEVER SQLERROR action：表示一旦 SQL 语句执行时遇到错误信息，则执行 action，action 中包含了处理错误的代码(SQLCODE<0)。

(2) WHENEVER SQLWARNING action：表示一旦 SQL 语句执行时遇到警告信息，则执行 aciton，即 action 中包含了处理警报的代码(SQLCODE=1)。

(3) WHENEVER NOT FOUND：表示一旦 SQL 语句执行时没有找到相应的元组，则执行 action，即 action 包含了处理没有查到内容的代码(SQLCODE=100)。

(4) 针对上述三种异常处理，用户可以指定预编译程序采取以下三种行为(action)：

(1) WHENEVER…GOTO：通知预编译程序产生一条转移语句。

(2) WHENEVER…CONTINUE：通知预编译程序让程序的控制流转入到下一个主语言语句。

(3) WHENEVER…CALL：通知预编译程序调用函数。

WHENEVER 完整语法如下：

```
WHENEVER {SQLWARNING | SQLERROR | NOT FOUND} {CONTINUE | GOTO stmt_label | CALL function()}
```

例如：

```
EXEC SQL WHENEVER sqlerror GOTO errormessage1;
EXEC SQL DELETE FROM homesales
WHERE equity < 10000;
EXEC SQL DELETE FROM customerlist
WHERE salary < 40000;
EXEC SQL WHENEVER sqlerror CONTINUE;
EXEC SQL UPDATE homesales
SET equity = equity - loanvalue;
EXEC SQL WHENEVER sqlerror GOTO errormessage2;
EXEC SQL INSERT INTO homesales (seller_name, sale_price)
real_estate('Jane Doe', 180000.00);
⋮
errormessage1:
printf("SQL DELETE error: % ld\n", sqlcode);
```

```
exit();
errormessage2:
printf("SQL INSERT error: %ld\n", sqlcode);
exit();
```

WHENEVER 语句是预编译程序的指示语句。在上面这个例子中，由于第一个 WHENEVER 语句的作用，前面两个 DELETE 语句中任一语句内的一个错误会在 errormessage1 中形成一个转移指令。由于一个 WHENEVER 语句替代前面 WHENEVER 语句，所以，嵌入式 UPDATE 语句中的一个错误会直接转入下一个程序语句中。嵌入式 INSERT 语句中的一个错误会在 errormessage2 中产生一条转移指令。

从上面例子可以看出，WHENEVER/CONTINUE 语句的主要作用是取消先前的 WHENEVER 语句的作用。WHENEVER 语句使得对嵌入式 SQL 错误的处理更加简便，应该在应用程序中普遍使用，而不是直接检查 SQLCODE 的值。

7.3 动态 SQL 语句

7.2 节中讲述的嵌入式 SQL 语言都是静态 SQL 语言，即在编译时已经确定了引用的表和列。主变量不改变表和列信息。通过静态 SQL 语言，使用主变量改变查询参数，但是不能用主变量代替表名或列名。否则，系统报错。动态 SQL 语句就是来解决这个问题的。

动态 SQL 语句不是在编译时确定 SQL 的表和列，而是让程序在运行时提供，并将 SQL 语句文本传给 DBMS 执行。静态 SQL 语句在编译时已经生成执行计划。而动态 SQL 语句，只有在执行时才产生执行计划。动态 SQL 语句首先执行 PREPARE 语句，要求 DBMS 分析、确认和优化语句，并为其生成执行计划。DBMS 还设置 SQLCODE 以表明语句中发现的错误。当程序执行完“PREPARE”语句后，就可以用 EXECUTE 语句执行，并设置 SQLCODE，以表明完成状态。

按照功能和处理的角度，动态 SQL 应该分成两类来解释：动态修改和动态查询。

7.3.1 动态修改

动态修改使用 PREPARE 语句和 EXECUTE 语句。PREPARE 语句是动态 SQL 语句独有的语句。其语法为：

```
PREPARE 语句名 FROM 主变量
```

该语句接收含有 SQL 语句串的主变量，并把该语句送到 DBMS。DBMS 编译语句并生成执行计划。在语句串中包含一个“?”标明参数，当执行语句时，DBMS 需要参数来替代这些“?”。PREPRARE 执行的结果是，DBMS 把语句名赋给准备的语句。语句名类似于游标名，是一个 SQL 标识符。在执行 SQL 语句时，EXECUTE 语句后面是这个语句名。例如：

```
EXEC SQL BEGIN DECLARE SECTION;
char prep[] = "INSERT INTO mf_table VALUES(?,?,?)";
char name[30];
char car[30];
```

```
double num;
EXEC SQL END DECLARE SECTION;
EXEC SQL PREPARE prep_stat FROM :prep;
while (SQLCODE == 0)
{
  strcpy(name, "Elaine");
  strcpy(car, "Lamborghini");
  num = 4.9;
  EXEC SQL EXECUTE prep_stat USING :name, :car, :num;
}
```

在这个例子中，prep_stat 是语句名，prep 主变量的值是一个 INSERT 语句，包含了三个参数（三个“?”）。PREPARE 的作用是，DBMS 编译这个语句并生成执行计划，并把语句名赋给这个准备的语句。

值得注意的是，PREPARE 中的语句名的作用范围为整个程序，所以不允许在同一个程序的多个 PREPARE 语句中使用相同的语句名。

EXECUTE 语句是动态 SQL 独有的语句。它的语法如下：

```
EXECUTE 语句名 USING 主变量 | DESCRIPTOR 描述符名
```

请看上面这个例子中的“EXEC SQL EXECUTE prep_stat USING :name, :car, :num;”语句，它的作用是，请求 DBMS 执行 PREPARE 语句准备好的语句。当要执行的动态语句中包含一个或多个参数标志时，在 EXECUTE 语句必须为每一个参数提供值，如:name、:car 和:num。这样，EXECUTE 语句用主变量值逐一代替准备语句中的参数标志（“?”），从而，为动态执行语句提供了输入值。

使用主变量提供值，USING 子句中的主变量数必须同动态语句中的参数个数一致，而且每一个主变量的数据类型必须同相应参数所需的数据类型相一致。各主变量也可以有一个伴随主变量的指示变量。当处理 EXECUTE 语句时，如果指示变量包含一个负值，就把 NULL 值赋予相应的参数。除了使用主变量为参数提供值，也可以通过 SQLDA 提供值。

7.3.2 动态游标

游标分为静态游标和动态游标两类。对于静态游标，在定义游标时就已经确定了完整的 SELECT 语句。在 SELECT 语句中可以包含主变量来接收输入值。当执行游标的 OPEN 语句时，主变量的值被放入 SELECT 语句。在 OPEN 语句中，不用指定主变量，因为在 DECLARE CURSOR 语句中已经放置了主变量。例如：

```
EXEC SQL BEGIN DECLARE SECTION;
char szLastName[] = "White";
char szFirstName[30];
EXEC SQL END DECLARE SECTION;
EXEC SQL
DECLARE author_cursor CURSOR FOR
SELECT au_fname FROM authors WHERE au_lname = :szLastName;
EXEC SQL OPEN author_cursor;
EXEC SQL FETCH author_cursor INTO :szFirstName;
```

动态游标和静态游标不同，以下是动态游标使用的句法，参照后面的例子来理解动态游标。

1. 声明游标

声明游标使用 DECLARE CURSOR，下面是对于静态 SQL 声明一个游标：

```
ESEC SQL DECLARE C1 CURSOR FOR Select * From Staff;
```

在源文件中，DECLARE CURSOR 语句应出现在打开游标语句之前，如果使用的是动态语句，则有所不同，声明语句中不再包括 SELECT 语句的语法，而是使用一个语句名。这个语句名必须与准备相关的 SELECT 语句时使用的名称相匹配。例如：

```
EXEC SQL PREPHRE Stmt1 FRM:StringStmt;
EXEC SQL DECLARE C2 CURSOR FOR Stmt1;
```

2. 打开游标

完整语法为：

```
OPEN 游标名 [USING 主变量名 | DESCRIPTOR 描述名]
```

在动态游标中，OPEN 语句的作用是使 DBMS 在第一行查询结果前开始执行查询并定位相关的游标。当 OPEN 语句成功执行完毕后，游标处于打开状态，并为 FETCH 语句做准备。OPEN 语句执行一条由 PREPARE 语句预编译的语句。如果动态查询正文中包含有一个或多个参数标记时，OPEN 语句必须为这些参数提供参数值。USING 子句的作用是规定参数值。

3. 取一行值

FETCH 语法为：

```
FETCH 游标名 USING DESCRIPTOR 描述符名
```

动态 FETCH 语句的作用是，把这一行的各列值送到 SQLDA 中，并把游标移到下一行(注意，静态 FETCH 语句的作用是用主变量表接收查询到的列值)。

在使用 FETCH 语句前，必须为数据区分配空间，SQLDATA 字段指向检索出的数据区。SQLLEN 字段是 SQLDATA 指向的数据区的长度。SQLIND 字段指出是否为 NULL。关于 SQLDA 的介绍，见 7.3.3 节。

4. 关闭游标

例如：

```
EXEC SQL CLOSE c1;
```

关闭游标的同时，会释放由游标添加的锁和放弃未处理的数据。在关闭游标前，该游标必须已经声明和打开。另外，程序终止时，系统会自动关闭所有打开的游标。

在动态游标的 DECLARE CURSOR 语句中不包含 SELECT 语句。而是定义了在 PREPARE 中的语句名，用 PREPARE 语句规定与查询相关的语句名称。当 PREPARE 语句中的语句包含了参数，那么在 OPEN 语句中必须指定提供参数值的主变量或 SQLDA。动态 DECLARE CURSOR 语句是 SQL 预编译程序中的一个命令，而不是可执行语句。该子句必须在 OPEN、FETCH、CLOSE 语句之前使用。例如：

```
EXEC SQL BEGIN DECLARE SECTION;
char szCommand[ ] = "SELECT au_fname FROM authors WHERE au_lname = ?";
char szLastName[ ] = "White";
char szFirstName[30];
EXEC SQL END DECLARE SECTION;
EXEC SQL DECLARE author_cursor CURSOR FOR select_statement;
EXEC SQL PREPARE select_statement FROM :szCommand;
EXEC SQL OPEN author_cursor USING :szLastName;
EXEC SQL FETCH author_cursor INTO :szFirstName;
```

一个很实际的例子将在 7.4 节讲解。

7.3.3 SQLDA

可以通过 SQLDA 为嵌入式 SQL 语句提供输入数据和从嵌入式 SQL 语句中输出数据。因此理解 SQLDA 的结构是理解动态 SQL 的关键。

动态 SQL 语句在编译时可能不知道有多少列信息。在嵌入 SQL 语句中,这些不确定的数据是通过 SQLDA 完成的。SQLDA 的结构非常灵活,在该结构的固定部分,指明了多少列等信息(如下面代码中的 sqld=2,表示为两列信息),在该结构的后面,有一个可变长的结构(SQLVAR 结构),说明每列的信息。

SQLDA 结构如下:

```
Sqld = 2
sqlvar
…
Sqltype = 500
Sqllen
sqldata
…
Sqltype = 501
Sqllen
Sqldata
…
```

具体 SQLDA 的结构在 sqlda.h 中定义,代码如下:

```
struct sqlda
{
  unsigned char sqldaid[8];        // Eye catcher = 'SQLDA '
  long sqldabc;                    // SQLDA size in bytes = 16 + 44 * SQLN
  short sqln;                      // Number of SQLVAR elements
  short sqld;                      // Num of used SQLVAR elements
  struct sqlvar
  {
    short sqltype;                 // Variable data type
    short sqllen;                  // Variable data length
                                   // Maximum amount of data < 32KB
    unsigned char FAR * sqldata;   // Pointer to variable data value
    short FAR * sqlind;            // Pointer to null indicator
    struct sqlname                 // Variable name
```

```
        {
            short length;                // Name length [1..30]
            unsigned char data[30];      // Variable or column name
        } sqlname;
    } sqlvar[1];
};
```

从上面这个定义看出，SQLDA是一种由两个不同部分组成的可变长数据结构。从位于SQLDA开端的sqldaid到Sqld为固定部分，用于标识该SQLDA，并规定这一特定的SQLDA的长度。而后是一个或多个sqlvar结构，用于标识列数据。当用SQLDA把参数送到执行语句时，每一个参数都是一个sqlvar结构；当用SQLDA返回输出列信息时，每一列都是一个sqlvar结构。具体每个元素的含义为：

(1) Sqldaid：用于输入标识信息，如“SQLDA”。

(2) Sqldabc：SQLDA数据结果的长度。应该是16＋44×SQLN。Sqldaid、sqldabc、sqln和sqld的总长度为16个字节。而sqlvar结构的长度为44个字节。

(3) Sqln：分配的Sqlvar结构的个数，等价于输入参数的个数或输出列的个数。

(4) Sqld：目前使用的sqlvar结构的个数。

(5) Sqltype：代表参数或列的数据类型。它是一个整数数据类型代码，如500代表二字节整数。具体每个整数的含义如表7-1所示。

表7-1　SQL DA元素说明表

Sqltype	代码说明	SQL Server 数据类型	例子
392/39326	字节长的包含日期和时间的字符串	datetime,smalldatetime	char date1 [27] = Mar 7 1988 7:12PM;
444/445	二进制数据	binary,image,timestamp	char binary1[4097];
452/453	小于254字节的字符串	char,varchar	char mychar[255];
456/457	固定长度的长字符串	text	struct TEXTVAR { short len; char data[4097];} textvar;
480/4818	字节的浮点数	float	double mydouble1;
482/4834	字节的浮点数	real	float myfloat1;
496/4974	字节的整数	int	long myint1;
500/5014	字节的整数	smallint,tinyint,bit	short myshort1;
462/463	NULL结尾的字符串	char,varchar,text	char mychar1[41]; char * mychar2;

(6) Sqllen：代表传送数据的长度。如2代表二字节整数。如果是字符串，则该数据为字符串中的字符数量。

(7) Sqldata：指向数据的地址。

注意：Sqldata仅仅是一个地址。

(8) Sqlind：代表是否为NULL。如果该列不允许为NULL，则该字段不赋值；如果该列允许为NULL，则该字段若为0，表示数据值不为NULL，若为－1，表示数据值为NULL。

(9) Sqlname：代表列名或变量名。它是一个结构，包含length和data。Length是名字的长度，data是名字。

7.4 应用实例

本节通过一个简单的学生管理系统的实例，进一步说明使用C语言开发数据库应用程序的方法和技术。

```
#include <stdio.h>

void showmenu();
void showerror();
void dbconnect();
void insertstu();
void deletestu();
void updatestu();
void selectstu();

void main()
{
    /* 主函数主要实现了一个循环,不断输出菜单选项,并获取用户输入,然后使用 switch 根据用户输入调用相应函数。 */
    int s = 0;
    while(s!= 9)
    {
        showmenu();
        scanf("%d", &s);
        switch(s)
        {
            case 1:
                insertstu();
                break;
            case 2:
                deletestu();
                break;
            case 3:
                updatestu();
                break;
            case 4:
                selectstu();
                break;
            case 9:
                break;
            default:
                printf(" input error!            \n");
        }
    }
}

void showmenu()
{
    printf("        C-ESQL 实例                \n");
```

```
    printf(" =============================\n");
    printf(" 菜单:                        \n");
    printf(" 1 - 插入学生信息              \n");
    printf(" 2 - 删除学生信息              \n");
    printf(" 3 - 更新学生信息              \n");
    printf(" 4 - 查找学生信息              \n");
    printf(" 9 - 退出程序                \n\n");
    printf("请选择: ");
}

void showerror()
{
    /* 错误处理函数,一旦发生错误,将转到这个函数,打印出 SQLCODE 这个状态代码 */
    printf("Error Code: %ld\n", SQLCODE);
}

void dbconnect()
{
    /* 使用 sa,123 连接到 localhost 的 school 数据库 */
    EXEC SQL CONNECT TO [119.48.217.251].school
    USER sa.123;
}

void insertstu()
{
    /* 定义数据 */
    EXEC SQL BEGIN DECLARE SECTION;
    char stuno[12];
    char stuname[21];
    char stusex[3];
    char stubirthday[11];
    char stuaspect[51];
    char stuclass[51];
    char stucollege[51];
    EXEC SQL END DECLARE SECTION;

    /* 为各个数据输入值 */
    printf("Please input student info:\n");
    printf("no. :");
    scanf(" %s", &stuno);
    printf("name :");
    scanf(" %s", &stuname);
    printf("sex :");
    scanf(" %s", &stusex);
    printf("birthday :");
    scanf(" %s", &stubirthday);
    printf("aspect :");
    scanf(" %s", &stuaspect);
    printf("class :");
    scanf(" %s", &stuclass);
    printf("college :");
```

```
    scanf(" %s", &stucollege);

    /* 出错时调用出错函数 */
    EXEC SQL WHENEVER sqlerror CALL showerror();
    /* 连接数据库 */
    dbconnect();
    /* 执行插入操作 */
    EXEC SQL INSERT INTO stuinfo ( stuno, stuname, stusex, stuaspect, stubirthday, stuclass,
stucollege) VALUES(:stuno,:stuname,:stusex,:stuaspect,:stubirthday,:stuclass,:stucollege);
    /* 关闭所有连接 */
    EXEC SQL DISCONNECT ALL;
}

void deletestu()
{
    /* 定义数据 */
    EXEC SQL BEGIN DECLARE SECTION;
    char stuno[12];
    EXEC SQL END DECLARE SECTION;

    /* 为数据输入值 */
    printf("Please input student info:\n");
    printf("no. :");
    scanf(" %s", &stuno);

    /* 出错时调用出错函数 */
    EXEC SQL WHENEVER sqlerror CALL showerror();
    /* 连接数据库 */
    dbconnect();
    /* 执行 SQL 语句 */
    EXEC SQL CONNECT TO localhost.school
    USER sa.123;
    EXEC SQL DELETE FROM stuinfo WHERE stuno = :stuno;
    EXEC SQL DISCONNECT ALL;
}

void updatestu()
{
    /* 定义 r,接收用户的选择 */
    int r = 0;

    /* 定义数据 */
    EXEC SQL BEGIN DECLARE SECTION;
    char stuno[12];
    char stuname[21];
    char stusex[3];
    char stubirthday[11];
    char stuaspect[51];
    char stuclass[51];
    char stucollege[51];
    EXEC SQL END DECLARE SECTION;
```

```
    /* 获取用户的选项 */
    while(r!= 1 && r != 2)
    {
        printf("请选择根据(1 学号 / 2 姓名)修改记录: ");
        scanf(" %d", &r);
    }

    /* 为数据输入值 */
    printf("Please input student info:\n");
    printf("no. :");
    scanf(" %s", &stuno);
    printf("name :");
    scanf(" %s", &stuname);
    printf("sex :");
    scanf(" %s", &stusex);
    printf("birthday :");
    scanf(" %s", &stubirthday);
    printf("aspect :");
    scanf(" %s", &stuaspect);
    printf("class :");
    scanf(" %s", &stuclass);
    printf("college :");
    scanf(" %s", &stucollege);

    /* 出错时调用出错函数 */
    EXEC SQL WHENEVER sqlerror CALL showerror();
    /* 连接数据库 */
    dbconnect();
    /* 根据用户的输入构造和执行不同的 SQL 语句 */
    switch(r)
    {
        case 1:
            EXEC SQL UPDATE stuinfo SET stuname = :stuname, stusex = :stusex, stuaspect =
:stuaspect, stubirthday = :stubirthday, stuclass = :stuclass, stucollege = :stucollege WHERE stuno =
:stuno;
            break;
        case 2:
            EXEC SQL UPDATE stuinfo SET stuno = :stuno, stusex = :stusex, stuaspect = :stuaspect,
stubirthday = :stubirthday, stuclass = :stuclass, stucollege = :stucollege WHERE stuname = :stuname;
            break;
    }
    EXEC SQL DISCONNECT ALL;
}

void selectstu()
{
    /* 定义 r,接收用户的选择 */
    int r = 0;

    /* 定义数据 */
    EXEC SQL BEGIN DECLARE SECTION;
```

```
int id;
char stuno[12];
char stuname[11];
char stusex[3];
char stubirthday[11];
char stuaspect[21];
char stuclass[6];
char stucollege[21];
EXEC SQL END DECLARE SECTION;

/ * 获取用户的选项 * /
while(r!= 1 && r != 2 && r != 3)
{
    printf("请选择根据(1 所有 / 2 学号 / 3 姓名)查找记录: ");
    scanf(" % d", &r);
}

switch(r)
{
    case 1:
        break;
    case 2:
        printf("请输入学号:");
        scanf(" % s", &stuno);
        break;
    case 3:
        printf("请输入姓名:");
        scanf(" % s", &stuname);
        break;
}

/ * 出错时调用出错函数 * /
EXEC SQL WHENEVER sqlerror CALL showerror();
/ * 连接数据库 * /
dbconnect();
/ * 根据用户的输入构造和执行不同的 SQL 语句 * /

switch(r)
{
    case 1:
        / * 定义游标 * /
        EXEC SQL DECLARE c1 CURSOR FOR
            SELECT stuno, stuname, stusex, stubirthday, stuaspect, stuclass, stucollege
            FROM stuinfo;
        / * 打开游标 * /
        EXEC SQL OPEN c1;
        break;
    case 2:
        EXEC SQL DECLARE c2 CURSOR FOR
            SELECT stuno, stuname, stusex, stubirthday, stuaspect, stuclass, stucollege
            FROM stuinfo
```

```
            WHERE stuno = :stuno;
        EXEC SQL OPEN c2;
        break;
    case 3:
        EXEC SQL DECLARE c3 CURSOR FOR
            SELECT stuno, stuname, stusex, stubirthday, stuaspect, stuclass, stucollege
            FROM stuinfo
            WHERE stuname = :stuname;
        EXEC SQL OPEN c3;
        break;
}

while(SQLCODE >= 0 && SQLCODE < 100)
{
    switch(r)
    {
    case 1:
        /*从游标中捡取出一条记录存入变量*/
         EXEC SQL FETCH c1 INTO :stuno, :stuname, :stusex, :stubirthday, :stuaspect,
:stuclass, :stucollege;
        break;
    case 2:
         EXEC SQL FETCH c2 INTO :stuno, :stuname, :stusex, :stubirthday, :stuaspect,
:stuclass, :stucollege;
        break;
    case 3:
         EXEC SQL FETCH c3 INTO :stuno, :stuname, :stusex, :stubirthday, :stuaspect,
:stuclass, :stucollege;
        break;
    }

    /*判断是否捡取正常,并输入结果*/
    if(SQLCODE >= 0 && SQLCODE < 100)
    {
        printf("%s ", stuno);
        printf("%s ", stuname);
        printf("%s ", stusex);
        printf("%s ", stubirthday);
        printf("%s ", stuaspect);
        printf("%s ", stuclass);
        printf("%s ", stucollege);
        printf("\n");
    }
}

switch(r)
{
case 1:
    /*关闭游标*/
    EXEC SQL CLOSE c1;
    break;
```

```
    case 2:
        EXEC SQL CLOSE c2;
        break;
    case 3:
        EXEC SQL CLOSE c3;
        break;
    }

    /*关闭连接*/
    EXEC SQL DISCONNECT ALL;
}
```

小 结

本章主要是为只学习过C语言而没有接触过其他高级语言，或是使用C语言从事嵌入式软件开发的读者准备的基础知识。主要介绍了C语言嵌入式SQL的基础知识、静态SQL语句及其应用、动态SQL语句及其应用，并结合具体实例阐述了C语言操作数据库的基本方法和技术，最后以一个具体实例说明C语言访问数据库的完整过程。

习 题

一、单选题

1. 下面不属于嵌入式SQL的基本特点的是(　　)。
   A. 每条嵌入式SQL语句都用EXEC SQL开始，表明它是一条SQL语句
   B. 嵌入式SQL语句的关键字不区分大小写
   C. 不需要连接操作命令即可连接并打开数据库
   D. 每一条嵌入式SQL语句都有结束符号，如在C中是“;”
2. 以下关于宿主变量错误的说法是(　　)。
   A. 是在嵌入式SQL语句中引用主语言说明的程序变量
   B. 在嵌入式SQL语句中使用主变量前，必须采用BEGIN DECLARE SECTION和END DECLARE SECTION对主变量进行说明
   C. 主变量是标准的C程序变量，嵌入SQL语句使用主变量来输入数据和输出数据
   D. 嵌入式SQL语句都可以访问主变量，C程序不可以访问主变量

二、填空题

1. C语言连接数据库，直接调用________函数。

2. 使用嵌入式SQL语句直接连接数据库，在SQL语句中涉及使用变量的时候，变量前加________否则无法识别。

3. 在每次访问数据库之前必须做________操作，使用________________语句断开数据库的连接。

4. 在宿主语言中使用SQL语句时，必须在语句前加________，用________标识结束。

5. 宿主语句向SQL语言提供参数是通过________，在SQL语句中应用时，必须在宿

主变量前加________。

6. 用 OPEN 语句打开游标时，游标指针指向查询结果的________。

三、简答题

1. 简述嵌入 SQL 语句应该包含的步骤。

2. 简述嵌入式 SQL 语句与动态 SQL 语句的差别。

3. 嵌入式 SQL 动态游标的作用，动态游标是怎样定义的？

四、思考题

以 SQL Server 2005 数据库为例，使用嵌入式 SQL 语句直接连接数据库，分别用静态游标和动态游标方式读出符合条件的数据。

第 8 章　C#和 ADO.NET 数据库应用程序开发技术

内容提要

- 数据提供程序的选择；
- SqlConnection 的使用；
- OleDbConnection 的使用；
- OracleConnection 的使用；
- 数据的获取；
- DataReader 的使用；
- DataSet 和 DataAdapter 的使用。

在实际的应用中，大多数应用程序都需要访问数据库。ADO.NET 是微软公司创建的一种新的数据库访问技术。利用它可以方便地连接数据源并访问、显示和修改数据。本章主要介绍如何利用 C#语言和 ADO.NET 技术操作数据库。

8.1　数据库的连接

.NET 框架中的数据提供程序在应用程序和数据源之间起到桥梁作用。.NET 框架数据提供程序能够从数据源中返回查询结果、对数据源执行命令、将 DataSet 中的更改传播给数据源。为了使应用程序获得最佳性能，应该选择最适合数据源的 .NET 框架数据提供程序。表 8-1 提供了可用的数据提供程序的信息，以及每个数据提供程序最适合哪个数据源。

为了在连接到 Microsoft SQL Server 7.0 或更高版本时获得最佳性能，使用 SQL Server .NET 数据提供程序。SQL Server .NET 数据提供程序的设计目的就在于不通过任何附加技术层就可以直接访问 SQL Server。图 8-1 说明了可用于访问 SQL Server 7.0 或更高版本的不同技术之间的区别。

ODBC .NET 数据提供程序可在 Microsoft.Data.Odbc 命名空间中找到，它的结构与用于 SQL Server 和 OLE DB 的 .NET 数据提供程序相同。ODBC .NET 数据提供程序遵循命名约定——以 ODBC 为前缀(如 OdbcConnection)，并使用标准 ODBC 连接字符串。

ODBC .NET 数据提供程序将包含在以 1.1 版本为起始的 .NET 框架版本中，包含 ODBC .NET 数据提供程序的命名空间是 System.Data.Odbc。

表 8-1　数据提供程序及描述

提供程序	详细信息
SQL Server .NET 数据提供程序	可在 System. Data. SqlClient 命名空间中找到。 建议那些使用 Microsoft SQL Server 的 7.0 版或更高版本的中间层应用程序使用。 建议那些使用 Microsoft Data Engine (MSDE) 或 Microsoft SQL Server 7.0 版或更高版本的单层应用程序使用。 对于 Microsoft SQL Server 的 6.5 版和更早版本,必须将用于 SQL Server 的 OLE DB 提供程序与 OLE DB .NET 数据提供程序一起使用
OLE DB .NET 数据提供程序	可在 System. Data. OleDb 命名空间中找到。 建议那些使用 Microsoft SQL Server 6.5 版或更早版本,或支持 .NET 框架 SDK 的 OLE DB.NET 数据提供程序使用的 OLE DB 接口中列出的任何 OLE DB 接口的 OLE DB 提供程序的中间层应用程序使用。(OLE DB 2.5 接口不需要) 对于 Microsoft SQL Server 7.0 或更高版本,建议使用 SQL Server 的 .NET 框架数据提供程序。 建议那些使用 Microsoft Access 数据库的单层应用程序使用。不建议中间层应用程序使用 Access 数据库。 禁用 ODBC (MSDASQL) 的 OLE DB 提供程序支持。
ODBC .NET 数据提供程序	可在 Microsoft. Data. Odbc 命名空间中找到。 提供对通过 ODBC 驱动程序连接的数据源的访问。 ODBC 数据提供程序将包含在即将发布的以 1.1 为起始的 .NET 框架版本中。包含的 ODBC .NET 数据提供程序的命名空间是 System. Data. Odbc
用于 Oracle 的 .NET 数据提供程序	可在 System. Data. OracleClient 命名空间中找到。 提供对 Oracle 数据源(版本 8.1.7 及更高版本)的访问。 用于 Oracle 的 .NET 数据提供程序将包含在即将发布的以 1.1 为起始的 .NET 框架版本中
自定义.NET 数据提供程序	ADO.NET 提供了最小的一组接口,能实现自己的 .NET 框架数据提供程序
SQLXML 托管类	用于 Microsoft SQL Server 2000 的 XML 发布 (SQLXML 3.0) 包含 SQLXML 托管类,它能从 .NET 框架访问 Microsoft SQL Server 2000 及其更高版本的 XML 功能。例如,这些类可以执行 XML 模板、对服务器上的数据执行 XML 路径语言 (XPath) 查询,或者用 Updategrams 或 Diffgrams 执行数据更新。 SQLXML 3.0 以 SQLXML 1.0 及 2.0 的功能为基础,为 SQL Server 2000 引入了 Web 服务。对于 SQLXML 3.0,存储过程和 XML 模板能通过 SOAP 公开为 Web 服务

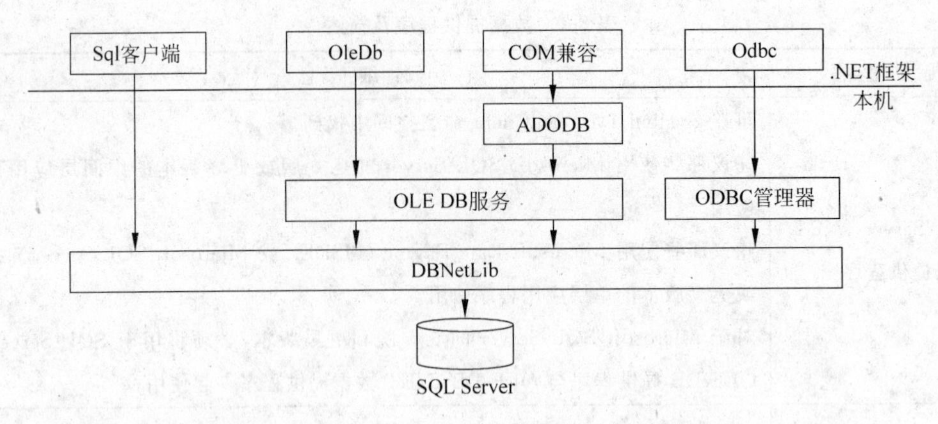

图 8-1 访问 SQL Server 7.0 或更高版本的连接方法

8.1.1 SqlConnection 的使用

ConnectionString 类似于 OLE DB 连接字符串,但并不相同。可以使用 ConnectionString 属性连接到数据库。下面是一个典型的连接字符串:

```
"Persist Security Info = False;
Integrated Security = SSPI;database = northwind;server = mySQLServer"
```

与 OLE DB 或 ADO 不同,如果 Persist Security Info 值设置为 false(默认值),则返回的连接字符串与用户设置的 ConnectionString 相同但去除了安全信息。除非将 Persist Security Info 设置为 true,否则,SQL Server .NET Framework 数据提供程序将不会保持安全信息,也不会返回连接字符串中的密码。

只有在连接关闭时才能设置 ConnectionString 属性。许多连接字符串值都具有相应的只读属性。当设置连接字符串时,将更新所有这些属性(除非检测到错误)。检测到错误时,不会更新任何属性。SqlConnection 属性只返回那些包含在 ConnectionString 中的设置。

若要连接到本地机器,服务器(server)指定为"(local)"(必须始终指定一个服务器)。

重置已关闭连接上的 ConnectionString 会重置包括密码在内的所有连接字符串值(和相关属性)。例如,如果设置一个连接字符串,其中包含 Database= northwind,然后再将该连接字符串重置为"Data Source=myserver;Integrated Security=SSPI",则 Database 属性将不再设置为 Northwind。

在设置后会立即分析连接字符串。如果在分析时发现语法中有错误,则产生运行库异常,如 ArgumentException。只有当试图打开连接时,才会发现其他错误。

连接字符串的基本格式包括一系列由分号分隔的关键字/值对。使用等号(=)连接各个关键字及其值。若要包括含有分号、单引号字符或双引号字符的值,则该值必须用双引号括起来。如果该值同时包含分号和双引号字符,则该值可以用单引号括起来。如果该值以双引号字符开始,则还可以使用单引号。相反地,如果该值以单引号开始,则可以使用双引号。如果该值同时包含单引号和双引号字符,则用于将值括起来的引号字符每次出现时,都必须成对出现。

若要在字符串值中包括前导或尾随空格,则该值必须用单引号或双引号括起来。即使将整数、布尔值或枚举值用引号括起来，其周围的任何前导或尾随空格也将被忽略。然而，保留字符串关键字或值内的空格。使用 .NET Framework 1.1 版时，在连接字符串中可以使用单引号或双引号而不用使用分隔符(如 Data Source= my'Server 或 Data Source= my"Server)，但引号字符不可以为值的第一个或最后一个字符。

若要在关键字或值中包括等号"="，则它之前必须还有另外一个等号。例如，在假设的连接字符串 keyword=value 中，关键字是 keyword 并且值是 value。

如果 keyword= value 中的一个特定关键字多次出现在连接字符串中，则将所列出的最后一个用于值集。关键字不区分大小写。

下面列出了 ConnectionString 中的关键字值的有效名称及其含义。

(1) Application Name：应用程序的名称，如果不提供应用程序名称，默认是. Net SqlClient Data Provider。

(2) Database：指定数据库的名称。

(3) Connect Timeout 或 Connection Timeout：在终止尝试连接并产生错误之前，等待与服务器的连接的时间长度(以秒为单位)。

(4) Data Source、Server、Address、Addr、Network Address：要连接的 SQL Server 实例的名称或网络地址。

(5) Encrypt：默认值为 false，当该值为 true 时，如果服务器端安装了证书，则 SQL Server 将对所有在客户端和服务器之间传送的数据使用 SSL 加密。可识别的值为 true、false、yes 和 no。

(6) Initial Catalog 或 Database：数据库的名称。

(7) Integrated Security 或 Trusted_Connection：默认值为 false，当为 false 时，将在连接中指定用户 ID 和密码。当为 true 时，将使用当前的 Windows 账户凭据进行身份验证。可识别的值为 true、false、yes、no 以及与 true 等效的 sspi(强烈推荐)。

(8) Network Library 或 Net：默认值为 dbmssocn，用于建立与 SQL Server 实例的连接的网络库。支持的值包括 dbnmpntw(命名管道)、dbmsrpcn(多协议)、dbmsadsn (Apple Talk)、dbmsgnet (VIA)、dbmslpcn(共享内存)及 dbmsspxn (IPX/SPX) 和 dbmssocn (TCP/IP)。相应的网络 DLL 必须安装在要连接的系统上。如果不指定网络而使用一个本地服务器(比如"."或"(local)")，则使用共享内存。

(9) Packet Size：默认值是 8192，用来与 SQL Server 的实例进行通信的网络数据包的大小，以字节为单位。

(10) Password 或 Pwd：SQL Server 账户登录的密码(建议不要使用，为了维护最高级别的安全性，强烈建议改用 Integrated Security 或 Trusted_Connection 关键字)。

(11) Persist Security Info：默认值为 false，当该值设置为 false 或 no(强烈推荐)时，如果连接是打开的或者一直处于打开状态，那么安全敏感信息(如密码)将不会作为连接的一部分返回。重置连接字符串将重置包括密码在内的所有连接字符串值。可识别的值为 true、false、yes 和 no。

(12) User ID：SQL Server 登录账户(建议不要使用。为了维护最高级别的安全性，强烈建议改用 Integrated Security 或 Trusted_Connection 关键字)。

(13) Workstation ID：本地计算机名称连接到 SQL Server 的工作站的名称。

下面的例子创建一个 SqlConnection 并设置它的一些属性。

```
public void CreateSqlConnection()
{
SqlConnection myConnection = new SqlConnection();
myConnection.ConnectionString = "Persist  Security Info = False;
Integrated Security = SSPI;database = northwind;
server = mySQLServer;Connect Timeout = 30";
myConnection.Open();
}
```

8.1.2 OleDbConnection 的使用

一个 OleDbConnection 对象,表示到数据源的一个唯一的连接。在客户端/服务器数据库系统的情况下,它等效于到服务器的一个网络连接。OleDbConnection 对象的某些方法或属性可能不可用,这取决于本机 OLE DB 提供程序所支持的功能。

当创建 OleDbConnection 的实例时,所有属性都设置为它们的初始值。如果 OleDbConnection 超出范围,则不会将其关闭。因此,必须通过调用 Close 或 Dispose 显式关闭该连接。创建 OleDbConnection 对象的实例的应用程序可通过设置声明性或强制性安全要求,要求所有直接和间接的调用方对代码都具有足够的权限。OleDbConnection 使用 OleDbPermission 对象设置安全要求。用户可以使用 OleDbPermissionAttribute 对象来验证他们的代码是否具有足够的权限。

下面的例子创建一个 OleDbCommand 和一个 OleDbConnection。OleDbConnection 打开,并设置为 OleDbCommand 的 Connection。然后,该例子调用 ExecuteNonQuery 并关闭该连接。为了完成此任务,将为 ExecuteNonQuery 传递一个连接字符串和一个查询字符串,后者是一个 SQL INSERT 语句。

```
public void InsertRow(string myConnectionString)
{
// If the connection string is null, use a default
if(myConnectionString == "")
{
myConnectionString = "Provider = SQLOLEDB;Data Source = localhost;
Initial Catalog = Northwind;" + "Integrated Security = SSPI;";
}
OleDbConnection myConnection = new OleDbConnection(myConnectionString);
string myInsertQuery = "INSERT INTO Customers (CustomerID,
CompanyName) Values('NWIND', 'Northwind Traders')";
OleDbCommand myCommand = new OleDbCommand(myInsertQuery);
myCommand.Connection = myConnection;
myConnection.Open();
myCommand.ExecuteNonQuery();
myCommand.Connection.Close();
}
```

8.1.3 OdbcConnection 的使用

OdbcConnection 对象表示到数据源的唯一连接,该数据源是通过使用连接字符串或

ODBC 数据源名称（DSN）创建的。在客户端/服务器数据库系统的情况下，它等效于到服务器的一个网络连接。OdbcConnection 对象的某些方法或属性可能不能使用，具体情况视本机 ODBC 驱动程序支持的功能而定。

OdbcConnection 对象使用本机资源，如 ODBC 环境和连接句柄。在 OdbcConnection 对象超出范围之前应总是通过调 Close 或 Dispose 显式关闭任何打开的 OdbcConnection 对象。否则会使这些本机资源被回收，回收后可能不会立即释放它们。而这样最终又可能会造成程序资源枯竭或达到最大限制，从而导致失败时有发生。例如，当有许多连接等待被垃圾回收器删除时，可能会发生与 Maximum Connections 相关的错误。通过调用 Close 或 Dispose 显式关闭连接，可以更高效地使用本机资源，增强可伸缩性并提高应用程序的总体性能。创建 OdbcConnection 对象的实例的应用程序可通过设置声明性或命令性安全要求，要求所有直接和间接的调用者都具有访问代码的充分权限。OdbcConnection 使用 OdbcPermission 对象创建安全要求。用户可以使用 OdbcPermissionAttribute 对象验证他们的代码是否具有足够的权限。用户和管理员还可以使用“代码访问安全策略工具”（Caspol.exe）修改计算机级、用户级和企业级安全策略。

下面的例子创建一个 OdbcCommand 和一个 OdbcConnection。将 OdbcConnection 打开并将其设置为 OdbcCommand.Connection 属性。然后，该例子调用 ExecuteNonQuery 并关闭该连接。为完成此任务，将为 ExecuteNonQuery 传递一个连接字符串和一个查询字符串，后者是一个 SQL INSERT 语句。

```
public void InsertRow(string myConnection)
{
// If the connection string is null, use a default
if(myConnection == "")
{
myConnection = "DRIVER = {SQL Server};SERVER = MyServer;
Trusted_connection = yes;DATABASE = northwind;";
}
OdbcConnection myConn = new OdbcConnection(myConnection);
string myInsertQuery = "INSERT INTO Customers (CustomerID, CompanyName)
Values('NWIND', 'Northwind Traders')";
OdbcCommand myOdbcCommand = new OdbcCommand(myInsertQuery);
myOdbcCommand.Connection = myConn;
myConn.Open();
myOdbcCommand.ExecuteNonQuery();
myOdbcCommand.Connection.Close();
}
```

8.1.4 OracleConnection 的使用

Microsoft .NET Framework Data Provider for Oracle（以下简称为.NET for Oracle）是一个.NET Framework 的组件。这个组件为开发人员使用.NET 访问 Oracle 数据库提供了极大的方便。那些使用.NET 和 Oracle 的开发人员，再也不必使用那个并不十分“专业”的 OLEDB 来访问 Oracle 数据库了。这个组件的设计非常类似.NET 中内置的 Microsoft .NET Framework Data Provider for SQL Server 和 OLEDB。如果熟悉这两个内置的组件，

那么再学习这个组件也会是轻车熟路的。

本节主要是针对那些考虑使用.NET技术访问Oracle数据库的程序员而言的，需要有一定的C#语言、ADO.NET技术和Oracle数据库基础知识。文中结合ASP.NET技术给出了相关例子以及具体的注释。当然，这并不意味着.NET for Oracle组件只能为编写ASP.NET程序提供服务，同样它还可以为使用.NET技术编写的Windows程序提供方便。

下面的内容主要介绍ASP.NET for Oracle的系统需求和安装以及核心类，之后重点详解使用此组件访问Oracle数据库的方法。其中包括.NET for Oracle对于各种Oracle数据库中的特殊数据类型的访问、各种核心类使用方法的介绍并且在文章的最后给出了具体的例子等。

1. 系统需求和安装

在安装.NET for Oracle之前，必须首先安装.NET Framework Version 1.0。同时，还要确定安装了数据访问组件(MDAC 2.6及其以上版本，推荐版本是2.7)。既然是要访问Oracle数据库的数据，那么还需要安装Oracle 8i Release 3 (8.1.7) Client及其以上版本。本节中所有的程序，都是在Oracle 9i数据库环境下编写和调试完成的。

组件的安装非常方便，直接运行oracle_net.msi。在安装过程中无需任何设置，按步骤单击NEXT按钮完成安装即可。默认安装将在C:\Program Files\ Microsoft.NET目录下建立一个名为OracleClient.Net的文件夹下。

对于开发人员，其中至关重要的是System.Data.OracleClient.dll文件。这是.NET for Oracle组件的核心文件。使用时，开发人员可以通过安装oracle_net.msi来使用.NET for Oracle组件，这时系统会将此组件作为一个系统默认的组件来使用，就好像是System.Data.SqlClient和System.Data.OleDb组件一样。但是，需要注意的一点是：当开发人员完成了程序之后分发给用户使用时，出于对于软件易用性的考虑，我们是不希望当用户使用此软件之前，还要像开发人员一样安装oracle_net.msi。这时开发人员可以在发布之前，将System.Data.OracleClient.dll文件复制到软件的bin目录下。这样用户就可无需安装oracle_net.msi而正常地使用软件所提供的功能了。这种方法限于开发的程序不涉及分布式事务。

2. 操作实例

.NET for Oracle组件中用于组织类和其他类型的名字空间是System.Data.OracleClient。在此名字空间中，主要包含4个核心类，它们分别是：OracleConnection、OracleCommand、OracleDataReader和OracleDataAdapter。如果开发人员很了解ADO.NET技术，那么对于这4个类的使用将是驾轻就熟的。这些内容非常简单，其具体使用方法几乎和SqlConnection、SqlCommand、SqlDataReader和SqlDataAdapter是一模一样的，这里就不再详细说明了。

下面是一个使用.NET for Oracle组件操纵Oracle数据库的例子。在写程序之前，先要在Oracle数据库中建立一个表，并且加入一行数据。使用下面的语句：

建立一个名为OracleTypesTable的表：

```
"create table OracleTypesTable (MyVarchar2 varchar2(3000),
      MyNumber number(28,4),Primary key ,MyDate date,MyRaw RAW(255))";
```

插入一行数据：

```
"insert into OracleTypesTable
values('test',4,to_date('2000-01-11 12:54:01',
        'yyyy-mm-dd hh24:mi:ss'),'000820304')";
```

下面的程序就是要通过.NET for Oracle组件来访问Oracle数据库,并且显示出这行数据。在程序中请注意前文中所说明的类,并且联想.NET中关于数据处理类的使用方法。

```
using System;
using System.Web;
using System.Web.UI;
using System.Web.UI.HtmlControls;
using System.Web.UI.WebControls;
using System.Data;
using System.Data.OracleClient;
public class pic2:Page {
public Label message;
public void Page_Load(Object sender,EventArgs e)
{
//设置连接字符串
string connstring = "Data Source = eims;user = zbmis;
password = zbmis;";
//实例化 OracleConnection 对象
OracleConnection conn = new OracleConnection(connstring);
try
{
conn.Open();
//实例化 OracleCommand 对象
OracleCommand cmd = conn.CreateCommand();
cmd.CommandText = "select * from zbmis.OracleTypesTable";
OracleDataReader oracledatareader1 = cmd.ExecuteReader();
//读取数据
while (oracledatareader1.Read()) {
//读取并显示第一行第一列的数据
OracleString oraclestring1 = oracledatareader1.GetOracleString(0);
Response.Write("OracleString " + oraclestring1.ToString());
//读取并显示第一行第二列的数据
OracleNumber oraclenumber1 =
oracledatareader1.GetOracleNumbeR(1);
Response.Write("OracleNumber " + oraclenumber1.ToString());
//读取并显示第一行第三列的数据
OracleDateTime oracledatetime1
 = oracledatareader1.GetOracleDateTime(2);
Response.Write("OracleDateTime " + oracledatetime1.ToString());
//读取并显示第一行第四列的数据
OracleBinary oraclebinary1
 = oracledatareader1.GetOracleBinary(3);
if(oraclebinary1.IsNull == false)
```

```
{
foreach(byte b in oraclebinary1.Value)
{
Response.Write("byte " + b.ToString());
}
}
}
//释放资源
oracledatareader1.Close();
}
catch(Exception ee)
{
//异常处理
message.Text = ee.Message;
}
finally
{
//关闭连接
conn.Close();
}
}
}
```

如果读者对于.NET中数据操作的内容很熟悉，那么相信上面的程序是完全看得懂的。所以在这里分析上面代码意义不是很大。请那些既使用.NET又使用Oracle的读者记住：.NET for Oracle组件的设计非常类似于.NET中内置的Data Provider for SQL Server和OLEDB。

8.2 数据的获取

8.2.1 创建Command对象

Command对象是对数据存储执行命令的对象。在这里，读者可能会产生疑问，Connection对象不也能这样做吗？是的，但是Connection对象在处理命令的功能上受到一定的限制，而Command对象是特别为处理命令的各方面问题而创建的。实际上，当从Connection对象中运行一条命令时，已经隐含地创建一个Command对象。

有时其他对象允许向命令传入参数，但在Connection对象中不能指定参数的任何细节。使用Command对象允许指定参数(以及输出参数和命令执行后的返回值)的精确细节(比如，数据类型和长度)。

因此，除了执行命令和得到一系列返回记录，也可能得到一些由命令提供的附加信息。

对于那些不返回任何记录的命令，如插入新数据或更新数据的SQL查询，Command对象也是有用的。

8.2.2 执行命令

建立了数据源的连接和设置了命令之后，Command对象执行SQL命令有三种方法：

ExecuteNonQuery、ExecuteReader 和 ExecuteScalar。

(1) ExecuteNonQuery：执行命令，但不返回任何结果。

(2) ExecuteReader：执行命令，返回一个类型化 dataReader。

(3) ExecuteScalar：执行命令，返回一个值。

SqlCommand 类也提供了下面两个方法：

(1) ExecuteResultset：为将来使用而保留。

(2) ExecuteXmlReader：执行命令，返回一个 XmlReader。

具体说明如下：

(1) 使用 ExecuteNonQuery 方法执行命令不会返回结果集，只会返回语句影响的记录行数，它适合执行插入、更新、删除之类不返回结果集的命令。如果是 SELECT 语句，那么返回的结果是－1，如果发生回滚，这个结果也是－1。

下面的程序对 Orders 表执行了更新并做了查询。

```
using System;
using System.Data;
using System.Data.SqlClient;
public class myDataAccess{
public static void Main(){
SqlConnection conn = new SqlConnection("Server = localhost;
Database = Northwind; User ID = sa; PWD = sa");
SqlCommand cmd = new SqlCommand("update [Orders] set
      [OrderDate] = '2004 - 9 - 1' where OrderID] = 8248",conn);
try{
conn.Open();
int i = cmd.ExecuteNonQuery();
Console.WriteLine(i.ToString() + " rows affected by UPDATE");
cmd.CommandText = "select * from [Orders]";
i = cmd.ExecuteNonQuery();
Console.WriteLine(i.ToString() + " rows affected by SELECT");
}
catch(Exception ex){
Console.WriteLine(ex.Message);
}
finally{
conn.Close();
}
}
}
```

编译执行后，返回结果如图 8-2 所示。

(2) 使用 ExecuteReader 方法执行的命令，可以返回一个类型化的 DataReader 实例或者 IDataReader 接口的结果集。通过 DataReader 对象就能够获得数据的行集合，关于 DataReader 的使用将在后面说明。

下面是一个例子：

```
using System;
using System.Data;
```

```
C:\WINNT\system32\cmd.exe

C:\>3-1
1 rows affected by UPDATE
-1 rows affected by SELECT

C:\>
```

图 8-2　执行结果(一)

```
using System.Data.SqlClient;
public class myDataAccess{
public static void Main(){
SqlConnection conn = new SqlConnection("Server = localhost;
Database = Northwind;Uer ID = sa;PWD = sa");
SqlCommand cmd = new SqlCommand("select top 20 * from [Orders]",
conn);
SqlDataReader reader;                                //或者 IDataReader reader;
try{
conn.Open();
reader = cmd.ExecuteReader();
while(reader.Read()){
Console.WriteLine(reader[0].ToString());
}
reader.Close();
}
catch(Exception ex){
Console.WriteLine(ex.Message);
}
finally{
conn.Close();
}
}
}
```

编译执行结果如图 8-3 所示。

(3) 使用 Execute Scalar 方法，如果想获得数据的记录行数，可以通过 select count(*)这样的语句取得一个聚合的行集合。对于这样求单个值的语句，Command 对象还有更有效率的方法——ExecuteScalar。它能够返回对应于第一行第一列的对象(System.Object)，通常使用它来求聚合查询结果。需要注意的是，如果要把返回结果转化成精确的类型，数据库在查询中就必须强制将返回的结果转换，否则引发异常。

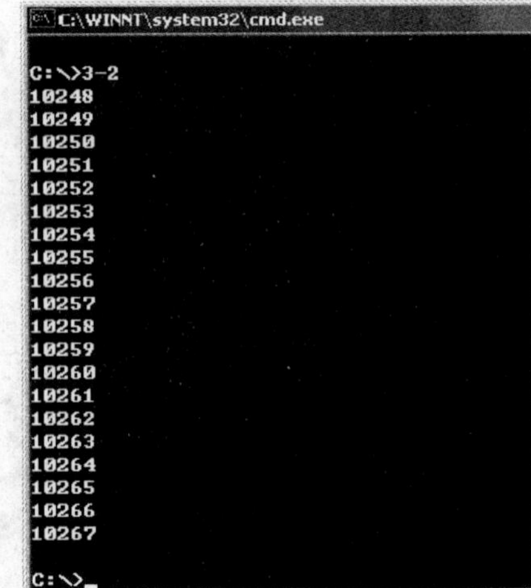

图 8-3　执行结果(二)

下面是一个例子：

```
using System;
using System.Data;
using System.Data.SqlClient;
public class myDataAccess{
public static void Main(){
SqlConnection conn = new SqlConnection("Server = localhost;
Database = Northwind;Uer ID = sa;PWD = sa");
SqlCommand cmd = new SqlCommand("select count( * ) from [Orders]",conn);
try{
conn.Open();
int i = (int)cmd.ExecuteScalar();
Console.WriteLine("record num : " + i.ToString());
cmd.CommandText = "select cast(avg([Freight]) as int) from [Orders]";
int avg = (int)cmd.ExecuteScalar();
Console.WriteLine("avg : " + avg.ToString());
cmd.CommandText = "select avg([Freight]) from [Orders]";
avg = (int)cmd.ExecuteScalar();                      //引发异常
Console.WriteLine("avg : " + avg.ToString());
}
catch(Exception ex){
Console.WriteLine(ex.Message);
}
finally{
conn.Close();
}
}
}
```

编译执行结果如图 8-4 所示。

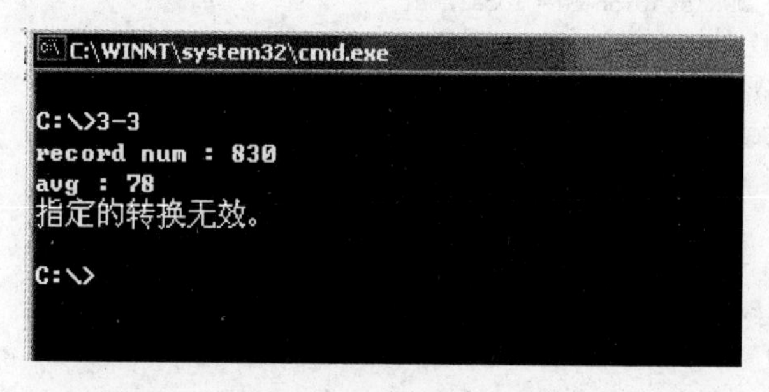

图 8-4　执行结果(三)

这个程序中，最后一个查询将引发异常，因为聚合返回的结果是 float 类型的，无法转换。

(4) ExecuteResultSet(只用于 SQL 提供者)方法标记为“为将来使用而保留”，如果不小心调用了它，就会抛出一个异常 System.NotSupportedException。

(5) 使用 ExecuteXmlReader(只用于 SQL 提供者)方法执行命令，给调用者返回一个

XmlReader 对象。SQL Server 允许使用 FOR XML 子句来扩展 SQL 子句，这个子句可以带有下述三个选项中的一个：

```
FOR XML AUTO
FOR XML RAW
FOR XML EXPLICIT
```

下面的样例使用 AUTO：

```
using System;
using System.Data.SqlClient;
using System.Data;
using System.Xml;

namespace XMLAUTO
{
// <summary>
// Class1 的摘要说明
// </summary>
class Class1
{
// <summary>
// 应用程序的主入口点
// </summary>
[STAThread]
static void Main(string[] args)
{
//
// TODO: 在此处添加代码以启动应用程序
//
string source = "WORKstation id = localhost;
Integrated Security = SSPI;database = NorthWind";
string select = "SELECT ContactName,CompanyName " +
"FROM Customers FOR XML AUTO";
SqlConnection conn = new SqlConnection(source);
conn.Open();
SqlCommand cmd = new SqlCommand(select, conn);
XmlReader xr = cmd.ExecuteXmlReader();
while(xr.Read())
{
Console.WriteLine(xr.ReadOuterXml());
}
conn.Close();}
}
}
```

本例在 SQL 语句中包含了 FOR XML AUTO 子句，然后调用 ExecuteXmlReader 方法。代码的结果如图 8-5 所示。

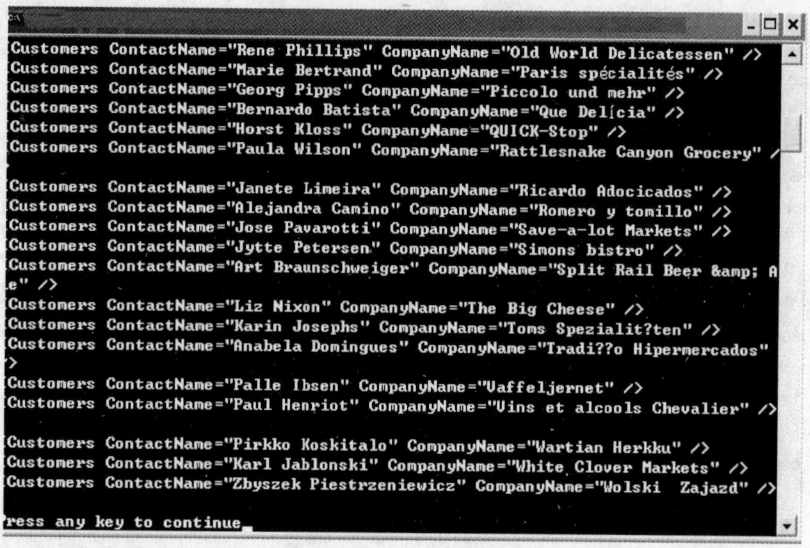

```
Customers ContactName="Rene Phillips" CompanyName="Old World Delicatessen" />
Customers ContactName="Marie Bertrand" CompanyName="Paris spécialités" />
Customers ContactName="Georg Pipps" CompanyName="Piccolo und mehr" />
Customers ContactName="Bernardo Batista" CompanyName="Que Delícia" />
Customers ContactName="Horst Kloss" CompanyName="QUICK-Stop" />
Customers ContactName="Paula Wilson" CompanyName="Rattlesnake Canyon Grocery" /

Customers ContactName="Janete Limeira" CompanyName="Ricardo Adocicados" />
Customers ContactName="Alejandra Camino" CompanyName="Romero y tomillo" />
Customers ContactName="Jose Pavarotti" CompanyName="Save-a-lot Markets" />
Customers ContactName="Jytte Petersen" CompanyName="Simons bistro" />
Customers ContactName="Art Braunschweiger" CompanyName="Split Rail Beer &amp; A
e" />
Customers ContactName="Liz Nixon" CompanyName="The Big Cheese" />
Customers ContactName="Karin Josephs" CompanyName="Toms Spezialit?ten" />
Customers ContactName="Anabela Domingues" CompanyName="Tradi??o Hipermercados"
>
Customers ContactName="Palle Ibsen" CompanyName="Vaffeljernet" />
Customers ContactName="Paul Henriot" CompanyName="Vins et alcools Chevalier" />

Customers ContactName="Pirkko Koskitalo" CompanyName="Wartian Herkku" />
Customers ContactName="Karl Jablonski" CompanyName="White Clover Markets" />
Customers ContactName="Zbyszek Piestrzeniewicz" CompanyName="Wolski  Zajazd" />

ress any key to continue
```

图 8-5 执行结果(四)

8.2.3 参数化查询

参数化的查询能够对性能有一定的优化,因为带参数的 SQL 语句只需要被 SQL 执行引擎分析过一次。Command 的 Parameters 能够为参数化查询设置参数值。Parameters 是一个实现 IDataParamterCollection 接口的参数集合。

不同的数据提供程序的 Command 对参数传递的使用不太一样,其中 SqlClient 和 OracleClient 只支持 SQL 语句中命名参数而不支持问号占位符,必须使用命名参数,而 OleDb 和 Odbc 数据提供程序只支持问号占位符,不支持命名参数。

对于查询语句 SqlClient 必须使用命名参数,类似于下面的写法:

```
SELECT * FROM Customers WHERE CustomerID = @CustomerID
```

Oracle 的命名参数前面不用"@",使用":",写为":CustomerID"。而对于 OleDb 或者 Odbc 必须使用"?"占位符,类似于下面的写法:

```
SELECT * FROM Customers WHERE CustomerID = ?
```

下面以 SQL Server 为例,说明其使用方法:

```
using System;
using System.Data;
using System.Data.SqlClient;
public class myDataAccess{
public static void Main(String[] args){
SqlConnection conn =
new SqlConnection("Server = localhost;Database = Northwind;UID = sa;PWD = sa");
SqlCommand cmd = new SqlCommand("select * from [Orders] where
[OrderID] = @oid",conn);
SqlDataReader reader;
try{
```

```
int param = Convert.ToInt32(args[0]);
cmd.Parameters.Add("@oid",param);                    //使用命名参数
cmd.Parameters[0].Direction = ParameterDirection.Input;
conn.Open();
reader = cmd.ExecuteReader();
while(reader.Read()){
Console.WriteLine(reader[0].ToString());
}
reader.Close();
}
catch(Exception ex){
Console.WriteLine(ex.Message);
}
finally{
conn.Close();
}
}
}
```

编译之后，执行结果如图 8-6 所示。

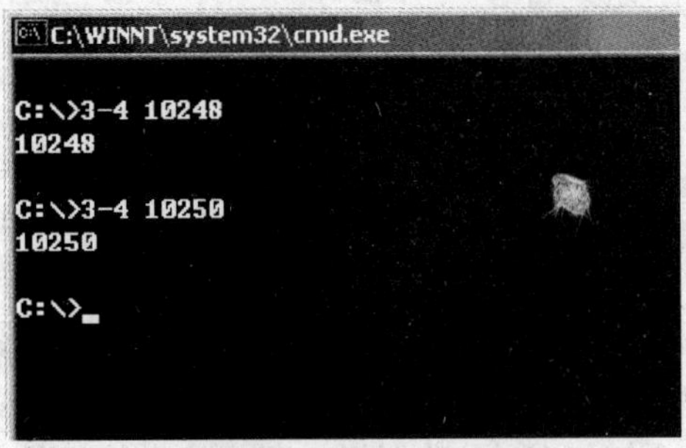

图 8-6　执行结果(五)

对于 OleDb 或者 Odbc 数据提供程序的命令参数，只需要把参数按照占位符从左到右的顺序，匹配给 Parameters 集合就行了。

下面是程序范例：

```
using System;
using System.Data;
using System.Data.OleDb;
public class myDataAccess{
public static void Main(String[ ] args){
OleDbConnection conn = new OleDbConnection("
Provider = SQLOLEDB;Server = loca
host;Database = Northwind;User ID = sa;PWD = sa");
OleDbCommand cmd = new OleDbCommand("select * from [Orders] where [Order
ID] = ? or [EmployeeID] = ?",conn);
OleDbDataReader reader;
try{
int param1 = Convert.ToInt32(args[0]);
int param2 = Convert.ToInt32(args[1]);
cmd.Parameters.Add("aaa",param1);
cmd.Parameters.Add("bbb",param2);
//参数对象还需要名字,但是和查询语句中的参数无关
cmd.Parameters[0].Direction = ParameterDirection.Input;
cmd.Parameters[1].Direction = ParameterDirection.Input;
conn.Open();
reader = cmd.ExecuteReader();
while(reader.Read()){
Console.WriteLine(reader[0].ToString());
}
```

```
reader.Close();
}
catch(Exception ex){
Console.WriteLine(ex.Message);
}
finally{
conn.Close();
}
}
}
```

编译之后,执行结果如图 8-7 所示。

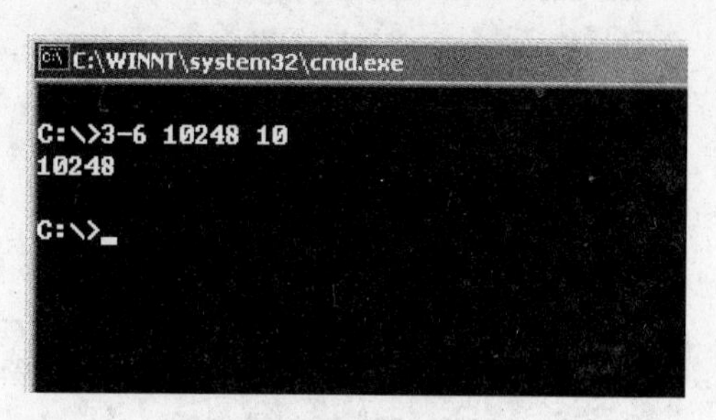

图 8-7 执行结果(六)

8.2.4 执行存储过程

使用 Command 对象访问数据库的存储过程,需要指定 CommandType 属性,这是一个 CommandType 枚举类型,默认情况下 CommandType 表示 CommandText 命令为 SQL 批处理,CommandType.StoredProcedure 值指定执行的命令是存储过程。类似于参数化查询,存储过程的参数也可以使用 Parameters 集合来设置,其中 Parameter 对象的 Direction 属性用于指示参数是只可输入、只可输出、双向还是存储过程返回值参数。

需要注意的是如果使用 ExecuteReader 返回存储过程的结果集,那么除非 DataReader 关闭,否则无法使用输出参数。

下面是一个例子:

```
//存储过程
CREATE procedure myProTest (
@orderID as int,
    @elyTitle as varchar(50) output
)
As
select @elyTitle = ely.Title from [Orders] o join [Employees]
ely on ely.EmployeeID = o.mployeeID where o.OrderID = @orderID
select * from [Orders] where OrderID = @orderID
return 1;
//程序
using System;
using System.Data;
using System.Data.SqlClient;
public class myDataAccess{
public static void Main(){
SqlConnection conn =
new SqlConnection("Server = localhost;Database = Northwind;UID = sa;PWD = sa");
SqlCommand cmd = new SqlCommand("myProTest",conn);
cmd.CommandType = CommandType.StoredProcedure;
cmd.Parameters.Add("@orderID",8252);
cmd.Parameters.Add("@elyTitle",SqlDbType.VarChar,50);
cmd.Parameters.Add("@return",SqlDbType.Int);
cmd.Parameters[0].Direction = ParameterDirection.Input;
```

```
cmd.Parameters[1].Direction = ParameterDirection.Output;
cmd.Parameters[2].Direction = ParameterDirection.ReturnValue;
SqlDataReader reader;
try{
conn.Open();
Console.WriteLine("execute reader...");
reader = cmd.ExecuteReader();
Console.WriteLine("@orderID = {0}",cmd.Parameters[0].Value);
Console.WriteLine("@elyTitle = {0}",cmd.Parameters[1].Value);
Console.WriteLine("Return = {0}",cmd.Parameters[2].Value);
Console.WriteLine("reader close...");
reader.Close();
Console.WriteLine("@orderID = {0}",cmd.Parameters[0].Value);
Console.WriteLine("@elyTitle = {0}",cmd.Parameters[1].Value);
Console.WriteLine("Return = {0}",cmd.Parameters[2].Value);
Console.WriteLine("execute none query...");
cmd.ExecuteNonQuery();
Console.WriteLine("@orderID = {0}",cmd.Parameters[0].Value);
Console.WriteLine("@elyTitle = {0}",cmd.Parameters[1].Value);
Console.WriteLine("Return = {0}",cmd.Parameters[2].Value);
}
catch(Exception ex){
Console.WriteLine(ex.Message);
}
finally{
conn.Close();
}
}
}
```

编译后执行结果如图 8-8 所示。

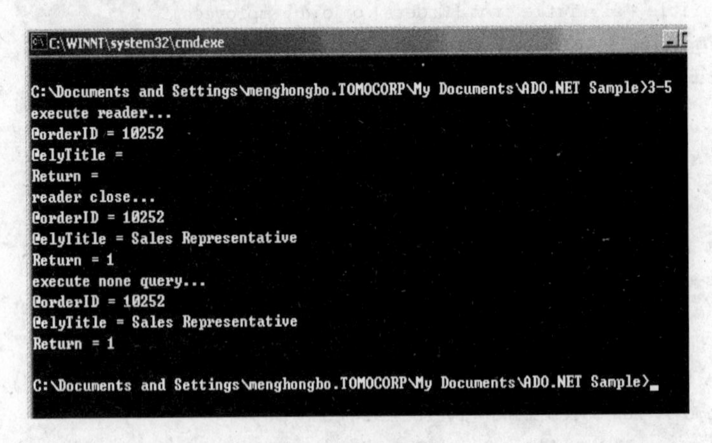

图 8-8　执行结果(七)

和参数化查询一样,OleDb 或者 Odbc 数据提供程序不支持存储过程的命名参数,需要把参数按照从左到右的顺序,匹配 Parameters 集合。

8.3 DataReader 的使用

8.3.1 DataReader 简介

DataReadeR(数据阅读器)是从一个数据源中选择某些数据的最简单方法,但这也是功能最弱的一个方法。虽然 DataReader 不如 DataSet 强大,但是在很多情况下我们需要的是灵活的读取数据而不是大量的在内存里面缓存数据。如果在网络上每个用户都缓存大量的 dataset,这很可能导致服务器内存不足。另外 dataReader 尤其适合读取大量的数据,因为它不在内存中缓存数据。

DataReader 对象是数据库数据检索的主要对象之一。当使用 Connection 和 Command 对象连接到数据源,并利用命令对其进行查询后,就需要某种方法来读取返回的结果。查询的结果可能是几个列、单行或者合计后的值,这时可以使用 DataReader 对象。DataReader 对象提供对数据库访问快速的、未缓冲的、只前向移动的只读游标,对数据源进行逐行访问数据;也就是说,它一次读入一个行,然后遍历所有的行。

使用 DataReader 的时候,不能直接实例化 DataReader 类;而是通过执行 Command 对象的 ExecuteReader 方法返回它的实例。例如:

```
OleDbDataReader OleDbReader = OleDbComm.ExecuteReader();
```

使用 OleDbCommand 对象的 ExecuteReader 方法实例化了一个 DataReader。

下面的代码说明了如何从 Northwind 数据库的 Customers 表中选择数据。这个例子实现了连接数据库,选择许多记录,循环所选的记录,并把它们输出到控制台上。

```
using System;
using System.Data.OleDb;
using System.Data;

namespace OlDbRead
{
/// <summary>
/// Class1 的摘要说明
/// </summary>
class Class1
{
/// <summary>
/// 应用程序的主入口点
/// </summary>
[STAThread]
static void Main(string[] args)
{
//
// TODO: 在此处添加代码以启动应用程序
//
string source = "Provider = SQLOLEDB;" +
"server = localhost;" +
```

```
"uid = sa; pwd = ;" +
"database = northwind";
string select = "SELECT ContactName,CompanyName FROM Customers";
OleDbConnection conn = new OleDbConnection(source);
conn.Open();
OleDbCommand cmd = new OleDbCommand(select, conn);
OleDbDataReader aReader = cmd.ExecuteReader();
while(aReader.Read())
{
Console.WriteLine("'{0}' from {1}", aReader.GetString(0),
aReader.GetString(1));
}
aReader.Close();
conn.Close();
}
}
}
```

8.3.2 使用 DataReader 读取数据

前面已经介绍了 DataReader 的基本功能，下面具体阐述一下 DataReader 的使用方法。

1. 创建 DataReader 对象

前面提到过没有构造函数创建 DataReader 对象，通常使用 Command 类的 ExecuteRader 方法来创建 DataReader 对象：

```
SqlCommand cmd = new SqlCommand(commandText,ConnectionObject)
SqlDataReader dr = cmd.ExecuteReader();
```

DataReader 类最常见的用法就是检索 SQL 查询或者存储过程返回的记录。它是连接的只向前和只读的结果集，也就是使用它时，数据库连接必须保持打开状态，另外只能从前往后遍历信息，不能中途停下修改数据。

2. 使用命令行为指定 DataReader 的特征

前面使用 cmd.ExecuteReader( )实例化 DataReader 对象，其实这个方法有重载版本，其中可以设置参数，这些参数应该是 Commandbehavior 枚举：

```
SqlDataRader dr = cmd.ExecuteReader(CommandBehavior.CloseConnection);
```

上面使用的是 CommandBehavior.CloseConnection，作用是关闭 DataReader 的时候自动关闭对应的 ConnectionObject。这样可以避免忘记关闭 DataReader 对象以后关闭 Connection 对象。这个参数能保证开发者记得关闭连接。万一开发者忘记了，或者开发者使用别人开发的组件来进行开发呢？这个组件并不一定让该开发者有关闭连接的权限。另外 CommandBehavior.SingleRow 可以使结果集返回单个行，CommandBehavior.SingleResult 返回结果为多个结果集的第一个结果集。

3. 遍历 DataReader 中的记录

当 ExecuteReader 方法返回 DataReader 对象时，当前光标的位置是在第一条记录的前面。必须调用数据阅读器的 Read 方法把光标移动到第一条记录，然后第一条记录就是当前记录。如果阅读器包含的记录不止一条，Read 方法返回一个 bool 值 true。也就是说

Read 方法的作用是在允许范围内移动光标位置到下一记录，有点类似于 rs.movenext。如果当前光标指示着最后一条记录，此时调用 Read 方法得到 false。下面是使用 DataReader 时的常用格式：

```
While(dr.Read())
{
//操作当前记录
}
```

4. 访问字段的值

DataReader 有两种方法访问字段的值。第一种是 Item 属性，此属性返回字段索引或者字段名字对应的字段的值。第二种是 Get 方法，此方法返回由字段索引指定的字段的值。

1) Item 属性

每个 DataReader 类都定义一个 Item 属性。假如现有一个 DataReader 实例 dr，对应的 sql 语句是“select Fid,Fname from friend”，则可以使用下面的方法取得返回的值：

```
object ID = dr["Fid"];
object Name = dr["Fname"];
```

或者：

```
object ID = dr[0];
object Name = dr[0];
```

注意：索引总是从 0 开始的。另外本例使用的是 object 来定义对 ID 和 Name，因为 Item 属性返回的值是 object 型，但是可以强制类型转换。

```
int ID = (int)dr["Fid"];
string Name = (string)dr["Fname"];
```

请记住一定要确保类型转换的有效性，否则将出现异常。

2) Get 方法

每个 DataReader 都定义了一组 Get 方法，比如 GetInt32 方法把返回的字段值作为 .NET clr 32 位证书。

下面的例子使用该方式访问 Fid 和 Fname 的值：

```
int ID = dr.GetInt32(0);
string Name = dr.GetString(1);
```

上述把数据从数据源类型转化为.NET 数据类型，但是不执行其他的数据转换，如不会把 16 位整数转换为 32 位。另外，Get 方法不能使用字段名来访问字段，下面的访问方法是错误的：

```
int ID = dr.GetInt32("Fid");                //错误
string Name = dr.GetString("Fname");        //错误
```

显然上面这个缺点在某些场合是致命的，当字段很多的时候，或者过了一段时间以后再来看这些代码，会觉得很难以理解。当然可以使用其他方法来尽量解决这个问题，一个可行的办法是使用 const：

```
const int FidIndex = 0;
const int NameIndex = 1;
int ID = dr.GetInt32(FidIndex);
string Name = dr.GetString(NameIndex);
```


这个办法并不怎么好，下面是另外一个好一些的办法：

```
int NameIndex = dr.GetOrdinal("Fname");          //取得 Fname 对应的索引值
string Name = dr.GetString(NameIndex);
```

这样似乎有点麻烦，但是当需要遍历阅读器中大量的结果集的时候，这个方法很有效，因为索引只需执行一次。

```
int FidIndex = dr.GetOrdinal("Fid");
int NameIndex = dr.GetOrdinal("Fname");
while(dr.Read())
{
int ID = dr.GetInt32(FidIndex);
string Name = dr.GetInt32(NameIndex);
}
```

8.3.3 在 DataReader 中使用多个结果集

在对数据库进行操作的过程中，有时需要同时使用两个或者多个查询完成对数据库的查询。如果使用多个 Command 和 DataReader 对象，有时会影响应用程序的整体性能。利用 DataReader 可以完成这个任务。

DataReader 提供了另一个遍历结果集的方法 NextResult()，其作用是把数据读取器移动到下一个结果集，这个方法可以与 Read( )方法协同工作。Read()方法是把游标移动到当前结果集的下一条记录，而 NextResult()方法是把游标移到下一个结果集，然后，Read()方法在从那个结果集上开始工作。

例如，下面的代码使用 DataReader 实现了操作两个结果集。

```
using System;
using System.Data;
using System.Data.SqlClient;

namespace ConsoleApplication1
{
    class Class1
    {
        /// <summary>
            /// 应用程序的主入口点
        /// </summary>
        [STAThread]
        static void Main(string[ ] args)
        {
            //
            // TODO: 在此处添加代码以启动应用程序
            //
```

```
            string connstr = "server = .;Integrated Security= SSPI; database = Northwind;";
            SqlConnection conn = new SqlConnection(connstr);
            string SQL = "select companyname,contactname from customers;
            select firstname,lastname from employees";
            SqlCommand sqlComm = new SqlCommand(SQL,conn);
            try
            {
                conn.Open();
                SqlDataReader dr = sqlComm.ExecuteReader();
                do
                {
                    Console.WriteLine("{0}\t\t{1}",dr.GetName(0), dr.GetName(1));
                    while(dr.Read())
                    {
                            Console.WriteLine("{0}\t\t{1}", dr.GetSqlString(0), dr.
                            GetSqlString(1));
                    }
                }
                while(dr.NextResult());
                dr.Close();
                conn.Close();
            }
            catch(Exception e)
            {
                Console.WriteLine(e.Message);
            }
            finally
            {
        conn.Close();
        Console.ReadLine();

            }
        }
    }
}
```

8.4 DataSet 和 DataAdapter 的使用

8.4.1 DataSet 简介

DataSet 对象与 ADO Recordset 对象相似，但功能更为强大，并具有另一重要特点：DataSet 始终是断开的。DataSet 对象表示数据的缓存，具有类似数据库的结构，如表、列、关系和约束。但是，尽管 DataSet 可以并的确像数据库那样运行，但重要的是 DataSet 对象不直接与数据或其他源数据进行交互。这使得开发人员能够使用始终保持一致的编程模型，而不用理会源数据的驻留位置。所有来自于数据库、XML 文件、代码或用户输入的数据都可添加到 DataSet 对象中。这样，由于对 DataSet 进行了更改，所以在更新源数据之前可以对这些更改进行跟踪和验证。DataSet 对象的 GetChanges 方法实际上是创建了另一个 DatSet，该 DatSet 只包含对数据做出的更改。然后，DataAdapteR(或其他对象)使用此 DataSet 来更新原始的数据源。

下面介绍创建一个空 DataSet 对象的方法，关于 DataSet 的使用方法将在后面详细介绍。

```
DataSet ds = new DataSet();
```

这样创建的 DataSet 对象的 DataSetName 属性被设置为 NewDataSet。该属性描述 DataSet 的内部名称，以便以后引用。此外，也可以在构造函数中指定，它以字符串的形式接受名称：

```
DataSet ds = new DataSet("MyDataSet");
```

或者可以这样简单地设置属性：

```
DataSet ds = new DataSet();
ds.DataSetName = "MyDataSet";
```

8.4.2 DataAdapter 简介

DataAdapter 是连接到数据库以填充 DataSet 的对象。然后，它又连接回数据库，根据 DataSet 保留数据时所执行的操作来更新数据库中的该数据。在过去，数据处理主要是基于连接的。现在，为了使多层应用程序更为高效，数据处理正转向基于消息的方式，围绕信息块进行处理。这种方式的中心是 DataAdapter，它起着桥梁的作用，在 DataSet 和其源数据存储区之间进行数据检索和保存。这一操作是通过请求对数据存储区执行适当的 SQL 命令来完成的。

下面介绍使用 DataAdapter 填充 DataSet 的方法。

首先定义 SQL 查询，创建数据库连接，然后创建和初始化数据适配器：

```
SqlDataAdapter da = new SqlDataAdapter(SQL,sqlConn);
```

接着创建 DataSet 对象：

```
DataSet ds = new DataSet();
```

此时，得到的只是空 DataSet。关键代码行是使用数据适配器的 Fill()方法执行查询，检索数据，填充 DataSet：

```
da.Fill(ds,"Products");
```

Fill()方法从内部使用 DataReader 访问数据库数据和表达式，然后使用它填充 DataSet。注意这个方法不只是用于填充 DataSet。它有许多重载版本，如果需要，也可用于用记录填充 DataTable。如果未在 Fill()方法中给表提供名称，表将自动被命名为 Tablen，其中 n 以空的数字开始(第一个表名称是 Table)，每次在 DataSet 中插入新表时都对其进行加 1。因而，建议为表使用用户定义的名称。如果多次执行相同的查询，传入已经含有的数据的 DataSet，那么，Fill()方法更新数据，同时跳过重新定义模式或创建表的过程。

下面的代码显示了使用 SqlDataAdapter 的另一种方法，为此，将其 SelectCommand 属性设置为 SqlCommand 对象。可以使用 SelectCommand 得到或设置 SQL 语句或存储过程：

```
SqlDataAdapter da = new SqlDataAdapter();
Da.SelectCommand = new SqlCommand(SQL,sqlConn);
DataSet ds = new DataSet();
da.Fill(ds,"Products");
```

由于填充过的 DataSet 可供支配，所以，可以 DataTable 对象的形式提取每个表，并使用该对象访问实际数据。DataSet 当前只含有一个表：

```
DataTable dt = ds.Tables["Products"];
```

最后，使用嵌套的 foreach 循环，从每个行访问列数据，并且把结果输出到屏幕。

```
foreach(DataRow dRow in dt.Rows)
{
foreach(DataColumn dCol in dt.Columns)
Console.WriteLine(dRow[dCol]);
}
```

8.4.3 利用 DataSet 和 DataAdapter 访问数据

数据集是一个容器，因此需要用数据填充它。填充数据集时，将引发各种事件，应用约束检查等。可以用如下多种方法填充数据集：

(1) 调用数据适配器的 Fill 方法。

这导致适配器执行 SQL 语句或存储过程，然后将结果填充到数据集中的表中。如果数据集包含多个表，每个表可能有单独的数据适配器，因此必须分别调用每个适配器的 Fill 方法。

(2) 通过创建 DataRow 对象并将它们添加到表的 Rows 集合，手动填充数据集中的表，只能在运行时执行此操作，无法在设计时设置 Rows 集合。

(3) 将 XML 文档或流读入数据集。

(4) 合并(复制)另一个数据集的内容。如果应用程序从不同的来源(如不同的 XML Web Services)获取数据集，但是需要将它们合并为一个数据集，该方法会很有用。

因为数据集是完全断开的数据容器，所以数据集(与 ADO 记录集不同)不需要或不支持当前记录的概念。相反，数据集中的所有记录都可用。由于没有当前记录，因此就没有指向当前记录的特定属性，也没有从一个记录移动到另一个记录的方法或属性(比较而言，ADO 记录集支持绝对记录位置和从一个记录移动到另一个记录的方法)。可以访问数据集中以对象形式出现的各个表，每个表公开一个行集合。可以像处理任何集合那样处理行集合，通过集合的索引访问行，或者用编程语言通过集合特定的语句来访问行。

由于数据集在断开缓存中存储数据，因此当数据集中的记录发生更改时，这些更改必须写回数据库。要将更改从数据集写入数据库，须调用数据适配器的 Update 方法，在数据集与其相应的数据源之间通信。用于操作个别记录的 DataRow 类包含 RowState 属性，该属性的值指示自数据表首次从数据库加载后，行是否已更改以及是如何更改的。可能的值包括 Deleted、Modified、New 和 Unchanged。Update 方法检查 RowState 属性的值，确定哪些记录需要写入数据库，以及应该调用哪个特定的数据库命令(添加、编辑、删除)。

下面通过一个例子来说明使用 DataSet 和 DataAdapter 访问数据库。

```
using System;
using System.Data;
using System.Data.SqlClient;
using System.Drawing;
using System.Windows.Forms;

public class DataGridSample:Form{
DataSet ds;
DataGrid myGrid;

static void Main(){
Application.Run(new DataGridSample());
}

public DataGridSample(){
InitializeComponent();
}

void InitializeComponent(){
this.ClientSize = new System.Drawing.Size(550, 450);
myGrid = new DataGrid();
myGrid.Location = new Point (8,8);
myGrid.Size = new Size(500, 400);
myGrid.CaptionText = "Microsoft .NET DataGrid";
this.Text = "C# Grid Example";
this.Controls.Add(myGrid);
ConnectToData();
myGrid.SetDataBinding(ds, "Suppliers");
}
void ConnectToData(){
// Create the ConnectionString and create a SqlConnection
// Change the data source value to the name of your computer

string cString = "Persist Security Info = False;Integrated Security = SSPI;
database = northwind;server = mySQLServer";
SqlConnection myConnection = new SqlConnection(cString);
// Create a SqlDataAdapter
SqlDataAdapter myAdapter = new SqlDataAdapter();
myAdapter.TableMappings.Add("Table", "Suppliers");
myConnection.Open();
SqlCommand myCommand = new SqlCommand("SELECT * FROM Suppliers",
myConnection);
myCommand.CommandType = CommandType.Text;
myAdapter.SelectCommand = myCommand;
Console.WriteLine("The connection is open");
ds = new DataSet("Customers");
myAdapter.Fill(ds);
// Create a second Adapter and Command
```

```
SqlDataAdapter adpProducts = new SqlDataAdapter();
adpProducts.TableMappings.Add("Table", "Products");
SqlCommand cmdProducts = new SqlCommand("SELECT * FROM Products",
yConnection);
adpProducts.SelectCommand = cmdProducts;
adpProducts.Fill(ds);
yConnection.Close();
Console.WriteLine("The connection is closed.");
System.Data.DataRelation dr;
System.Data.DataColumn dc1;
System.Data.DataColumn dc2;
// Get the parent and child columns of the two tables
c1 = ds.Tables["Suppliers"].Columns["SupplierID"];
dc2 = ds.Tables["Products"].Columns["SupplierID"];
dr = new System.Data.DataRelation("suppliers2products", dc1, dc2);
ds.Relations.Add(dr);
}
}
```

8.4.4 类型和无类型 DataSet

DataSet 的一个好处是可被继承以创建一个强类型 DataSet。强类型 DataSet 的好处包括设计时类型检查,以及 Microsoft Visual Studio.NET 用于强类型 DataSet 语句结束所带来的好处。修改了 DataSet 的架构或关系结构后,就可以创建一个强类型 DataSet,把行和列作为对象的属性公开,而不是作为集合中的项公开。例如,不公开客户表中行的姓名列,而公开 Customer 对象的 Name 属性。类型化 DataSet 从 DataSet 类派生,因此不会牺牲 DataSet 的任何功能。也就是说,类型化 DataSet 仍能远程访问,并作为数据绑定控件(例如 DataGrid)的数据源提供。如果架构事先不可知,仍能受益于通用 DataSet 的功能,但却不能受益于强类型 DataSet 的附加功能。

使用强类型 DataSet 时,可以批注 DataSet 的 XML 架构定义语言(XSD)架构,以确保强类型 DataSet 正确处理空引用。nullValue 批注可用一个指定的值 String.Empty 代替 DBNull、保留空引用或引发异常。选择哪个选项取决于应用程序的上下文。默认情况下,如果遇到空引用,就会引发异常。

类型化数据集的类有一个对象模型,在该对象模型中,其属性采用表和列的实际名称来表示。例如,如果使用的是类型化数据集,可以使用如下代码引用列:

```
// 访问 Customers 表第一行记录的 CustomerID 列的值
string s;
s = dsCustOrders.Customers[0].CustomerID;
```

相比较而言,如果使用的是非类型化数据集,等效的代码为:

```
string s = (string) dsCustOrders.Tables["Customers"].Rows[0]["CustomerID"];
```

类型化访问不但更易于读取,而且完全受 Visual Studio 代码编辑器中智能感知的支持。除了更易于使用外,类型化数据集的语法还在编译时提供类型检查,从而大大降低了为数据集成员赋值时发生错误的可能性。在运行时对类型化数据集中的表和列的访问也略为快一些，因为访问是在编译时确定的，而不是在运行时通过集合确定的。

尽管类型化数据集有许多优点，但在许多情况下需要使用非类型化数据集。最显而易见的情形是数据集无架构可用。例如，当应用程序正在与返回数据集的组件交互而事先不知道其结构是哪种时，便会出现这种情况。同样，有些时候使用的数据不具有静态的可预知结构，这种情况下使用类型化数据集是不切实际的做法，因为对于数据结构中的每个更改，都必须重新生成类型化数据集类。更常见的是，许多时候可能需要动态创建无可用架构的数据集。在这种情况下，数据集只是一种方便的、可用来保留信息的结构（只要数据可以用关系方法表示）。同时，还可以利用数据集的功能，如序列化传递到另一进程的信息或写出XML 文件的能力。

8.5 性　　能

目前，.NET 受管制的提供者有时有一定的局限性，只能选择 OleDb 或 SqlClient。OleDb 允许利用 OLEDB 驱动程序来连接任何数据源（如 Oracle），SqlClient 提供者则面向 SqlServer。SqlServer 提供者是完全使用受管制的代码编写的，层使用得尽可能少，这样才能连接数据库。这个提供者为 SQL Server 编写了 TDS(Tabular Data Stream)软件包，因此它比 OleDb 提供者更快，因为 OleDb 提供者在连接数据库前要通过许多层。

如果用户只考虑使用 SQL Server，显然应选择 SQL 提供者。在现实世界中，如果不打算使用 SQL Server，肯定只能使用 OleDb 提供者。Microsoft 允许利用 System. Data. Common 类访问数据库，所以最好对这些类进行编码，在运行中使用合适的提供者。目前在 OleDb 和 Sql 之间切换是相当容易的，如果其他数据库开发商为他们的产品编写了提供者，用户应能在不修改代码（或很少修改）的情况下切换到 ADO 的一个本机提供者上。

小　　结

本章主要介绍了 ADO.NET 中使用 Connection、Command、DataReader、DataAdapter 和 DataSet 对象访问数据库的方法，其中 Connection 对象实现数据库的连接，Command 对象实现对数据库中数据的操作，DataReader 对象实现对结果集的遍历，DataAdaper 和 DataSet 对象是离线数据访问的核心。请读者细心体会，灵活运用，以实现数据库应用程序的开发。

习　　题

一、单选题

1. DataSet 提供 Merge 方法将 DataSet、DataTable 或 DataRow 数组的内容并入现有 DataSet，在并入 DataSet 内容时以下哪个因素不会影响新数据的并入（　　）。

A. 主键　　　　B. preserveChanges

C. 约束　　　　D. 索引

2. 关于 DataGraid 空间中的数据被修改后，DataSet 对象中相应数据表中的数据也被修改，这叫做数据绑定，下面关于数据绑定的说法错误的是(　　)。

A. 数据绑定控件能按绑定的数据源正确显示所有的数据

B. 被绑定的数据源一般是数据集 DataSet 对象中的一个表，但是不能是表中的一个字段

C. 在数据绑定控件中被修改的数据能被正确写回数据源

D. 很多控件都可以数据绑定

二、填空题

DataAdapter 对象包含 4 个 Command 对象是________、________、________和________，完成对数据库中的数据的选择、插入、更新和删除等功能。

三、简答题

1. 说明 SqlConnection、OleDbConnection、OdbcConnection 和 OracleConnection 怎样连接到数据库，以及连接字符串中各个键的作用。

2. Command 的作用是什么？如何利用 Command 对象来操作数据库？

3. DataReader 访问字段值的方法有哪些，各是什么？

4. DataReader 的功能是什么？试编写一段遍历数据库中数据的程序。

5. 类型和无类型的 DataSet 各有什么优缺点？

6. DataSet 和 DataAdapter 的功能各是什么？如何用 DataSet 和 DataAdapter 操作数据库中的数据？

四、思考题

ADO.NET 中有两类 Connection 对象，一类用于微软的 SQL Server 数据库，一类用于其他支持 ODBC 的数据库，试用这两种方式分别连接数据库，并把数据显示在 DataGrid 中。

第9章 Java数据库应用程序开发技术

内容提要

- JDBC API介绍；
- SQL和Java数据类型的映射关系；
- Java数据库操作的基本步骤；
- 使用JDBC实现对数据库的操作；
- JDBC连接其他类型的数据库。

随着电子商务及动态网站的迅速发展，Java数据库编程得到了越来越广泛的应用。JDBC由一组用Java语言编写的类组成，它已成为一种供数据库开发者使用的标准API。通过JDBC本身提供的一系列类和接口，Java编程开发人员能够很方便地编写有关数据库方面的应用程序。下面介绍Java数据库编程技术。

9.1 JDBC API介绍

JDBC API被描述成一组抽象的接口，JDBC的接口和类定义都在包java. sql中，利用这些接口和类可以使应用程序很容易地对某个数据库打开连接、执行SQL语句，并且处理结果，如表9-1所示。

表9-1 JDBC API类

类　　型	JDBC类
驱动程序管理	java. sql. Driver
	java. sql. DriverManager
	java. sql. DrivePropertyInfo
数据库连接	java. sql. Connection
SQL语句	java. sql. Statement
	java. sql. PreparedStatement
	java. sql. CallableStatement
数据	java. sql. ResultSet
错误	java. sql. SQLException
	java. sql. SQLWarning

下面对这些接口提供的方法进行详细介绍。

1. java. sql. DriverManager接口

java. sql. DriverManager用来装载驱动程序，并为创建新的数据连接提供支持。

JDBC 的 DriverManager 一面向程序提供一个统一的连接数据库的接口；另一方面，它管理 JDBC 驱动程序，DriverManager 类就是这个管理层。下面是 DriverManager 类提供的主要方法：

（1）getDriver(String url)：根据指定 url 定位一个驱动。

（2）getDrivers()：获得当前调用访问的所有加载的 JDBC 驱动。

（3）getConnection()：使用给定的 url 建立一个数据库连接，并返回一个 Connection 接口对象。

（4）registerDriver(java.sql.Driver driver)：登记给定的驱动。

（5）setCatalog(String database)：确定目标数据库。

2. java.sql.Connection 接口

java.sql.Connection 完成对某一指定数据库的连接。

Connection 接口用于一个特定的数据库连接，它包含维持该连接的所有信息，并提供关于这个连接的方法。

（1）createStatement()：在本连接上生成一个 Statement 对象，该对象可对本连接的特定数据库发送 SQL 语句。

（2）setAutoCommit(Boolean autoCommit)：设置是否自动提交。

（3）getAutoCommit()：获得自动提交状态。

（4）commit()：提交数据库上当前的所有待提交的事务。

（5）close()：关闭当前的 JDBC 数据库连接。

3. java.sql.Statement 接口

java.sql.Statement 在一个给定的连接中作为 SQL 执行声明，它包含了两个重要的子类型：java.sql.PreparedStatement(用于执行预编译的 SQL 语句)和 java.sql.CallableStatement(用于执行数据库中的存储过程)。

Statement 对象用于将 SQL 语句发送到数据库中。Statement 对象本身并不包含 SQL 语句，因而必须给查询方法提供 SQL 语句作为参数。下面是 Statement 接口声明的主要方法。

（1）executeQuery(String sql)：执行一条 SQL 查询语句，返回查询结果对象。

（2）executeUpdate(String sql)：执行一条 SQL 插入、更新、删除语句，返回操作影响的行数。

（3）execute(String sql)：执行一条 SQL 语句。

4. java.sql.ResultSet 接口

java.sql.ResultSet 用于保存数据库结果集，通常通过执行查询数据库的语句生成。

java.sql.ResultSet 对于给定声明获得结果的存取控制。在这些接口中提供了非常丰富的方法，可以使用这种方法对数据库进行各种操作。

9.2 SQL 和 Java 之间的映射关系

SQL 数据类型和 Java 数据类型之间具有映射关系。例如一个 SQL INTEGER 类型的数据一般映射为 Java 的 int 类型，可以使用一种简单的 Java 数据类型来读写 SQL 数据。

JDBC 为了支持通用的数据访问，提供了可以将数据作为 Java Object 来访问的方法，这就是 ResultSet 类的 get Object 方法、PreparedStatement 类的 setObject 方法、CallableStatement 和 getObject 方法。对于两个 getObject 方法，在获取相应的数据类型之前，必须将 Object 对象转换为相应的类型。

某些 Java 的数据类型，如 Boolean 和 Int 并不是 Object 的子类，因此，从 SQL 类型到 Java 类型的映射可能稍有不同，如表 9-2 所示。

表 9-2　SQL 类型到 Java 的映射

SQL type	Java Object Type	SQL type	Java Object Type
CHAR	String	BIGINT	Long
VARCHAR	String	REAL	Float
LONG VARCHAR	String	FLOAT	Double
NUMERIC	java. math. BigDecimal	DOUBLE	Double
DECIMAL	java. math. BigDecimal	BINARY	Byte
BIT	Boolean	VARBINARY	Byte
TINYINT	Integer	VARBINARY	Byte
SMALLINT	Integer	LONG VARBINARY	Byte
INTEGER	Integer	DATE	java. sql. Date
TIME	java. sql. Time	TIMESTAMP	java. sql. TimeStamp

使用 PreparedStatement 类的 setObject 方法，可以指定目标 SQL 类型。JavaObject 首先被映射为缺省的 SQL 类型(见表 9-3)，然后转换为指定的 SQL 类型，再传给数据库。此外也可以缺省目标 SQL 类型，这时 JavaObject 只是简单地转换为缺省的 SQL 类型，再传给数据库。

表 9-3　Java Object 到 SQL 类型的映射

Java Object Type	SQL type	Java Object Type	SQL type
String	VARCHAR 或 LONGVARCHAR	Byte[]	VARBINARY 或 LONGVARBINARY
java. math. BigDecimal	NUMERIC	Double	Double
Boolean	BIT	java. sql. Date	DATE
Integer	INTEGER	java. sql. Time	TIME
Long	BIGINT	java. sql. Timestamp	TIMESTAMP
Float	REAL		

9.3　JDBC 编程

从设计上来说，使用 JDBC 类进行编程与使用普通的 Java 类没有太大的区别，可以构建 JDBC 核心类的对象，如果需要还可以继承这些类。用于 JDBC 编程的类都包含在 java. sql 和 javax. sql 两个包中。

所有 JDBC 的程序的第一步都是与数据库建立连接。用户得到一个 java. sql. Connection 类的对象，对这个数据库的所有操作都是基于这个对象。

JDBC 的 DriverManager 查找到相应的数据库 Driver 并装载。从系统属性 java. sql 中

读取 Driver 的类名，并一一注册。在程序中使用 Class. forName( )方法动态装载并注册 Driver。如 Class. forName("sun. jdbc. odbc. JdbcOdbcDriver")，注册 JDBC-ODBC 桥。通过 DriverManager. getConnection( )与数据库建立连接。

在连接数据库时，必须指定数据源以及各种附加参数。JDBC 使用了一种与普通 URL 相类似的语法来描述数据源，称为数据库连接串 URL，用以指定数据源以及使用的数据库访问协议。其语法格式为：jdbc：＜subprotocol＞：＜subname＞。

例如：通过 JDBC-ODBC 桥接驱动与 mandb 数据源建立连接。

```
Connection con = DriverManager.getConnection("jdbc:odbc:mandb", "username", "password");
```

数据库连接完毕之后，需要在数据库连接上创建 Statement 对象，将各种 SQL 语句发送到所连接的数据库，执行对数据库的操作。例如：

```
/* 传送 SQL 语句并得到结果集 rs */
Statement stmt = con.createStatement( );
ResultSet rs = stmt.executeQuery("SELECT a, b, c FROM Table1");
```

对于多次执行但参数不同的 SQL 语句，可以使用 PreparedStatement 对象。使用 CallableStatement 对象调用数据库上的存储过程。

通过执行 SQL 语句，得到结果集，结果集是查询语句返回的数据库记录的集合。在结果集中通过游标(Cursor)控制具体记录的访问。SQL 数据类型与 Java 数据类型的转换时，根据 SQL 数据类型的不同，使用不同的方法读取数据。

```
/*处理结果集 rs*/
while (rs.next( )){
int x = rs.getInt("a");
String s = rs.getString("b");
float f = getFloat("c");
}
stmt.close( );
con.close( );
```

9.3.1 数据库操作基本步骤

使用 JDBC 操作数据库，一般要经过如下步骤：

(1) 加载驱动程序：Class. forName(driver)。

(2) 建立连接：Connection con＝DriverManager. getConnection(url)。

(3) 创建语句对象：Statement stmt＝con. createStatement()。

(4) 执行查询语句：ResultSet rs＝stmt. executeQuery(sql)。

(5) 查询结果处理及关闭结果集对象：rs. close()。

(6) 关闭语句对象：stmt. close()。

(7) 关闭连接：con. close()。

其中执行查询语句是对数据库操作的核心内容，在执行 SQL 命令之前，首先需要创建一个 Statement 对象。要创建 Statement 对象，需要使用 Connection 对象。

```
Statement stat = conn.createStatement();
```

接着，将要执行的 SQL 语句放入字符串中，例如：

```
String command = "UPDATE Books SET Price = Price * 0.9 WHERE Title = '大学英语'";
```

然后调用 Statement 类中的 executeUpdate 方法：

```
stat.executeUpdate(command);
```

executeUpdate 方法将返回受 SQL 命令影响的行数。executeUpdate 方法既可以执行诸如 INSERT、UPDATE 和 DELETE 之类的操作，也可以执行诸如 CREATE TABLE 和 DROP TABLE 之类的数据定义命令。但是执行 SELECT 查询时必须使用 executeQuery 方法。另外还有一个 execute 方法可以执行任意的 SQL 语句。此方法通常用于用户提供的交互式查询。

当执行查询操作时，通常最感兴趣的是查询结果。executeQuery 方法返回一个 ResultSet 对象，可以通过它来每次一行地迭代遍历所有查询结果。

```
ResultSet rs = stat.executeQuery("SELECT * FROM Books");
```

对于 ResultSet 类，迭代器初始化时被设定在第一行之前的位置。必须调用 next 方法将它移动到第一行。具体方法为：

```
while(rs.next())
```

查看结果集中的数据时，如果希望知道其中每一行的内容。可以使用访问器来获取数据，有许多访问器方法可以用于获取这些信息。例如：

```
String isbn = rs.getString(1);
double price = rs.getDouble("Price");
```

每个访问方法都有两种形式，一种接受数字参数，另一种接受字符串参数。当使用数字参数时，指的是该数字所对应的列。

注意：与数组索引不同，数据库的列序号是从 1 开始计算的。

当使用字符串参数时，指的是结果集中以该字符串为列名的列。使用数字参数效率更高一些，但是使用字符串参数可以使代码易于阅读和维护。

当 get 方法的类型和列的数据类型不一致时，每个 get 方法都会进行合理的类型转换。需要注意的是 SQL 的数据类型和 Java 的数据类型并非完全一致。

9.3.2 JDBC 数据库操作实现

1. 驱动程序

在练习 JDBC 之前，需要使计算机成为数据库的主机，一般来说，如果是使用 Windows 系统，应该就已经有 ODBC，而在安装的 JDK 中，已经包含了 JDBC-ODBC Bridge driver，这个驱动可以让由 JDBC 连接到 ODBC 然后来操控 DBMS。

所以只要设定了 DBMS(Database Management System)，便可以使用这个驱动来操作了。DBMS 可以是 Oracle、SQL Server 等数据库系统，在这里使用 SQL Server 2005 数据库。

2. 建立 SQL Server 数据库

首先打开 SQL Server Management Studio，执行如下的 SQL 语句，创建数据库 Store。

```
USE [master]
GO
CREATE DATABASE [Store] ON PRIMARY
( NAME = 'Store',
  FILENAME = 'D:\storedb\Store.mdf',
  SIZE = 10MB ,
  MAXSIZE = UNLIMITED,
  FILEGROWTH = 1MB )
LOG ON
( NAME = 'Store_log',
  FILENAME = 'D:\storedb\Store_log.ldf',
  SIZE = 1MB ,
  MAXSIZE = 200MB ,
  FILEGROWTH = 10 % )
```

接下来执行如下 SQL 语句创建数据表。

```
USE Store
GO
CREATE TABLE package
(
    ID int PRIMARY KEY,
    Sender VARCHAR(200) NOT NULL,
    Receiver VARCHAR(200) NOT NULL,
    Fee money,
    State VARCHAR(100),
    Weight int,
    PValue int
    )
```

在数据表中输入如上的数据，然后储存成名称为 Package 的数据表。如此便建立好了数据库。

3. 建立 ODBC 数据源

接下来设定 ODBC，打开控制面板（见图 9-1），在其中找到管理工具。

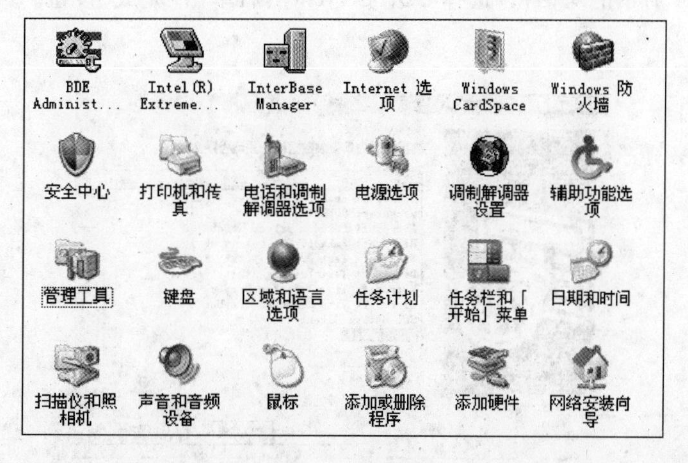

图 9-1　控制面板

打开之后再找到数据源(ODBC),如图 9-2 所示。

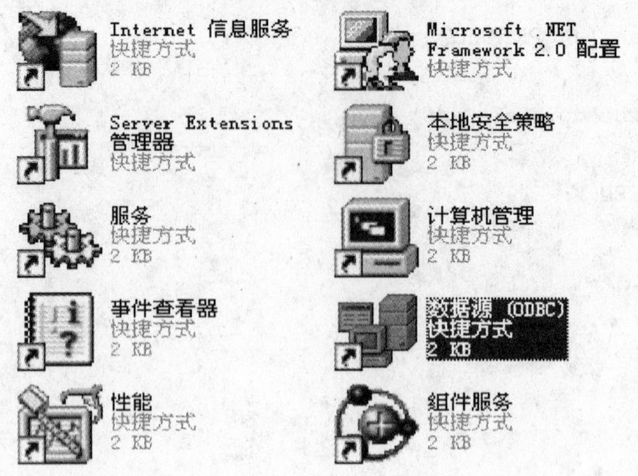

图 9-2　管理工具

在打开后会出现如图 9-3 所示的对话框。

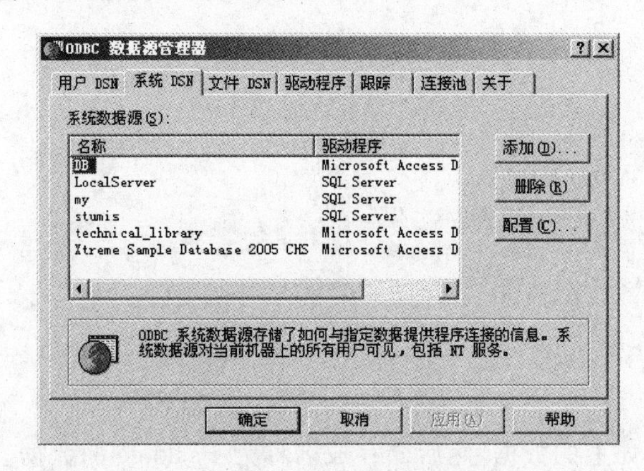

图 9-3　ODBC 数据源管理器(一)

选择系统数据来源名称,单击旁边的"添加"按钮。

出现如图 9-4 所示的对话框,选择 SQL Server,然后单击"完成"按钮。然后出现如图 9-5 所示的对话框。

图 9-4　选择数据源驱动程序 SQL Server

图 9-5 设置数据源名称和服务器名称

在数据源名称文本框中输入数据源名称,也就是 Store,并在服务器组合框中输入“.”,表示本地服务器。单击“下一步”按钮,进入如图 9-6 所示界面。

图 9-6 设置服务器安全验证方式

在此对话框中使用默认的 Windows NT 验证方式。单击“下一步”按钮,进入如图 9-7 所示界面。

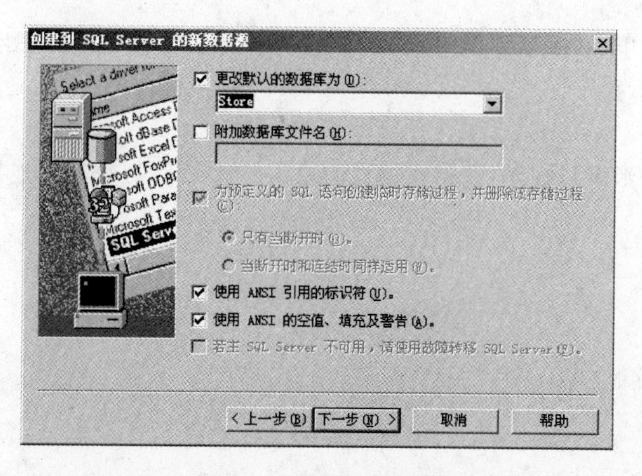

图 9-7 更改默认数据库

更改默认数据库为 Store，然后单击“下一步”按钮，进入如图 9-8 所示界面。

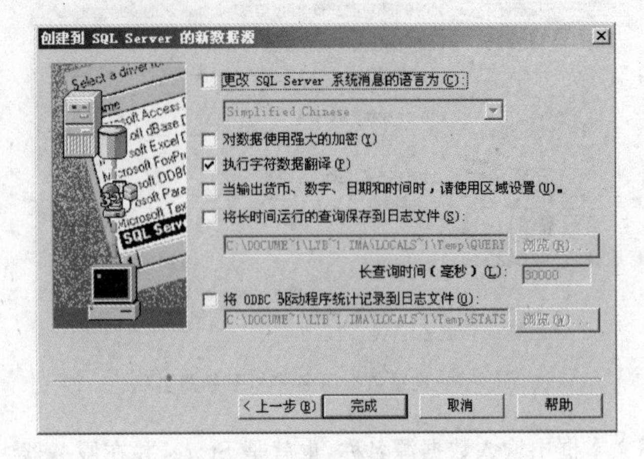

图 9-8　设置其他参数

在此对话框中单击“完成”按钮，弹出如图 9-9 所示对话框。

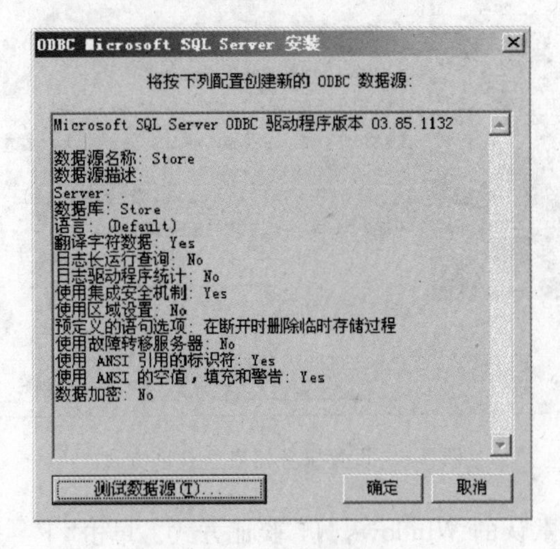

图 9-9　测试数据源

在此对话框中单击“测试数据源”按钮，如果弹出的对话框上显示“测试成功”，则 ODBC 数据源创建成功。

4. 建立连接

现在可以开始来编写程序，数据库编程的第一步便是要与数据库连接起来。参考程序代码如下：

```
/*
 * JDBC Demo 1
 *
 * 建立与数据库的连接
 */
import java.sql.*;
```

```
class JdbcDemo1 {
    public static void main (String[ ] args) {
        try {
            // 第一步: 注册 JDBC Driver
            Class.forName("sun.jdbc.odbc.JdbcOdbcDriver");
            // 第二步: 建立与数据库的连接
            String url = "jdbc:odbc:Store";
            Connection conn = DriverManager.getConnection(url);
            conn.close();
        } catch (Exception e) {
            System.err.println(e.getMessage());
        }                                   // catch
    }                                       // main
}                                           // JdbcDemo1
```

因为是连接数据库的程序，所以必须导入 sql 这个包。而与数据库的连接分两个步骤：

第一步就是要载入驱动器(driver)，这里使用 JDBC-ODBC Bridge Driver，载入驱动的语句如下：

```
Class.forName("sun.jdbc.odbc.JdbcOdbcDriver");
```

如果使用其他的驱动(可能使用不同的 DBMS，所以使用不同的驱动)，要在括号内输入其他驱动的名字。

第二步就是建立与数据库的连接，使用 Connection 对象。要得到 Connection 对象，利用 DriverManager 类中定义的 getConnection()方法，代码如下：

```
static ConnectiongetConnection(String url)
```

建立一个 connection 来连接到给定的数据库 URL。

```
static ConnectiongetConnection(String url, String user, String password)
```

建立一个 connection 来连接到给定的数据库 URL。

这两个方法的不同处在于第二个方法可以输入使用者的 ID 和密码，如果想要连接的数据库中需要输入密码的话，便使用这个方法。

参数 url 需要输入欲连接的数据库，在这里使用 jdbc:odbc:Store，如果用别的名称，只要将 Store 改成设定的名称即可。

5. 建立语句和表

接下来建立语句(Statement)。虽然已经建立了连接，不过必须要将 SQL 语句传送进去，才能够根据这些指令来操纵数据库，所以需要 Statement。

建立 Statement 使用 Connection 中所定义的 createStatement()方法，语法如下：

```
Statement stmt = conn.createStatement();
```

有了 Statement，那么就可以根据其中建立的方法来将 SQL 语句传入，并借此来操纵数据库。首先来看要如何建立一个新的表。前面在 SQL Server 里的数据库 Store 中建立了一个表 Package，然后再设计另外的一个表 Personnel，用来记载公司的员工信息。此表中记载了员工的 4 项数据，分别是 Name、ID、Salary 和 Gender。不要将两个表中的 ID 搞混了,一个代表的是包裹的ID,一个代表的是员工的ID。事实上这样的做法是不太好,还是应尽可能的给它不同的命名。

建立表的SQL语句为:

```
CREATE TABLE Personnel(Name VARCHAR(32), ID INTEGER, Salary FLOAT, Gender String);
```

有了这个SQL语句之后,要使用Statement中定义的方法executeUpdate()来将建立表的语句送进数据库。此方法的传回值为int,是表的行数(row count)。

参考程序代码如下:

```
/*
 * JDBC Demo 2
 *
 * 建立表格
 */

import java.sql.*;
class JdbcDemo2 {
    public static void main (String[] args) {
        try {
            // 第一步: 注册 JDBC Driver
            Class.forName("sun.jdbc.odbc.JdbcOdbcDriver");
            // 第二步: 建立与数据库的连接
            String url = "jdbc:odbc:Store";
            Connection conn = DriverManager.getConnection(url);
            // 第三步: 声明 Statement 来传送 SQL statements 到 database
            Statement stmt = conn.createStatement();

            String createTablePersonnel = "CREATE TABLE Personnel " +
                "(Name VARCHAR(32), ID INTEGER, Salary FLOAT, " +
                "Gender String)";
            stmt.executeUpdate(createTablePersonnel);     // 执行 SQL 语句

            stmt.close();
            conn.close();
        } catch (Exception e) {
            System.err.println(e.getMessage());
        }                                // catch

    }                                    // main

}                                        // JdbcDemo2
```

执行此程序后,不会看到什么,把以前设立的Store数据库打开,可以看到建立的Personnel表。

6. 添加数据

可以根据制作的表内容项目加入一条数据。加入数据的SQL语句为:

```
Insert Into Personnel Values('Tom', 9, 37000, '男')
```

Values 后面的数据要和表中列的顺序一致。此处还是使用 executeUpdate()方法来更新数据库。程序代码如下：

```
/*
 * JDBC Demo 3
 *
 * 加入数据进入表
 */

import java.sql.*;

class JdbcDemo3{

    public static void main (String[] args) {
        try {

            // 第一步: 注册 JDBC Driver
            Class.forName("sun.jdbc.odbc.JdbcOdbcDriver");

            // 第二步: 建立与数据库的连接
            String url = "jdbc:odbc:Store";
            Connection conn = DriverManager.getConnection(url);

            // 第三步: 声明 Statement 来传送 SQL statements 到 database
            Statement stmt = conn.createStatement();
            // 执行 SQL 指令
            stmt.executeUpdate("Insert Into Personnel Values
            ('Tom', 9, 37000, '男')" );

            stmt.close();
            conn.close();

        } catch (Exception e) {
            System.err.println(e.getMessage());
        }                           // catch

    }                               // main

}                                   // JdbcDemo3
```

执行了程序后，请打开 Personnel 表，可以看见新添加的数据了。

7. 读取表数据

将数据存入之后，当然可以根据需要将其读出来。查询数据的 SQL 语句为：

```
SELECT ID, Gender, Name FROM Personnel
```

"SELECT 列名 FROM 表名"是查询的语法，列名如果不只是一项，则用逗号分开。如果要查询所有的数据，则可以使用 * 号。

选择数据之后，还需要取得其传回值。这里使用 Statement 的方法 executeQuery()来执行查询。此方法的传回值为 ResultSet 对象。程序代码如下：

```
/*
 * JDBC Demo 4
 *
 * 查询表中的数据
 */

import java.sql.*;

class JdbcDemo4 {

    public static void main (String[] args) {
        try {

            // 第一步：注册 JDBC Driver
            Class.forName("sun.jdbc.odbc.JdbcOdbcDriver");

            // 第二步：建立与数据库的连接
            String url = "jdbc:odbc:Store";
            Connection conn = DriverManager.getConnection(url);

            // 第三步：声明 Statement 来传送 SQL statements 到 database
            Statement stmt = conn.createStatement();

            String query = "Select ID, Gender, Name From Personnel";

            ResultSet rs = stmt.executeQuery(query);    // 执行 SQL 指令

            while (rs.next()) {

              String name = rs.getString("Name");
              int id = rs.getInt("ID");
              String gender = rs.getString("Gender");
              System.out.println(name + "\t" + id + "\t" + gender);
            }                           // while
            rs.close();
            stmt.close();
            conn.close();

        } catch (Exception e) {
            System.err.println(e.getMessage());
        }                               // catch

    }                                   // main

}                                       // JdbcDemo4
```

使用 ResultSet 的 next()方法来取得所有的值，然后用 getInt()、getString()等方法来取得个别的值，注意这几个方法的传入值为要取得列的名称。执行之后，数据表中的相对应数据会输出到屏幕上。

8. 更新数据

可以使用SQL语句来更新数据库中的数据，语法为：

```
UPDATE 表名 SET 列名 = value WHERE 列名 LIKE 'value'
```

关键字为UPDATE、SET、WHERE以及LIKE。列名是数据列的名称，类似之前说的ID、Name等。而value为其值。例如：

```
UPDATE Personnel SET ID = 7 WHERE Name LIKE 'Jack'
```

以上代码的作用是在Personnel表中，把姓名栏为Jack的那一行的ID改为7。程序代码如下：

```
/*
 * JDBC Demo 5
 *
 * 更新表中的数据
 */

import java.sql.*;

class JdbcDemo5 {

    public static void main (String[] args) {
        try {

            // 第一步：注册 JDBC Driver
            Class.forName("sun.jdbc.odbc.JdbcOdbcDriver");

            // 第二步：建立与数据库的连接
            String url = "jdbc:odbc:Store";
            Connection conn = DriverManager.getConnection(url);

            //第三步：声明 Statement 来传送 SQL statements 到 database
              Statement stmt = conn.createStatement();

            String updateString = "UPDATE Personnel " +
              "SET ID = 7 " +
              "WHERE Name LIKE 'Jack' ";

            stmt.executeUpdate(updateString);

            String query = "Select ID, Gender, Name From Personnel";

            ResultSet rs = stmt.executeQuery(query);     // 执行 SQL 指令

            while (rs.next()) {

              String name = rs.getString("Name");
```

```
            int id = rs.getInt("ID");
            String gender = rs.getString("Gender");
            System.out.println(name + "\t" + id + "\t" + gender);

         }                        // while

         rs.close();
         stmt.close();
         conn.close();

      } catch (Exception e) {
         System.err.println(e.getMessage());
      }                           // catch

   }                              // main

}                                 // JdbcDemo5
```

在 SQL 中也可以有一些运算或判断，例如要查询的时候，可以使用：

```
Select ID, Gender, Name From Personnel where ID > 10
```

由此可以得到 ID 大于 10 的数据。上面中的例子可以写成：

```
UPDATE Personnel SET ID = ID + 7 WHERE Name LIKE 'Jack'
```

便将原 ID 的值加上 7。

9. 连接查询

使用数据库，当然可以连接不同的表来得到数据。不过两个表之中必须要有相关联的列来找到其中的关系。例如现在在数据库中建立了两个表 Package 和 Personnel，其中包含的列如表 9-4 和表 9-5 所示。

表 9-4 PACKAGE 表

列　名	说　明	数据类型	长　度	备　注
ID	人员编号	int	20	主键
senderName	寄件人姓名	varchar	20	
receiverName	收件人姓名	varchar	20	
Fee	运费	money		
State	目前状况	varchar	20	

表 9-5 PERSONNEL 表

列　名	说　明	数据类型	长　度	备　注
ID	人员编号	int		主键
Name	姓名	varchar	20	
receiverName	收件人姓名	varchar	20	
Gender	性别	char	2	
Salary	薪资	money		

可以看出两个表的相关列为ID,也就是说可以根据负责人的ID来找到相对应的数据。例如想要知道如何找到编号为10的工作人员所负责的所有包裹的寄件人姓名,那么可以用如下的方式查询:

```
"SELECT Package.senderName, Personnel.Name FROM Package, Personnel  WHERE Package.ID = 10
and Personnel.ID = 10";
```

这样只要和前面一样执行查询,便可以得到相对应的结果。程序代码如下:

```
/*
 * JDBC Demo 6
 *
 * 查询多个表中的数据
 */

import java.sql.*;

class JdbcDemo6 {

    public static void main (String[] args) {
        try {

            // 第一步: 注册 JDBC Driver
            Class.forName("sun.jdbc.odbc.JdbcOdbcDriver");

            // 第二步: 建立与数据库的连接
            String url = "jdbc:odbc:Store";
            Connection conn = DriverManager.getConnection(url);

            //第三步: 声明 Statement 来传送 SQL statements 到 database
            Statement stmt = conn.createStatement();

            String query = "SELECT Package.senderName, Personnel.Name "
              + "FROM Package, Personnel " +
              "WHERE Package.ID = 10 and Personnel.ID = 10";

            ResultSet rs = stmt.executeQuery(query);

            while (rs.next()) {
              String sender = rs.getString("senderName");
              String name = rs.getString("Name");
              System.out.println(sender + "\t" + name);
            }

            rs.close();
            stmt.close();
            conn.close();

        } catch (Exception e) {
            System.err.println(e.getMessage());
        }                           // catch
```

```
    }                                    // main

}                                        // JdbcDemo6
```


10. 预备语句

有时候会经常使用某一个 SQL 语句，例如 INSERT 或 UPDATE，在这种情况下可以使用预备语句，也就是 PreparedStatements。具体的做法便是声明 PreparedStatement 对象，如下所示：

```
PreparedStatement insertPackage = conn.prepareStatement(
"Insert Into Package Values (?, 'Simon',?,?,'已到达')");
```

这个语法中包含了 SQL 的 INSERT 语句，但是有些部分使用问号代替，这些问号用来表示要输入的数值，用 setXXX()方法来将数值指定到上述的 SQL 语法，XXX 代表数据形态，例如：

```
insertPackage.setInt(1, "101");
insertPackage.setString(2, 'Dean');
insertPackage.setInt(3, 500);
```

如此代表第一个问号用 101 代替，第二个问号用'Dean'代替，而第三个问号则用 500 代替。接下来使用

```
insertPackage.executeUpdate();
```

语法便可以执行此 INSERT 的指令。参考程序代码如下。

```
/*
* JDBC Demo 7
*
* 使用 Prepared Statement 加入数据进入表
*/

import java.sql.*;

class JdbcDemo7{

    public static void main (String[] args) {
        try {

            // 第一步: 注册 JDBC Driver
            Class.forName("sun.jdbc.odbc.JdbcOdbcDriver");

            // 第二步: 建立与数据库的连接
            String url = "jdbc:odbc:Store";
            Connection conn = DriverManager.getConnection(url);

            //第三步: 声明 Statement 来传送 SQL statements 到 database
            Statement stmt = conn.createStatement();
```

```
            PreparedStatement insertPackage = conn.prepareStatement(
            "Insert Into Package Values (?, 'Simon',?,?,'已到达')");

            String n[] = {"Dean", "Donald", "Eric", "Julian", "Jeff"};
            int a[] = {22, 23, 21, 20, 25};
            int s[] = {40000, 38000, 38000, 38500, 37500};

            for(int i = 0; i < n.length; i++) {
              insertPackage.setInt(1, a[i]);
              insertPackage.setString(2, n[i]);
              insertPackage.setInt(3, s[i]);
              insertPackage.executeUpdate();
            }                               // for

            stmt.close();
            conn.close();

        } catch (Exception e) {
            System.err.println(e.getMessage());
        }                                   // catch

    }                                       // main

}                                           // JdbcDemo7
```

使用这个程序，可以一次输入 5 笔数据进入数据库。

11. ResultSets 的操作

当取得数据库中的数据后，会储存在 ResultSet 对象中。储存在这个对象中的数据，可以将其想像成一个数据表。ResultSet 对象允许在这一个表中一行一行地移动，如此可以跳到想要的位置去查询想要查询的数据。

在能够执行这个功能之前，必须先加入几个参数，如下：

```
Statement stmt = conn.createStatement( ResultSet.TYPE_SCROLL_SENSITIVE,
ResultSet.CONCUR_READ_ONLY);

ResultSet rs = stmt.executeQuery("SELECT ID, senderName,
State FROM Package where ID < 30");
```

在 createStatement 方法中加入 TYPE_SCROLL_SENSITIVE 以及 CONCUR_READ_ONLY 两个参数允许在 ResultSet 所取得的数据表中移动。

在之前的例子(Query)中，使用 ResultSet 对象的 next()方法将取得的数据显示出来，因为将游标定位在第一笔数据，然后一行一行地往下取得数据。所以如果根据上两行的指令，可以得到如下的输出：

程序代码如下：

```
/*
 * JDBC Demo 8
 *
 * 使用 Result Set 对象取得数据
```

```
*/

import java.sql.*;

class JdbcDemo8{

    public static void main (String[] args) {
        try {

            // 第一步：注册 JDBC Driver
            Class.forName("sun.jdbc.odbc.JdbcOdbcDriver");

            // 第二步：建立与数据库的连接
            String url = "jdbc:odbc:Store";
            Connection conn = DriverManager.getConnection(url);

            //第三步：声明 Statement 来传送 SQL statements 到 database
            Statement stmt = conn.createStatement
            (ResultSet.TYPE_SCROLL_SENSITIVE,
            ResultSet.CONCUR_READ_ONLY);

            ResultSet rs = stmt.executeQuery
            ("SELECT ID, senderName, State FROM Package where ID < 20");

            while(rs.next()) {
              int id = rs.getInt("ID");
              String sender = rs.getString("senderName");
              String state = rs.getString("State");
              System.out.println(id + "\t" + sender + "\t" + state);

            }                          // while

            rs.close();
            stmt.close();
            conn.close();

        } catch (Exception e) {
            System.err.println(e.getMessage());
        }                              // catch

    }                                  // main

}                                      // JdbcDemo8
```

上列的输出是因为将游标自第一行往下逐一读取，如果将游标定位在最后一行，然后往上读取，便会得到次序颠倒的结果。可以使用 afterLast()方法来将游标定位在最后，而使用 previous()方法来往前读取（此方法刚好相对于 next()方法）。程序代码如下：

```
/*
* JDBC Demo 9
*
```

```
 * 使用 Result Set 对象,将指标指到最后一行之后,再往前读取数据
 */

import java.sql.*;

class JdbcDemo9{

    public static void main (String[] args) {
        try {

            // 第一步:注册 JDBC Driver
            Class.forName("sun.jdbc.odbc.JdbcOdbcDriver");

            // 第二步:建立与数据库的连接
            String url = "jdbc:odbc:Store";
            Connection conn = DriverManager.getConnection(url);

            //第三步:声明 Statement 来传送 SQL statements 到 database
            Statement stmt = conn.createStatement
            (ResultSet.TYPE_SCROLL_SENSITIVE,
            ResultSet.CONCUR_READ_ONLY);

            ResultSet rs = stmt.executeQuery("SELECT ID, senderName,
            State FROM Package where ID < 20");

            rs.afterLast();

            while(rs.previous()) {
              int id = rs.getInt("ID");
              String sender = rs.getString("senderName");
              String state = rs.getString("State");
              System.out.println(id + "\t" + sender + "\t" + state);

            }                       // while

            rs.close();
            stmt.close();
            conn.close();

        } catch (Exception e) {
            System.err.println(e.getMessage());
        }                           // catch

    }                               // main

}                                   // JdbcDemo9
```

现在先将游标在表中定位的方法列举出来,然后再一一讨论。

(1) void afterLast() 移动游标到最后一行(Last)的下一行。

(2) void beforeFirst()移动游标到第一行(Before)的前一行。

(3) boolean first() 移动游标到第一行。

(4) boolean last()移动游标到最后一行。

(5) boolean absolute(int row)移动游标到第 row 行。

(6) boolean relative(int rows)移动游标到相对的第 rows 行,rows 可为正或为负。

afterLast()方法已经介绍过,而 beforeFirst()方法恰好与其相反,它是将游标移到最后一行的后一行。之所以要移到前一行之前或后一行之后,是因为在调用 next()或 previous()方法后,才能够取得第一行或最后一行数据。如果使用上面所列的 first()或 last()方法,便是将游标移到第一行或最后一行,如果调用 next()或 previous()方法的话,便会从第二行开始了(因为一开始已经指在第一行,调用了 next()方法之后,便取得第二行的数据)。

而 absolute()方法指的是将游标移到绝对的行数。所谓绝对的行数便是第一行为 1,第二行为 2,……。而 relative()方法便是将游标移到相对的行数,所谓相对是与当前的相对,例如一开始是在第 5 行,那么 relative(2)指的便是第 7 行,那么如果输入的参数为负数呢?那么便是相反方向,也就是说如果一开始是第 5 行,那么 relative(－2)便是第三行。可以使用 getRow()方法来得到目前游标所指的行数,此方法传回数值型态为 int。举例如下:

```
/*
 * JDBC Demo 10
 *
 * 在 Result Set 表中移动游标
 */

import java.sql.*;

class JdbcDemo10{

    public static void main (String[] args) {
        try{

            // 第一步: 注册 JDBC Driver
            Class.forName("sun.jdbc.odbc.JdbcOdbcDriver");

            // 第二步: 建立与数据库的连接
            String url = "jdbc:odbc:Store";
            Connection conn = DriverManager.getConnection(url);

            //第三步: 声明 Statement 来传送 SQL statements 到 database
            Statement stmt = conn.createStatement
            (ResultSet.TYPE_SCROLL_SENSITIVE,
            ResultSet.CONCUR_READ_ONLY);

            ResultSet rs = stmt.executeQuery("SELECT ID, senderName,
            State FROM Package where ID < 20");
```

```
            rs.absolute(2);

            while(rs.previous()) {
              int id = rs.getInt("ID");
              String sender = rs.getString("senderName");
              String state = rs.getString("State");
              System.out.println(id + "\t" + sender + "\t" + state);

            }                           // while

            rs.first();
            int rowNum = rs.getRow();   // Point in line 1
            System.out.println("row number is " + rowNum);

            rs.relative(8);             // Point in line 9
            System.out.println("row number is " + rs.getRow());

            rs.relative(-5);            // Point in line 4
            System.out.println("row number is " + rs.getRow());

            rs.close();
            stmt.close();
            conn.close();

        } catch (Exception e) {
            System.err.println(e.getMessage());
        }                               // catch

    }                                   // main

}                                       // JdbcDemo10
```

根据此前的方法,可以借由与数据库的连接,传送一个 SQL 语句来修改(UPDATE)数据库中的内容,使用如下的语法。

```
UPDATE 表名 SET 列名 = value WHERE 列名 LIKE 'value'
```

除了这个方法之外,也可以直接在读取回来的 Result Set 表中修改数据,再由此修改数据库中的数据。为了得到可以修改的数据,要在 createStatement()方法中输入参数,例如:

```
Statement stmt = conn.createStatement(ResultSet.TYPE_SCROLL_SENSITIVE,
ResultSet.CONCUR_UPDATABLE);
```

有了这个参数之后,用 executeQuery 方法所取得的 ResultSet 对象表便是可以修改的,例如要将前例中所取得的数据的最后一行的 State 改为 Damaged,那么可以加入如下的语法:

```
rs.last();
rs.updateString("State", "Damaged");
rs.updateRow();
```

先使用 last()方法将游标指向最后一行,然后使用 updateString()方法将 State 列修改为 Damaged,此时虽然 ResultSet 的表是修改完成的,但是数据库中的数据并没有被修改,所以可以再使用 updateRow()方法来将数据库中的数据也一并修改。

注意:如果在使用 updateRow()方法之前,便将游标移到另一行,那么 updateRow()便会失效。也就是说,如果要修改数据库中的某一行数据,必须是游标也指在 ResultSet 表中的某行才行。

updateXXX()方法中的 XXX 根据要修改的数据型态不同而有所不同,如果要修改的是整数,那么便是 updateInt()了。还有如果使用了 updateXXX()方法修改了 ResultSet 表中的数据,结果又后悔了,可以使用 cancelRowUpdates()方法来取消在 ResultSet 表中的修改。

```
rs.last();
rs.updateString("State", "Damage");
rs.cancelRowUpdates();
rs.updateFloat("State", "on the way");
rs.updateRow();
```

程序代码如下:

```
/*
 * JDBC Demo 11
 *
 * 在 Result Set 表中修改数据
 */

import java.sql.*;

class JdbcDemo11{

    public static void main (String[] args) {
        try {

            // 第一步: 注册 JDBC Driver
            Class.forName("sun.jdbc.odbc.JdbcOdbcDriver");

            // 第二步: 建立与数据库的连接
            String url = "jdbc:odbc:Store";
            Connection conn = DriverManager.getConnection(url);

            //第三步: 声明 Statement 来传送 SQL statements 到 database
            // 加入 CONCUR_UPDATABLE 参数让表可以被修改
            Statement stmt = conn.createStatement
            (ResultSet.TYPE_SCROLL_SENSITIVE,
            ResultSet.CONCUR_UPDATABLE);

            ResultSet rs = stmt.executeQuery("SELECT ID, senderName,
            State FROM Package where ID < 20");

            rs.last(); // 移动游标到最后一行
            // 修改最后一行数据的 State 列为 Damaged
```

```
            rs.updateString("State", "Damaged");
            rs.updateString("senderName", "Nora");
            rs.updateRow();                  // 将数据库中的数据一并修改

            rs.previous();
            rs.updateString("State", "Damaged");
            rs.cancelRowUpdates();
            rs.updateString("State", "On the way");
            rs.updateRow();

            rs.close();
            stmt.close();
            conn.close();

        } catch (Exception e) {
            System.err.println(e.getMessage());
        }                                    // catch

    }                                        // main

}                                            // JdbcDemo11
```

除了传送一个 SQL 指令(Insert Into)进入数据库来加入一行新数据,也可以使用 ResultSet 对象中的方法来加入数据。首先使用 moveToInsertRow()方法来将游标移到一个空白行,然后使用 updateXXX()方法来将数据输入,最后使用 insertRow()方法来将数据写入数据库。例如要加入新的一行数据进入 Package,那么可以使用类似如下的语句:

```
rs.moveToInsertRow();
rs.updateString("senderName", "Olive");
rs.updateString("receiverName", "Ruth");
rs.updateInt("ID", 1);
rs.updateFloat("Fee", 10.99f);
rs.updateString("State", "On the way");
rs.insertRow();
```

本方法加入数据到 ResultSet 表跟更新到数据库的两个动作是同时进行的,因此没有反悔的机会。如果在加入数据时,有几个列没有输入数值(也就是说没有使用 updateXXX()方法),那么该列便储存 null,若是该列不接受 null 为输入值,那便会抛出 SQLException 这个异常。还有便是使用 updateXXX()方法时,输入的第一个参数为列名称,此参数也可以使用该列的编号来代替。例如如果知道 ID 是在 Package 表中的第一列,那么也可以使用如下的指令:

```
rs.updateInt(1, 1);
```

在加入新的一行之后,可以使用 moveToCurrentRow()方法回到刚才游标所指向的数据行。将一行数据写入数据库以及 ResultSet 中的代码如下:

```
/*
 * JDBC Demo 12
```

```
 *
 * 在 Result Set 表中加入一行数据
 */

import java.sql.*;

class JdbcDemo12{

    public static void main (String[] args) {
        try {

            // 第一步: 注册 JDBC Driver
            Class.forName("sun.jdbc.odbc.JdbcOdbcDriver");

            // 第二步: 建立与数据库的连接
            String url = "jdbc:odbc:Store";
            Connection conn = DriverManager.getConnection(url);

            //第三步: 声明 Statement 来传送 SQL statements 到 database
            // 加入 CONCUR_UPDATABLE 参数让表可以被修改
            Statement stmt = conn.createStatement
            (ResultSet.TYPE_SCROLL_SENSITIVE,
            ResultSet.CONCUR_UPDATABLE);

            ResultSet rs = stmt.executeQuery
            ("SELECT * FROM Package where ID < 20");

            rs.moveToInsertRow();
            rs.updateString("senderName", "Olive");
            rs.updateString("receiverName", "Ruth");
            rs.updateInt("ID", 1);
            rs.updateFloat("Fee", 10.99f);
            rs.updateString("State", "On the way");
            rs.insertRow();

            rs = stmt.executeQuery
            ("SELECT ID, senderName, State FROM Package where ID < 20");

            rs.moveToInsertRow();
            rs.updateString("senderName", "Olive");
            //rs.updateString("receiverName", "Ruth");
            rs.updateInt("ID", 1);
            //rs.updateFloat("Fee", 10.99f);
            rs.updateString("State", "On the way");
            rs.insertRow();

            rs.close();
            stmt.close();
```

```
            conn.close();

        } catch(SQLException e) {
            System.err.println(e.getMessage());
        }catch (Exception e) {
            System.err.println(e.getMessage());
        }                                       // catch

    }                                           // main

}                                               // JdbcDemo12
```

删除一行数据便显得相对简单得多了，只要在 ResultSet 表中将游标移到想要删除的那一行，然后使用 deleteRow()方法即可，程序代码如下：

```
/*
 * JDBC Demo 13
 *
 * 在 Result Set 表中删除一行数据
 */

import java.sql.*;

class JdbcDemo13{

    public static void main (String[] args) {
        try {

            // 第一步: 注册 JDBC Driver
            Class.forName("sun.jdbc.odbc.JdbcOdbcDriver");

            // 第二步: 建立与数据库的连接
            String url = "jdbc:odbc:Store";
            Connection conn = DriverManager.getConnection(url);

            //第三步: 声明 Statement 来传送 SQL statements 到 database
            // 加入 CONCUR_UPDATABLE 参数让表可以被修改
            Statement stmt = conn.createStatement
            (ResultSet.TYPE_SCROLL_SENSITIVE,
            ResultSet.CONCUR_UPDATABLE);

            ResultSet rs = stmt.executeQuery
            ("SELECT * FROM Package where ID < 20");

            rs.absolute(5);
            rs.deleteRow();

            rs.relative(1);
            rs.deleteRow();
```

```
                rs.relative(6);
                rs.deleteRow();

                rs.refreshRow();

                rs.close();
                stmt.close();
                conn.close();

            } catch(SQLException e) {
                System.err.println(e.getMessage());
                }catch (Exception e) {
                  System.err.println(e.getMessage());
            }                                   // catch

        }                                       // main

    }                                           // JdbcDemo13
```

在 ResultSet 的表中,可能不会马上显示所做的修改,可以调用 refreshRow()方法来重新整理数据库内容。

9.4 连接其他类型数据库

9.4.1 连接 Oracle 数据库

连接 Oracle 数据库的主要语句如下:

```
Class.forName("oracle.jdbc.driver.OracleDriver");
con = DriverManager.getConnection
("jdbc:oracle:thin:@127.0.0.1:1521:ORCL","scott","tiger");
```

下面是一个具体的例子:

```
String result = "";                         // 查询结果字符串
String sql = "select * fromtest";           // SQL 字符串
// 连接字符串,格式: "jdbc:数据库驱动名称:连接模式:@数据库服务器 ip:端口号:数据库 SID"
String url = "jdbc:oracle:thin:@localhost:1521:orcl";
String username = "scott";                  // 用户名
String password = "tiger";                  //密码
// 创建 ORACLE 数据库驱动实例
Class.forName("oracle.jdbc.driver.OracleDriver").newInstance();
// 获得与数据库的连接
Connection conn = DriverManager.getConnection(url, username, password);
// 创建执行语句对象
Statement stmt = conn.createStatement();
// 执行 SQL 语句,返回结果集
ResultSet rs = stmt.executeQuery(sql);
while ( rs.next() )
{
```

```
result + = "第一个字段内容：" + rs.getString(1) ;
System.out.priniltn(result) ;
}
rs.close();                                 // 关闭结果集
stmt.close();                               // 关闭执行语句对象
conn.close();                               // 关闭与数据库的连接
```

9.4.2 连接 Mysql 数据库

连接 Mysql 数据库的主要语句如下：

```
Class.forName("com.mysql.jdbc.Driver");
```

或

```
DriverManager.registerDriver(new com.mysql.jdbc.Driver());

con = DriverManager.getConnection
("jdbc:mysql://10.0.X.XXX:3306/test","admin","");
```

下面是一个具体例子：

```
package 数据库测试;
import java.sql.*;
public class JDBCTest
{
//主函数 main()
public static void main(String[] args) throws Exception
{

    String kongge = new String("    ");
    //格式化输出结果集

    Class.forName("com.mysql.jdbc.Driver");
    //驱动
    Connection conn = DriverManager.getConnection ( " jdbc: mysql://localhost: 3306/greatwqsuser =
root&password = greatwqs");

    /* 连接数据库,jdbc:mysql://localhost:3306/greatwqs 数据库为 greatwqs 数据库
    * 端口为 3306
    *
    * 用户名 user = root
    *
    * 用户密码 password = greatwqs
    */

        Statement stmt = conn.createStatement();
        //创建 SQL 语句,实现对数据库的操作功能

        ResultSet rs = stmt.executeQuery("select * from person");
        //返回查询的结果

            while(rs.next())
        {
```

```
            System.out.print(rs.getString("id") + kongge);
            System.out.print(rs.getString("name") + kongge);
            System.out.print(rs.getString("gender") + kongge);
            System.out.print(rs.getString("major") + kongge);
            System.out.print(rs.getString("phone") + kongge);
            System.out.println();
        }//输出结果集的内容
            rs.close();
            stmt.close();
            conn.close();
            //关闭语句,结果集,数据库的连接 }
}
```

9.4.3 连接 SQL Server 数据库

1. 连接 SQL Server 2000 数据库

(1) 使用 JDBC-ODBC 桥连接数据库。

Java 与 SQL 2000 连接的代码是

```
Class.forName("sun.jdbc.odbc.JdbcOdbcDriver");
conn = java.sql.DriverManager.getConnection("jdbc:odbc:数据源","数据库用户名","数据库密码");
```

(2) 使用 jdbc.sqlserver.SQLServerDriver 连接数据库。

```
Class.forName("com.microsoft.jdbc.sqlserver.SQLServerDriver");
java.sql.Connection conn = java.sql.DriverManager.getConnection
("jdbc:microsoft:sqlserver://127.0.0.1:1433;databasename = 数据库名", "用户名")
```

主要语句如下:

```
msbase.jar
mssqlserver.jar
msutil.jar
Class.forName("com.microsoft.jdbc.sqlserver.SQLServerDriver");
String url
 = "jdbc:microsoft:sqlserver://localhost:1433;databaseName = master";
Properties prop = new Properties();
prop.setProperty("user","scott");
prop.setProperty("password","tiger");
cn = DriverManager.getConnection(url,prop);
```

2. 连接 SQL Server 2005 数据库

主要语句如下:

```
Class.forName("com.microsoft.sqlserver.jdbc.SQLServerDriver");
String url = "jdbc:sqlserver://服务器名称:1433;databasename = 数据库的名称";
Connection con = DriverManager.getConnection(url,"sa","密码");
Statement s = con.createStatement();
```

下面是一个具体的例子:

```
package MyDB;
```

```
import java.sql.Connection;
import java.sql.DriverManager;
import java.sql.ResultSet;
import java.sql.SQLException;
import java.sql.Statement;
public class GetDB{
        ResultSet re ;
        Connection con;
String driver = "com.microsoft.jdbc.sqlserver.SQLServerDriver"; String url = "jdbc:
microsoft:sqlserver://localhost:1433;DatabaseName=db_shop";public GetDB()
{
        try {
                Class.forName(driver);
        } catch (ClassNotFoundException ex) {
        System.out.println("There are exception about " + ex.getMessage());
        }
}
public Statement getStatement() throws SQLException {
        con = DriverManager.getConnection(url, "sa", "6462133");
        return con.createStatement();
}
public ResultSet runSQLSearch(String sql) throws SQLException {
return getStatement().executeQuery(sql);
}
public int runSQLUpdata(String sql) throws SQLException {
        return getStatement().executeUpdate(sql);
}
public ResultSet executeQuery(String sql){
        try {
                Statement stat = con.createStatement();
                re= stat.executeQuery(sql);
        } catch (SQLException e) {
                e.printStackTrace();
        }
        return null;
}
public void runSQL(String sql) throws SQLException
{
    getStatement().execute(sql);
    }
  }
```

9.4.4 连接 Access 数据库

连接 Access 数据库使用 JDBC-ODBC 桥，其操作步骤如下：

(1) 要连接的 Access 数据库为 access.mdb。

(2) 创建 ODBC 数据源，在系统管理工具中运行"数据源(ODBC)"，打开如图 9-10 所示对话框。

(3) 选择数据驱动程序，如图 9-11 所示。

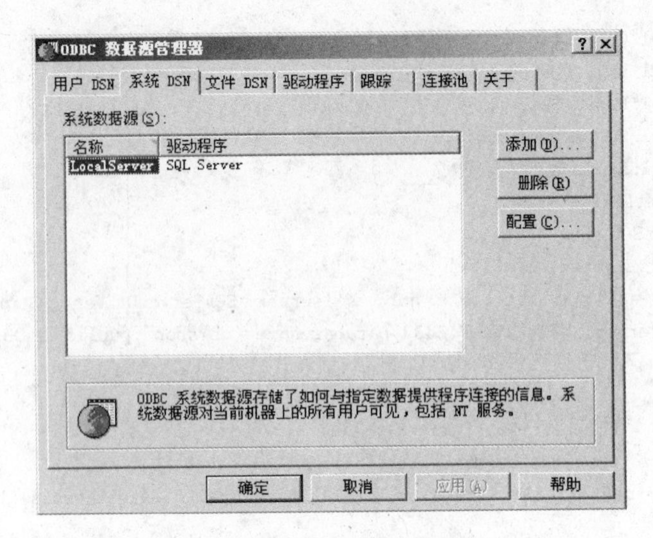

图 9-10　ODBC 数据源管理器(二)

图 9-11　选择数据源驱动程序 Microsoft Access Driver

(4) 选择数据库，如图 9-12 和图 9-13 所示。

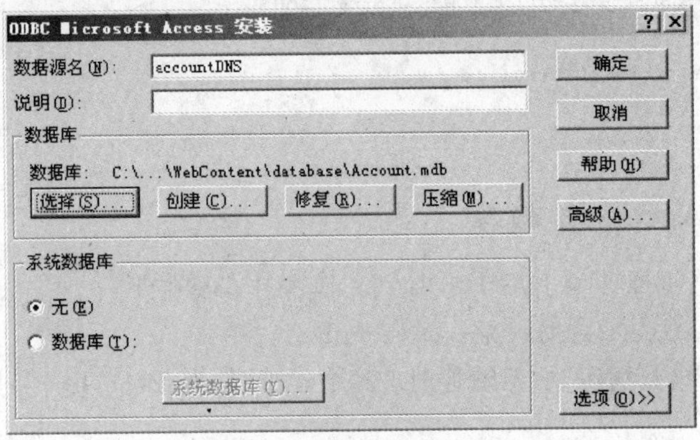

图 9-12　设置数据源名称

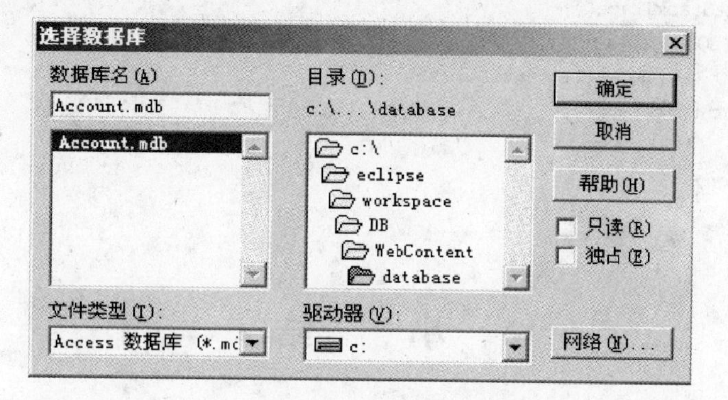

图 9-13　选择数据库

(5) 完成数据源设置,如图 9-14 所示。

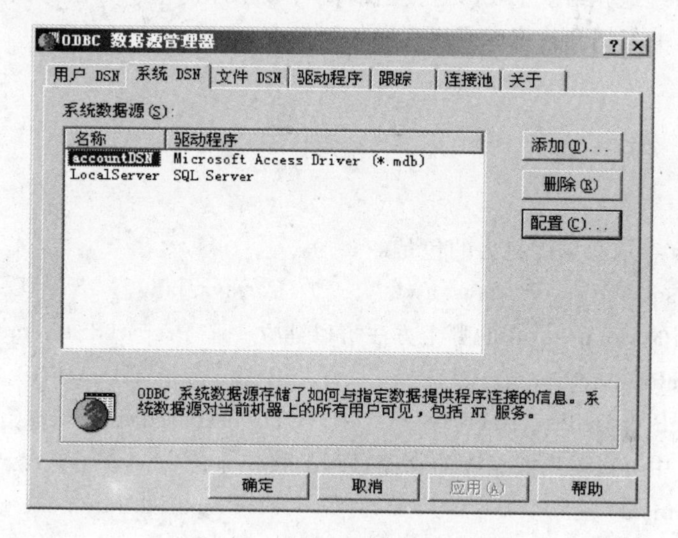

图 9-14　完成数据源设置的界面

连接代码如下:

```
public static Connection getConnectionForDSN()
  {
    Connection con = null;
    String url = "jdbc:odbc:accountDSN"; //访问 Access 数据库

    Properties property = new Properties();
    property.setProperty("user","admin");
    property.setProperty("password","");

    try {
      Class.forName("sun.jdbc.odbc.JdbcOdbcDriver");
      con = DriverManager.getConnection(url,property);

    } catch (ClassNotFoundException e) {
      // TODO Auto-generated catch block
```

```
        e.printStackTrace();
    } catch (SQLException e) {
        // TODO Auto-generated catch block
        e.printStackTrace();
    }
    return con;

}
```

小　　结

本章主要介绍了JDBC技术访问数据库的核心类、SQL和Java数据类型之间的映射关系、JDBC技术访问数据库的基本操作步骤,并使用大量的实例阐述了JDBC操作数据库的基本技术,最后系统地介绍了JDBC连接当前流行数据库的基本方法,具有较强的实用性。请读者灵活掌握,并运用到数据库应用程序的开发中。

习　　题

一、单选题

1. 提供Java存取数据库能力的包是(　　)。
   A. java.sql　　B. java.awt　　C. java.lang　　D. java.swing
2. 使用下面的Connection的哪个方法可以建立一个PreparedStatement接口(　　)。
   A. createPrepareStatement()　　B. prepareStatement()
   C. createPreparedStatement()　　D. preparedStatement()
3. 在JDBC中可以调用数据库的存储过程的接口是(　　)。
   A. Statement　　B. PreparedStatement
   C. CallableStatement　　D. PrepareStatement
4. 下面的描述正确的是(　　)。
   A. PreparedStatement继承自Statement
   B. Statement继承自PreparedStatement
   C. ResultSet继承自Statement
   D. CallableStatement继承自PreparedStatement
5. 下面的描述错误的是(　　)。
   A. Statement的executeQuery()方法会返回一个结果集
   B. Statement的executeUpdate()方法会返回是否更新成功的boolean值
   C. 使用ResultSet中的getString()可以获得一个对应于数据库中char类型的值
   D. ResultSet中的next()方法会使结果集中的下一行成为当前行
6. 如果数据库中某个字段为numberic型,可以通过结果集中的哪个方法获取(　　)。
   A. getNumberic()　　B. getDouble()
   C. setNumberic()　　D. setDouble()

7. 在 JDBC 中使用事务，想要回滚事务的方法是（　　）。

A. Connection 的 commit()　　B. Connection 的 setAutoCommit()

C. Connection 的 rollback()　　D. Connection 的 close()

8. 下面关于 JDBC 描述错误的是（　　）。

A. JDBC 常被认为是代表"Java 数据库连接"(Java Database Connectivity)，它由一组用 Java 编程语言编写的类和接口组成

B. Java 具有坚固、安全、易于使用、易于理解和可从网络上自动下载等特性，是编写数据库应用程序的杰出语言

C. JDBC API 对于基本的 SQL 抽象和概念是一种自然的 Java 接口，它是一套完全独立的数据库编程接口

D. JDBC 为数据库开发人员提供了一个标准的 API，使他们能够用纯 Java API 来编写数据库应用程序

二、填空题

1. JDBC 的基本层次结构由________、________、________、________和数据库 5 个部分组成。

2. 根据访问数据库的技术不同，JDBC 驱动程序相应地分为________、________、________和________4 种类型。

3. JDBC API 所包含的接口和类非常多，都定义在________包和________包中。

4. 使用________方法加载和注册驱动程序后，由________类负责管理并跟踪 JDBC 驱动程序，在数据库和相应驱动程序之间建立连接。

5. ________接口负责建立与指定数据库的连接。

6. ________接口的对象可以代表一个预编译的 SQL 语句，它是________接口的子接口。

7. ________接口表示从数据库中返回的结果集。

8. ResultSet 包含符合 SQL 语句中条件的所有行，并且它通过一套 ________方法，提供了对这些行中数据的访问。________方法用于移动到 ResultSet 中的下一行，使下一行成为当前行。

三、简答题

1. 简述 Statement 和 PreparedStatement 接口的作用及两者的区别。

2. 简述对 Statement、PreparedStatement 和 CallableStatement 的理解。

3. 简述 JDBC 驱动程序的 4 个种类。

4. 简述 Class. forName( )的作用。

5. 简述编写 JDBC 应用程序的一般过程。

四、操作题

创建一个 Java 应用程序连接到 SQL Server 数据库上，能够进行如下操作：

(1) 添加记录。

(2) 修改记录。

(3) 删除记录。

(4) 查询记录。

数据表(教学设备表)的结构如下:

字段名称	说明	数据类型	约束
编号	设备编号	数字	主键
类型	设备类型	文本	不允许空

数据表(教学设备表)的数据示例如下:

编号	类型
1	教学设备

第10章 数据库新技术概述

内容提要

- 分布式数据库的概念、特点和体系结构；
- 面向对象数据库的理论和实现方法；
- 数据仓库技术；
- 数据挖掘技术。

数据库技术从20世纪60年代中期产生到现在仅仅几十年的历史，其发展速度之快，适用范围之广是其他技术所远远不能比的。从20世纪80年代以来，数据库技术在商业领域的巨大成功刺激了其他领域对数据库技术需求的迅速增长。数据库系统在当今信息社会中占据非常重要的地位，它是信息处理的重要工具和组成部分，其理论和技术都已达到相当成熟的阶段，但随着应用需求的不断提高，数据库技术也面临许多新的挑战，需要不断进步、不断发展。

新一代的数据库技术主要体现在以下几个方面：

(1) 在整体系统方面，相对传统数据库而言，在数据模型及其语言、事务处理与执行模型、数据库逻辑组织与物理存储等各个方面，都集成了新的技术、工具和机制。属于这类数据库新技术的有面向对象数据库(Object-Orient Database)、主动数据库(Active Database)和实时数据库(Real-Time Database)。

(2) 在体系结构方面，不改变数据库基本原理，而是在系统的体系结构方面采用和集成了新的技术。属于这方面的数据库新技术有分布式数据库(Distributed Database)、并行数据库(Parallel Database)和数据仓库(Data Warehouse)。

(3) 在应用方面，以特定应用领域的需要为出发点，在某些方面采用和引入一些非传统数据库技术，加强系统对有关应用的支撑能力。属于这类的数据库新技术有：工程数据库(Engineering Database)，支持CAD、CAM、CIMS等应用领域；空间数据库(Spatial Database)，包括地理数据库(Geographic Database)，支持地理信息系统(GIS)的应用；科学与统计数据库(Scientific and Statistic Database)，支持统计数据中的应用；超文档数据库(Hyperdocument Database)，包括多媒体数据库(Multimedia Database)。

上面这些形成了现代数据库技术，本章将对其中的几种数据库系统进行介绍。

10.1 分布式数据库

分布式数据库(Distributed Database)的研究始于20世纪70年代中期，是在集中式数据库的基础上发展起来的，是数据库技术与计算机网络技术相结合的产物。随着计算机网络技术的迅速发展、计算机硬件和通信设备价格的下降,分布式数据库技术成了 20 世纪 80 年代数据库研究的主要方向并取得了显著成果。

10.1.1 分布式数据库系统的概念

分布式数据库系统中数据库的数据存储在物理上分布在计算机网络的不同计算机中,系统中每一台计算机被称为一个结点(或场地)。在逻辑上是属于同一个系统。其一般结构如图 10-1 所示。

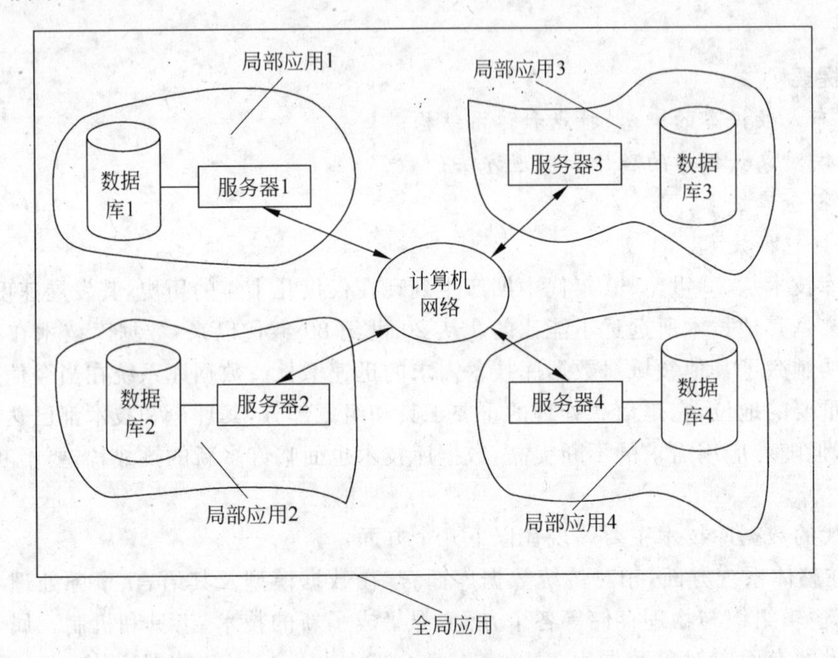

图 10-1 分布式数据库系统

分布式数据库系统的概念强调分布性和逻辑整体性,分布性是指数据库中的数据不是存储在同一场地(更确切地讲,不存储在同一计算机的存储设备)上。逻辑整体性是指这些数据逻辑上是互相联系的,是一个整体(逻辑上如同集中数据库)。

分布式数据库和分散在计算机网络不同结点上的那些集中式数据库或文件的集合是不能等同的,后者各结点数据之间没有内在的逻辑联系。因此,分布式数据库就有了全局数据库(逻辑上)和局部数据库(物理上)的概念。

在分布式数据库系统中,应用分为局部应用和全局应用两种。局部应用是指用户通过客户机对本地服务器中的数据库执行某些应用;而全局应用是指用户通过客户机对两个或两个以上结点中的数据库执行某些应用,又称为分布应用。全局应用和只存取本结点数据库的应用不同,和只存取另一个结点(或远程结点)数据库的应用也是不同的。区分分布式数据库和简单联网的集中数据库主要是看是否支持全局应用。例如,一个高校管理信息系统中,有多个学院分布在不同的地点。每个学院都有自己的服务器(结点),用来维护本学院的数据库;同时有若干客户机,完成本地的数据库操作(局部应用)。

同时各个学院的客户机也可以完成某些全局应用,如不同学院数据的互操作,就需要同时访问和更新两个结点上的数据库中的数据。不支持全局应用的系统不能称之为分布式数据库系统。同时,分布式数据库系统不仅要求数据的物理分布,而且要求这种分布是面向处理、面向应用的。所以,分布式数据库系统的更确切的定义为:

分布式数据库是由一组数据组成的,这组数据分布在计算机网络的不同计算机上,网络中的每个结点具有独立处理的能力(称为场地自治),可以执行局部应用。同时,每个结点也能通过网络通信子系统执行全局应用。

10.1.2 分布式数据库系统的特点

分布式数据库系统主要有如下几个特点:

(1) 数据的物理分布性。数据库中的数据分布在计算机网络的不同结点上,而不是集中在一个结点上。因此它不同于通过计算机网络共享的集中式数据库系统。

(2) 数据的逻辑整体性。分布在计算机网络不同结点上的数据在逻辑上属于同一个系统,因此,它们在逻辑上是相互联系的整体。

(3) 结点的自主性。每个结点有自己的计算机、自己的数据库(LDB,局部数据库)、自己的数据库管理系统(LDBMS),因而能独立地管理局部数据库。局部数据库中的数据可以供本结点的用户存取(局部应用),也可以供其他结点上的用户存取以供全局应用。

另外,分布式数据库系统是在集中式数据库系统的基础上发展起来的,但它在数据独立性、减少数据冗余、并发控制、数据库安全性和恢复等方面都有了新的更为丰富的内容。

(1) 数据独立性。数据独立性是数据库系统的最主要特性之一。它使应用程序能不受数据结构的影响,当数据库的逻辑结构或物理结构改变时,不必修改应用程序。在分布式数据库系统中,数据独立性除了逻辑独立性和物理独立性之外,还有分布透明性(Distribution Transparency)。分布透明性指用户不必关心数据的逻辑片,不必关心数据物理位置分布的细节,也不必关心重复副本(冗余数据)一致性问题,同时也不必关心局部场地上数据库支持哪种数据模型,用户使用数据时,就像使用集中式数据库一样。

(2) 适当增加数据冗余。数据冗余不仅增加存储空间,而且容易造成数据之间的不一致性。所以,减少数据冗余度也是集中式数据库系统的主要特征之一。而在分布式数据库系统中常常希望增加冗余数据,在不同的结点存储同一数据的多个副本。主要的原因有两个:一是提高系统的可靠性、可用性。当某一场地出现故障时,系统可以对另一场地上的相同副本进行操作,不会因一处故障而造成整个系统瘫痪。二是提高系统性能。系统可以选择用户最近的数据副本进行操作,减少通信代价,改善整个系统的性能。

(3) 全局的一致性、可串行性和可恢复性。由于数据是多用户共享的,当多个用户并发存取同一数据时系统应提供数据的一致性视图。同时,由于数据是分布的,对于全局应用来说,事务的执行将分成不同结点上的多个局部事务,而这多个事务的执行同样应具有原子性和可串行性。并且,当某个局部事务不能正常提交时,应能撤销其他结点已完成的事务,从而实现事务的全局回滚。

此外,分布式查询优化、多副本数据的更新、数据目录的分布等都是分布式数据库管理系统(DDBMS)需要解决的问题。

10.1.3 分布式数据库系统的体系结构

集中式数据库系统具有三级模式结构，分布式数据库系统应该由若干个局部数据模式加上一个全局数据模式构成。全局数据模式用来协调各局部数据模式，使之成为一个整体的模式结构。如图 10-2 为分布式数据库系统模式结构的一个参考模型。

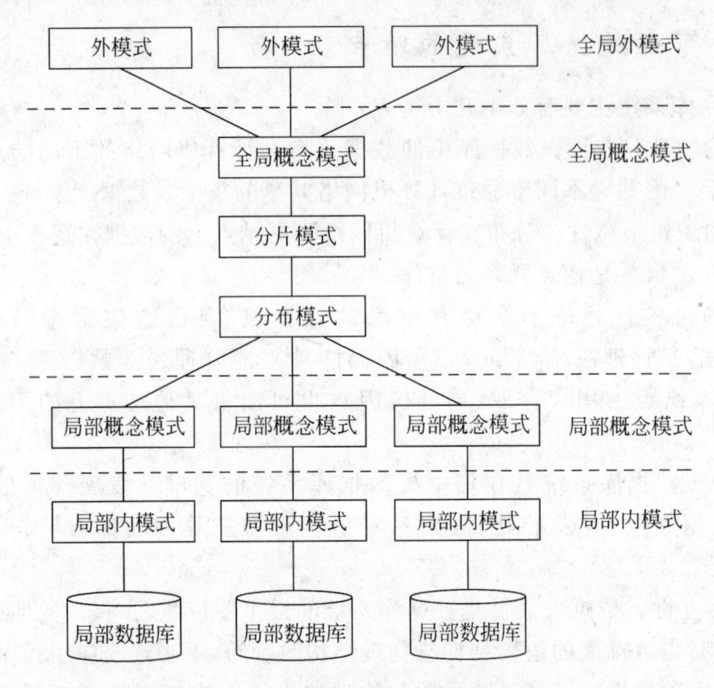

图 10-2　分布式数据库系统的模式结构

从图 10-2 可以看出，模式结构从整体上可以分为两大部分：

下半部分是集中式数据库系统的模式结构，代表了各局部场地上局部数据库系统的基本结构。

上半部分是分布式数据库系统增加的模式级别，包括：

(1) 全局外模式：是全局应用的用户视图，也是全局概念模式的子集。

(2) 全局概念模式：是对分布式数据库中全体数据的逻辑结构和特征的描述，它不考虑数据分布的物理地点和分布细节，使得数据如同没有分布一样。通常采用关系模型。

(3) 分片模式：每一个全局关系可以分为若干不相交的部分，每一部分称为一个片段(Fragment)。分片模式定义片段以及全局关系到片段的映像。这种映像是一对多的，一个全局关系可对应多个片段，而一个片段指来自一个全局关系。

数据分片的方法有：

① 水平分片：是指按一定的条件将关系按行(水平方向)分为若干个不相交的子集，每个子集为关系的一个片段。

② 垂直分片：是指将关系按列(垂直方向)分为若干子集。垂直分片的诸片段必须能够重构原来的全局关系，即可以用连接的方法恢复原关系，因此垂直分片的诸片段通常都包含关系的码。

③ 导出分片：是指导出水平分片，即水平分片的条件不是本身属性的条件而是其他关系的属性的条件。

例如，年龄<23 岁的学生选课片段 SC_s(Sno, Cno, Score)由下面的查询结果组成：

```
SELECT  Sno,  Cno,  Score
FROM   s,  sc
WHERE  s.Sno = sc.Sno   AND   s.Sage < 23
```

④ 混合分片：是指按上述三种分片方式得到的片段继续按另一种方式分片。如先水平分片再垂直分片，或先垂直分片再水平分片。

不管使用哪种分片方式，都应保证满足以下条件：

① 完备性：一个全局关系中的数据必须完全地划分为若干片段，不允许某些数据属于全局关系但不属于任何一个片段。

② 不相交性：不允许一个全局关系的某些数据既属于该全局关系的某一个片段又属于该全局关系的另一个片段(垂直分片中的主码除外)。

③ 可重构性：可以由片段重构全局关系。对于垂直分片，可以用连接操作重构全局关系。对于水平分片，可以用并操作重构全局关系。

(4) 分布模式：用来描述片段到不同结点间的映像，即各个片段的物理存放位置。当然，上述各层模式之间的联系和转换，是由三层映像来实现的，以保证分布式数据库系统的分片透明性、位置透明性和局部数据模型的透明性，使用户对分布式数据库系统的操作完全像使用集中式数据库一样，不必考虑数据的物理存储。分布模式的映像类型确定了分布式数据库是冗余的还是非冗余的。若映像是一对多的，即一个片段可分配到多个结点上存放，则是冗余的分布数据库，若映像是一对一的，则是非冗余的数据库。

10.1.4 分布式数据库系统的发展前景

分布式数据库兴起于 20 世纪 70 年代，经过 20 多年的发展，分布式数据库系统已发展得相当成熟，其应用领域涵盖了 OLTP 应用、分布式计算、互联网上的应用以及数据仓库的应用中。随着计算机网络的广泛普及，新的应用都体现了开放性和分布性的特点。从简单的数据系统全球连网查询，逐渐地转向更具有分布式数据库系统特色的应用环境。因此，在当前基于网络，具有分布性、开放性特点的应用环境下，分布式数据库系统将具有更好的发展前景和更广泛的应用领域。

10.2 面向对象数据库

面向对象的数据库系统(Object Oriented Database System，OODBS)是数据库技术与面向对象程序设计方法相结合而产生的数据库系统。

10.2.1 面向对象数据模型

面向对象数据模型(Object-Oriented Data Model，O-O Data Model)是一种可扩充的数据模型。在该数据模型中，数据模型是可扩充的，即用户可根据需要，自己定义新的数据类型及相应的约束和操作。

1. 对象

客观世界中任何一个事物都可以看成一个对象(或者说,客观世界是由千千万万个对象组成的,它们之间通过一定的渠道相互联系)。如学校、一个班级、军队中的一个团、一个连都是对象。

作为对象,它应该至少有两个要素:一是从事活动的主体,如班级中的学生;二是活动的内容,如上课、开会等。

从计算机角度看,一个对象应包括两个要素:一是数据,相当于班级中的学生。数据结构描述了对象的状态。二是需要进行的操作,相当于学生进行的活动。对象的操作就是对象的行为。例如定义一个学生对象,其状态由"学号、姓名、性别、专业号、年龄"等属性组成,其行为由"显示学生信息、增加一个学生、删除一个学生"等操作组成。因此从计算机角度看,对象就是一个包含数据以及与这些数据有关的操作的集合,如图 10-3 所示。

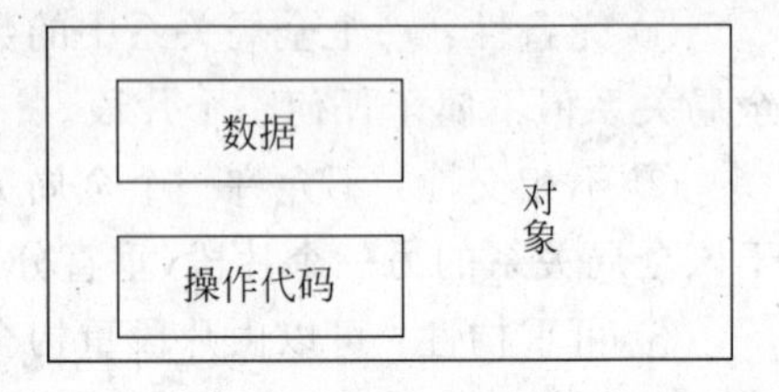

图 10-3　对象

在面向对象系统中,主要强调的是数据而不是操作。操作被定义为数据的一部分,然后可以在任何必要的地方使用它们。与此相反,传统的、非面向对象的系统中,操作被设计为数据操纵(在更新数据库的程序中)的一部分,而不是数据定义的一部分。数据以及操作被封装起来,它们对用户是隐藏的。即操作或访问数据时,用户不必知道操作是如何施加在数据上的。

一个对象包括以下几个部分:

1) 属性集合

所有属性合起来构成了对象数据的数据结构。每一个对象都有自己的状态、组成和特性,称为对象的属性。属性可能是一个单值或值的集合,也可能是其他对象,即对象的嵌套,并且这种嵌套可以继续下去,从而组成各种复杂的对象。

每个对象有唯一的对象标识(Object Identity,OID),一个对象的 OID 是独立于属性值的,在系统中是唯一不变的。对象的标识通常有以下几种表示方法:一是值标识,即用值来表示标识,如学生的学号 02040005;二是名标识,用一个名字来标识,例如变量名就是名标识;三是内标识,建立在数据模型或程序设计语言中,不要求用户给出标识,例如面向对象数据库系统使用的就是内标识。

2) 方法集合

方法是对象的行为特性。方法的定义包含两个部分:一是方法的接口,包括方法的名称、参数和结果类型;二是方法的实现部分,它是一段程序编码,以实现方法的功能,即对象操作的算法。

3) 消息集合

消息是对象向外提供的界面,消息由对象接收和响应。对象是封装的,即每一个对象是其状态和行为的封装,所以外界与对象的通信一般只能借助于消息。方法是在数据定义的过程中定义的,为了真正执行一个方法中的步骤,用户必须向对象发送消息。消息传送给对象,调用对象的相应方法,进行相应的操作,最后以消息形式返回操作的结果。

一条消息是一个执行方法的请求。在用户发送的消息中,必须包含所需要的数据,如在

ADD-STUDENT(增加学生)方法中,要包含学生的全部信息;对 DELETE- STUDENT 方法,只包含学号即可。

2. 类和实例

有一些对象是具有相同的结构和特性的。类代表了某一批对象的共性和特征。每个对象都属于一个类型,对象的类型就是类。类是对象的抽象,而对象是类的具体实例(Instance)。一个类中的所有对象其特性必须相同,即具有相同的属性、响应相同的消息、使用相同的方法。

如果说类的概念相当于关系模型中的关系模式,那么类的实例类似于元组,类的实例之间和类之间可以有复杂的联系。

3. 类的继承

一个新类可以通过对已有类进行修改或扩充某些特性来满足新类的要求,而这些特性并不和类的所有成员相关。从一个类继承定义的新类,将继承已有类的所有方法和属性,并且可以添加新的方法和属性。新类被称为已有类的子类或派生类,已有类称为父类或基类。

如果类 B 是类 A 的子类,则称类 A 是类 B 的父类,子类可继承其父类的所有特性,同时,又可具有父类所没有的特性。若一个子类只能继承一个父类的特性,叫做单继承;若一个子类能继承多个父类的特性,叫做多重继承。

例如,学校模型中有教职工和学生两个类,其中教职工中又可分为教师类和行政人员类,所有教师有专业这一属性,行政人员有行政级别属性,它们是教职工的两个子类。同时教职工和学生也具有某些相似的属性,如都有身份证号码、姓名、性别、年龄等,可以把它们看成是人的子类。其中在职研究生同时继承了教职工和学生的特性,这种情况成为多重继承。其类层次结构如图 10-4 所示。

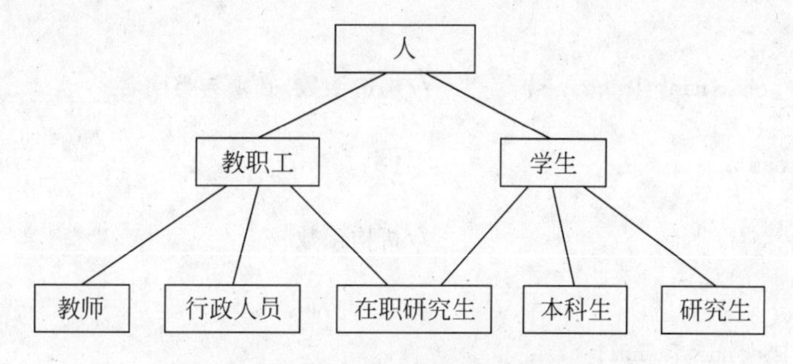

图 10-4 学校数据库的类层次结构

下面是一个 C++语言中实现类的例子。

1) 类的定义

(1) 语法格式:

```
Class 类名
{private:
私有的数据和成员函数;
public:
公有的数据和成员函数; }
```

(2) 定义一个学生类。

```
Class    stud
{ private:
int   num;                    //数据成员(属性)
char  name[10];
char  sex;
public:
void  display( )              //成员函数(方法)
{ cout <<"num:"<< num << endl;
cout <<"name:"<< name << endl;
cout <<"sex:"<< sex << endl;}
}
stud   stud1,stud2;           //定义了两个 stud 类的对象
```

(3) 属性、方法、消息。

① 属性：用来描述和反映对象特征的参数，实际上就是数据成员。

② 方法：类中的成员函数，是对数据的操作。

③ 消息：就是一个命令，由程序语句实现(C++中)。例如 stud1.display()；。

2) 构造函数与析构函数

```
#include <string.h>
#include <iostream.h>
class   stud
{
private:
int   num;
char  name[10];
char  sex;
public:
stud(int  n,  char nam[ ], char s)          //构造函数,必须与类同名
{   num = n;
strcpy(name, nam);
sex = s;}
~stud(   )                                  //析构函数
{      }
void  display( )
{ cout <<"num:"<< num << endl;
cout <<"name:"<< name << endl;
cout <<"sex:"<< sex << endl;}
}

void  main(   )
{
stud  stud1(20010,"Li_li",'f') ,            //创建类的实例(对象)stud1
stud2(20011,"wang_fang",'m');               //创建类的实例(对象)stud2
stud1.display();                            //方法调用
stud2.display();                            //方法调用
}
```

3）继承与派生

(1) 定义派生类语法格式。

```
class   派生类名:[引用权限] 基类名
{
派生类新增的数据成员;
派生类新增的成员函数;
}
```

(2) 建立派生类。

```
class   student: public   stud
{  private:
int   age;                                    //增加的数据成员(属性)age
char   addr[30];                              //增加的数据成员(属性)addr
public:
void   display_1(  )
{ cout <<"age:"<< age << endl;
cout <<"address:"<< addr << endl; }
};
```

10.2.2 面向对象数据库建模

本节介绍面向对象数据库的模型描述工具 ODL(对象定义语言),它是 CORBA(公共对象请求代理程序体系结构)的一个组件。ODL 与具体的 OODBMS 无关,和 E-R 图一样,是建立数据库概念模型的工具,也可以向 DBMS 支持的数据模型转化,如图 10-5 所示。

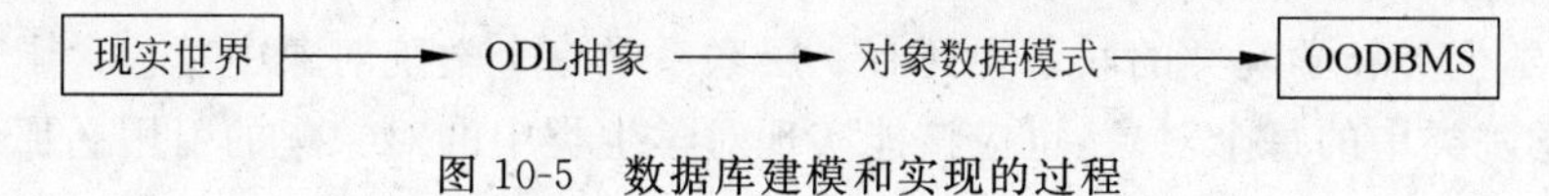

图 10-5 数据库建模和实现的过程

1. ODL 的类说明

在对象的定义中主要包括以下几个部分:

(1) 关键字 Interface(接口)。

(2) 类的名字。

(3) 类的特性表,可以是属性、联系、方法。

所以,ODL 类说明的最简单形式是:

```
Interface  <类名字> {
<特性表>
};
```

2. ODL 中属性的说明

属性是类的一种最简单的特性。

例 10.1 利用 ODL 描述学生(student)类,语句如下:

```
interface   student {                        //student 是一个类
attribute   string   sno;                              //属性 sno,其类型是 string
attribute   string   name;                             //属性 name,其类型是 string
```

```
attribute  integer  age;                          //属性 age,类型是整型
attribute  enum  sextype{ male,female} sex;       //属性 sex,其类型是枚举型
};
```


这是 student 类的说明,任何一个 student 对象在这几个属性上均对应一个分量。该例中的属性均是原子的,事实上属性类型可以是结构、集合、聚集等复杂类型。

例 10.2 给出类 college 的 ODL 描述,有属性 name(学院名)、president(负责人)、address(地址),其中 address 是一个结构,包括楼层和房间号。

```
interface  college {
attribute  string  name;
attribute  string  president;
attribute  struct  Addr
{ string  room,string  floor}address;
};
```

ODL 中的原子类型有整型(integer)、浮点型(float)、字符(char)、字符串(string)、布尔型(boolean)和枚举型(enum)。复杂类型可以是集合、列表、数组和结构等。

3. ODL 中的联系

为了得到对象与同类或不同类的其他对象的连接方式,需要在类的定义中说明类与类之间的联系。如学生类与学院类之间有联系,一个学生对象总与某个学院对象有关系(从属关系)。在 student 类说明中,可用下面的 ODL 语句表示这种联系:

```
Relationship college studyin;
```

该语句说明在 student 类中的每个对象,都有一个对 college 对象的引用,引用名为 studyin。

因为在学生类和学院类的联系中还有一层联系是一个学院对象中总包含了若干个学生对象,即从学院类中的每个对象,也应该能实现对学生类中的对象集的引用。那么这种引用如何实现呢?

在 ODL 中有反向联系的概念,要说明一个学院可有多个学生,需要在 college 类说明中加进对 student 类对象的引用:

```
Relationship set < student > owns
Inverse student::studyin;
```

其中联系名为 owns,关键字 set 表示集合,set<student>表示 student 的对象集合,说明 college 对象将引用 student 的对象集合,Inverse student::studyin 说明 owns 联系是 student 类中联系 studyin 的反向联系。

在 E-R 模型中,没有反向联系的概念,因为 E-R 模型中的联系是双向的。所以 E-R 模型中的一个联系,在 ODL 中要用一对反向联系来表示。在 ODL 中关于联系的说明也就只有两种情况:要么和其他类中的一个对象有关,要么和其他类中的对象集合有关。

例 10.3 用 ODL 描述 student、college、item 类及其联系。

```
interface  student {
attribute  string  sno;
attribute  string  name;
attribute  integer  age;
```

```
attribute  enum  sextype{ male,female} sex;
Relationship  college  studyin
Inverse  college: owns;
Relationship  set<item>  joins
Inverse  item: : joinby;
};
interface  college {
attribute  string  name;
attribute  string  president;
attribute  Struct  Addr
{ string  room,string  floor}address;
Relationship  set<student>  owns
Inverse  student: : studyin;
};
interface  item {
attribute  string  itemcode;
attribute  string  name;
attribute  string  sort;
attribute  string  level;
attribute  Struct  date
{ integer day, integer month, integer year}check_date;
Relationship  set<student>  joinby
Inverse  student: : joins;
};
```

4. ODL 中的类的继承

假设类 B 是类 A 的子类，那么在定义类 B 时，可以在后加上"：A"，说明类 B 是类 A 的子类，并可继承类 A 的所有特性。

例 10.4 定义类 postgraduate(研究生)为 student 的子类。

```
interface postgraduate: student {
//类 postgraduate 是类 student 的子类
Relationship college member
/* 所有的 postgraduate 对象都有一个联系 member，表示该研究生属于一个学院，并且一名研究生只属于一个学院。*/
};
```

在多重继承时，特性名之间可能会发生冲突。如两个或多个超类可能有同名的属性或联系，而这些特性的类型可能不同。在 ODL 中提供以下几种机制来建立解决多重继承产生的冲突：指出超类特性的多个定义中哪一个用于子类；在子类中，对于有相同名字的另一个特性给一个新的名字；在子类中重新定义一个或多个超类中已定义的某些特性。

5. ODL 中方法的说明

类的另一个特性是方法，方法是与类相关的函数。类中的每一个对象都能引用方法，同一方法可用于多个类，这是面向对象语言的特点。在方法说明中，主要有方法名、方法的输入输出类型说明等，而方法的实际代码是用宿主语言写的，代码本身不是 ODL 的一部分。调用方法时，可能会引起异常，即出现异常或非希望的情况，这种情况一般应由某个函数来处理(相当于出错处理)。在 ODL 的方法说明中,提供关键字 raises(引发),在括号里列出异常处理列表。

例 10.5 扩充定义类 student,增加了方法的说明。

```
interface  student
(key  name)
{ attribute  string  sno;
attribute  string  name;
attribute  integer  age;
attribute  enum  sextype{ male,female} sex;
Relationship  college  studyin
Inverse  college: owns;
Relationship  set < item >  joins
Inverse  item: : joinby;
String Departname( ) raises(nodepartFound)
Otheritem(in item,out set < student >)raise(noitemin);
};
```

第一个方法是 Departname,该函数将产生一字符串型的返回值,假设(因为 ODL 定义中没有函数代码,所以只能假设)该方法的功能是返回应用该方法的对象所在的学院名,如果应用该方法的对象所在的学院不存在,将引发名为 nodepartFound 的异常处理。

第二个方法是 Otheritem,该函数没有任何返回值,其输入参数类型为 item,输出参数为 student 的对象集合。该方法可能是希望该学生参加了这个项目,如果不是,那么就会引发异常 noitemin。如果他参加了这个项目,将给出所有参加该项目的其他学生。

除了属性、类型、方法、继承的说明外,一般类说明中还应包括码的说明。该语句中的"(key name)"说明了 student 码为 name。

6. E-R 模型向面向对象数据模型的转换

当建立了现实世界的 E-R 模型以后,可将其转换为 O-O 模型。转换时,可按照以下的步骤进行:

(1) 将 E-R 模型中的每个实体集生成一个类,实体集的属性转换为类的属性。

(2) 将 E-R 模型中具有 ISA 联系的实体集生成的类之间建立类/子类关系。

(3) 在转换得到的类中加入联系的说明:

① 对原 E-R 模型中有一对一联系的实体集,在其生成的类中,都加入联系说明,说明其和另一个类中的一个对象有关。

② 对原 E-R 模型中有一对多联系的实体集,在一方生成的类中,加入联系说明,说明其和另一个类中的对象集合有关;在多方生成的类中,加入联系说明,说明其和另一个类中的一个对象有关。

③ 对原 E-R 模型中有多对多联系的实体集,在其生成的类中,都加入联系说明,说明其和另一个类中的对象集合有关。

10.2.3 对象-关系数据库

1990 年,以 Michael Stonebraker 为首的高级 DBMS 功能委员会发表了"第三代数据库系统宣言"的文章,提出一个面向对象数据库系统必须具有两个条件:一是支持一核心的面向对象数据模型；二是支持传统数据库系统所有的数据库特性。虽然面向对象数据库系统在一些特定应用领域(例如 CAD 等)较好地满足了其应用需要，但是，这种纯粹的面向对象数据库系统并不支持 SQL，在通用型方面失去了优势，其应用领域受到很大的局限性。

同时，面向对象技术和数据库技术相结合的另一个产物——对象-关系数据库管理系统(ORDBMS)却得到了快速的发展。ORDBMS 是将传统的关系数据库加以扩展，增加面向对象特性，既支持已被广泛使用的 SQL，具有良好的通用型，又具有面向对象特性，支持复杂对象和复杂对象的复杂行为，适应了新应用领域的需要和传统应用领域发展的需要。

一个对象-关系数据库系统必须满足两个条件：一是支持一核心的面向对象数据模型，二是支持传统数据库系统所有的数据库特征。

对象-关系数据库系统就是按照这样的目标将关系数据库系统与面向对象数据库系统两方面的特征相结合。对象-关系数据库系统除了具有原来关系数据库的各种特点外，还应该提供以下特点：

1. 扩充数据类型

允许用户自己定义数据类型、函数和操作符，而且这些新的数据类型、函数和操作符一经定义将存放在数据库管理系统核心中，如同基本数据类型一样可供所有用户共享。

2. 支持复杂对象

能够在 SQL 中支持复杂对象。复杂对象是指由多种基本数据类型或用户自定义的数据类型构成的对象。

3. 支持继承的概念

能够支持子类、超类的概念，支持继承与派生的概念，支持单继承与多重继承，支持重载。

4. 提供通用的规则系统

能够提供强大而通用的规则系统，如规则中的事件和动作可以是任意的 SQL 语句，可以使用用户自定义的函数、规则能够被继承等。

实现对象-关系数据库系统，可以采用以下方法：

(1) 从头开发对象-关系数据库系统。这种方法费时费力，一般不采用。

(2) 在现有的关系型数据库系统基础上进行扩展。扩展方法有 5 种：

① 对关系型数据库系统核心进行扩充，逐渐增加对象特性。

② 不修改现有的关系型数据库系统核心，而是在现有关系型数据库系统外面加上一个包装层，由包装层提供对象-关系型应用编程接口。

③ 将现有的关系型数据库系统与其他厂商的对象-关系型数据库系统连接在一起，使现有的关系型数据库系统直接而迅速地具有对象-关系特征。

④ 将现有的面向对象型数据库系统与其他厂商的对象-关系型数据库系统连接，使现有的面向对象型数据库系统直接而迅速地具有对象-关系特征。

⑤ 扩充现有的面向对象的数据库系统，使之成为对象-关系型数据库系统。

10.3 数据仓库

数据仓库是近年来信息技术中近年来发展迅速的数据库新技术。随着信息技术的发展，数据库应用的规模、范围和深度不断扩大。一般的事务处理已不能满足应用的需求，企业需要能充分利用已有的数据资源，获得有价值的信息，挖掘企业的竞争优势，提高企业运作效率和指导企业决策，因此20世纪90年代初，数据仓库(Data Warehousing，DW)技术应运而生并得到了迅速发展。

目前，许多大型企业都建立或计划建立自己的数据仓库，以进行市场分析和决策支持。一些企业已从数据仓库应用系统中取得了经济效益。数据仓库系统主要涉及三个方面的技术：数据仓库技术、联机分析处理(OLAP)技术和数据挖掘(Data Mining，DM)技术。

10.3.1 数据仓库的定义与特征

数据仓库涉及在关系数据库中存储数据和处理数据，使数据成为查询和决策支持分析的更加有效的工具。当前，数据传输和分析进程最流行的说法是商业智能。换句话说，数据仓库是一种把收集的各种数据转变成有商业价值的信息的技术。企业数据仓库的建设，是以现有企业业务系统和大量业务数据的积累为基础。数据仓库不是静态的概念，只有把信息及时交给需要这些信息的使用者，供他们做出改善其业务经营的决策，信息才能发挥作用，信息才有意义。而把信息加以整理归纳和重组，并及时提供给相应的管理决策人员，是数据仓库的根本任务。

目前，数据库应用主要有两类：联机事务处理和分析型处理。联机事务处理(OLTP)注重数据库的完整性、安全性以及高可用性。它是对数据库联机的日常处理，当用户与RDBMS交互时，通过事务对数据库中的数据进行查询或修改。对于每个事务，OLTP处理的数据是以结构化的、可预知的方式存储在数据库表中的记录。OLTP系统提供了最新的数据，这些数据经常被更新、插入和删除，系统在商业交易实际发生时对它们进行存储。一个OLTP系统有许多并发用户，这些活动的用户执行读、插入和修改数据的短小查询。与OLTP不同，分析型处理主要用于管理人员的决策分析，通过对大量数据(特别是历史数据)的综合、统计和分析得出有利于企业的决策信息。这种分析查询，一般需要访问大量的数据和花费相对多的时间才能完成。而数据仓库和联机分析处理(OLAP)等技术能够从多个数据源收集数据，提供用户进行决策分析。

目前，数据仓库尚没有一个统一的定义，著名的数据仓库专家W. H. Inmon在其著作《Building the Data Warehouse》一书中给予如下描述：数据仓库(Data Warehouse)是一个面向主题的(Subject Oriented)、集成的(Integrate)、相对稳定的(Non-Volatile)、反映历史变化(Time Variant)的数据集合，用于支持管理决策。对于数据仓库的概念可以从两个层次予以理解：首先，数据仓库用于支持决策，面向分析型数据处理，它不同于企业现有的操作型数据库；其次，数据仓库是对多个异构的数据源有效集成，集成后按照主题进行了重组，并包含历史数据，而且存放在数据仓库中的数据一般不再修改。

根据数据仓库概念的含义，数据仓库拥有以下4个特征：

(1) 面向主题。传统的事务处理是面向应用的，是根据企业各个部门的业务活动组织数据的，各个业务系统之间各自分离，而数据仓库中的数据是按照一定的主题域进行组织。主题是一个抽象的概念，是指用户使用数据仓库进行决策时所关心的重点方面，一个主题通常与多个操作型信息系统相关。

(2) 集成的。面向事务处理的操作型数据库通常与某些特定的应用相关，数据库之间相互独立，并且往往是异构的。数据仓库中每个主题的源数据是面向应用的，并且可能分散在不同的结点中。在集成数据时，要消除数据中的冲突，进行数据综合和计算。数据仓库中的数据综合工作可以在抽取数据时生成，也可以在加入数据仓库以后进行综合时生成。时间可变意味着数据是随时间变化的。数据仓库系统必须周期性地捕捉 OLTP 数据库中的新数据，统一集成后增加到数据仓库中去。

(3) 相对稳定的。操作型数据库中的数据通常实时更新，数据根据需要及时发生变化。数据仓库的数据主要供企业决策分析之用，所涉及的数据操作主要是数据查询，一般情况下，不要修改数据仓库中的数据，通常只需要定期的加载、刷新。因为修改会使历史信息失效并且违背数据仓库的主要用途——保存用于分析的商务历史记录。唯一需要做的修改，就是更新那些一开始装入数据仓库时就不正确的数据。

(4) 反映历史变化。操作型数据库主要关心当前某一个时间段内的数据，而数据仓库中的数据通常包含历史信息，系统记录了企业从过去某一时点(如开始应用数据仓库的时点)到目前的各个阶段的信息，通过这些信息，可以对企业的发展历程和未来趋势做出定量分析和预测。

10.3.2 数据仓库系统的体系结构

数据仓库技术从本质上讲，是一种信息集成技术，它从多个信息源中获取原始数据，经过加工处理后，存储在数据仓库的内部数据库中。通过向它提供访问工具，为数据仓库的用户提供统一、协调和集成的信息环境，支持企业全局的决策过程和对企业经营管理的深入综合分析。为了达到这样的目标，一个数据仓库一般来说包含以下 7 个主要组成部分：

(1) 数据源：是数据仓库系统的基础，是整个系统的数据源泉。通常包括企业内部信息和外部信息。内部信息包括存放于 RDBMS 中的各种业务处理数据和各类文档数据。外部信息包括各类法律法规、市场信息和竞争对手的信息等。

(2) 数据抽取、转换和装载工具：主要功能是从数据源中抽取数据后检验和整理数据，并根据数据仓库的设计要求重新组织和加工数据，装载到数据仓库的目标数据库中。

(3) 数据建模工具：用于为数据仓库的源数据库和目标数据库建立信息模型。

(4) 核心存储：用于存储数据模型和源数据，其中源数据描述数据仓库中元数据和目标数据本身的信息，定义从源数据到目标数据的转换过程。

(5) 数据仓库的目标数据库：存储经检验、整理、加工和重新组织后的数据。

(6) 前端数据访问和分析工具：供业务人员分析和决策人员访问目标数据库中的数据，并进一步深入分析使用。主要包括各种报表工具、查询工具、数据分析工具、数据挖掘工具以及各种基于数据仓库或数据集市的应用开发工具。其中数据分析工具主要针对 OLAP 服务器，报表工具、数据挖掘工具主要针对数据仓库。

(7) 数据仓库管理工具：为数据仓库的运行提供管理手段，包括安全管理和存储管理等。

数据仓库的真正关键是数据的存储和管理，它是整个数据仓库系统的核心。数据仓库的组织管理方式决定了它有别于传统数据库，同时也决定了其对外部数据的表现形式。要决定采用什么产品和技术来建立数据仓库的核心，则需要从数据仓库的技术特点着手分析。针对现有各业务系统的数据，进行抽取、清理，并有效集成，按照主题进行组织。数据仓库按照数据的覆盖范围可以分为企业级数据仓库和部门级数据仓库(通常称为数据集市)。

数据仓库的体系结构如图 10-6 所示。

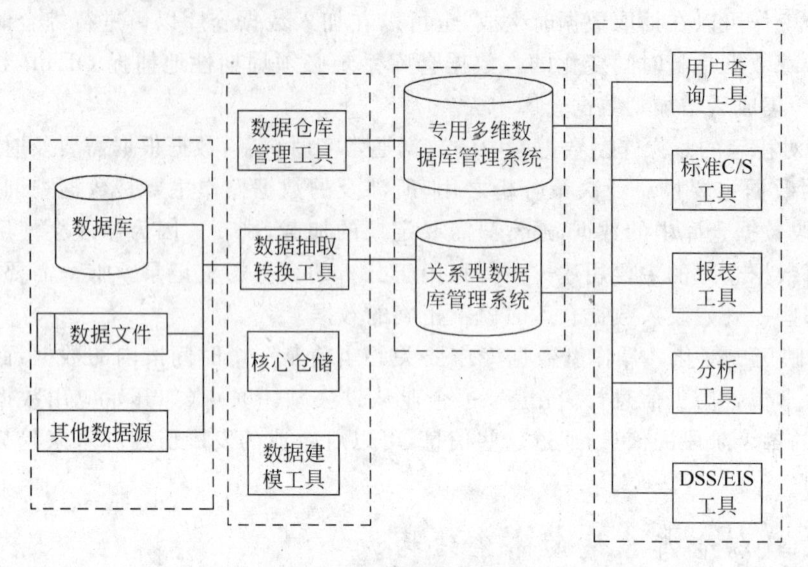

图 10-6　数据仓库体系结构

在一个数据仓库中，源数据来源于已经使用的生产系统，是操作型数据。提供源数据的数据源可以是各种数据库管理系统，或各种格式的数据文件或外部数据源，因此在实际工程中，面对的数据源可能千差万别。只要能够为数据仓库所支持的决策和分析过程提供所需的信息，就可能成为数据仓库的数据源。所以，数据仓库需要有相应的工具从数据源中抽取数据。

数据进入数据仓库之前必须经过检验，以排除数据中可能隐藏的错误。为了满足决策支持和深入分析的需要，数据要经过特别整理、加工和重新组织，然后装载到一个或多个数据仓库的数据库中。所有这些工作都是数据抽取和转换工具完成的，数据仓库中装载数据的数据库即为数据仓库中的目标数据库。

为了描述数据检验、整理和加工的需求与相应过程及步骤，必须有数据建模工具(Modeling Tools)。数据仓库管理人员可以通过使用数据建模工具，根据企业决策和综合分析的需要，对数据的检验、整理、加工和重新组织的过程进行调整和优化，而有关描述则以数据模型和元数据的形式存放在核心仓储中。在数据仓库的日常运行过程中，需要不断监控数据仓库的状态，包括系统资源的使用情况、用户操作的合法性和数据的安全性等多个方面。为此，在数据仓库系统中专门有数据仓库管理工具负责向数据仓库管理员提供有关的管理功能。

为了使数据仓库用户能有效地使用数据仓库中的信息，以实现深层次的综合分析和决策。数据仓库系统要为用户提供一整套数据访问和分析工具，这些工具不但要提供一般的数据访问功能，如查询、汇总和统计等，还要提供对数据的深入分析功能，如数据的比较、趋势分析和模式识别等。而数据仓库的数据访问和分析要在一定程度上面向企业的业务需求，所提供的数据是在业务上有意义的信息，而不只是通用的数据查询和操作功能。

数据仓库应用是一种典型的 Client/Server(C/S)结构。客户端的工作包括客户交互、格式化查询及报表生成等；服务器端完成各种辅助决策查询、复杂的计算和各类综合功能。

数据仓库的C/S模式也在向三层(甚至N层)的结构发展,其中间层是数据分析服务器,可加强和规范决策支持的服务工作,集中和简化客户端和数据仓库服务器的部分工作。

10.3.3 数据仓库的数据库模式

数据仓库的基本组成是事实表和维表。这些组件能够用于不同的设计中,比较流行的有星型模式和雪花模式。

1. 事实表

事实表(Fact Table)是数据仓库中存储历史商务数据的表。它们包含描述特定事件或业务的信息和数据的汇总。

通常不对事实表中的现存数据进行更新,当然,会定期插入新的数据。事实表一般保存数值数据,而不保存字符数据。事实表在数据仓库中保存了大部分重要信息。因此,就大小和活动来说,它们组成了数据库的大部分。一个事实表能够包含几百万条记录并且能够使用超过1TB的磁盘空间。

2. 维表

维表(Dimension Table)用于提炼事实表中所包含的数据,或者更详细地描述它。因此,数据类型一般是字符数据。事实表和维表之间的关系由事实表到维表上的外码约束。一般地,一个事实表的主码由多部分组成,主码的每一部分是它周围维表的外码。

与事实表不同,维表中的数据时常需要得到更新,但是它仅需要在一个地方即维表中进行修改,而不是在可能存在许多行的事实表中进行修改。

3. 数据库模式

在数据仓库的建模技术中,常用的有星型模式和雪花模式。下面介绍星型模式和雪花模式中事实表和维表的关联方式。

1) 星型模式

星型模式(Star Schema)是最流行的数据仓库设计技术。一个简单的星型模式包含一个由多个维表围绕的事实表,维表中含有描述事实表中事实的非标准化的数据。处在中间的是事实表,表中包含了业务事实的信息,这些信息有多个维,它们组成事实表的主码,其他非主属性称为事实。每一个维对应一个维表,维表包含一个维的描述信息,事实表主码中的每一个分量分别是每个维表的外码。事实表中的一个现实指向每个维表中的一个记录。复杂的星型描述包含若干事实表和维表。

运用星型模式,有助于在查询处理期间减少磁盘读操作的次数。该查询首先在较小的维表中分析数据,然后使用维表中的外码检索到事实表中,这样减少了事实表中必须被扫描的行的数量。例如使用微软的OLAP服务查询数据仓库,星型模式是被推荐的数据库设计技术。

2) 雪花模式

雪花模式(Snowflake Schema)是星型模式的扩展。雪花模式中的事实表,可以包含连接到其他维表的维表,即事实表可以包含不止一层的维表连接。星型模式中的维表被标准化,分解成直接与事实表相关联的主维表以及与主维表相关联的次维表。

由于表的标准化,使用雪花模式的数据仓库系统的灵活性比星型模式强。但由于雪花模式增加了需要处理表的个数,因而也增加了查询的复杂度。一个数据仓库可以采用星型模式或雪花模式，或者是两种模式的混合模式。具体选用哪种模式，可根据数据仓库中所需要的信息类型来确定。

10.3.4 数据仓库工具

数据仓库工具是数据仓库系统的一个重要组成部分，主要有数据抽取和转换工具和前端数据访问和分析工具。

1. 数据抽取和转换工具

选定数据仓库的数据库后，如何选用合适的数据抽取和转换工具从数据源中抽取所需要的数据，根据业务需求，对数据进行转换，包括检验、整理、加工和重新组织的功能步骤后，存放到目标数据库中，是数据仓库体系结构设计时要考虑的又一个关键问题。

传统的关系型数据库管理系统支持多种数据复制模型，可以提供整个企业范围内复杂的数据库复制功能，从而满足正常情况下数据仓库对数据抽取功能的要求。这种系统支持一般的数据抽取、数据复制，以及一定程度的数据重新组织、聚簇和汇总，但是如果数据源之间的数据存在逻辑上的不一致，需要额外的重新组织和转换加工，那么其功能显得不足。例如传统的关系型数据库管理系统不能自动完成从主机的 OLTP 系统中抽取源数据，解决数据间的不一致造成的冲突，对数据进行重新组织后转换到目标数据库中的全部过程。因此，只有当源数据完全正确可靠、组织合理且没有任何不一致时，才能直接采用传统的关系型数据库管理系统中的数据复制功能完成数据抽取工作。然而在工程实践中，源数据组织不合理，包含冗余数据，数据在逻辑上冲突和数据定义冲突等问题十分常见，因此，有必要考虑采用特别的数据抽取和转换工具。

专门的数据抽取转换工具提供收集、转换和修订操作型数据的功能，并自动把转换后的数据装载到数据仓库指定的数据库中。目前，市场上已经有一些这样的工具。多个主要的传统关系型数据库管理系统厂商已经开发了其数据库产品与专门的数据抽取和转换工具之间的集成接口，以扩展其数据库产品的功能。因此，采用专用的数据抽取和转换工具十分方便。

一般说来，数据抽取和转换工具主要提供两个方面的功能。首先，这些工具都提供流行的基于视窗的图形用户接口，使得用户（数据仓库管理员）能方便地描述数据抽取和转换的需求。数据转换包括对数据进行匹配、归并、排序、创建新的数据域、选择数据子集、聚簇数据、转换操作型数据、在一个或多个数据库之间解决数据的语法、定义或格式的冲突等操作；其次，这些工具能自动创建运行在数据源所在平台上的程序，自动支持数据抽取、检验和重新组织等功能。用户可以为抽取程序加上转换逻辑。这些工具根据用户的输入建立有关元数据，其中描述了源数据和目标数据的格式，以及如何把源数据转换成目标数据。

综上所述，传统的关系型数据库管理系统也许不能全面满足对数据抽取和转换的功能需要，数据仓库体系结构设计人员可以根据具体的需要选择合适的数据抽取和转换工具，与数据库管理系统相结合，全面实施数据抽取和转换。

2. 前端数据访问和分析工具

从数据源中抽取出相应的数据，经过检验、整理、加工和重新组织后存放到数据仓库的数据库中，下一步就是要考虑如何使用户（业务决策人员、各级管理人员和业务分析人员）能够方便灵活地使用数据仓库中存储的数据，达到数据仓库工程的预定目标。在数据仓库中，这是通过为用户提供一套前端数据访问和分析工具来实现的。目前市场上能获得的数据访问和分析工具种类繁多,主要有关系型查询工具、关系型数据的多维视图工具、DSS/EIS软件包和客户机/服务器工具等四大类。

1) 关系型查询工具

通用的关系型查询工具提供高度友好的用户接口,可以访问关系型数据。借助这样的工具,一般用户无需技术人员的协助,即可表述查询要求。查询结果能根据用户的需要,生成报表和示意图,这样的工具都支持标准的用户接口,并同时访问多个数据库服务器和数据库管理系统。

2) 关系型数据的多维视图工具

这类工具是为采用传统的关系型数据库管理系统作为数据仓库目标数据库的用户而设计的。通过使用这样的工具,虽然数据仓库的数据库是关系型的,但用户可以以多维的方式分析关系型数据。其最大的优点是不必采用专用的多维目标数据库管理系统即可达到多维分析的目的。这类工具具有多种具体的实现手段,一些工具并不在客户机一端形成局部数据库,而只是维护多维视图,另一些工具则从数据仓库中抽取所需的关系型数据子集,在客户机上通过一种称之为数据立方的多维结构方式加以局部存储,还有一些工具则更为先进,为了在关系型数据库上进行多维分析,实现了一个三层的软硬件结构。

3) DSS/EIS工具

DSS/EIS软件包是更为复杂的工具,用于复杂的多维数据分析,用其可直接提供面向业务的信息分析,如财务报表分析和合并财务报表分析、业务品种利润分析、企业负债分析和管理报表等。

4) 客户机/服务器工具

对于那些特定的不能直接采用现有工具和DSS/EIS软件包的业务需求,可以考虑使用通用的客户机/服务器工具开发前端的应用。通过使用这种工具,可以开发特定的功能,满足用户对图形界面、数据操作及数据分析报表等多方面的特殊需求。这些工具都能提供对数据的透明访问,简化对数据库的访问操作,支持多媒体应用,能够迅速构建前端决策支持应用系统,开发成本较低。使用这些工具开发的应用可以通过DDE和OLE接口与第三方产品实现透明连接,因此在开发前端工具的过程中,可以根据需要把很多现成产品连接到其中,如字处理系统和统计软件包等,这对于提高开发效率和系统质量是颇有裨益的。由于通用客户机/服务器工具应用广泛,用户众多,因此在开发客户化的数据访问和分析工具时,应积极考虑使用这样的工具。

面对众多的前端数据访问和分析工具,应该根据功能需求选择,要着眼于工具是否易于使用及功能是否可靠。一般来说,简单的关系型查询工具适合业务分析人员来透明地访问数据,而关系型数据的多维视图则能够提供多维分析的能力,业务专家可以使用DSS/EIS工具分析大量的历史数据,发现业务发展规律,预测未来发展趋势,当要实现特殊的功能时,可以考虑使用通用的客户机/服务器工具。

10.4 数据挖掘技术

数据挖掘是指对数据进行深入地研究,从超大型数据库(VLDB)或数据仓库中发现事先未注意到的,但是潜在有用的信息和知识,它综合了人工智能、机器学习、统计学等技术,是应用数据仓库进行决策支持的关键技术。数据仓库、OLAP 和数据挖掘是作为三种独立的信息处理技术出现的，用数据仓库存储和组织数据，数据的分析由 OLAP 集中完成，数据挖掘则致力于知识的自动发现。

10.4.1 数据挖掘的主要功能

数据挖掘的主要功能如下：

1. 分类

分类是指将数据映射到预先定义好的群组或类。分类算法要求分析对象的属性、特征，以建立不同的类别来描述事物。例如银行部门根据以前的数据将客户分成了不同的类别，以确定对新申请贷款的客户是否批准或确定信用风险。

2. 聚类

聚类一般是指将数据划分或分割成相交或不相交的群组的过程。聚类合分类很相似，只不过聚类中的类别没有事先定义而是由数据决定的。例如将贷款申请人分为高信用度申请者、中信用度申请者、低信用度申请者等。

3. 汇总

汇总是指将数据映射到具有简单描述的子集中。汇总从数据库中抽取或者得到有代表性的信息，也可以得到一些总结性信息，汇总有时也被称为特征化或泛化。

4. 关联规则和序列模式的发现

关联是某种事物发生时其他事物跟着会发生的这样一种联系。例如每天买大米的人也有可能买纸巾，可能性有多大，可以通过关联的支持度和可信度来描述。与关联不同，序列是一种纵向的联系。例如所有买了圆珠笔的人，一个月后又有 30% 的人买笔芯，70% 的人又买新的圆珠笔。

5. 预测

预测是把握分析对象发展的规律，对未来的趋势做出预见。例如对未来股市行情的判断。

6. 偏差的检测

数据库中的数据存在着很多异常的情况，通过对数据的分析发现少数的、极端的特例的描述，揭示内在的原因，即为偏差的检测。

10.4.2 数据挖掘的方法及工具

作为一门处理数据的新兴技术，数据挖掘有许多的新特征。首先，数据挖掘面对的是海量的数据，这也是数据挖掘产生的原因。其次，数据可能是不完全的、有噪声的、随机的，有复杂的数据结构，维数大。最后，数据挖掘是许多学科的交叉，运用了统计学、计算机和数学等学科的技术。以下是常见和应用最广泛的算法和模型：

1. 传统统计方法

(1) 抽样技术：有时候，对所有的数据进行分析是不可能的，也是没有必要的，就要在理论的指导下进行合理的抽样。

(2) 多元统计分析：如因子分析、聚类分析等。

(3) 统计预测方法，如回归分析、时间序列分析等。

2. 可视化技术

用图表等方式把数据特征直观地表述出来，如直方图等，这其中运用了许多描述统计的方法。可视化技术面对的一个难题是高维数据的可视化。

3. 决策树

利用一系列规则划分，建立树状图，可用于分类和预测。常用的算法有 CART、CHAID、ID3、C4.5、C5.0 等。

4. 神经网络

模拟人的神经元功能，经过输入层、隐藏层、输出层等，对数据进行调整、计算，最后得到结果，用于分类和回归。

5. 遗传算法

基于自然进化理论，模拟基因联合、突变、选择等过程的一种优化技术。

6. 关联规则挖掘算法

关联规则是描述数据之间存在关系的规则，形式为 $A1 \wedge A2 \wedge \cdots \wedge An \rightarrow B1 \wedge B2 \wedge \cdots \wedge Bn$。一般分为两个步骤：求出大数据项集和用大数据项集产生关联规则。

除了以上的常用方法外，还有粗集方法、模糊集合方法和最邻近算法（K Nearest Neighbors，KNN）等。

10.4.3 数据挖掘的实施步骤

实施数据挖掘的一般的步骤如图 10-7 所示。

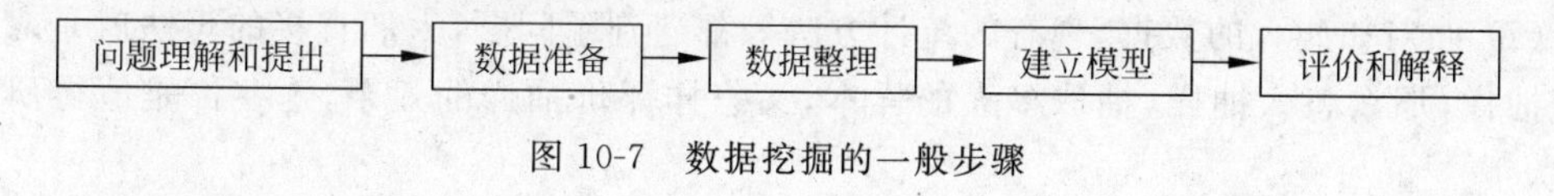

图 10-7　数据挖掘的一般步骤

1. 问题理解和提出

在开始数据挖掘之前最基础的就是理解数据和实际的业务问题，在这个基础之上提出问题，对目标有明确的定义。

2. 数据准备

获取原始的数据，并从中抽取一定数量的子集，建立数据挖掘库，其中一个问题是如果企业原来的数据仓库满足数据挖掘的要求，就可以将数据仓库作为数据挖掘库。

3. 数据整理

由于数据可能是不完全的、有噪声的、随机的，有复杂的数据结构，就要对数据进行初步的整理，清洗不完全的数据，做初步的描述分析，选择与数据挖掘有关的变量，或者转变变量。

4. 建立模型

根据数据挖掘的目标和数据的特征，选择合适的模型。

5. 评价和解释

对数据挖掘的结果进行评价，选择最优的模型，作出评价，运用于实际问题，并且要和专业知识结合对结果进行解释。

以上的步骤不是一次完成的，可能其中某些步骤或者全部要反复进行。

10.4.4　数据挖掘应用现状

数据挖掘所要处理的问题,就是在庞大的数据库中找出有价值的隐藏事件,并且加以分析,获取有意义的信息,归纳出有用的结构,作为企业进行决策的依据。其应用非常广泛,只要该产业有分析价值与需求的数据库,皆可利用 Mining 工具进行有目的的发掘分析。常见的应用案例多发生在零售业、制造业、财务金融保险业、通信及医疗服务业:

(1) 商家从顾客购买商品中发现一定的关系,提供打折购物券等,提高销售额。

(2) 保险公司通过数据挖掘建立预测模型,辨别出可能的欺诈行为,避免道德风险,减少成本,提高利润。

(3) 在制造业中,半导体的生产和测试中都产生大量的数据,就必须对这些数据进行分析,找出存在的问题,提高质量。

(4) 电子商务的作用越来越大,可以用数据挖掘对网站进行分析,识别用户的行为模式,保留客户,提供个性化服务,优化网站设计。

10.4.5　数据挖掘中存在的问题

尽管数据挖掘有如此多的优点,但数据挖掘也面临着许多的问题,这也为数据挖掘的未来发展提供了更大的空间。

(1) 数据挖掘的基本问题就在于数据的数量和维数,数据结构也因此显的非常复杂,如何进行探索,选择分析变量,也就成为首先要解决的问题。

(2) 面对如此大的数据,现有的统计方法等都遇到了问题,人们直接的想法就是对数据进行抽样,那么怎么抽样,抽取多大的样本,又怎样评价抽样的效果,这些都是值得研究的难题。

(3) 既然数据是海量的,那么数据中就会隐含一定的变化趋势,在数据挖掘中也要对这个趋势做应有的考虑和评价。

(4) 各种不同的模型如何应用,其效果如何评价。不同的人对同样的数据进行挖掘,可能产生不同的结果,甚至差异很大,这就涉及可靠性的问题。

(5) 当前互联网的发展迅速,如何进行互联网的数据挖掘,还有文本等非标准数据的挖掘,都引起了人们极大的兴趣。

(6) 数据挖掘涉及数据也就碰到了数据的私有性和安全性问题。

(7) 数据挖掘的结果是不确定的,要和专业知识相结合才能对其做出判断。

总之,数据挖掘只是一个工具,它不是万能的,也不是绝对有效的,它可以发现一些潜在的有用的信息,但是不会告诉原因,也不能保证这些潜在的信息成为现实。数据挖掘的成功要求人们对期望解决问题的领域有深入的了解,只有对该领域的数据有深刻的理解后才能对数据挖掘的结果做出合理的解释。

小　结

本章介绍了几种常见的数据库新技术,目的是让读者了解一下数据库技术领域的前沿理论和研究方向。分布式数据库是将数据分布在计算机网络中的不同计算机上,网络中的每个结点具有独立处理的能力，既可以执行局部应用，又能通过网络通信子系统执行全局应用，它具有数据的物理分布性、数据的逻辑整体性和结点的自主性等特点。面向对象的数据库是面向对象技术与数据库技术相结合的产物，主要介绍了面向对象的基本思想、面向对象数据库的数据模型的建立以及对象-关系数据库的实现途径。数据仓库和数据挖掘是目前数据库领域研究的比较热门的技术，数据仓库是将多种数据源的信息进行集成的技术，数据挖掘是从超大型数据库(VLDB)或数据仓库中发现事先未注意到的，但是潜在有用的信息和知识，是应用数据仓库进行决策支持的关键技术。

习　　题

一、单选题

1. 在分布式数据库系统体系结构中，定义对全局关系的划分以及全局与划分之间的映像，这是分布式数据库系统的(　　)。

A. 局部概念模式　　B. 局部内模式

C. 分片模式　　D. 分布模式

2. ORDBS 的含义是(　　)。

A. 面向对象的数据库系统　　B. 数据库管理系统

C. 对象关系数据库系统　　D. 对象关系数据库

3. 简单地说，分布式数据库的数据(　　)。

A. 逻辑上分散，物理上统一　　B. 物理上分散，逻辑上统一

C. 逻辑上和物理上统一　　D. 逻辑上和物理上都分散

4. 在分布式数据库系统中，数据分配的策略是集中式、分割式、(　　)。

A. 分布式和关联式　　B. 分布式和混合式

C. 全复制式和混合式　　D. 全复制式和关联式

5. 对象关系数据库是从传统的 RDB 技术引入(　　)。

A. 网络技术演变而来的　　B. 虚拟技术演变而来的

C. 对象共享技术演变而来的　　D. 面向对象技术演变而来的

6. 数据仓库是随时间变化的，下面的描述不正确的是(　　)。

A. 数据仓库随时间变化不断增加新的数据内容

B. 捕捉到的新数据会覆盖原来的快照

C. 数据仓库随时间变化不断删去旧的数据内容

D. 数据仓库中包含大量的综合数据，这些综合数据会随着时间的变化不断地进行重新综合

7. 关于基本数据的元数据是指(　　)。

A. 基本元数据包括与数据源、数据仓库、数据集市和应用程序等结构相关的信息

B. 基本元数据包括与企业相关的管理方面的数据和信息

C. 基本元数据包括日志文件和建立执行处理的时序调度信息

D. 基本元数据包括关于装载和更新处理、分析处理以及管理方面的信息

8. 关于 OLAP 和 OLTP 区别的描述，不正确的是(　　)。

A. OLAP 应用程序主要是关于如何理解聚集的大量不同的数据，与 OLTP 应用程序不同

B. 与 OLAP 应用程序不同，OLTP 应用程序包含大量相对简单的事务

C. OLAP 的特点在于事务量大，但事务内容比较简单且重复率高

D. OLAP 是以数据仓库为基础的，其最终数据来源与 OLTP 一样均来自底层的数据库系统，两者面对的用户是相同的

9. 数据仓库的数据具有 4 个基本特征，下列不正确的是(　　)。

A. 面向主题的　　B. 集成的

C. 不可更新的　　D. 不随时间变化的

二、填空题

1. 数据仓库是________、________、________、________有组织的数据集合，支持管理的决策过程。

2. 数据仓库中数据的组织方式与数据库不同，通常采用________分级的方式进行组织。一般包括早期细节数据、________、轻度综合数据、________以及________五部分。

3. 数据仓库主要是供决策分析用的，所涉及的数据操作主要是________，一般情况并不进行________。

4. 数据仓库体系结构通常采用三层结构，中间层是________。

5. 在数据挖掘方法中，将数据集分割为若干有意义的簇的过程称为________分析，它是一种无制导的学习方法。

6. 数据仓库中存放的数据是为了适应数据的________处理要求而集成起来的。

7. 在分布式数据库中定义数据分片时，必须满足三个条件：完备性条件、重构条件和________。

8. 分布式数据库系统中透明性层次越高，应用程序的编写越________。

9. 在有泛化/细化联系的对象类型之间，较低层的对象类型称为________。

三、简答题

1. 新一代数据库技术的主要特征是什么？

2. 什么是分布式数据库？分布式数据库的主要特点是什么？

3. 简述分布式数据库系统的体系结构。

4. 什么是类？什么是对象？类的继承有什么优点？

5. E-R 模型向面向对象数据模型的转换的规则是什么？

6. 对象-关系数据库的特点是什么？可以通过哪几种途径实现对象-关系数据库？

7. 什么是数据仓库？数据仓库的基本特征是什么？

8. 数据仓库的体系结构主要由哪几部分组成？

9. 常用的数据仓库的数据模式有哪些？分别是什么？

10. 数据仓库的主要工具有哪些？

11. 数据挖掘的主要功能是什么？

12. 数据挖掘常用的方法有哪些？

13. 实施数据挖掘的一般步骤是什么？

第11章 实　验

实验1　SQL Server 2005 的安装及其管理工具的使用

一、实验目的

(1) 掌握 SQL Server 2005 的服务器的安装方法。

(2) 了解 SQL Server 2005 的工作环境，熟悉主要窗口的作用。

二、实验环境

安装了 SQL Server 2005 完全版的 Windows 操作系统。

三、实验准备

(1) 了解 SQL Server 2005。

(2) 了解 SQL Server 各个版本对硬件和软件的需求。

四、实验内容

(1) 安装 SQL Server 2005。

(2) 熟悉 SQL Server 2005 的工作环境。

五、实验步骤

1. SQL Server 2005 的安装

(1) 根据安装机器软硬件的要求，选择一个合适的版本，以下以开发版为例。

(2) 将 SQL Server 2005 DVD 插入 DVD 驱动器。

(3) 在自动运行的对话框中，单击“运行 SQL Server 安装向导”。

(4) 在“最终用户许可协议”步骤中，阅读许可协议，再选中相应的复选框以接受许可条款和条件。接受许可协议后即可单击“下一步”按钮。若要继续，则单击“下一步” 按钮，若要结束安装程序，则单击“取消”按钮。

(5) 在“SQL Server 组件更新”步骤中，安装程序将安装 SQL Server 2005 的必需组件。要查看有关组件要求的详细信息，可单击该页底部的“帮助”按钮获得。若要开始执行组件更新，可单击“安装”按钮。更新完成之后若要继续，则单击“完成”按钮。

(6) 在 SQL Server 安装向导的“欢迎”界面中，单击“下一步”按钮以继续安装。

(7) 在“系统配置检查 (SCC)”步骤中，将扫描安装计算机，以检查是否存在可能妨碍安装程序的条件。

(8) 在“注册信息”界面中的“姓名”和“公司”文本框中,输入相应的信息。若要继续,则单击“下一步”按钮。

(9) 在“要安装的组件”界面中,选择要安装的组件,如图 11-1 所示。选择各个组件组时,“要安装的组件”文字下会显示相应的说明。可以选中任意一些复选框,建议全部选中。若要安装单个组件,则单击“高级”按钮。否则,单击“下一步”按钮继续。

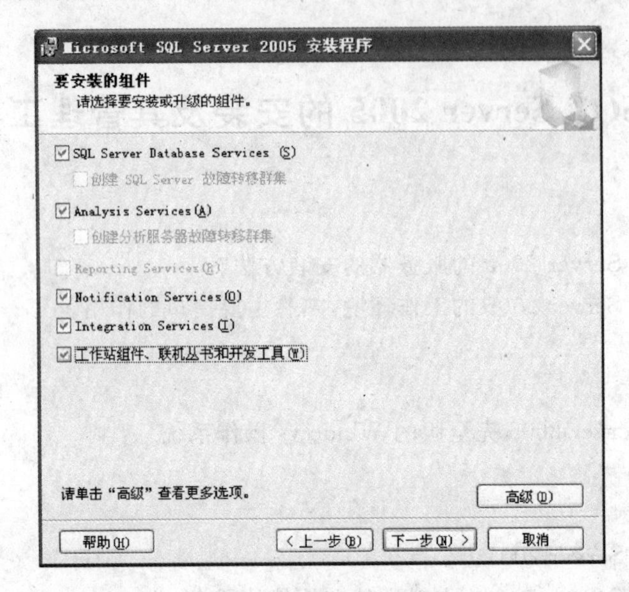

图 11-1　选择安装组件

(10) 在“实例名”界面中,为安装的软件选择默认实例或已命名的实例。计算机上必须没有默认实例,才可以安装新的默认实例。若要安装新的命名实例,则单击“命名实例”,然后在提供的空白处输入一个唯一的实例名。

(11) 在“服务账户”界面中,为 SQL Server 服务账户指定用户名、密码和域名。您可以对所有服务使用一个账户。

(12) 在“身份验证模式”界面中,选择要用于 SQL Server 安装的身份验证模式,如图 11-2 所示。如果选择 Windows 身份验证,安装程序会创建一个 sa 账户,该账户在默认情况下是被禁用的。选择“混合模式身份验证”时,请输入并确认系统管理员(sa)登录名。建议选择混合模式,并输入安全的密码。

(13) 如果选择 Reporting Services 作为要安装的功能,将显示“报表服务器安装选项”页。通过选择单选按钮选择是否使用默认值配置报表服务器。如果没有满足在默认配置中安装 Reporting Services 的要求,则必须选择“安装但不配置服务器”安装选项。若要继续安装,则单击“下一步”按钮。

(14) 在“错误报告”界面中,可以清除复选框以禁用错误报告。要获得有关错误报告功能的详细信息,可单击该页底部的“帮助”按钮。若要继续安装,则单击“下一步”按钮。

(15) 在“准备安装”界面中,查看要安装的 SQL Server 功能和组件的摘要。若要继续安装,则单击“安装”按钮。

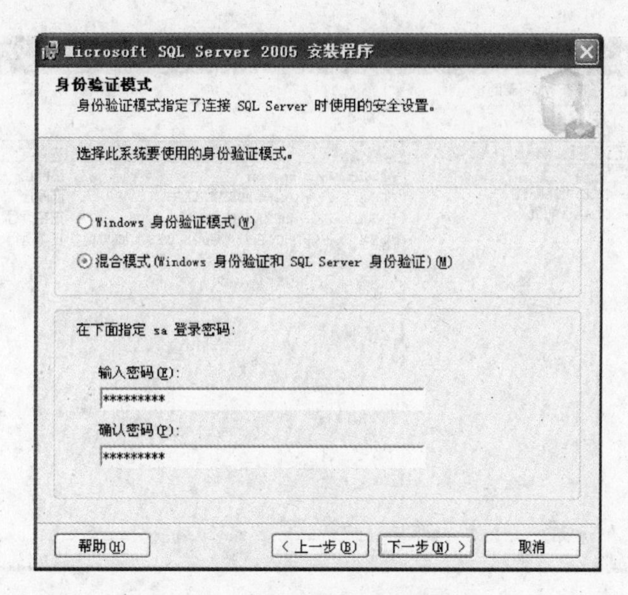

图 11-2　设置身份验证模式

(16) 在“安装进度”界面中,可以在安装过程中监视安装进度。若要在安装期间查看某个组件的日志文件,可单击“安装进度”界面中的产品或状态名称。

(17) 在“完成 Microsoft SQL Server 安装向导”界面中,可以通过单击此界面中提供的链接查看安装摘要日志。若要退出 SQL Server 安装向导,可单击“完成”按钮。

(18) 如果提示要重新启动计算机,请立即重新启动。

2. SQL Server 2005 管理工具的使用

1) Analysis Services

提供“部署向导”,为用户提供将某个 Analysis Services 项目的输出部署到某个目标服务器的功能。

2) 配置工具

配置管理器 SQL Server Configuration Manager 用于查看和配置 SQL Server 的服务,如图 11-3 所示。

图 11-4 是 SQL Server 2005 系统的 7 个服务。

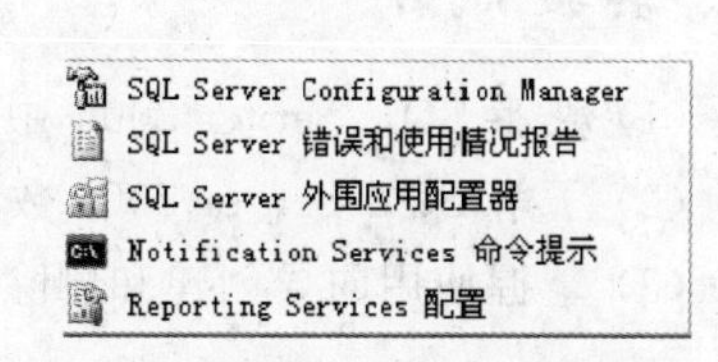

图 11-3　SQL Server 2005 配置工具

右击某个服务名称,可以查看该服务的属性,并且可以启动、停止、暂停和重新启动相应的服务。也可以使用操作系统的“我的电脑”→“管理”选项,打开“计算机管理”窗口,在此窗口中查看和启动、停止、暂停和重新启动相应的服务。

3) 文档和教程

SQL Server 2005 有联机帮助和示例数据库概述。

4) 性能工具

SQL Server 2005 提供了名为 SQL Server Profiler 和“数据库引擎优化顾问”的用户数据库性能调试和优化工具。

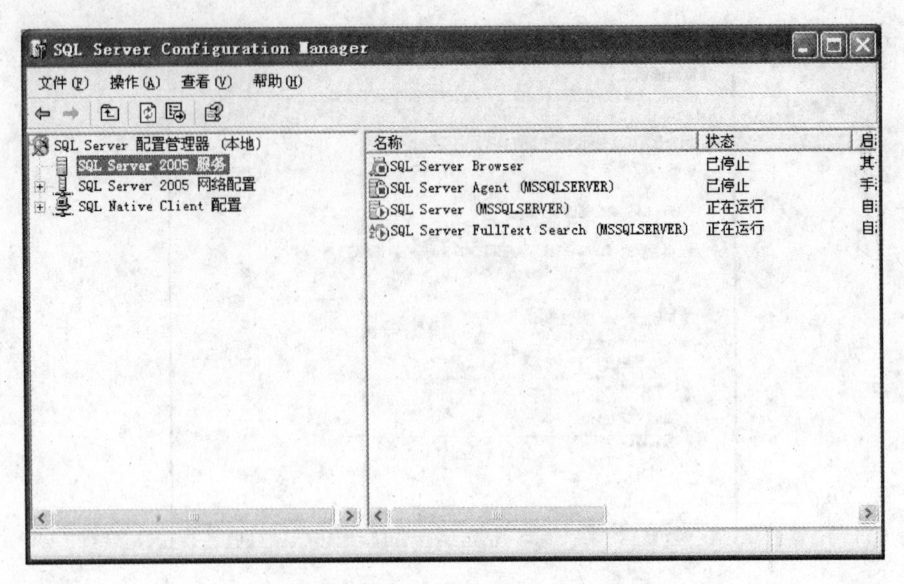

图 11-4 SQL Server 2005 配置管理器

5）SQL Server Business Intelligence Development Studio

商务智能(BI)系统开发人员设计的集成开发环境，构建在 Visual Studio 2005 技术之上，为商业智能系统开发人员提供了一个丰富、完整的专业开发平台，支持商业智能平台上的所有组件的调试、源代码控制以及脚本和代码的开发。

6）SQL Server Management Studio

SQL Server Management Studio 将 SQL Server 早期版本中包含的企业管理器、查询分析器和分析管理器的功能组合到单一环境中，为不同层次的开发人员和管理员提供 SQL Server 访问能力。

实验 2 创建数据库和表

一、实验目的

(1) 熟悉 SQL Server 2005 中 SQL Server Management Studio 的环境。

(2) 了解 SQL Server 2005 数据库的逻辑结构和物理结构。

(3) 掌握使用向导创建和删除数据库的方法。

二、实验环境

安装了 SQL Server 2005 完全版的 Windows 操作系统。

三、实验准备

(1) 装有 SQL Server 2005 的 PC。

(2) 明确能够创建数据库的用户必须是系统管理员，或是被授权使用 CREATE DATABASE 语句的用户。

四、实验内容

(1) 熟练使用企业管理器进行数据库的创建和删除操作。

(2) 完成用向导建立和删除数据库的实验报告。

五、实验步骤

1. 创建数据库

(1) 使用企业管理器创建数据库"STUDENT"。

① 展开服务器组,然后展开服务器。

② 右击"数据库",然后单击"新建数据库"命令。

③ 输入新数据库的名称"STUDENT"。

④ 按需要输入各选项。

⑤ 完成。

(2) 使用 CREATE DATABASE 语句创建数据库,并为每一语句加注释。

创建 SALES 数据库:

```
CREATE DATABASE Sales
ON
    ( NAME = Sales_dat,
      FILENAME = 'c:\microsoft sql server\mssql\data\saledat.mdf',
      SIZE = 10,
        MAXSIZE = 50,
        FILEGROWTH = 5 )
    LOG ON
    (NAME = 'Sales_log',
    FILENAME = 'c:\microsoftsqlserver\mssql\data\salelog.ldf',
    SIZE = 5MB,
    MAXSIZE = 25MB,
    FILEGROWTH = 5MB )
```

(3) 使用 SQL Server Management Studio 创建数据库。

设有一学籍管理系统,其数据库名为 EDUC,初始大小为 10MB,最大为 50MB,数据库自动增长,增长方式是按 5%比例增长;日志文件初始为 2MB,最大可增长到 5MB,按 1MB 增长。数据库的逻辑文件名为 student_data,物理文件名为 student_data.mdf,存放路径为 E:\sql_data。日志文件的逻辑文件名为 student_log,物理文件名为 student_log.ldf,存放路径为 E:\sql_data。

① 启动 SSMS。

在"开始"菜单中选择"所有程序"→SQL Server 2005→SQL Server Management Studio。单击"连接"按钮,便可以进入 SQL Server Management Studio 窗口。如果身份验证选择的是"混合模式",则要输入 sa 的密码。

② 建立数据库。

在"对象资源管理器"窗口中,建立上述数据库 EDUC。在数据库结点上右击选择"新建"命令。同时建立一个同样属性的数据库 EDUC1,如图 11-5 所示。

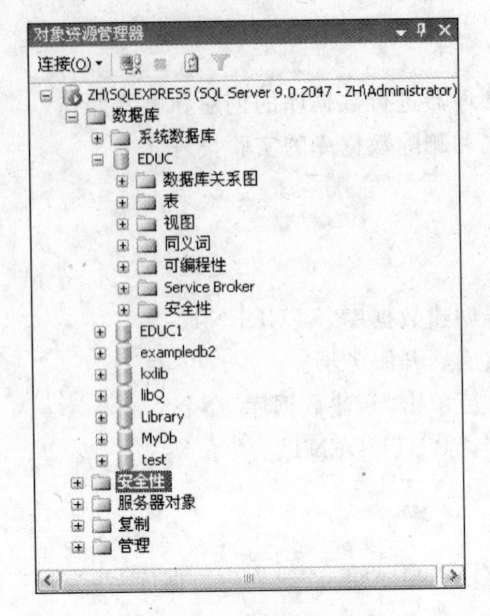

图 11-5　对象资源管理器

2. 创建表

(1) 用向导创建表。

用 SQL Server 2005 的 SSMS 创建 student 表,如图 11-6 所示。

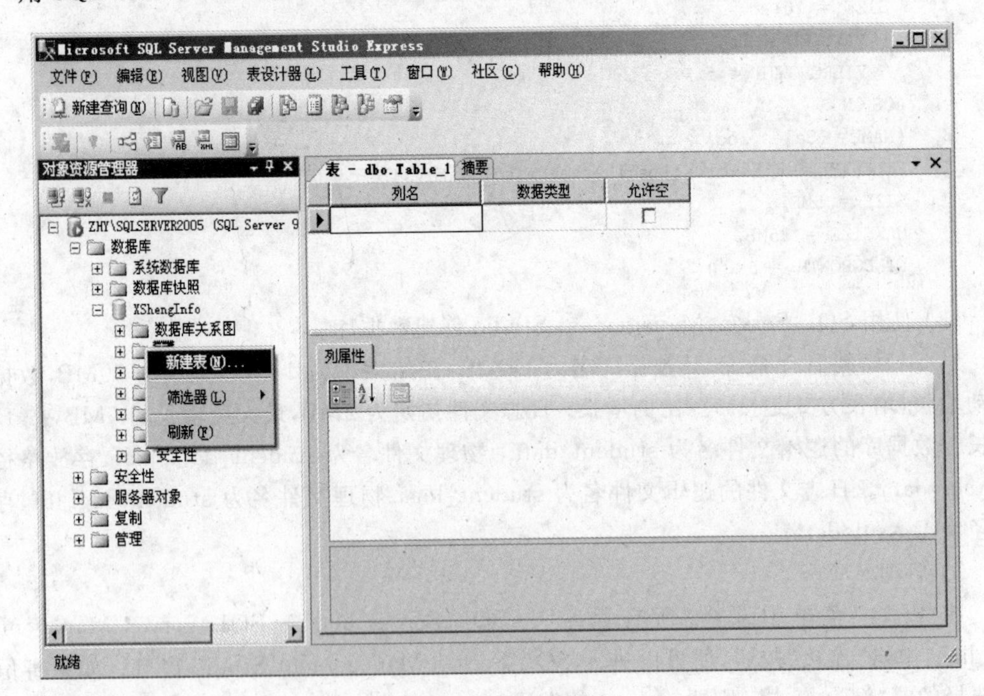

图 11-6　SSMS 界面

输入表的属性,如图 11-7 所示。

用以上方法在企业管理器中创建其他表。

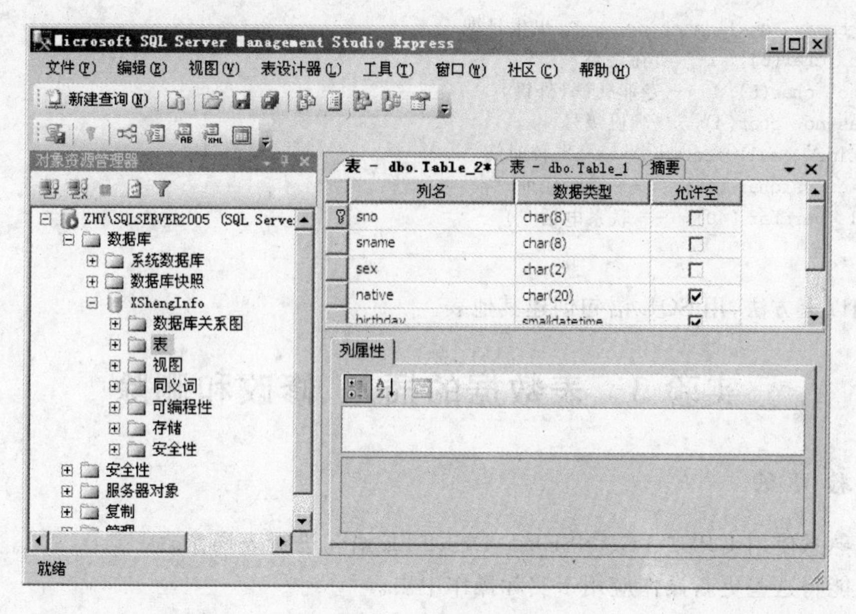

图 11-7　表设计器

（2）用 SQL 语句创建表。

在 SQL Server 2005 的查询分析器中，用 SQL 语句创建 student 表，如图 11-8 所示。

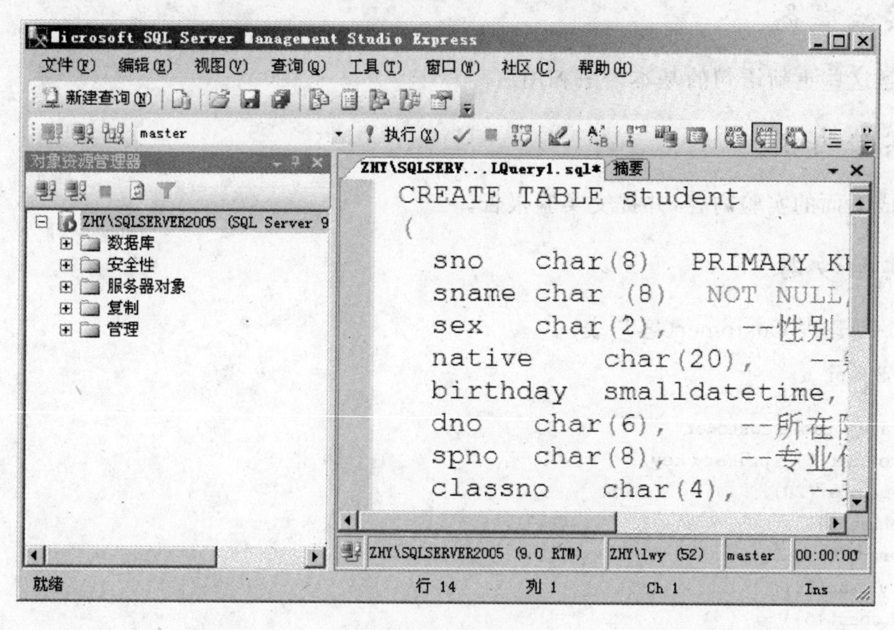

图 11-8　查询窗口

```
CREATE TABLE student
(
  sno  char(8)  PRIMARY KEY,     -- 学号(主键)
  sname  char (8)  NOT NULL,   -- 姓名
  sex  char(2),   -- 性别
  native  char(20),   -- 籍贯
```

```
birthday  smalldatetime,   --出生日期
dno  char(6),  --所在院系
spno  char(8),   --专业代码(外键)
classno  char(4),   --班级号
entime  smalldatetime,   --入校时间
home  varchar (40),   --家庭住址
tel  varchar (40)   --联系电话  )
```

采用以上方法,用 SQL 语句创建其他表。

实验 3　表数据的插入、修改和删除

一、实验目的

(1) 熟悉使用 UPDATE、INSERT、DELETE 语句进行表操作。
(2) 能将这些更新操作应用于实际操作中去。

二、实验环境

安装了 SQL Server 2005 完全版的 Windows 操作系统。

三、实验准备

了解这些更新语句的基本语法和用法。

四、实验内容

完成下面的实验内容,并提交实验报告。

五、实验步骤

(1) 创建表 Customer(客户表)。
命令如下:

```
create  table customer
(cno char(5)  primary key,
cname char(20),
age int(3) ,
company char(30),
city char(20),
tel char(15))
```

(2) 将数据插入表中。
要将记录插入一个表中,可以使用 INSERT 语句,其一般语法如下:

```
INSERT INTO tablename (column1,column4, … ) VALUES
(value1 for column1,
value2 for column2,
 ⋮
```

```
valueN for columnN);
```

注意：VALUES 子句中的值列表，表示表中各个列的值，必须按照与创建列时相同的顺序为表的所有列输入一个值，建议在实际应用中明确写出列名来。如果为所有列输入值，可以省略列名。

(3) 对于 customer 表，插入一条新记录，它的具体信息为“顾客编号：'c0001'，顾客姓名：'zhang chen'，年龄：20，公司：'citibank'，城市：'shanghai'，电话：'021-65903818'”。

命令如下：

```
INSERT INTO customer
VALUES('c0001','zhangchen',20,'citibank','shanghai','021-65903818')
```

(4) 在 Customer 表中再插入两条新记录，它的具体信息为“顾客编号：'c0002 '，顾客姓名：' wang ling '，年龄：25，公司：' coacle '，城市：' beijing '，电话：'010-62754108'”，“顾客编号：'c0003'，顾客姓名：'lili'，年龄：30，公司：' min sheng bank '，城市：' shanghai '，电话：'021-62438210'”。

命令如下：

```
INSERT INTO customer   VALUES('c0002','wang
ling',25,'coacle','beijing','010-62754108')
INSERT INTO customer
VALUES('c0003','lili',30,'minsheng bank','shanghai','021-62438210');
```

(5) 更新表中的记录。

如果要在产品表中输入所有产品的库存量。为此需要通过 UPDATE 语句修改现有记录。语法如下：

```
UPDATE tablename
SET columnname1 = value1, … , columnnameN = valueN
[WHERE <condition>];
```

WHERE 子句用来指定要更新匹配条件的特定记录。如果没有给定，它将向该表的所有记录分配同样的值。

(6) 对于 customer 表，将所有城市为 shanghai 的，顾客的电话号前三位改为 001。

命令如下：

```
UPDATE customer set tel = "001"  + substring(tel,4,9) where city = 'shanghai'
```

(7) 对于 customer 表，将所有顾客的年龄增加 1 岁。

命令如下：

```
UPDATE customer SET age = age + 1
```

(8) 从表中删除记录。

DELETE 语句用来从表中删除记录，语法如下：

```
DELETE tablename
WHERE <condition>;
```

(9) 删除顾客号为 c0002 的顾客的详细信息。

命令如下:

```
DELETE customer WHERE cno = 'c0002'
```

实验4 数据查询

一、实验目的

(1) 观察查询结果,体会 SELECT 语句的实际应用。

(2) 要求学生能够在查询分析器中使用 SELECT 语句进行简单查询。

(3) 熟练掌握简单表的数据查询、数据排序和数据连接查询的操作方法。

二、实验环境

安装了 SQL Server 2005 完全版的 Windows 操作系统。

三、实验准备

(1) 成功建立数据库和基本表。

(2) 了解 SELECT 语句的简单用法。

(3) 熟悉查询分析器中的 SQL 脚本运行环境。

四、实验内容

完成简单查询和连接查询操作,并验收实验结果提交实验报告。

五、实验步骤

在数据库 EDUC 中,存在如表 11-1、表 11-2 和表 11-3 所示的 3 个表。

表 11-1 student 表(学生信息表)

字段名称	类型	宽度	允许空值	主键	说明
sno	char	8	NOT NULL	是	学生学号
sname	char	8	NOT NULL		学生姓名
sex	char	2	NULL		学生性别
native	char	20	NULL		籍贯
birthday	smalldate	4	NULL		学生出生日期
dno	char	6	NULL		学生所在院系
spno	char	8	NULL		专业代码(外键)
classno	char	4	NULL		班级号
entime	smalldate	4	NULL		学生入校时间
home	varchar	40	NULL		学生家庭住址
tel	varchar	40	NULL		学生联系电话

表 11-2　course 表（课程信息表）

字段名称	类型	宽度	允许空值	主键	说明
cno	char	10	NOT NULL	是	课程编号
spno	char	8	NULL		专业代码(外键)
cname	char	20	NOT NULL		课程名称
ctno	tinyint	1	NULL		课程类型编号(外键)
experiment	tinyint	1	NULL		实验时数
lecture	tinyint	1	NULL		授课学时
semester	tinyint	1	NULL		开课学期
credit	tinyint	1	NULL		课程学分

表 11-3　student_course 表（学生选课成绩表）

字段名称	类型	宽度	允许空值	主键	说明
sno	char	8	NOT NULL	是	学生学号
cname	char	20	NOT NULL		课程名称
score	tinyint	1	NULL		学生成绩

所有的查询全部是对 EDUC 数据库以上各表进行查询，用 Transact-SQL 语句实现。

1. 简单查询操作

(1) 求计算机系的学生学号和姓名。

```
SELECT sno,sname FROM educ!student where dno = "计算机"
```

(2) 求选修了课程的学生学号。

```
SELECT sno FROM educ! student_course
```

(3) 求选修课程 C1 的学生的学号和成绩，并要求对查询结果的成绩按降序排列，如果成绩相同则按学号的升序排列。

```
SELECT sno,score FROM educ!student_course WHERE cname = "c1"ORDER BY score
DESCE
```

(4) 求选修课程 C1 且成绩在 80～90 之间的学生的学号和成绩，并将成绩乘以系数 0.75 输出。

```
SELECT sno,score * 0.75 FROM educ!student_course WHERE score >= 80 AND
score <= 90 AND cname = "c1"
```

(5) 求计算机系和数学系的姓张的学生的信息。

```
SELECT * FROM educ!student WHERE SUBSTRING(sname,1,2) = "张"AND(dno = "计算机"OR dno = "数学")
```

(6) 求缺少了成绩的学生的学号和课程名。

```
SELECT sno,cname FROM educ!student_course WHERE score = Null
```

2. 连接查询操作

对 EDUC 数据库实现以下查询：

(1) 求学生的学号、姓名、选修的课程名及成绩。

```
SELECT student.sno,sname,tcid,score FROM student,student_course WHERE
student.sno = student_course.sno
```

(2) 求选修课程 C1 且成绩在 90 分以上的学生的学号、姓名及成绩。

```
SELECT student.sno,sname, score FROM student,student_course WHERE
student.sno = student_course.sno AND score > = 90 AND tcid = "c1"
```

实验 5 存储过程和触发器的使用

一、实验目的

(1) 了解 SQL Server 2005 中存储过程和触发器的基本概念。

(2) 实践存储过程和触发器的设计、实现和管理、使用、修改与删除等操作。

二、实验环境

安装 SQL Server 2005 完全版的 Windows 操作系统。

三、实验准备

在 SQL Server 2005 中创建一个 student 数据库，其中学生基本信息表 S 存储学生的基本信息，表 S 的字段包括学号(xh)、姓名(xm)、性别(sex)、年龄(age)、家庭住址(add)等，并填入一些数据。

四、实验内容

(1) 创建与使用存储过程方法。

(2) 创建和使用触发器方法。

五、实验步骤

1. 利用 Management Studio、模板和 CREATE PROCEDURE 分别创建存储过程

(1) 利用 Management Studio 创建存储过程。

在对象资源管理器中，依次展开数据库服务器→数据库→某个数据库→可编程性→存储过程，在“存储过程”上右击，从弹出的快捷菜单中选择“新建存储过程”命令，在出现的对话框中可以直接输入存储过程代码。

(2) 利用模板创建存储过程。

在模板资源管理器中，展开 Stored Procedure→双击某创建存储过程项，如 Create Procedure Basic Template。经过正确连接后，在模板代码窗口中修改完成存储过程的创建。

(3) 在 student 数据库中，创建一个名称为 Select_S_W 的存储过程，功能是从数据表

S 中查询出所有女同学的信息，并执行该存储过程。

```
USE student
CREATE PROCEDURE SELECT_S_W AS SELECT * FROM S WHERE SEX = '女'
GO
EXECUTE SELECT_S_W
```

(4) 定义具有参数的存储过程。在 student 数据库中，创建一个名称为 InsertToS 的存储过程，该存储过程的功能是向 S 表中插入一条记录，新记录的值由参数提供，如果未提供值时，用参数的默认值代替。

```
USE student
CREATE PROCEDURE InsertToS(@xh char(7),@xm varchar(15),@sex char(2) = '男',@age int,@add
varchar(20)) AS INSERT INTO S VALUES(@xh,@xm,@sex,@age,@add)
GO
EXECUTE INSRETTOS @xh = '9742001',@xm = '李明',@age = 21,@add = '长春'
```

(5) 查看和修改存储过程。

在对象资源管理器中，依次展开数据库右击服务器→数据库→某个数据库→可编程性→存储过程，在 InsertToS 存储过程上右击，从弹出的快捷菜单中，选择操作，如选择"编写存储过程脚本为"或"修改"可以查看并修改存储过程。选择其他操作功能可以执行其他相应的操作。

2. 创建和使用触发器方法

(1) 利用 Management Studio 创建触发器。

在对象资源管理器中，依次展开数据库服务器→数据库→某个数据库→表→某个表，例如 S 表，展开触发器，在触发器上右击，选择"新建触发器"命令。可以在模板代码窗口中，修改或输入脚本，单击执行工具按钮或按 F5 键运行完成创建触发器。在快捷菜单中可以选择触发器的其他相应操作。

(2) 对表 S 创建 UPDATE 触发器 T_S_AGE_update。

```
CREATE trigger T_S_AGE_update ON S
FOR UPDATE AS
    DECLARE @Age int; SELECT @Age = age FROM deleted
    IF @Age < 8 OR @Age > 45
    BEGIN
    RAISERROR('学生年龄应该大约等于 8,并小于等于 45',16,1)
    ROLLBACK TRANSACTION
END
```

当对表 S 做 UPDATE 操作时，会自动触发 T_S_AGE_update 触发器，若入学日期与出生日期年份之差小于 8，则取消该次修改操作。

(3) 创建一个触发器，当向表 S 中更新一条记录时，自动显示 S 表中的记录。

```
CREATE TRIGGER CHANGE_S_SEL ON S FOR INSERT,UPDATE,DELETE AS SELECT * FROM S
```

(4) 查看、修改和删除触发器。

利用 Management Studio 执行查看、修改和删除触发器的操作。

(5) 利用 ALTER TRIGGER 命令修改触发器 T_S_Age_update。

```
ALTER trigger[T_S_Age_update] ON [dbo].[S] FOR UPDATE AS
  DECLARE @Age int; SELECT @Age = age FROM inserted
  IF @Age < 8 OF @Age > 45
BEGIN
  RAISERROR('学生年龄应该大于等于 8,并小于等于 45',16,1)
  ROLLBACK TRANSACTION
END
```

(6) 查看已建立的 T_S_Age_update 触发器。

```
EXEC sp_helptext 'T_S_Age_update'
```

(7) 删除已建立的 T_S_Age_update 触发器。

```
DROP TRIGGER T_S_Age_update
```

六、思考题

1. 在 student 数据库中创建 DDL 触发器,拒绝对库中表的任何创建、修改或删除操作。

2. 在 student 数据库中创建 DDL 触发器,记录对数据库的任何 DDL 操作命令到某表中。

实验 6 安全性控制

一、实验目的

(1) 了解 SQL Server 2005 数据库的安全性相关的概念。

(2) 实践 SOL Server 2005 的验证模式、登录管理、用户管理、角色管理、权限管理等操作。

二、实验环境

安装 SQL Server 2005 完全版的 Windows 操作系统。

三、实验准备

在 SQL Server 2005 中创建一个 student 数据库,其中学生基本信息表 S 存储学生的基本信息,表 S 的字段包括学号(xh)、姓名(xm)、性别(sex)、年龄(age)、家庭住址(add)等,并填入一些数据。

四、实验内容

(1) SQL Server 的安全模式。

(2) 管理数据库用户。

(3) 管理数据库角色。

(4) 权限管理。

五、实验步骤

1. 使用系统管理员账号设置 SQL Server 的安全认证模式。

(1) 展开服务器组,右击需要设置的 SQL 服务器,从弹出的快捷菜单中选择“属性”命令。在弹出的窗口中,单击左上角“安全性”选项,右边显示安全性相关设置项目。选中“Windows 身份验证模式”或“SOL Server 和 Windows 身份验证模式”单选按钮。设置改变后,必须停止并重新启动 SQL Server 服务,新设置才能生效。

(2) 在 Management Studio 中添加 SQL Server 账号,利用 T-SQL 添加 SQL Server 账号。

打开服务器,选择“安全性”下的“登录名”文件夹,右击“登录名”文件夹,在弹出的快捷菜单中选择“新建登录名”命令,在出现的窗口的“登录名”文本框中输入一个不带反斜杠的用户名,选中“SQL Server 身份验证”单选按钮,并在“密码”与“确认密码”文本框中输入相同的口令,单击“确定”按钮完成创建。

利用 T-SQL 添加 SQL Server 账号。

(3) 为用户 temp 创建一个 SQL Server 登录名,密码为 qq,数据库为 student,默认语言为 English。

```
EXEC sp_addlogin 'temp','qq','student','english'
```

(4) 修改登录账号的属性。

在 Management Studio 中双击要修改属性的登录账号,在其属性对话框中修改 SQL_Server 登录账号的属性。

利用 T-SQL 修改 SQL Server 登录账号的属性。

(5) 以 sa 身份登录服务器,启动查询分析器来修改 SQL Server 账号 temp 的口令。

```
Sp_password 'temp','tempqq','qq'
```

(6) 删除登录账号。

在 Management Studio 中删除 SQL Server 登录账号。

利用 T-SQL 删除 SQL Server 登录账号。

(7) 删除 temp 账号。

```
Sp_droplogin temp
```

2. 管理数据库用户

(1) 利用 Management Studio SQL Server 添加用户。

展开要添加用户的某数据库,如 student 数据库,展开安全性,右击用户目录,从弹出的快捷菜单中选择“新建数据库用户”命令;打开“数据库用户”对话框;单击“登录名”文本框右边的按钮来选择一个登录账号;在“用户名”文本框中输入用户名,默认情况下它被设置为登录账号名;若需要可以指定数据库用户拥有的架构、数据库角色成员身份等;单击“确定”按钮完成数据库用户的创建。

(2) 利用 T-SQL 添加用户。

Sp_grantdbaccess 为 SQL Server 登录或者 Windows NT 用户或组在当前数据库中添

加一个安全账户,并使其能够被授予在数据库中执行活动的权限。

添加一个 Windows 账户 tempuser 到 student 数据库用户中。

```
USE student;EXEC sp_grantdbaccess 'qxz2005\tempuser','tempuser'
```

(3) 利用 T-SQL 删除 SQL Server 用户。

删除数据库用户 tempuser:

```
Sp_revokedbaccess tempuser
```

3. 管理数据库角色

(1) 利用 Management Studio 创建 SQL Server 角色。

展开要添加用户的某数据库,如 student 数据库,展开安全性,右击用户目录,从弹出的快捷菜单中选择"新建数据库角色"命令;打开"数据库角色"对话框;单击"所有者"文本框右边的按钮来选择一个数据库用户;在"角色名称"文本框中输入角色名 S_operator,若需要可以指定数据库角色拥有的架构、此数据库角色的成员信息等;单击"确定"按钮完成数据库角色的创建。

(2) 利用 T-SQL 创建 SQL Server 角色。

在 student 数据库中创建 newtempuser 新角色,并将用户 tempuser 添加到该角色中。

```
USE student;EXEC sp_addrole 'newtempuser'
EXEC sp_addrolemember 'newtempuser','tempuser'
```

(3) 利用 Management Studio 删除 SQL Server 角色。

不能删除一个有成员的角色,在删除这样的角色之前,应先删除其成员。只能删除自定义的角色,系统的固定角色不能被删除。

右击要删除的用户自定义角色,在跨界菜单中选择"删除"命令,在提示对话框中确认,即可删除该用户自定义角色。

(4) 利用 T-SQL 删除 SQL Server 角色。

删除 newtempuser 角色的命令如下:

```
Sp_droprole 'newtempuser'
```

4. 权限管理

(1) 利用 Management Studio 管理权限。

① 在 Management Studio 中管理语句权限的方法如下:

右击要修改权限的数据库,如 student 数据库,在快捷菜单中选择"属性"命令,打开 student 数据库属性对话框;单击"权限"标签,打开对话框中"权限"选项卡;在"权限"选项卡中列出了数据库中所有的用户和角色,以及所有的语句权限,可以单击用户或角色与权限交叉点上的方框来选择权限,单击"确定"按钮设置生效。

② 在 Management Studio 管理对象权限的方法如下:

右击要修改角色对象权限的数据库,如 student 数据库,选中"角色"目录,在右边角色列表中双击 db_operator 角色,打开角色属性对话框;选择"安全对象"选项卡,添加安全对象并设置各自权限,单击"确定"按钮设置生效。

(2) 利用 T-SQL 管理权限。

语句授权：系统管理员授予注册名为 tempzc 的用户 CREATE DATABASE、创建表、创建视图的权限。

```
GRANT CREATE DATABASE,CREATE TABLE,CREATE BIEW TO tempzc
```

对象授权：将对 S 表的查询权限授予用户名为 temp1、temp2 和 temp3 的用户。

```
GRANT SELECT ON S TO temp1,temp2,temp3
```

(3) 收回权限。

收回授权的命令是 REVOKE,从用户名 tempzc 的用户收回创建表和创建视图的权限。

```
REVOKE CREATE TABLE, CREATE VIEW FROM tempzc
```

从用户名 temp2 和 temp3 的用户收回对 S 表的查询权限。

```
REVOKE SELECT ON S FROM temp2,temp3
```

六、思考题

针对数据库 student,创建不同级别的数据库用户,用创建的用户替换 sa 系统用户,来尝试与数据库服务器的连接,对数据表中的数据进行存取操作,并记录与分析可能会遇到的问题,时间通过授予更高的权限来解决问题。

实验 7　数据完整性

一、实验目的

加深对数据完整性的理解。

二、实验环境

安装 SQL Server 2005 完全版的 Windows 操纵系统。

三、实验准备

在 SQL Server 2005 中创建一个 student 数据库,其中学生基本信息表 S 存储学生的基本信息,表 S 的字段包括学号(xh)、姓名(xm)、性别(sex)、年龄(age)、家庭住址(add)等,并填入一些数据。表 C 中存放学生的成绩,字段包括学号(xh)、姓名(xm)及各科成绩,并填入一些数据。

四、实验内容

数据库的完整性设置。

五、实验步骤

1. 可视化界面的操作方法

(1) 实体完整性

在 Management Studio 中将 S 表的字段 xh 设为主键,具体步骤略。

(2) 域完整性

在 Management Studio 中将 S 表中字段 sex 设置为只能取“男”和“女”两值，具体步骤略。

(3) 参照完整性

在 Management Studio 中将 S 表和 C 表中的字段 xh 设为参照，具体步骤略。

2. 命令方式操作方法

1) 实体完整性

将 S 表的字段 xh 设为主键，当 S 表已存在，则执行：

```
ALTER TABLE student ADD CONSTRAINK pk_sno PRIMARY KEY (xh)
```

当 S 表不存在，则执行：

```
CREATE   TABLE   S
(xh CHAR(7) primary key ,
xm CHAR(10),
sex CHAR(2),
age int,
add CHAR(15))
```

注意：可用命令 drop　table　S 删除 S 表，

添加一身份证号字段，设置其唯一性(操作前应删除表中的所有记录)。

```
ALTER TABLE S ADD id char(18) UNIQUE (id)
```

将 C 表的 xh 和 xm 设置为主键。

当 C 表已存在则执行：

```
ALTER TABLE C ADD CONSTRAINT PK_SnoCno PRIMARY KEY (xh, xm)
```

当 sc 表不存在则执行：

```
CREATE TABLE C
(xh CHAR(7),
xm CHAR(15),
grade INT NULL,
CONSTRAINT PK_SnoCno PRIMARY KEY (xh, xm))
```

2) 域完整性

(1) 将 sex 字段设置为只能取“男”和“女”两值：

当 S 表已存在则执行：

```
ALTER TABLE S ADD CONSTRAINT CK_Sex CHECK (sex in ('男','女'))
```

当 student 表不存在则执行：

```
CREATE TABLE S
(xh CHAR(7) PRIMARY KEY,
xm CHAR(15),
sex CHAR(2) CKECK (sex in ('男','女')),
age int,
```

```
add CHAR(15))
```

(2) 设置学号字段只能输入数字。

```
ALTER TABLE S ADD constraint CK_Sno_Format CHECK (xh like'[0-9][0-9][0-9][0-9][0-9]
[0-9][0-9]')
```

3) 参照完整性

(1) 设置男生的年龄必须大于22，女生的年龄必须大于20。

```
ALTER TABLE S ADD constraint CK_age CHECK (sex='男' AND age>=22 OR sex='女' AND age>=20 )
```

(2) 将S表和C表中的xh字段设为参照。

当C表已存在则执行：

```
ALTER TABLE C ADD CONSTRAINT FP_sno FOREIGN KEY (xh) REFERENCES S(xh)
```

3. 完整性验证

(1) 实体完整性

在S表数据浏览可视化界面中输入学号相同的两条记录将会出现错误，请在Management Studio中实体完整性验证。

(2) 域完整性

使用下面的语句验证sex字段的域完整性：

```
INSERT INTO S VALUES('9500911','张匀','男',20,'北京')
```

(3) 参照完整性

使用下面的语句"验证"sc表中的xh字段的域完整性(假设S表中没有学号为9599811的学生记录)：

```
INSERT INTO C VALUES('9899811', 'sss',62)
```

六、思考题

(1) 建立年龄的域完整性，约束条件为"年龄在15到30岁之间"。

(2) 在学生表中添加"出生日期"和"身份证号"字段，设置一完整性规则，确保身份证号中的关于出生日期的数字与"出生日期"字段的值相匹配。

实验8　数据库备份与还原

一、实验目的

(1) 了解SOL Server 2005数据库备份和还原的基本概念。

(2) 时间数据库的备份和还原技术与方法、备份和还原全文目录、表数据的导入与导出等操作。

二、实验环境

安装SQL Server 2005完全版的Windows操作系统。

三、实验准备

在 SQL Server 2005 中创建一个 student 数据库,其中学生基本信息表 S 存储学生的基本信息,表 S 的字段包括学号(xh)、姓名(xm)、性别(sex)、年龄(age)、家庭住址(add)等,并填入一些数据。

四、实验内容

备份设备的管理,备份、还原数据库。

五、实验步骤

1. 创建备份设备

(1) 在 Management Studio 中创建备份设备。

在对象资源管理器中依次展开某数据库服务器→服务器对象→备份设备→某备份设备,右击"备份设备",在快捷菜单中选择"新建备份设备"命令,系统打开"备份设备"对话框,在设备名称文本框中输入新设备名如 tempdevice,相对应地在"文件"文本框中汇自动出现 tempdevice. bak 的文件名称,单击"确定"按钮,在"备份设备"文件夹下即可看到新建的设备 tempdevice。

(2) 利用 T-SQL 创建备份设备。

使用系统存储过程 sp_addumpdevice,通过命令方式创建 device_1 备份设备,语句如下:

```
USE master;EXEC ps_addumpdevice 'disk', 'device_1','C:\device_1.bak'
```

2. 删除备份设备

在定位到待删除备份设备后,通过在快捷菜单中选择"删除"命令,再在删除对象对话框中单击"确定"按钮即可删除设备。

利用 T-SQL 命令进行删除,例如,删除备份设备 device_1,并同时删除操作系统文件。

```
Sp_dropdevice 'devece_1','delfile'
```

3. 备份数据库

(1) 使用 Management Studio 进行完全备份。

备份数据库 student,具体步骤略。

(2) 使用 T-SQL 命令执行备份。

创建用于存放 student 数据库完整备份的逻辑备份设备,然后备份整个 student 数据库。

```
EXEC sp_addumpdevice 'disk','student_1','d:\program files\microsoft sql server\mssql\backup\
student_1.dat'
BACKUP DATABASE student to student_1
```

创建一个文件备份。

```
BACKUP DATABASE[student]file = N'student' todisk = N'c:\program filse\microsoft sql server\
```

```
mssql\backup\student 备份.bak' WITH init,nounload,name = N'student 备份',noskip,stats =
10,noformat
```

4. 还原数据库

（1）自动还原。

自动还原实际上是一个容错功能。SQL Server 在每次发生故障或关机后重新启动时都执行自动还原。

（2）在 Management Studio 手动还原。

还原数据库 student，具体步骤略。

（3）使用 T-SQL 命令执行还原。

① 从还原设备 student_1 还原完整数据库：

```
RESTORE DATABASE student FROM student_1
```

② 还原完整数据库备份后还原差异备份：

```
RESTORE DATABASE student FROM student_1 WITH NORECOVERY
RESTROE DATABASE student FROM student_1 WITH file = 2
```

③ 从一个文件备份中还原：

```
RESTORE DATABASE [student] file = N 'student' FROM DISK = N 'f:\program files\microsoft sql
server\mssql\backup\student 备份.bak'
```

六、思考题

创建一个 Access 数据库 ACC，把在 SQL Server 中创建的任意一个数据库导出到 Access 数据库 ACC 中。

附录A 课程设计指导书

A1 课程设计的目的和意义

“数据库原理及应用课程设计”是实践性教学环节之一，是“数据库原理及应用”课程的辅助教学课程。通过课程设计，使学生掌握数据库的基本概念，结合实际的操作和设计，巩固课堂教学内容，使学生掌握数据库系统的基本概念、原理和技术，将理论与实际相结合，应用现有的数据建模工具和数据库管理系统软件，规范、科学地完成一个小型数据库的设计与实现，把理论课与实验课所学内容做一综合，并在此基础上强化学生的实践意识，提高其实际动手能力和创新能力。

A2 课程设计要求

通过设计一个完整的数据库，使学生掌握数据库设计各阶段的输入、输出、设计环境、目标和方法。熟练掌握两个主要环节——概念结构设计与逻辑结构设计；熟练的使用 SQL 语言实现数据库的建立、应用和维护。集中安排 2 周进行课程设计，以小组为单位，一般 4～5 人为一组。教师讲解数据库的设计方法以及布置题目，要求学生根据题目的需求描述，进行实际调研，提出完整的需求分析报告，建立概念模型、物理模型，在物理模型中根据需要添加必要的约束、视图、触发器和存储过程等数据库对象，最后生成创建数据库的脚本，提出物理设计的文档。

要求如下：

(1) 要充分认识课程设计对培养自己实践能力的重要性，认真做好设计前的各项准备工作。

(2) 既要虚心接受老师的指导，又要充分发挥主观能动性。结合课题，独立思考，努力钻研，勤于实践，勇于创新。

(3) 独立按时完成规定的工作任务，不得弄虚作假，不准抄袭他人内容，否则成绩以不及格计。

(4) 课程设计期间，无故缺席按旷课处理；缺席时间达三分之一以上者，其成绩按不及格处理。

(5) 在设计过程中，要严格要求自己，树立严肃、严密、严谨的科学态度，必须按时、按质、按量完成课程设计。

(6) 小组成员之间，分工明确，但要保持联系畅通，密切合作，培养良好的互相帮助和团队协作精神。

A3　课程设计选题的原则

课程设计题目以选用学生相对比较熟悉的业务模型为宜，要求通过本实践性教学环节，能较好地巩固数据库的基本概念、基本原理，关系数据库的设计理论、设计方法等主要相关知识点，针对实际问题设计概念模型，并应用现有的工具完成小型数据库的设计与实现。

A4　课程设计的一般步骤

课程设计大体分5个阶段。

(1) 选题与搜集资料：根据分组，选择课题，在小组内进行分工，进行系统调查，搜集资料。

(2) 分析与设计：根据搜集的资料，进行功能与数据分析，并进行数据库、系统功能等设计。

(3) 程序设计：运用掌握的语言，编写程序，实现所设计的模块功能。

(4) 调试与测试：自行调试程序，成员交叉测试程序，并记录测试情况。

(5) 验收与评分：指导教师对每个小组开发的系统，及每个成员开发的模块进行综合验收，结合设计报告，根据课程设计成绩的评定方法，评出成绩。

A5　课程设计内容

掌握数据库的设计的每个步骤，以及提交各步骤所需图表和文档。通过使用目前流行的DBMS，建立所设计的数据库，并在此基础上实现数据库查询，连接等操作和触发器、存储器等对象的设计。

(1) 需求分析：根据自己的选题，绘制的DFD、DD图表以及书写相关的文字说明。

(2) 概念结构设计：绘制所选题目详细的E-R图。

(3) 逻辑结构设计：将E-R图转换成等价的关系模式；按需求对关系模式进行规范化；对规范化后的模式进行评价，调整模式，使其满足性能，存储等方面要求；根据局部应用需要设计外模式。

(4) 物理结构设计：选定实施环境、存取方法等。

(5) 数据实施和维护：用DBMS建立数据库结构，加载数据，实现各种查询，链接应用程序，设计库中触发器、存储器等对象，并能对数据库做简单的维护操作。

(6) 用C、C＃、JAVA等设计数据库的操作界面。

(7) 设计小结：总结课程设计的过程、体会及建议。

(8) 其他：参考文献，致谢等。

A6　课程设计报告要求

课程设计报告有4个方面的要求：

(1) 问题描述。包括此问题的理论和实际两方面。

（2）解决方案。包括：E-R模型要设计规范、合理，关系模式的设计至少要满足第三范式，数据库的设计要考虑安全性和完整性的要求。

（3）解决方案中所设计的E-R模型，关系模式的描述与具体实现的说明。

（4）具体的解决实例。

A7　成绩评定标准

成绩评定标准如表A1所示。

表A1　评分标准表

序号	报告内容	所占比重	评分原则				
			不给分	及格	中等	良好	优秀
1	问题描述	5%	没有	不完整	基本正确	描述正确	描述准确
2	解决方案	10%	没有	不完整	基本可行	方案良好	很有说服力
3	解决方案中所设计的E-R模型，关系模式的描述与具体实现的说明	40%	没有	不完整	基本正确，清晰	正确，清晰	准确，清晰
4	具体的解决实例	40%	没有	不完整	基本完整	完整	有价值，并可以实际演示
5	其他	5%	包括是否按时完成，报告格式，字迹，语言等。				

A8　课程设计说明

根据教学内容，设计相应的题目，要求学生按下列步骤完成各题目的设计并写出课程设计报告。

问题分析：在对所选题目进行调研的基础上，明确该选题要做什么。

数据库设计与实现：包括数据库的数据字典，数据库的概念结构(E-R图)，数据库中的表、视图(如果使用)、存储过程(如果使用)的结构和定义(可以用SQL脚本提供)以及应用系统的设计与开发。

设计结果的评价与总结：对设计结果的合理性、规范程度和实际运行的结果进行评价和总结。

A9　课程设计题目

1. 人事管理系统

系统功能的基本要求：

（1）员工各种信息的输入，包括员工的基本信息、学历信息、婚姻状况信息、职称等。

(2) 员工各种信息的修改：

(3) 对于转出、辞职、辞退、退休员工信息的删除。

(4) 按照一定的条件，查询、统计符合条件的员工信息：至少应该包括每个员工详细信息的查询，按婚姻状况查询，按学历查询，按工作岗位查询等；至少应该包括按学历、婚姻状况、岗位、参加工作时间等统计各自的员工信息。

打印输出查询、统计的结果。

2. 工资管理系统

系统功能的基本要求：

(1) 员工每个工种基本工资的设定。

(2) 加班津贴管理，根据加班时间和类型给予不同的加班津贴。

(3) 按照不同工种的基本工资情况、员工的考勤情况产生员工的每月的月工资。

(4) 生成员工年终奖金，员工的年终奖金计算公式＝(员工本年度的工资总和＋津贴的总和)/12。

(5) 企业工资报表。能够查询单个员工的工资情况、每个部门的工资情况、按月的工资统计，并能够打印。

3. 机票预订系统

系统功能的基本要求：

(1) 每个航班信息的输入。

(2) 每个航班的座位信息的输入。

(3) 当旅客进行机票预订时，输入旅客基本信息，系统为旅客安排航班，打印取票通知和账单。

(4) 旅客在飞机起飞前一天凭取票通知交款取票。

(5) 旅客能够退订机票。

(6) 能够查询每个航班的预订情况，计算航班的满座率。

4. 仓库管理系统

系统功能的基本要求：

(1) 产品入库管理，可以填写入库单，确认产品入库。

(2) 产品出库管理，可以填写出库单，确认出库。

(3) 借出管理，凭借条借出，然后能够还库。

(4) 初始库存设置，设置库存的初始值，库存的上下警戒限。

(5) 可以进行盘库，反映每月、年的库存情况。

(6) 可以查询产品入库情况、出库情况、当前库存情况，可以按出库单、入库单、产品、时间进行查询：

5. 其他参考题目

(1) 客房管理数据库。

(2) 学生成绩管理系统。

(3) 商品库存管理系统。

(4) 图书借阅管理系统。

(5) 图书销售管理系统。

(6) 学籍管理系统。

(7) 通讯录管理系统。

(8) 学生选修课程系统。

(9) 超市销售管理系统。

(10) 人事管理系统。

(11) 医药库存管理系统。

(12) 学生公寓管理系统。

(13) 学生信息管理系统。

(14) 物资管理信息系统。

(15) 音像管理系统。

(16) 员工工资管理系统。

(17) 手机销售管理系统。

(18) 外聘教师信息管理系统。

(19) 小区住宅管理系统。

(20) 家庭财务管理系统。

A10 数据库设计说明书格式

数据库设计说明书格式如下所示。

1. 引言
   1.1 项目名称
   1.2 项目背景和内容概要
      (项目的委托单位、开发单位、主管部门、与其他项目的关系,与其他机构的关系等)
   1.3 相关资料、缩略语、定义
      (相关项目计划、合同,及上级机关批文、引用的文件、采用的标准等)
      (缩写词和名词定义)
2. 约定
   数据库中各种元素的命名约定。例如表名、字段名的命名约定。
3. 数据库概念模型设计
   3.1 数据实体-关系图
   3.2 数据实体描述
      数据实体中文名,数据库表名
      数据实体描述

3.3 实体关系描述
(描述每个实体间的关系)
实体 1∶实体 2 (1∶1,1∶n, m∶n)
关系描述:

4. 数据库逻辑模型设计
4.1 实体-关系图(不含多-多关系)
4.2 关系模型描述
数据库表名:同义词(别名):
主键:
外键:
索引:
约束:
中文名称 数据属性名 数据类型 数据长度 约束范围 是否空 注解
4.3 数据视图描述
(用标准 SQL 语言中创建数据视图的语句描述)
4.4 数据库一致性设计
(用标准 SQL 语言中创建表的语句描述)

5. 物理实现
5.1 数据库的安排
说明是否采用分布式数据库,数据库表如何分布。
每个数据库服务器上建立几个数据库,其存储空间等的安排。
数据库表的分配方法,例如如何创建段或表空间。
5.2 安全保密设计
用户角色划分方法,每个角色的权限。

A11　课程设计说明书排版规范

课程设计说明书排版规范的具体格式要求如下:

1. 整篇文字的各级标题要求为:
   一级标题:一、二、三……
   二级标题:1. 2. 3. ……
   三级标题:(1)(2)(3)……
   四级标题:① ② ③……
2. 目录部分采用四号、宋体、加粗。
3. 正文部分采用小四号、宋体;每段前均空两个汉字的位置(注意:最多最少只能空两个汉字的位置,相对于页面的左边距,而不是上下文。即段落排版中的首行缩进 2 个字符)。

续

4. 标题部分采用四号、宋体、加粗；靠最左侧(即顶格)。
5. 正文行间距采用固定值 22 磅。
6. 附录即源代码部分采用五号、宋体。
7. 说明书文字叙述部分不少于 5 页(不包括封面、目录和附录部分)。
8. 图形和表格分别采用统一编号方式，如图 1、图 2、…… 表 1、表 2、……。两者在正文中均需要引用，且均需要有个名称(采用居中、五号、宋体)，另外图的名称需放在图的下方，而表的名称需放在表的上方，表中文字也采用五号、宋体。

图的示例如图 1 所示。

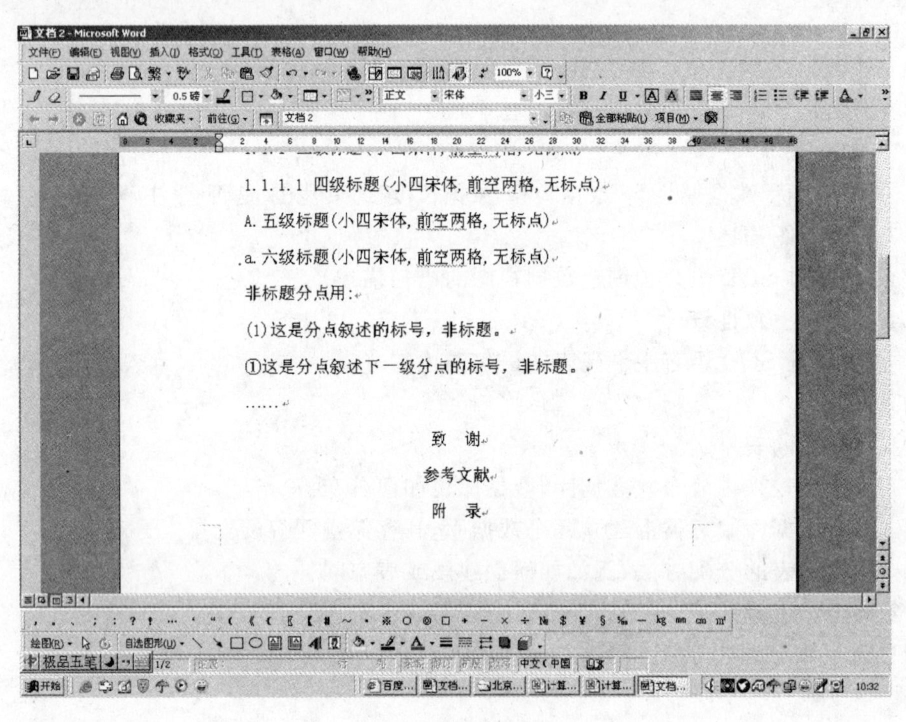

图 1 Word 操作界面

表的示例如表 1 所示。

表 1 学生信息表

五号宋体				

21世纪高等学校计算机教育实用规划教材

系列书目

书　　名	作　者	ISBN号
32位微型计算机原理·接口技术及其应用(第2版)	史新福等	9787302134039
AutoCAD实用教程(配光盘)	张强华等	9787302127260
ARM嵌入式系统结构与编程	邱铁等	
Internet实用教程——技术基础及实践	田力	9787302110668
Java程序设计实践教程	张思民	9787302132585
Java程序设计实用教程	胡伏湘等	9787302109600
Java语言程序设计	张思民	9787302144113
Visual Basic程序设计基础	李书琴等	9787302132684
Visual C++程序设计与应用教程	马石安等	9787302155027
XML实用技术教程	顾兵	9787302142867
大学计算机公共基础	阮文江	9787302143307
大学计算机网络公共基础教程	徐祥征等	9787302130161
大学计算机基础	刘腾红	9787302155812
大学计算机基础实验指导	刘腾红	9787302155522
大学计算机基础应用教程	黄强	9787302152163
多媒体技术教程——案例、训练与课程设计	胡伏湘等	9787302126201
多媒体课件制作——Authorware实例教程	唐前军等	9787302156000
多媒体技术与应用	李飞等	9787302161653
汇编语言程序设计教程与实验	徐爱芸	9787302143413
计算机操作系统	颜彬等	9787302141471
计算机网络实用教程——技术基础与实践	刘四清等	9787302104513
计算机网络应用技术教程	孙践知	9787302118893
计算机网络与Internet实用教程——技术基础与实践	徐祥征等	9787302106593
计算机网络应用与实验教程	徐小明等	9787302158813
计算机硬件技术基础	张钧良	9787302160564
实用软件工程	陆惠恩	9787302125594
软件测试技术基础	陈汶滨等	9787302174936
软件工程技术与应用	顾春华等	9787302161318
软件开发技术与应用	李昌武等	9787302161257
数据库及其应用系统开发(Access 2003)	张迎新	9787302128281
数据库技术与应用——SQL Server	刘卫国等	9787302143673
数据库技术与应用实践教程——SQL Server	严晖等	9787302142317
数据库应用案例教程(Access)	周安宁等	9787302146056
数据库技术与应用	史令等	9787302161608
数据库原理及开发应用	周屹	9787302156802
数据库原理与DB2应用教程	杨鑫华等	9787302155546
数字图像处理实训教程	何金国	
网络技术应用教程	梁维娜等	9787302134848
网页制作教程	夏宏等	9787302105916
微型计算机原理及应用导教·导学·导考(第2版)	史新福等	9787302133995
程序设计语言——C	王珊珊等	9787302158035
PHP Web程序设计教程与实验	徐辉等	9787302155508
面向对象程序设计教程(C++语言描述)	马石安等	9787302150534